新编21世纪高等职业教育精品教材
装备制造类

产品数字化设计与仿真

主　编◎孙曙光　姜诚君
副主编◎张　凯　李子满　商园春
主　审◎王向红

中国人民大学出版社
·北京·

图书在版编目（CIP）数据
产品数字化设计与仿真 / 孙曙光，姜诚君主编. 北京 : 中国人民大学出版社，2025. 8. --（新编 21 世纪高等职业教育精品教材）. -- ISBN 978-7-300-34221-4
Ⅰ. TB472-39
中国国家版本馆 CIP 数据核字第 2025EA7003 号

新编 21 世纪高等职业教育精品教材 · 装备制造类
产品数字化设计与仿真
主　编　孙曙光　姜诚君
副主编　张　凯　李子满　商园春
主　审　王向红
Chanpin Shuzihua Sheji yu Fangzhen

出版发行	中国人民大学出版社		
社　址	北京中关村大街 31 号	邮政编码	100080
电　话	010-62511242（总编室）		010-62511770（质管部）
	010-82501766（邮购部）		010-62514148（门市部）
	010-62511173（发行公司）		010-62515275（盗版举报）
网　址	http://www.crup.com.cn		
经　销	新华书店		
印　刷	唐山玺诚印务有限公司		
开　本	889 mm × 1194 mm 1/16	版　次	2025 年 8 月第 1 版
印　张	14.25	印　次	2025 年 8 月第 1 次印刷
字　数	378000	定　价	48.00 元

前　言

在当今飞速发展的数字化时代，数字化技术正深刻改变着我们的生活和工作方式，尤其是在制造业领域，数字化设计与仿真技术已成为推动行业创新和提升竞争力的核心力量。为了适应这一趋势，满足相关专业学生和从业人员的学习需求，在党的二十大精神指引下，我们编写了《产品数字化设计与仿真》这本教材。本书旨在通过系统的理论讲解和实际案例操作，帮助读者掌握数字化设计与仿真的核心技能，提升解决实际工程问题的能力，为其未来的职业发展奠定坚实的基础。

本书在编写过程中始终坚持以下几个原则，力求在内容与形式上有所创新：

1. 案例化教学：以一级直齿圆柱齿轮减速器为教学案例，覆盖从设计到仿真的全过程，帮助学生在实际操作中学习和掌握知识。

2. 任务驱动：以工程设计流程为核心，明确任务目标，进行任务分析，鼓励学生主动学习和探索。

3. 知识与技能并重：在传授专业知识的同时，注重培养学生的操作技能和职业素养，以适应未来职场的需求。

4. 创新性与实用性结合：紧跟数字化设计与仿真技术的最新发展，同时注重教材内容的实用性和可操作性。

本书主要适用于高等职业院校数字化设计与制造技术、机电一体化等相关专业的学生，也可作为从事产品设计与仿真的工程技术人员的参考用书。通过本书的学习，读者可以掌握数字化设计与仿真的基本方法和技能，提升解决实际工程问题的能力。

本书共分为 7 个模块，围绕一级直齿圆柱齿轮减速器的设计过程展开。具体内容包括：

1. 减速器零件建模：利用数字化设计软件，对减速器的各个零件进行精确建模，培养学生的空间想象力和三维建模能力。

2. 减速器装配设计：在零件建模的基础上，进行减速器的装配设计，掌握装配约束的设置方法，培养装配设计能力。

3. 运动仿真：利用仿真模块对减速器进行运动学和动力学仿真分析，评估其性能指标是否满足设计要求。

4. 工程图绘制与标注：根据装配模型生成工程图，并进行必要的尺寸标注和技术说明，培养学生的工程图纸阅读能力。

本书参考学时为 64 学时，建议全部安排在机房进行理实一体化教学。

在教学过程中，建议采用任务驱动的方式，引导学生逐步完成减速器的设计任务。同时，注重过程性评价与结果性评价相结合，通过课堂讨论、实践操作和工程图绘制等多种方式，对学生的学习成果进行全面评估。教师可以根据学生的实际情况，灵活调整教学进度和内容，确保教学效果。

为方便教师教学和学生自学，本书提供了丰富的配套教学资源，包括：

（1）PPT 课件：帮助教师更好地组织课堂教学。

（2）素材源文件：提供完成任务所需的二维、三维原始素材，方便学生进行实践操作。

本书由上海电子信息职业技术学院王向红教授主审，孙曙光和姜诚君任主编，张凯、李子满、商园春任副主编，陈煜敏参编。在本书的编写过程中，我们得到了上海电子信息职业技术学院王向红教授以及兄弟院校专家的悉心指导和大力支持。同时，我们还参考了相关教材、专著、论文等资料。在此，我们向所有为本书编写提供帮助的专家、学者和同行表示衷心的感谢。

由于编者水平有限，书中难免存在不足之处，敬请广大专家和读者批评指正。如果您对本书有任何意见或建议，欢迎通过以下方式与我们联系：

电子邮件：185108891@qq.com

联系电话：13654561286

我们期待您的反馈，并将不断改进和完善本书的内容，为广大读者提供更好的学习体验。

希望本书能够帮助读者在数字化设计与仿真领域不断进步，迎接未来的挑战，为制造业的转型升级和创新发展贡献自己的力量。

编　者

目　录

模块1 知识准备

【素养园地】

社会主义核心价值观之富强、民主

制造业是一个国家的支柱产业。产品设计与制造及自动化生产能直接带动一个国家的制造业发展，对国家经济实力的提升具有关键作用。从历史上看，工业产品尤其是机械设计制造领域的发动机技术以及相关的汽车工业、自动流水生产线等都给发达国家带来了长期的经济繁荣。我国虽然在这方面起步较晚，但经过党中央科学民主的决策，确立了我国工业在各阶段发展的方向，带动了国家的富强发展，使我国成为世界第二大经济体。近几年在高铁、核电、航天以及新能源汽车等先进制造领域，我国生产出了高品质、高效率、高可靠性的产品，并在全球数字化进程中取得了领先优势，获得了强大的国际竞争力。

随着科技进步和市场需求的不断变化，产品设计也在不断创新和发展。我们作为未来的从业者，需要不断学习并掌握新的知识技术，运用创新思维和方法，设计出更加先进、高效、可靠和环保的产品，为推动人类社会的进步和发展作出贡献。

素养启迪：

正如习近平总书记于2014年在中国科学院第十七次院士大会、中国工程院第十二次院士大会上所言“科技是国家强盛之基”，我们在追求国家富强的路上，离不开科技进步和创新的力量。我国通过深化改革开放，引入先进技术，自主研发创新，实现了经济的快速发展。同时，我国坚持走发展全过程人民民主的中国式民主道路，确保人民享有广泛而真实的民主权利。在我们国家迈向富强的道路上，每一位劳动者都付出了自己的汗水和智慧，把我们的国家建设得更好；人民代表们也充分尊重群众建议，使我们的生活更加幸福。这些体现了国家的富强与民主并重。

作为青年学子，我们不仅要珍惜来之不易的成绩，还要向那些为国家富强作出突出贡献的科学家们学习，像邓稼先、钱三强、钱学森等为“两弹一星”作出杰出贡献的科学家，还有像袁隆平、屠呦呦、南仁东等被誉为“国之重器”的科技工作者。他们的精神将激励着一代又一代的青年学子，为实现国家的科技强国梦贡献自己的力量。

任务1.1 三维建模的基本操作

本任务通过介绍Creo Parametric 9（以下简称Creo）软件、工作环境以及一些通用的基本操作，加深学生对软件的理解和掌握，为后续进行产品数字化设计与仿真打下坚实的基础。

1.1.1 Creo 简介

Creo 是由美国 PTC 公司推出的一款先进的三维参数化产品设计软件包。它基于全参数化的三维 CAD/CAE/CAM 系统，为用户提供了全方位的三维产品开发功能。Creo 集零件设计、钣金件设计、模具设计、产品装配、机构运动仿真、工程制图、数控加工、逆向工程等功能于一体，通过不断创新以应对不断变化的用户需求。

在 Creo 中，用户可以利用其强大的 3D 实体建模功能，精确地创建复杂的零件或模型的几何图形，并自动创建草绘尺寸，再由人工更改草绘尺寸，以快速、可靠地创建工程特征。此外，其可靠的装配建模功能能够使用户智能、快速地创建装配模型，并提供多种装配和设计分析工具，如干涉检查、碰撞检测、运动仿真等，使得用户可以更加清晰地了解产品的性能和特性。

Creo 还支持多种建模工具和技术，包括曲线、曲面、体积等，并提供了多种材质和纹理选项，以满足用户的不同需求。同时，其良好的界面设计和操作体验使得用户可以轻松上手，而丰富的学习资源和技术支持则进一步帮助用户深入了解软件的功能和应用场景。

值得一提的是，Creo 还具备强大的互操作能力，用户可以将设计文件输出到其他工程软件或第三方分析工具中进行进一步处理和分析。此外，Creo 还引入了联合技术，有效处理来自多个 CAD 源的数据，能够轻松导入或打开非 PTC Creo 文件，为企业整合为单个 CAD 平台提供了便利。

1.1.2 Creo 工作环境介绍及配置

1. 操作界面

启动 Creo，新建一个文件或者打开一个文件，便可以看到一个用户操作界面。操作界面主要由自定义快速访问工具栏、导航栏、选项卡、快捷工具栏、导航区、绘图区、选择过滤器及状态栏等组成，如图 1-1 所示。各部分用途见表 1-1。

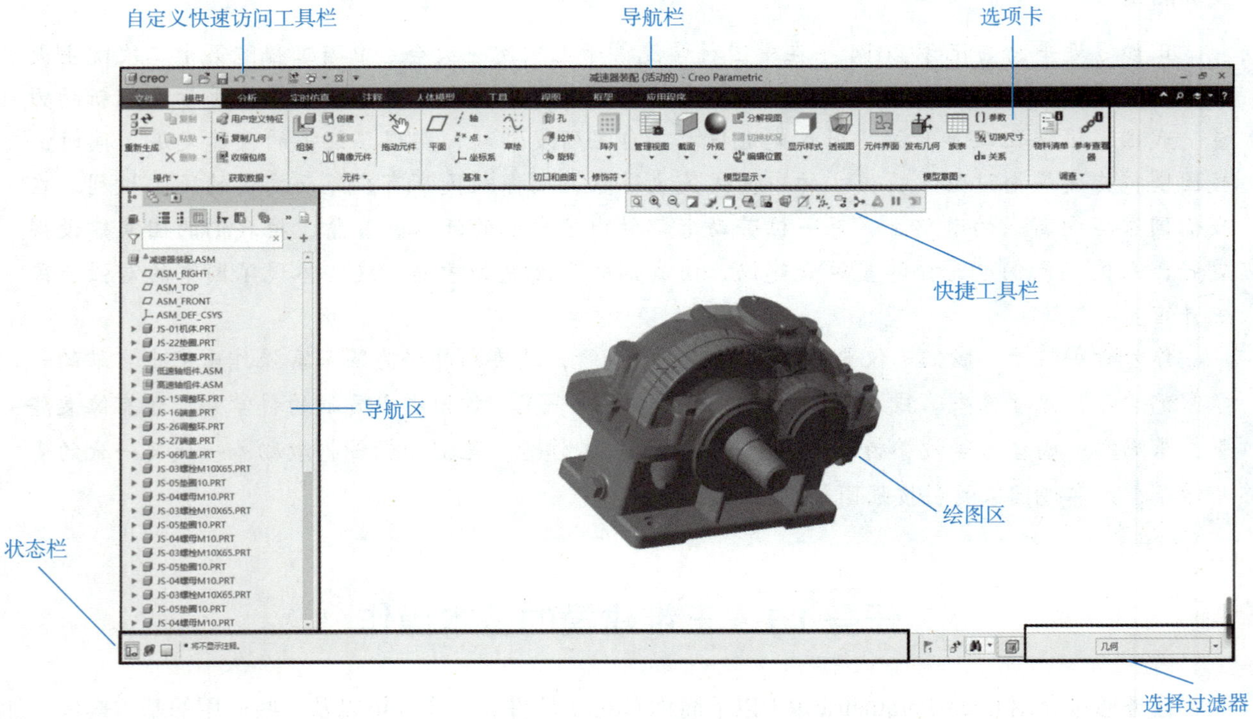

图 1-1 Creo 软件界面各部分名称

表 1-1 Creo 软件界面各部分用途一览表

名称	用途
自定义快速访问工具栏	快速访问新建、打开、保存等常见命令
导航栏	显示文件名（是否当前活动）、软件名称及版本
选项卡	通过选项卡切换，以命令按钮形式集合了 Creo 的大部分功能
快捷工具栏	用于控制三维模型的缩放、显示形式等
导航区	将建模过程以树状形式从上至下列出，以方便后续设计变更
绘图区	即工作区，背景颜色可随意更改
选择过滤器	方便选择点、线、面等各种对象的过滤器
状态栏	显示当前命令所处的状态，建模时有即时提醒

2. 设置工作目录

Creo 设置工作目录有三种方法。

（1）通过软件界面直接设置：打开 Creo 软件，单击【主页】选项卡中的【选择工作目录】按钮，如图 1-2 所示，设置后续文件要放置的硬盘盘符和文件夹即可。

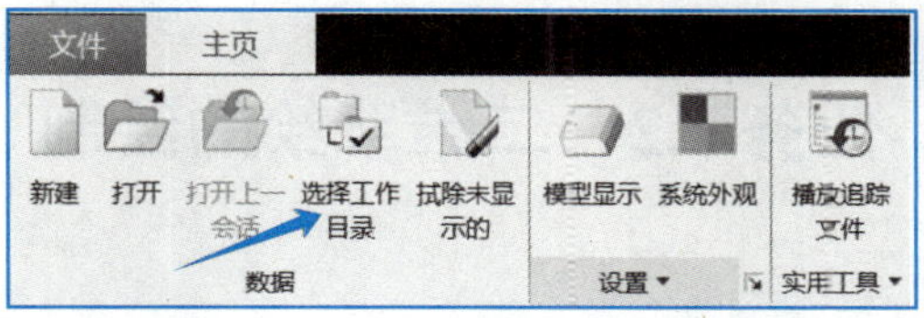

图 1-2 软件界面设置工作目录

（2）在桌面上找到【Creo Parametric 9.0.0.0】软件图标，右击后选择【属性】选项。在属性界面的【快捷方式】选项卡中找到【起始位置】选项，输入完整的文件夹路径（支持汉字），然后单击【确定】按钮。这样设置的工作目录是永久有效的，如图 1-3 所示。

（3）打开 Creo 软件后，首先单击【文件】菜单，选择【管理会话】，然后单击【选择工作目录】按钮（如图 1-4 所示），浏览并选择将成为新工作目录的目录，最后单击【确认】按钮。这种方法

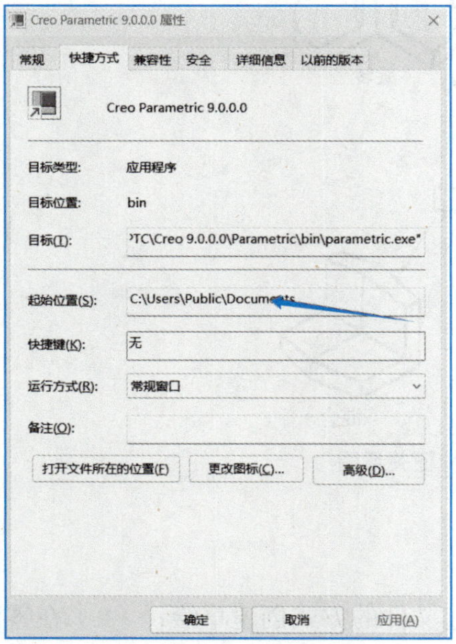

图 1-3 属性设置工作目录

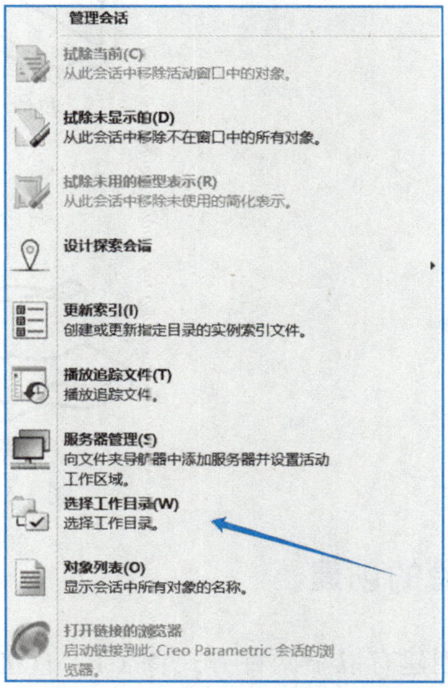

图 1-4 菜单设置工作目录

也允许用户设置一个常用的文件夹作为起始位置，这样每次启动 Creo 软件后，系统会将该位置作为默认的工作目录。

3. 鼠标操作

鼠标在 Creo 软件中的操作见表 1-2。

表 1-2 鼠标操作一览表

鼠标按键	使用区域	可执行的动作
左键	绘图区	选取图素
Ctrl+左键	绘图区	同时选取多个元素
Ctrl+左键	导航区	同时选取多个特征
中键	弹出对话框	确定
中键（滚动）	绘图区	缩放图形
中键（移动）	绘图区	旋转图形
Shift+中键（移动）	绘图区	平移图形

任务 1.2 二维草绘的绘制

1.2.1 草图的定义

对于 Creo 的大多数特征，如拉伸、旋转、扫描等，都离不开一个在平面上绘制的截面或曲线，在 Creo 中，这些图形称为草图。绘制草图就是指在二维平面上通过基本几何图形组成实体模型的轮廓图或截面图。这些实体模型轮廓和截面图在实体设计工作台上通过拉伸、旋转或沿着曲线扫描等操作可以形成实体模型的基本特征。草绘和特征的关系如图 1-5 所示。

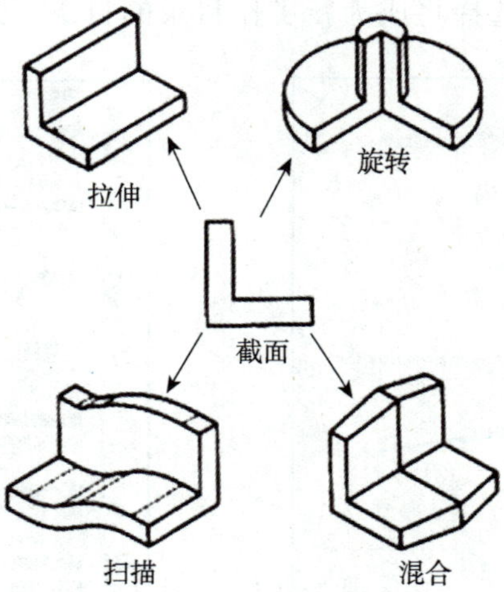

图 1-5 草绘和特征关系图

1.2.2 草绘的创建

草绘的创建有以下两种方式：（1）直接通过新建文件的方式创建草绘；（2）在零件和装配环境下创建草绘。

第一种方式是单击自定义快速访问工具栏中的【新建】按钮，打开【新建】对话框，选择【草绘】选项，并输入文件名，单击【确定】按钮进入草绘界面，如图 1-6 所示。

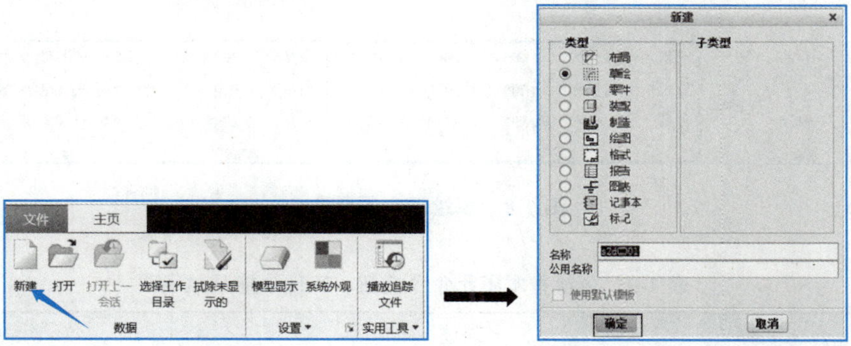

图 1-6　采用新建文件的方式创建草绘

第二种方式是单击自定义快速访问工具栏中的【新建】按钮，打开新建对话框，选择【零件】选项，并输入文件名，单击【确定】按钮进入三维建模界面。在工作台里单击【草绘】按钮，选择一个平面即可进入草绘工作台，生成独立草绘，如图 1-7 所示。在模型特征树中会显示单独的特征树节点，被称为外部草绘。外部草绘的特点是可以作为多个特征的草图。

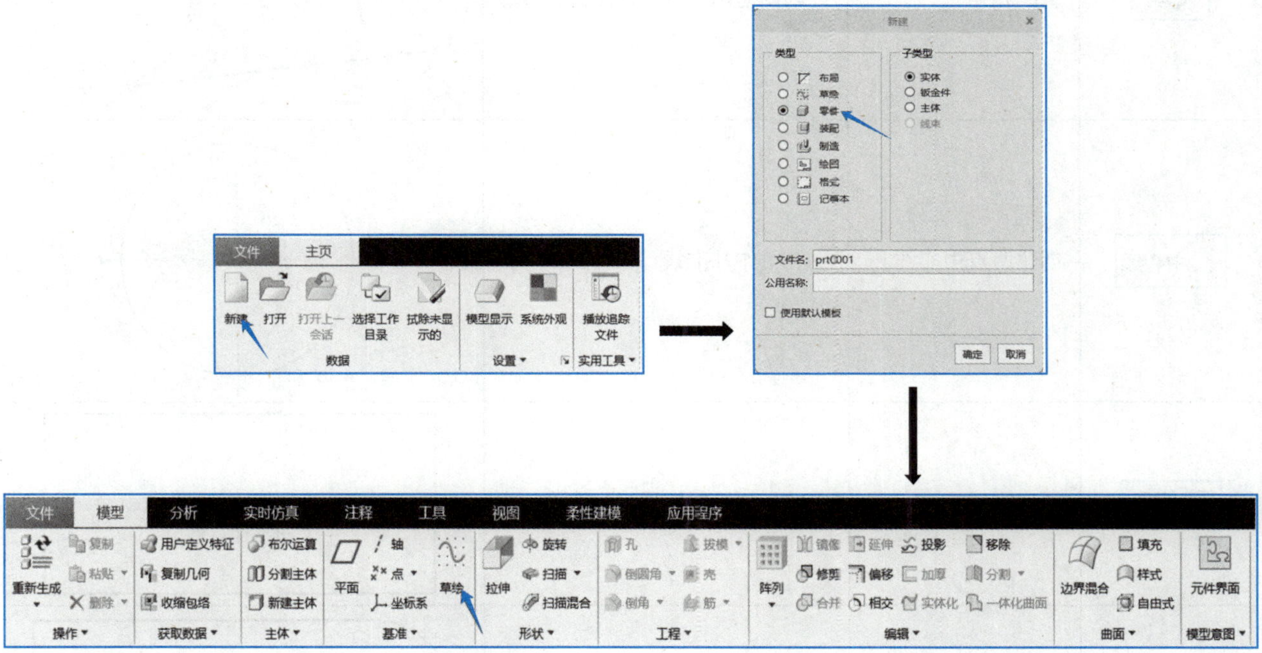

图 1-7　在零件环境下创建草绘

1.2.3　草绘工具介绍

草绘工具包括 9 种类型的命令，基本包含绘制草图整个过程的所有功能命令。下面我们主要介绍草绘、尺寸、约束、编辑、图形检查工具五个部分。

1. 草绘基本图元命令

基本图元是一切图形的组成元素，包括线、圆、弧、样条、坐标系等，还包括圆角和倒角等（如图 1-8 所示）。这些图元的绘制操作基本一样，即先从【草绘】选项卡中选择要绘制的图元命令，然后在绘图窗口中单击鼠标进行绘制，双击鼠标中键即可结束绘制。各部分命令按钮、实现功能及效果见表 1-3。

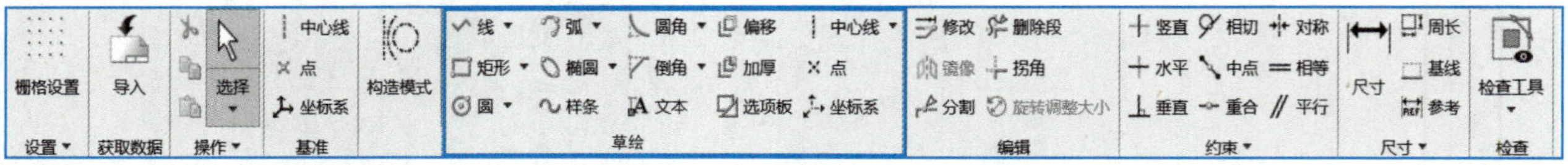

图 1-8　草绘基本图元命令

表 1-3　草绘基本图元命令按钮、实现功能及效果

图标	名称	描述	效果展示
	线链	通过两点创建一条直线	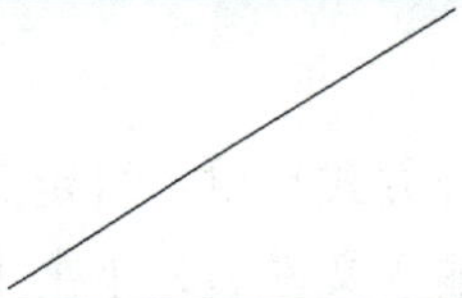
	直线相切	可以创建两个圆/圆弧的相切线	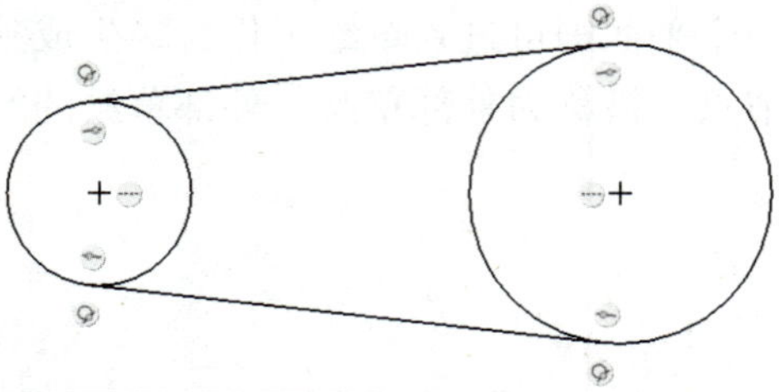
	创建两点中心线	一般用作基准线	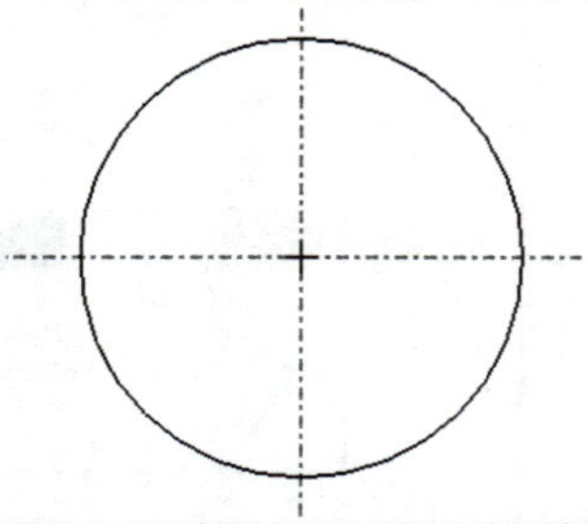
	创建矩形	通过两点绘制矩形	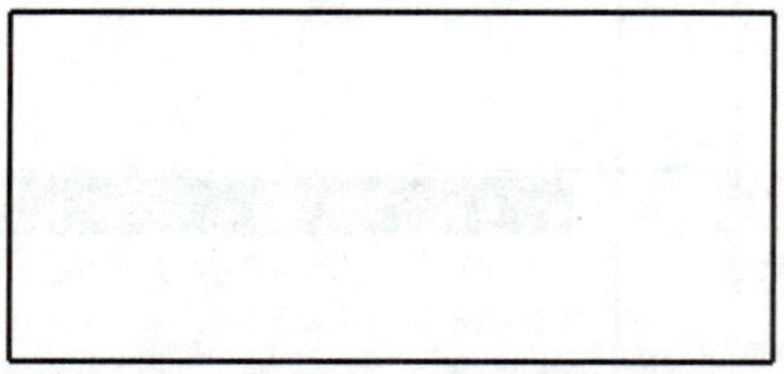
	圆角	在两个图元之间创建圆角	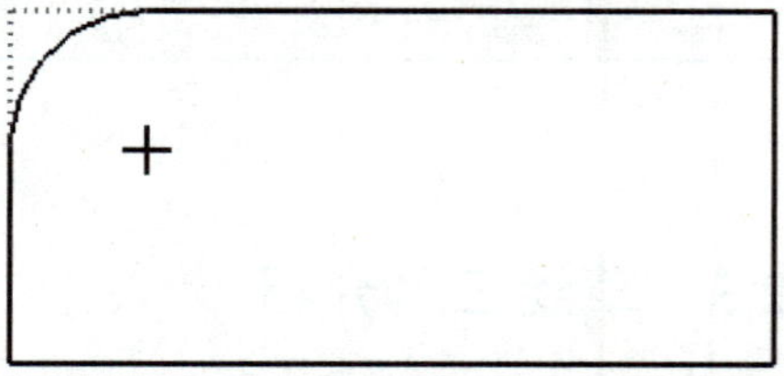
	椭圆形圆角	在两个图元之间创建椭圆形圆角	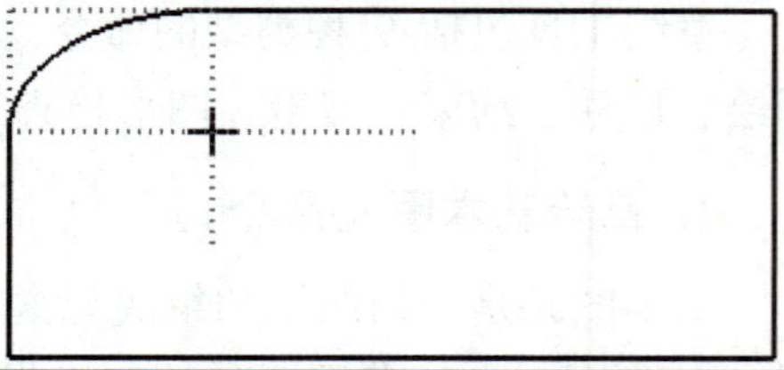

续表

图标	名称	描述	效果展示
	生成圆	通过拾取圆心和另一点来创建圆	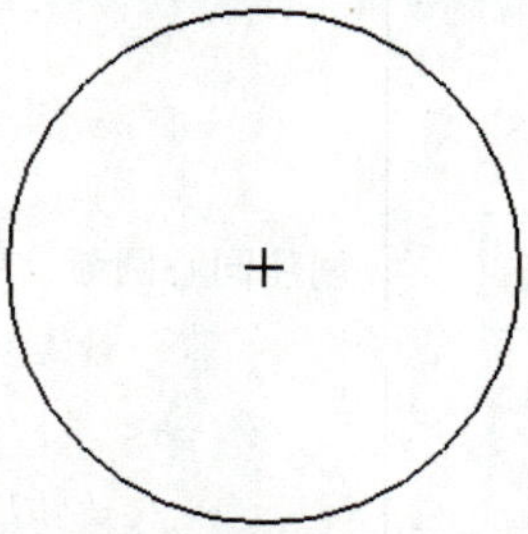
	创建同心圆	通过拾取一个圆，找到此圆圆心，创建同心圆	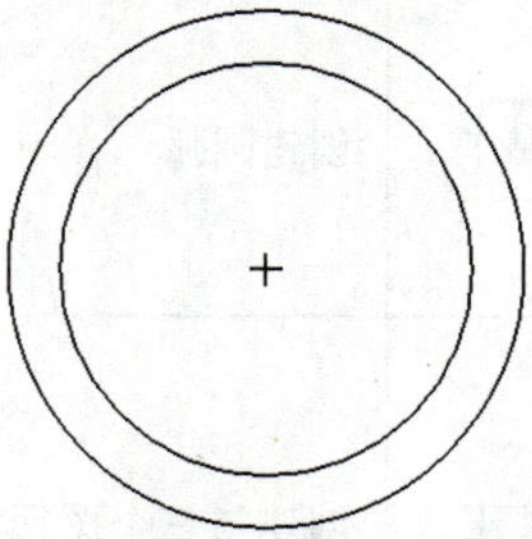
	三点确定一个圆	通过三点确定一个圆	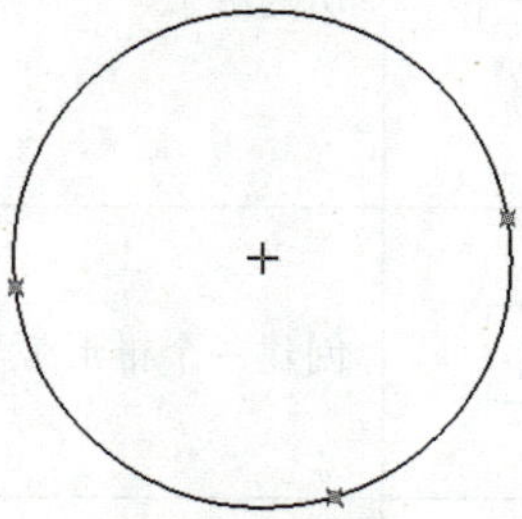
	创建与三个图元相切的圆	拾取三点创建一个圆并与其三点相切	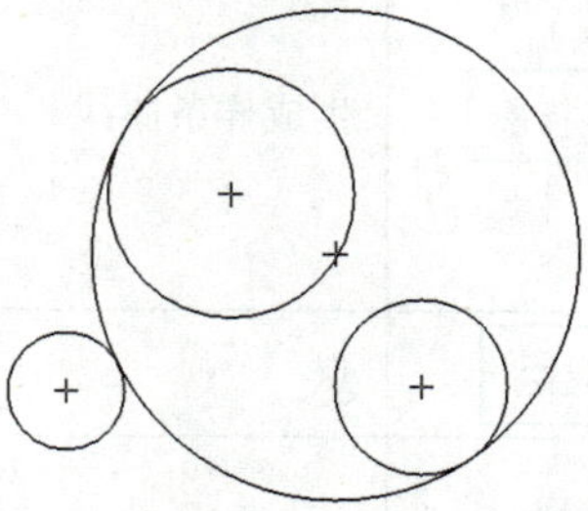
	创建椭圆	通过拾取两点创建椭圆	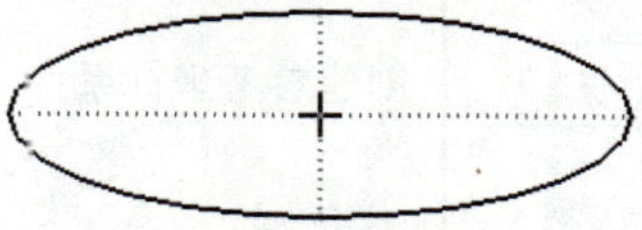
	生成圆弧	通过拾取三点创建圆弧，前两点为圆弧端点，最后一点确定圆弧半径与方向	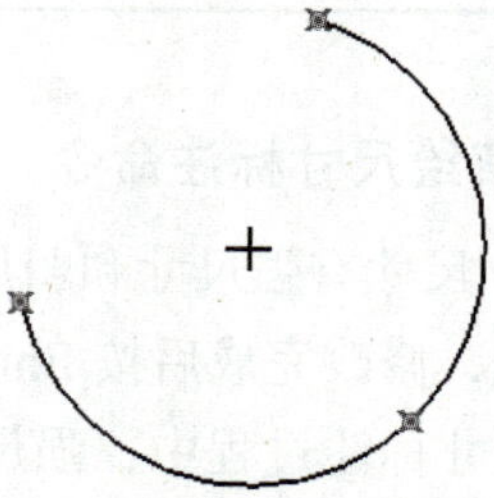

续表

图标	名称	描述	效果展示
弧	创建同心圆弧	通过拾取圆弧边，找到同心圆点，分别确定两个端点即创建圆弧	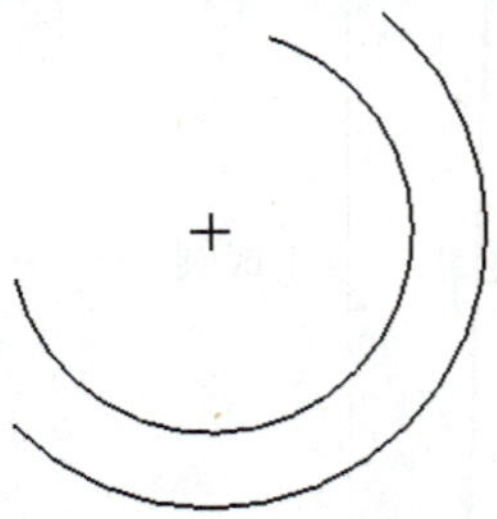
弧	创建圆弧	通过拾取圆弧圆心和端点来确定圆弧	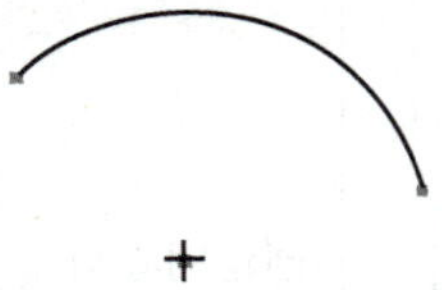
弧	创建与三个图元相切的圆弧	拾取三点创建一个圆弧并与其三点相切	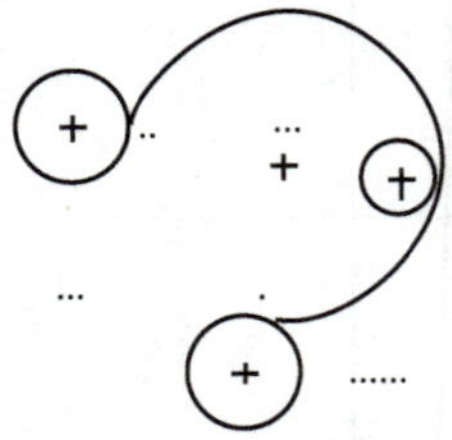
弧	创建一个锥形弧	通过拾取两个端点和另一点来创建锥形弧	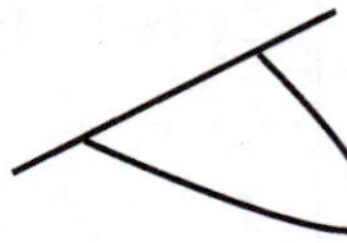
样条	生成样条曲线	通过任意拾取点绘制样条线	
点	点	单击一点创建一个点	
坐标系	创建参考坐标系	单击一点创建一个坐标系	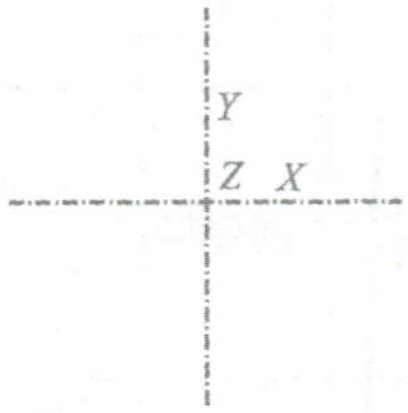

2. 草绘尺寸标注命令

Creo 尺寸有强尺寸和弱尺寸两种：绘图时系统自动生成的尺寸为弱尺寸，呈现灰色；双击该尺寸即可修改，修改完成后按 Enter 键确定，则该尺寸会转变为强尺寸，呈现深色。

在尺寸标注过程中，强尺寸比弱尺寸具有更强的约束力。强尺寸之间不能有冲突，即不能重复标注。强尺寸能被删除，删除后变为弱尺寸。当尺寸标注中出现冲突时，这个问题可以通过删除强尺寸来解决。尺寸标注的两个主要命令按钮功能见表 1-4。

表 1-4　尺寸标注命令按钮功能简介

图标	名称	描述	效果展示
法向	创建定义尺寸	一般轮廓绘制好后，系统自动生成弱尺寸，应用此命令双击弱尺寸，可以将之修改成强尺寸	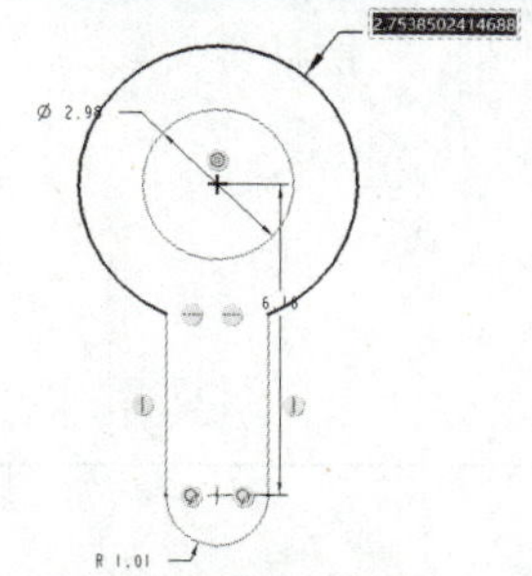
修改	使用修改工具	可应用此命令锁定尺寸大小，进行等比例修改，以免变形	如图 1-9 所示，先选中图 1-9（a），单击【修改】按钮，弹出如图 1-9（b）所示的对话框，将相应尺寸进行修改，生成如图 1-9（c）所示的图形

修改命令操作流程如图 1-9 所示。

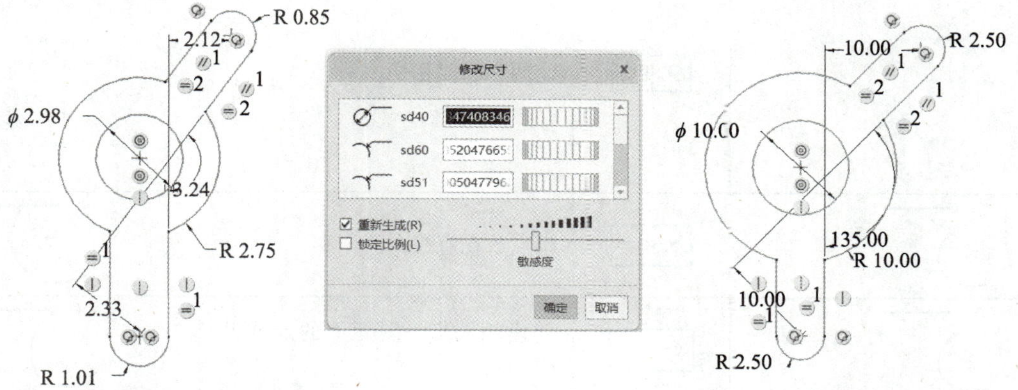

(a) 修改前　(b) 对话框　(c) 修改后

图 1-9　修改命令操作流程

3. 草绘约束命令

几何约束是指草绘对象之间的平行、垂直、共线和对称等几何关系，几何约束可以代替某些尺寸标注，更能反映出设计过程中各草绘对象之间的几何关系。在 Creo 中可以设定智能几何约束，也可以根据需要手动设定几何约束。约束是绘制二维图形非常有效的设计工具，它限制了几何图元之间的几何位置关系。常见的草绘约束命令如图 1-10 所示，草绘约束功能及使用方法见表 1-5。

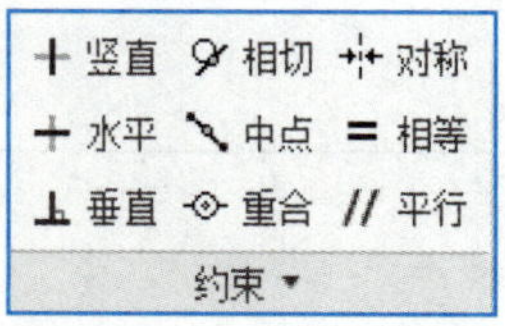

图 1-10　约束命令

表 1-5　草绘约束功能及使用方法

约束前	图标	约束功能	约束后
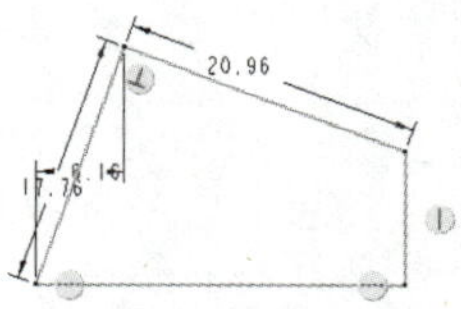	竖直	使直线或两个顶点垂直	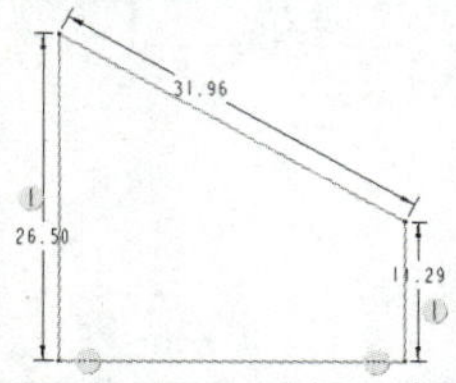

续表

约束前	图标	约束功能	约束后
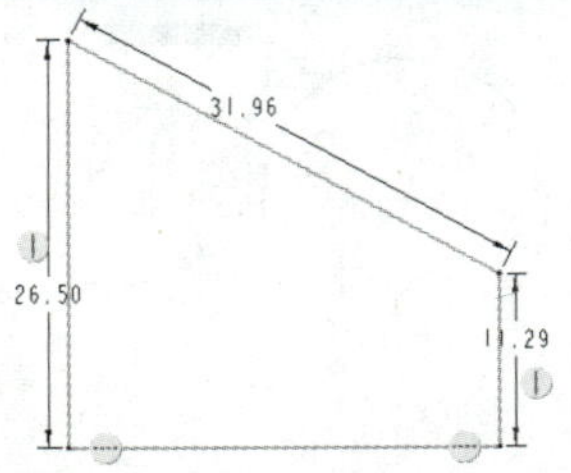	水平	使直线和两个顶点水平	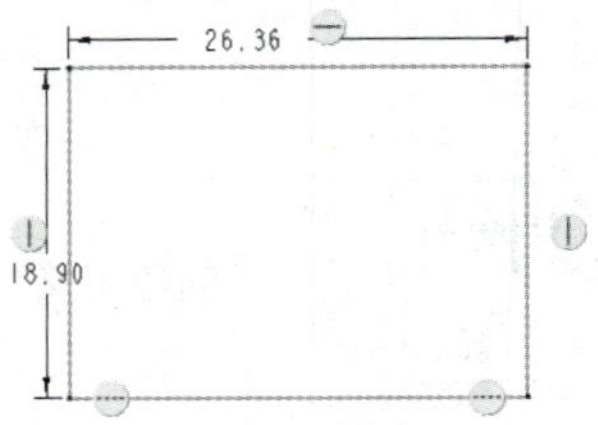
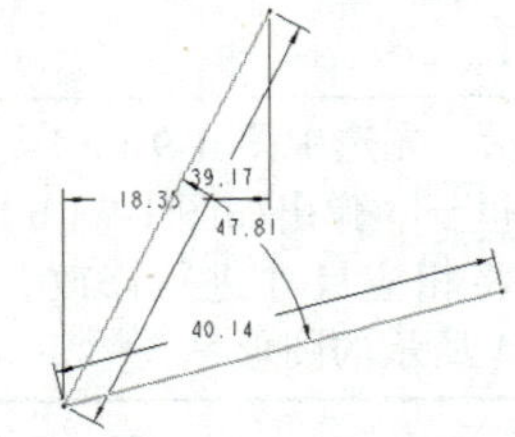	垂直	使两个图元正交	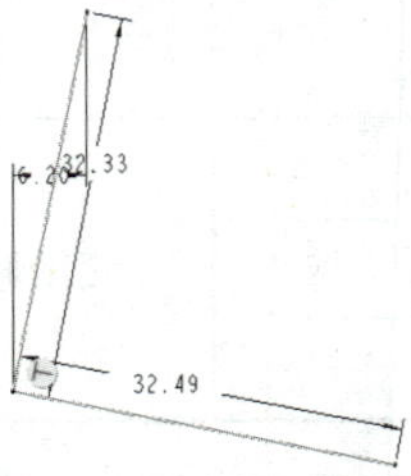
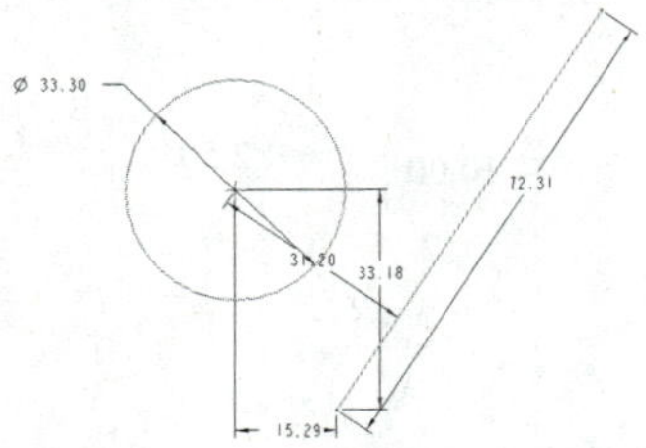	相切	使两个图元相切	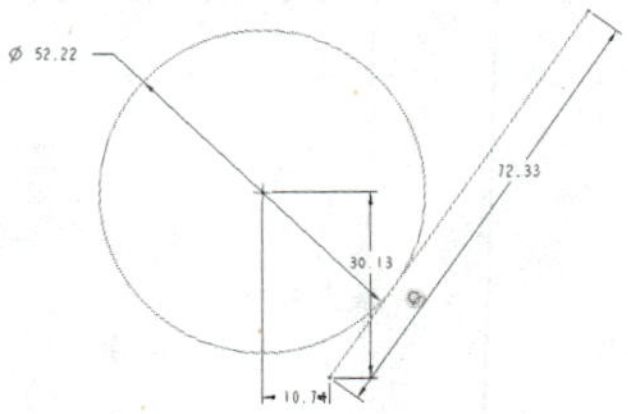
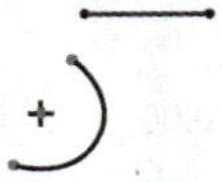	中点	将点放在直线中间	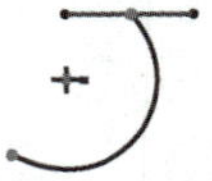
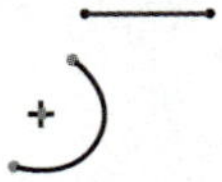	重合	创建相同点、图元上的点或共线约束	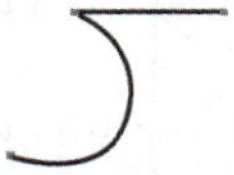
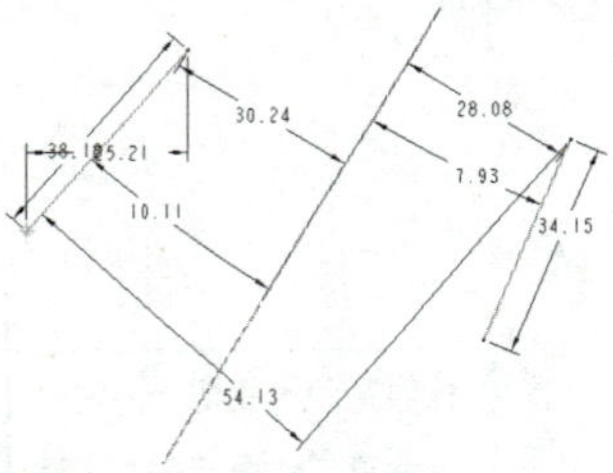	对称	使两个点或顶点关于中心线对称	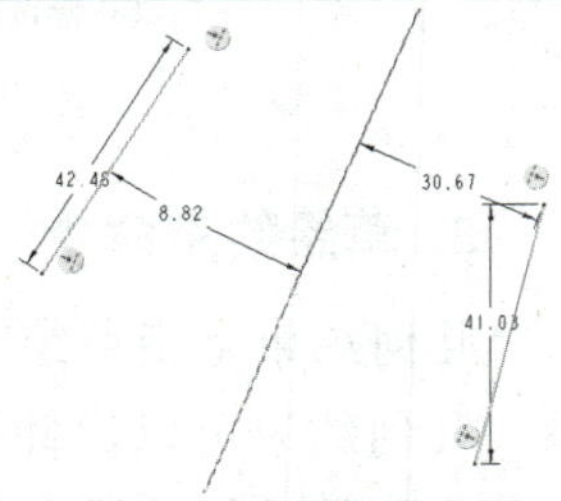
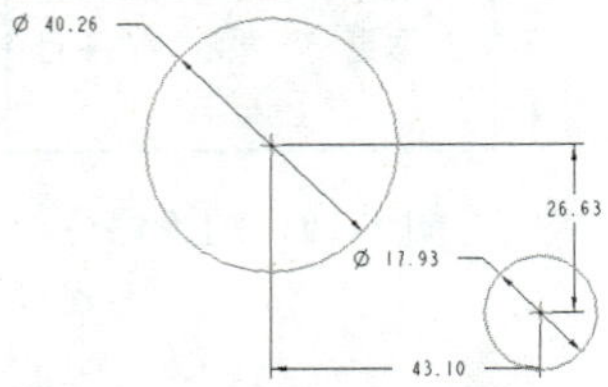	相等	创建等长、等半径或相同曲率的约束	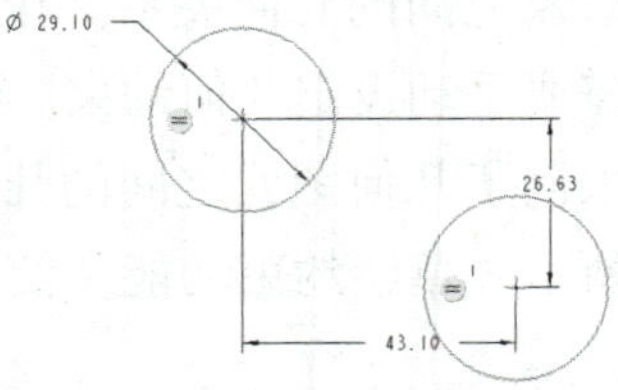
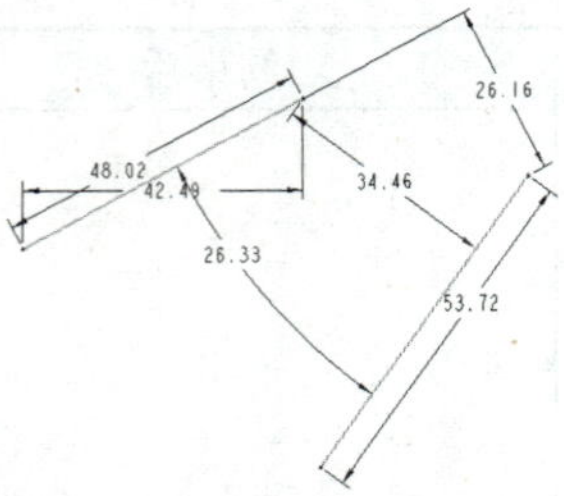	平行	使两条线平行	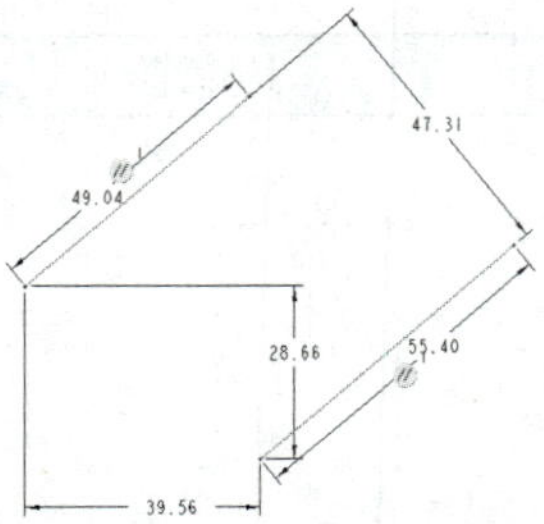

4. 图形编辑命令

图形编辑命令功能及效果见表 1-6。

表 1-6　图形编辑命令功能及效果

图标	名称	功能	效果展示	
	镜像	依据一条中心线将图元镜像到另一侧	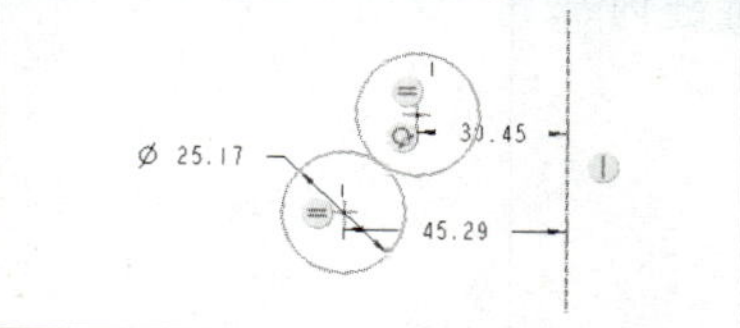	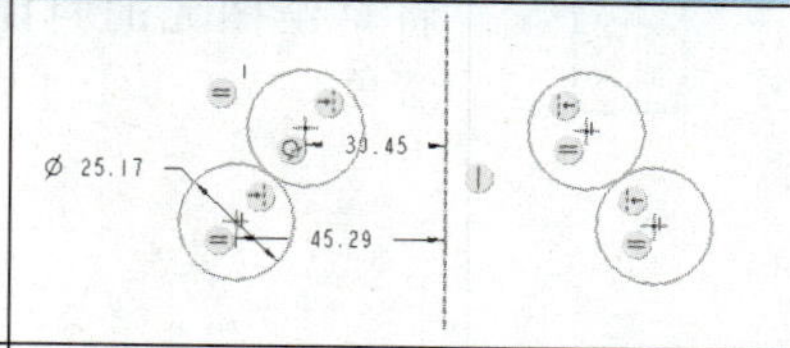
	缩放并旋转选定的图元	选中要旋转的图元或进行缩放和旋转	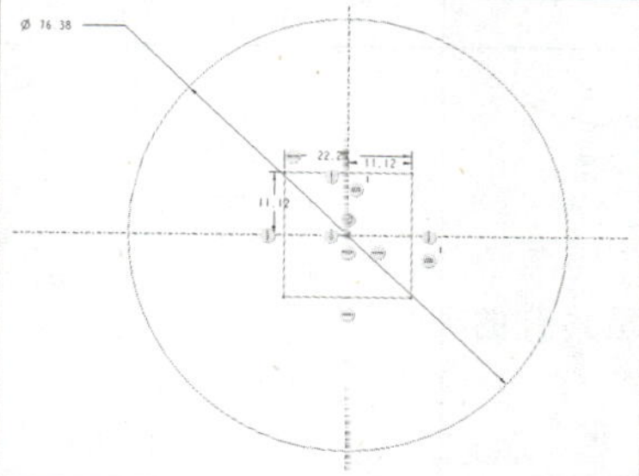	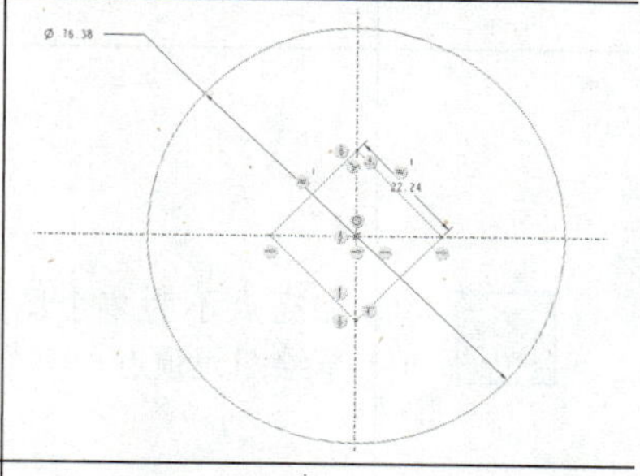
	删除线段	删除选择的线段	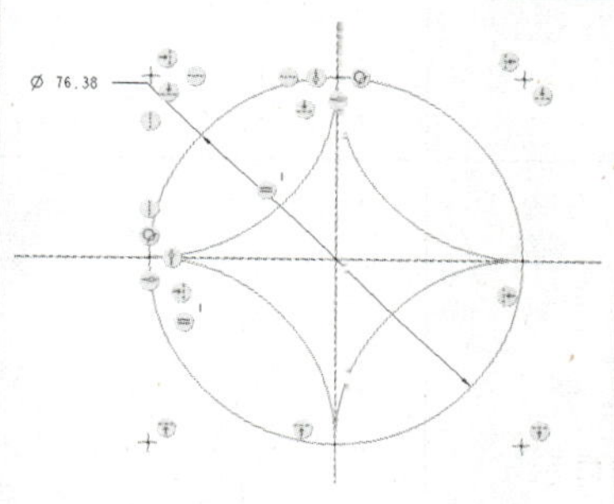	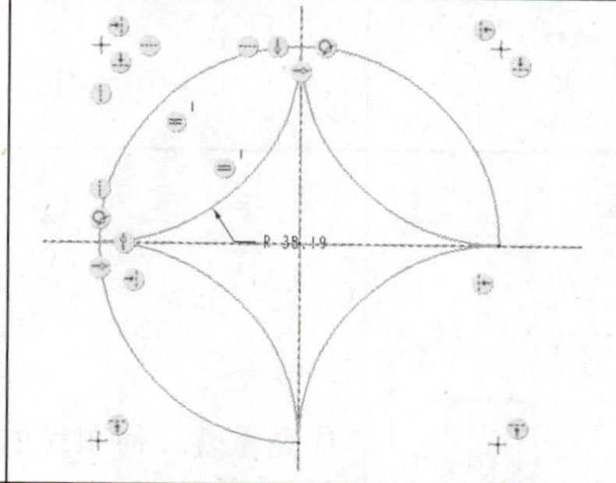
	分割曲线	将一条曲线打断，分割成多条曲线	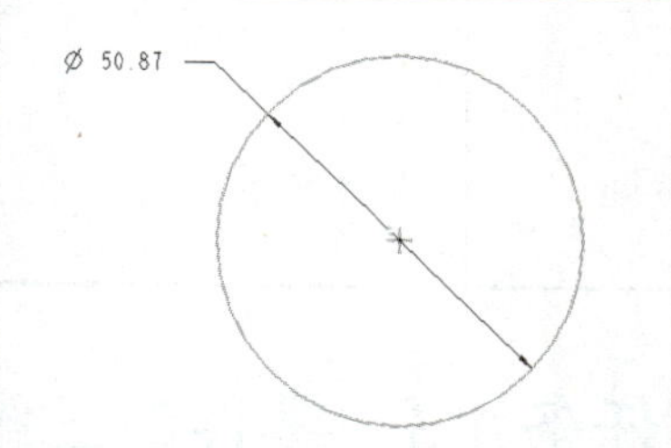	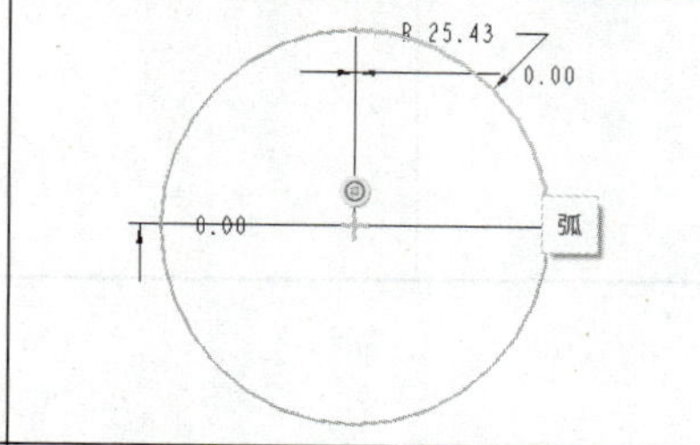
	修剪成一个角	将图元进行延伸，裁剪成一个尖点	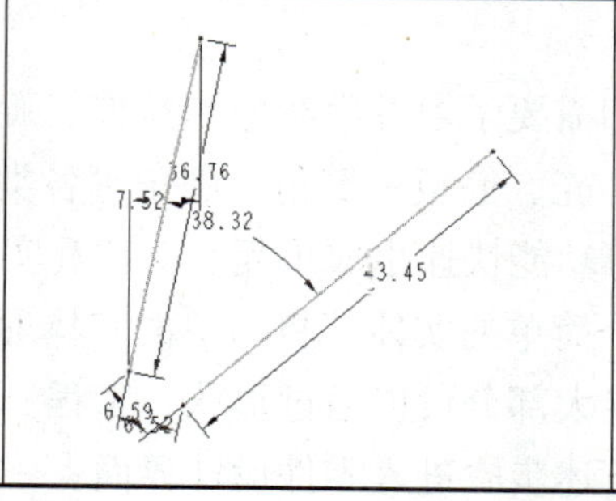	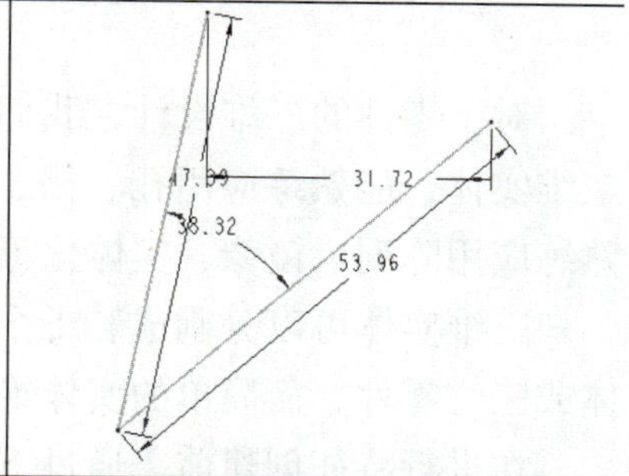

5. 图形检查工具

一般在草图绘制完毕后，都应当进行草图分析，分析其完整性及可用性，方可进行实体造型。这往往也是检查草图是否封闭、分析错误区域的好办法。图形检查工具功能及操作效果见表 1-7。

表 1-7　图形检查工具功能及操作效果

图标	功能	操作前	操作后
	将草绘图元的封闭链内部着色	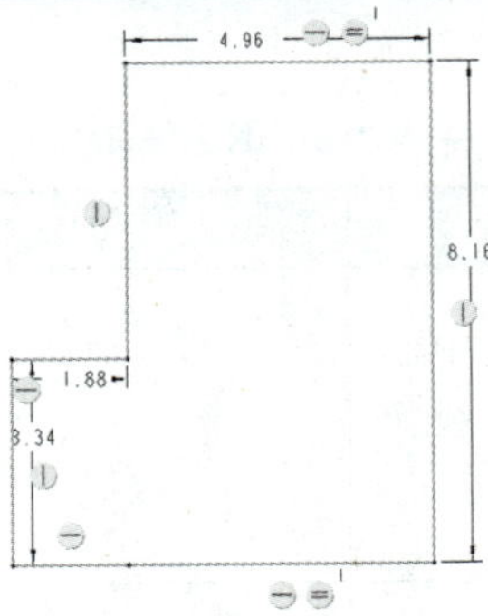	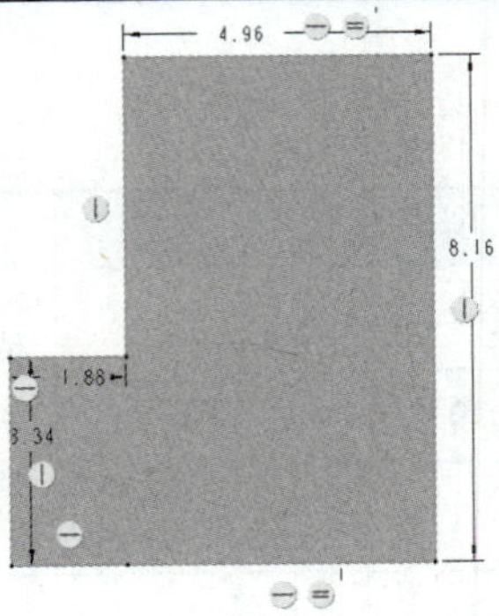
	加亮点不为多个图元共有的草绘图元顶点	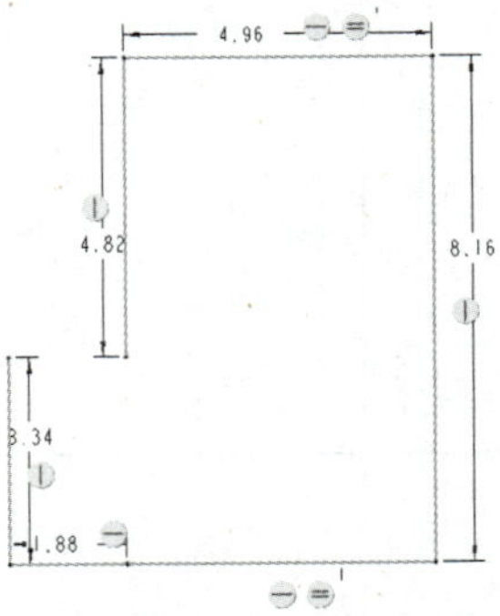	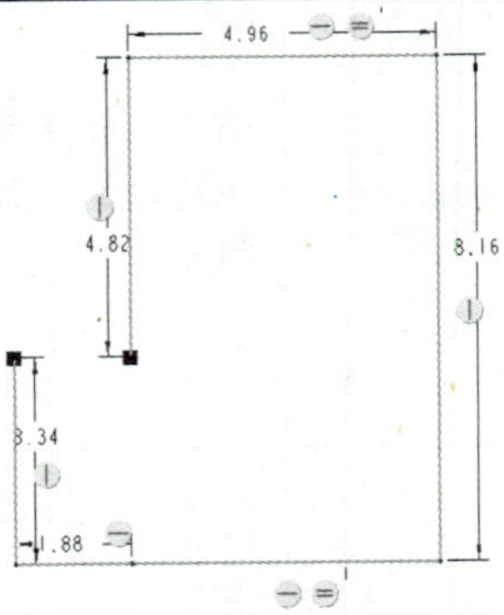
	加亮重叠几何图元的显示	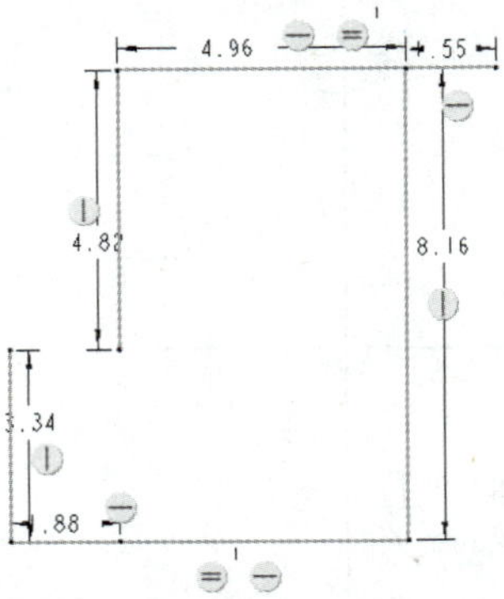	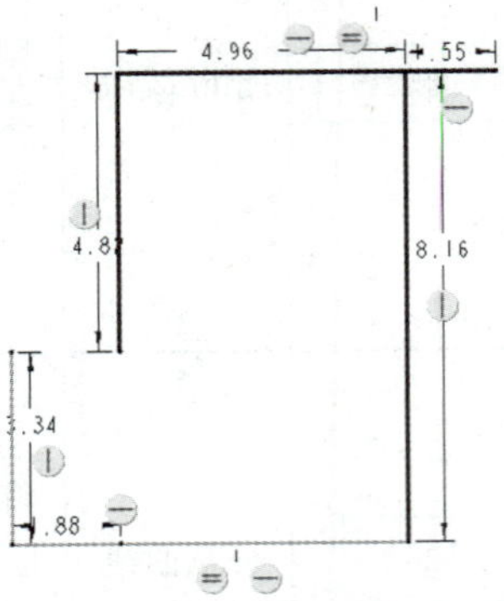

任务 1.3　零件的三维设计

对于零件的三维设计，我们需要学习并熟练应用拉伸、旋转、扫描、混合等基本建模工具来创建三维实体，能熟练应用孔、槽、壳、筋板、倒角、圆角等各类特征设计，以创建复杂的零件结构，并熟练应用阵列、镜像、实体化等功能快速生成重复、对称和实体特征。

三维实体可以分割成若干个简单的实体，将简单的实体通过搭积木的形式拼接在一起形成三维实体或三维零件，而简单的实体绝大部分可以通过形状、工程、编辑等特征创建而成。

在进行特征创建前，通过下述步骤进入零件设计界面：

（1）单击【文件】→【新建】命令，打开【新建】对话框，如图 1-11 所示。

（2）在【文件名】框中，键入“gear”作为零件名。

（3）不勾选【使用默认模板】复选框。

（4）单击【确定】按钮，打开【新文件选项】对话框，如图 1-12 所示。

（5）在【模板】下，选择“mmns_part_solid_abs”。

（6）单击【确定】按钮。

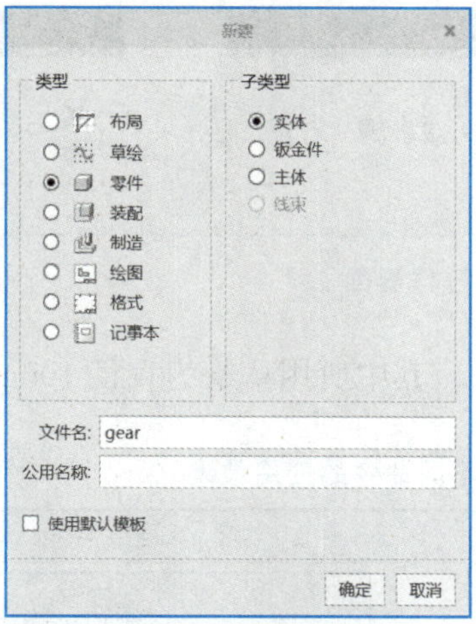

图 1-11　【新建】对话框

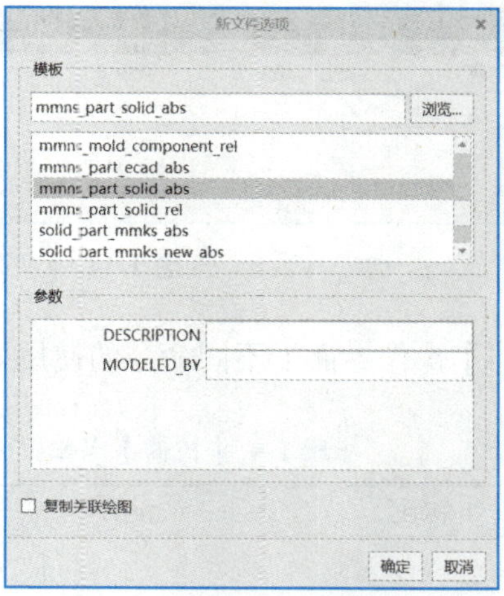

图 1-12　【新文件选项】对话框

零件设计界面如图 1-13 所示，在此界面可完成形状、工程、编辑等特征的创建。

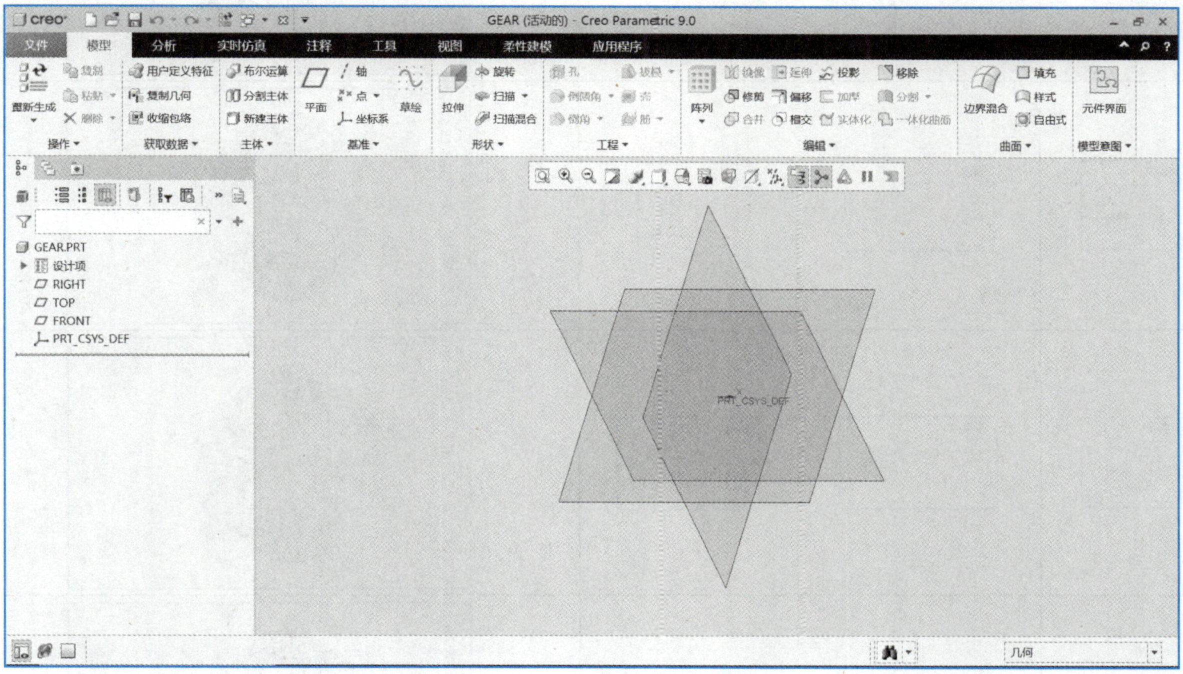

图 1-13　零件设计界面

1.3.1　形状特征的创建

1. 拉伸特征的创建

拉伸是指将垂直于草绘平面的二维草绘平移预定义距离或平移到指定参考位置。使用【拉伸】工具来创建实体或曲面特征，并添加或移除材料。可通过以下几种方法激活【拉伸】工具：

（1）在如图 1-13 所示的零件设计界面中，选择【拉伸】命令并创建一个要拉伸的草绘。

（2）选择已有草绘，然后单击【模型】→【拉伸】命令。

（3）选择一个基准平面或创建一个平面进行草绘，然后单击【模型】→【拉伸】命令。【拉伸】操作界面如图 1-14 所示。

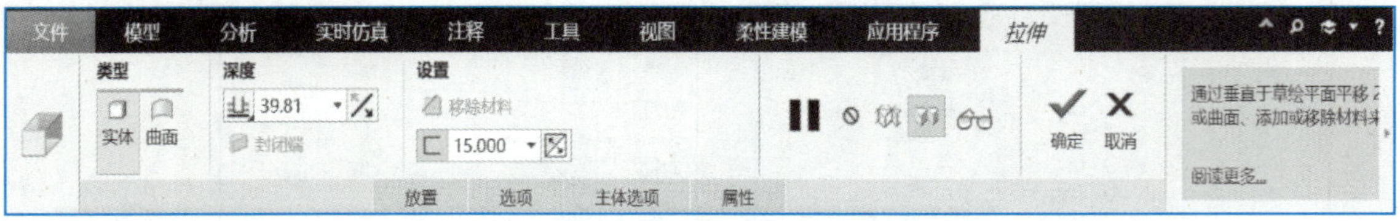

图 1-14 【拉伸】操作界面

表 1-8 为【拉伸】操作界面下不同命令的使用效果，其中所用草绘为直径 100mm 的圆形。

表 1-8 【拉伸】操作界面下不同命令的使用效果

类型	深度	设置	效果展示
	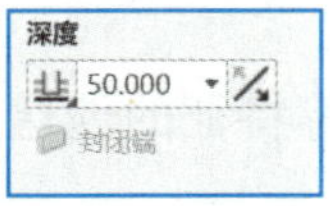	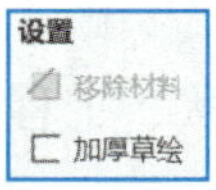	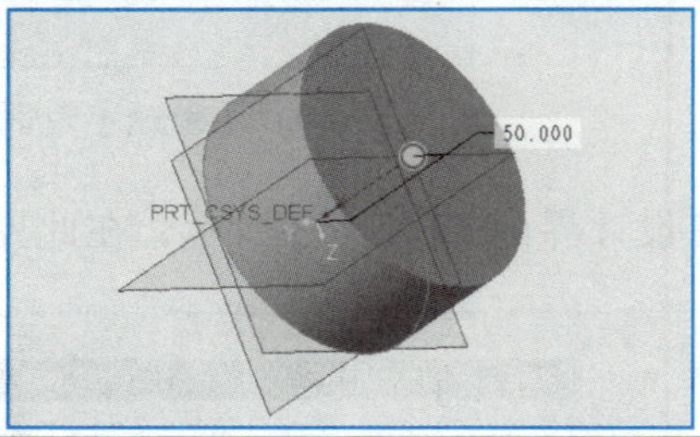
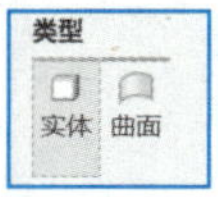	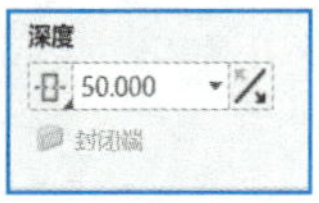		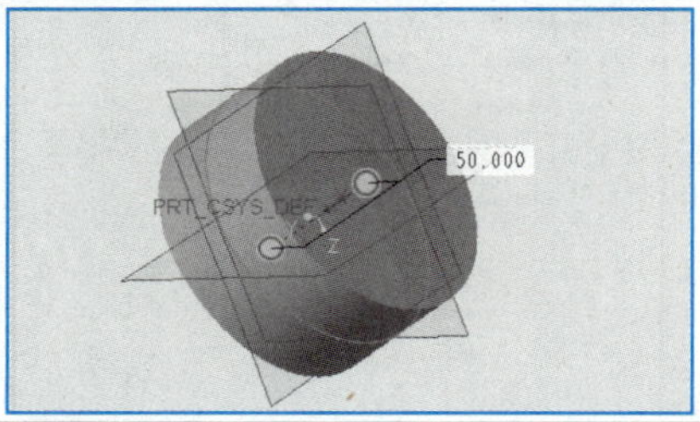
		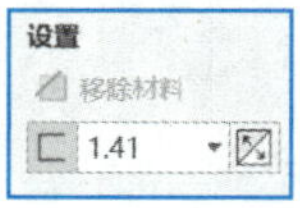	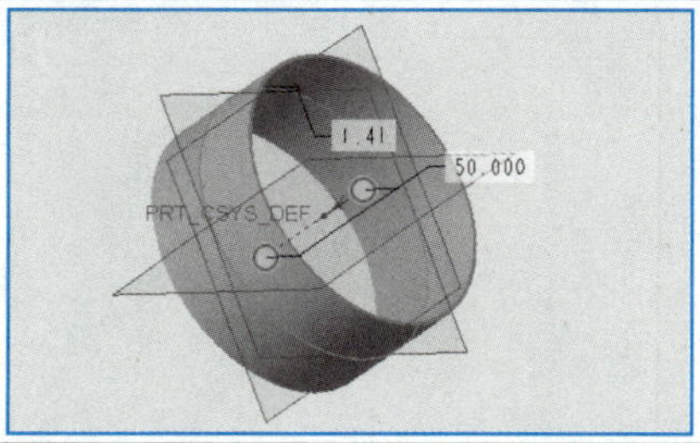
	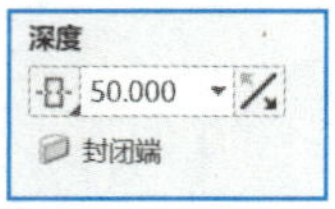	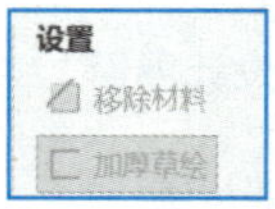	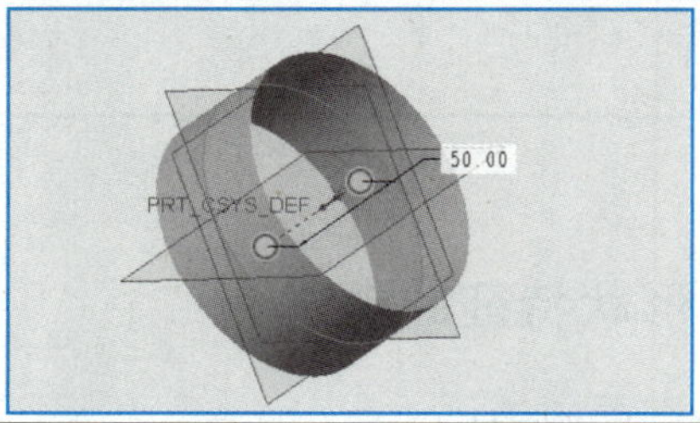
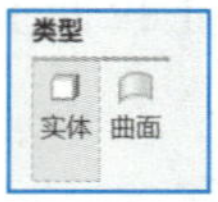		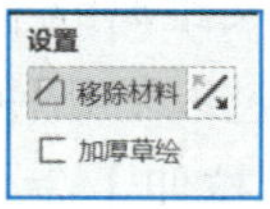	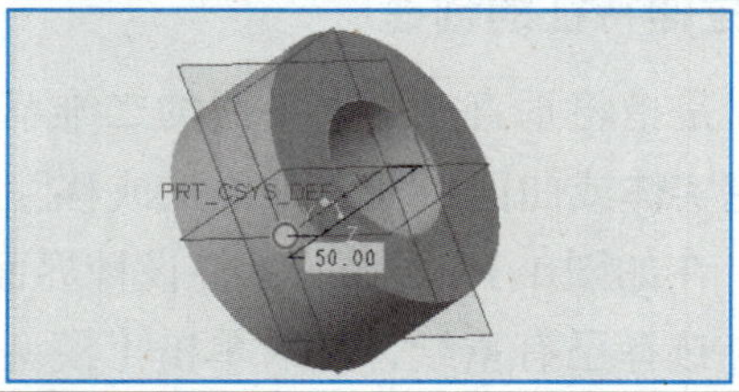

2. 旋转特征的创建

旋转是指绕中心线旋转草绘截面。使用【旋转】工具来创建实体或曲面特征，并添加或移除材料。【旋转】工具的激活方法与【拉伸】工具相同，这里不再赘述。【旋转】操作界面如图 1-15 所示。图 1-16（a）为零件草图，图 1-16（b）为截面围绕旋转轴 360°生成的零件实体。

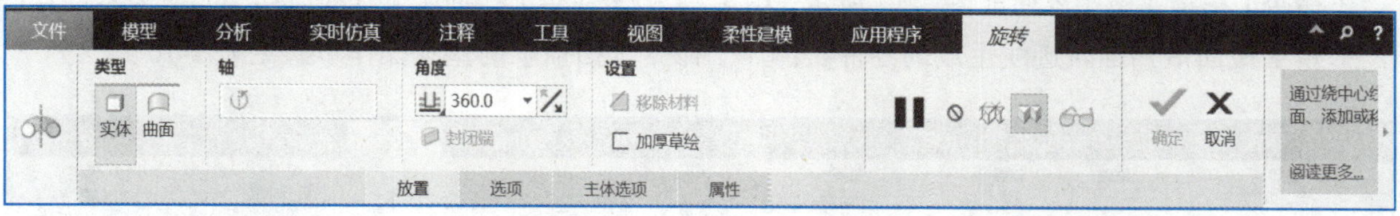

图 1-15 【旋转】操作界面

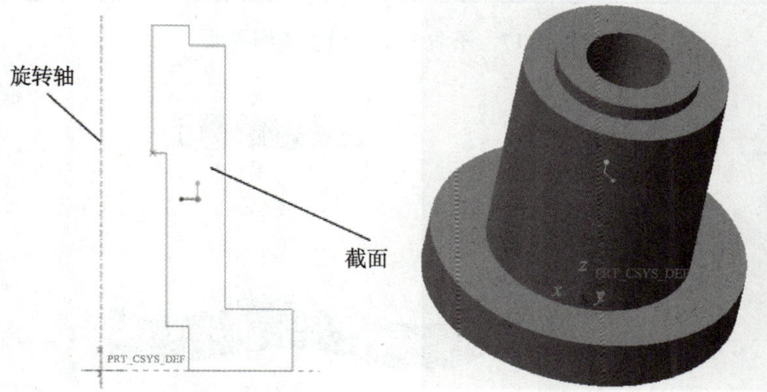

图 1-16 【旋转】工具应用

【旋转】操作界面下不同命令的使用解释见表 1-9。

表 1-9 【旋转】操作界面下不同命令的使用解释

工具栏	命令细分	名称	命令解释
类型		实体	创建实体特征
		曲面	创建曲面特征
轴		轴	显示包含旋转轴的草绘
角度		可变	从草绘平面以指定角度值旋转截面。在角度值框中设置角度值 360.0
		对称	以草绘平面为对称面，旋转草绘截面到指定度数。在角度值框中设置角度值 360.0
		到参考	将截面旋转至选定点、平面或曲面
		反向	将旋转的角度方向反向至草绘平面的另一侧
		封闭端	类型为“ ”时，选择“ ”，截面闭合
设置		移除材料	沿螺旋扫描移除材料，以便为实体特征创建切口或为曲面特征创建面组修剪
		加厚草绘	为草绘添加厚度以创建薄实体、薄实体切口或薄曲面修剪

3. 扫描特征的创建

扫描是指通过沿轨迹扫描二维截面作为实体或曲面、添加或移除材料来创建三维几何，或者扫描三维对象来移除材料。【扫描】根据轨迹是二维还是三维分为两个子命令，即【扫描】和【螺旋扫描】。这里只介绍子命令【扫描】。

子命令【扫描】操作界面如图 1-17 所示。图 1-18 为子命令【扫描】工具的应用，上图为零件草图，下图为草绘截面沿扫描轨迹线生成的零件实体。子命令【扫描】的基本操作步骤见表 1-10。

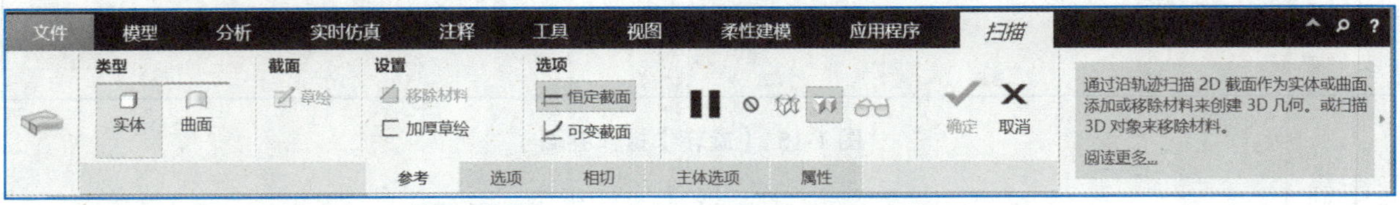

图 1-17　子命令【扫描】操作界面

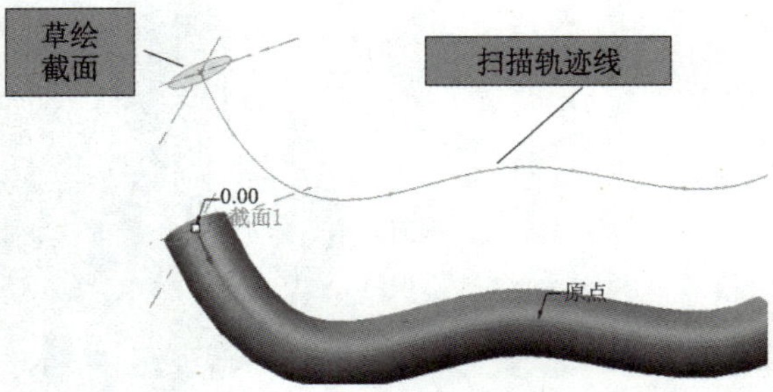

图 1-18　子命令【扫描】工具的应用

表 1-10　子命令【扫描】的基本操作步骤

序号	步骤	命令	命令使用效果
1	轨迹线草图绘制，并保存		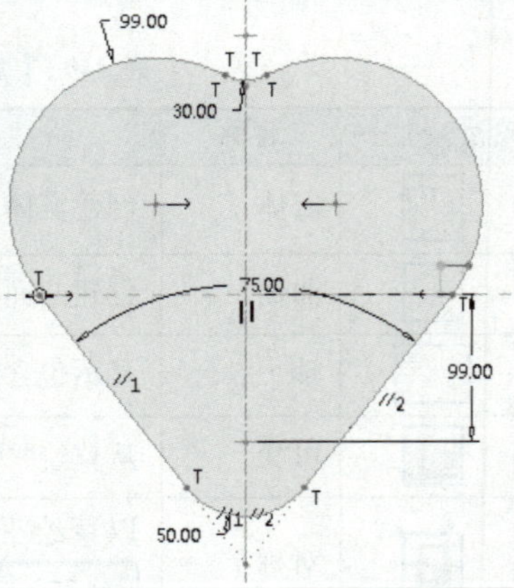
2	进入子命令【扫描】界面	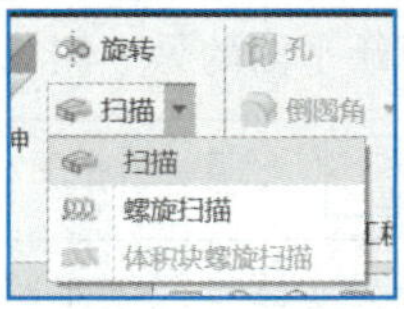	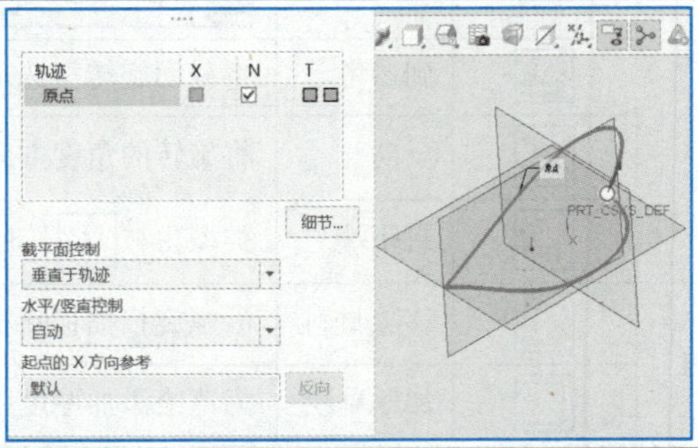

续表

序号	步骤	命令	命令使用效果
3	从【截面】处进入草绘，绘制截面	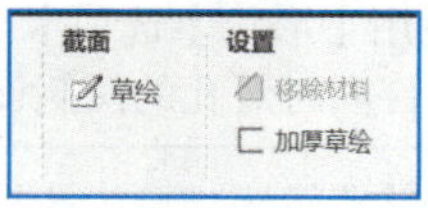	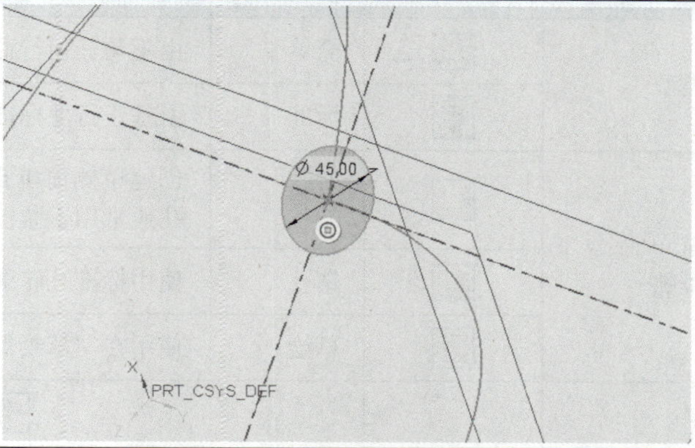
4	单击【确定】按钮	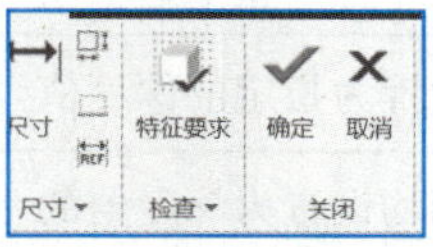	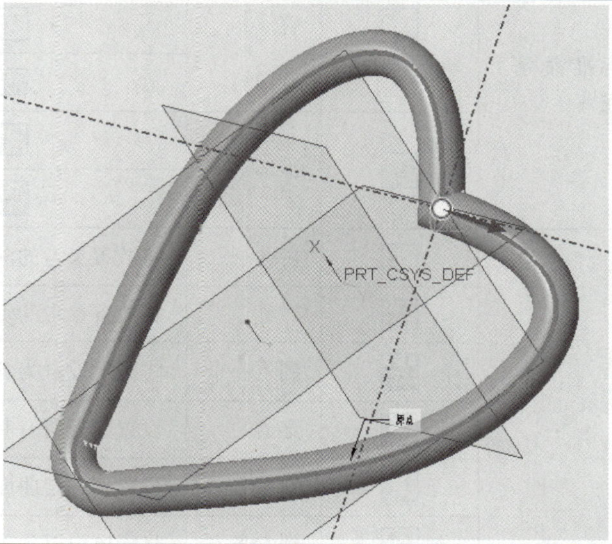

1.3.2　工程特征的创建

1. 孔特征的创建

利用【孔】工具向模型添加简单孔、自定义孔和工业标准孔。通过定义放置参考、偏移参考、可选孔方向参考以及孔的特征来添加孔。

【孔】操作界面如图 1-19 所示。

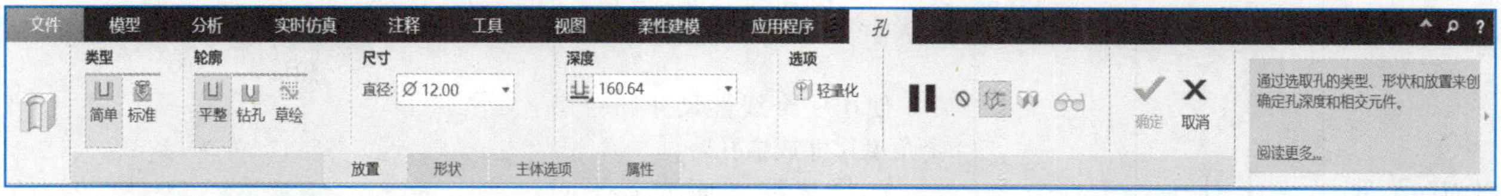

图 1-19 【孔】操作界面

表 1-11 为【孔】操作界面下不同命令的使用解释。

表 1-11 【孔】操作界面下不同命令的使用解释

工具栏	命令细分	名称	命令解释	
类型		简单	由不与任何行业标准直接关联的拉伸或旋转切口组成	
		标准	由基于行业标准紧固件图表的旋转切口组成	
简单命令下轮廓		平整	创建单侧简单孔；使用【形状】选项卡来创建双侧简单直孔。双侧简单孔通常用于装配，允许同时对孔的两侧设置格式	
		钻孔	使用标准孔轮廓作为钻孔轮廓，可为孔指定沉头孔、沉孔和尖端角	
		草绘	使用在“草绘器”中创建的草绘轮廓	
标准命令下轮廓		直		创建螺纹孔
				创建不带螺纹的钻孔
				创建间隙孔
		锥形		添加沉头孔
				添加沉孔
深度		盲孔	将放置参考的深度设置为指定的深度值	
		对称	将放置参考的每一侧均设置为深度值的一半	
		到下一个	将深度设置为到实体的下一个曲面	
		穿透	设置穿透所有曲面的深度	
		穿至	设置到选定曲面的深度	
		到参考	将深度设置为到选定点、曲线、平面、曲面、面组或主体	
选项		轻量化	设置孔的轻量化标识以提高性能	
放置→类型		线性	使用两个线性尺寸在面上放置孔。 选择基准平面或平面、圆柱或圆锥实体曲面作为主放置参考时可用	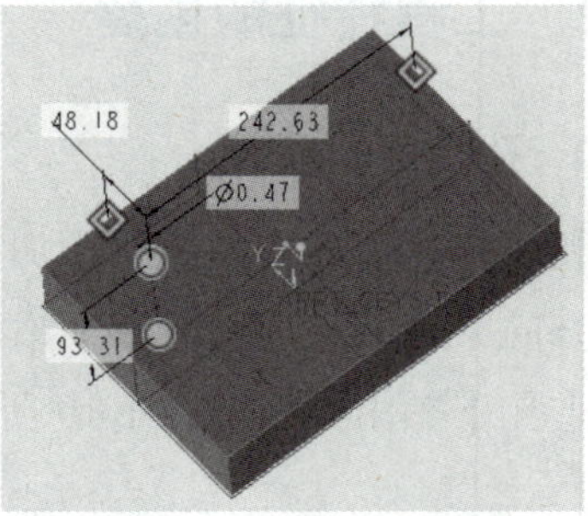
放置→类型		径向	使用一个线性尺寸和一个角度尺寸放置孔。 选择基准平面或者平面、圆柱或圆锥实体曲面作为主放置参考时可用	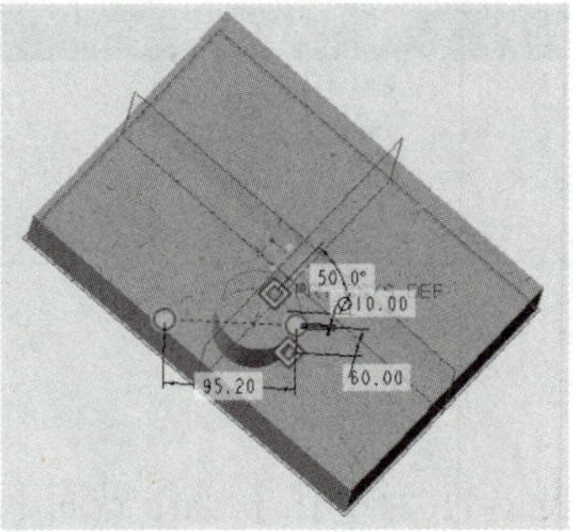

续表

工具栏	命令细分	名称	命令解释	
放置→类型		直径	通过绕直径参考旋转孔来放置孔。 选择平面实体曲面或基准平面作为主放置参考时可用	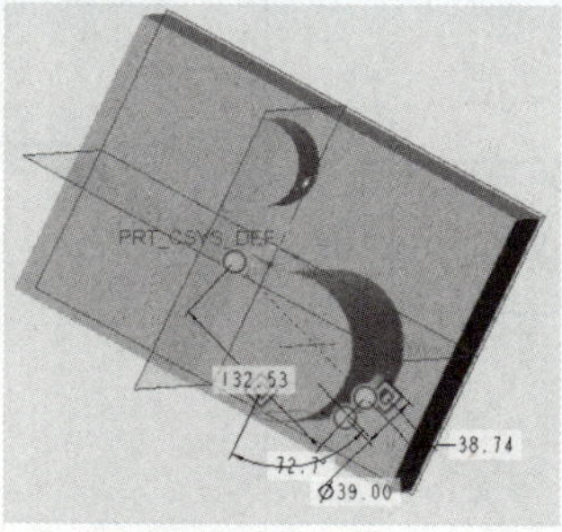
放置→类型		同轴	在轴与曲面的相交处放置孔	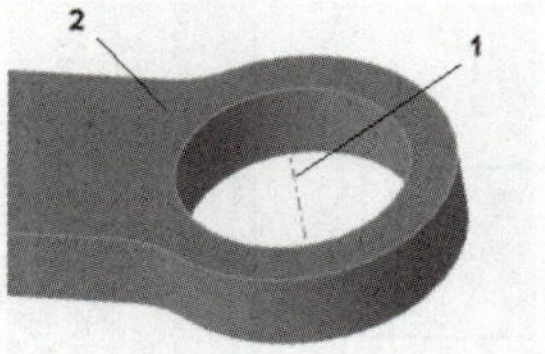 1—基准轴；2—曲面
放置→类型		点上	将孔与基准点对齐	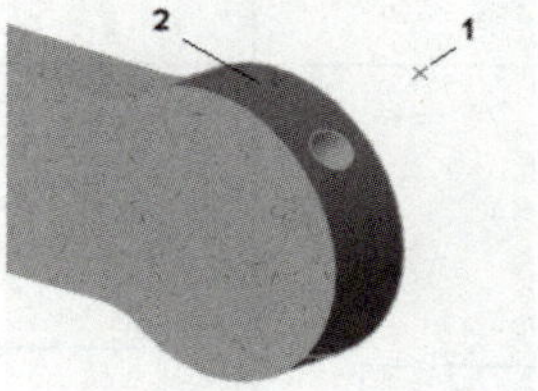 1—基准点；2—曲面
放置→类型		草绘	在单个孔特征内放置多个孔	将孔放置在草绘点
				将孔放置在草绘线的端点
				将孔放置在草绘线的中点

2. 倒圆角特征的创建

【倒圆角】用于在各条边的公共原始曲面间创建一个倒圆角曲面来替换边。【倒圆角】操作界面如图 1-20 所示。表 1-12 为【倒圆角】操作界面下不同命令的使用效果。

3. 倒角特征的创建

【倒角】分为两个子命令：【边倒角】和【拐角倒角】。

【边倒角】用于在各条边的公共原始曲面间创建一个斜削曲面来替换边，其操作界面如图 1-21 所示。图 1-22 为【边倒角】的基本操作效果。表 1-13 为【边倒角】操作界面下不同命令的解释。

【拐角倒角】用于在各个拐角的公共原始曲面间创建一个斜削曲面来替换拐角，其操作界面如图 1-23 所示。图 1-24 为【拐角倒角】的使用效果。

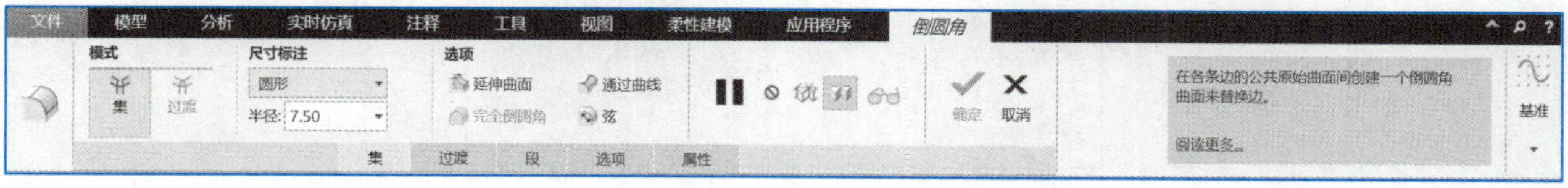

图 1-20 【倒圆角】操作界面

表 1-12 【倒圆角】操作界面下不同命令的使用效果

模式	尺寸标注	参考	效果展示
		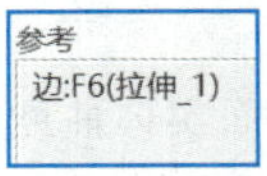	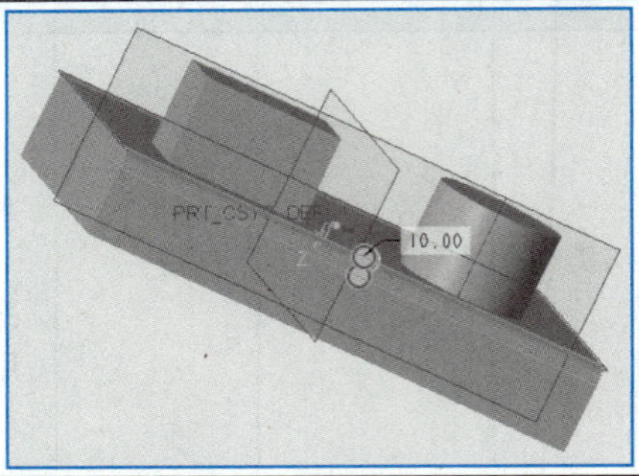
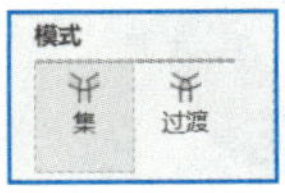	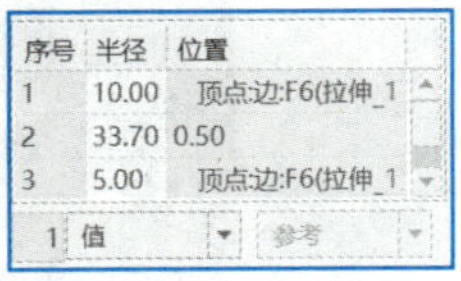	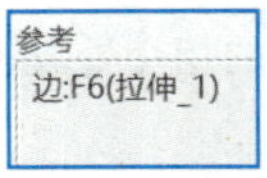	
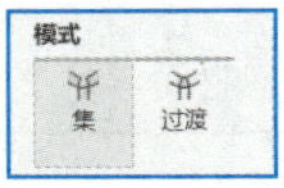	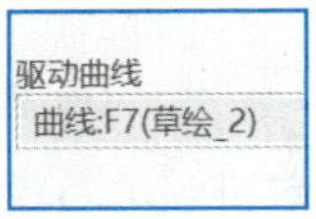	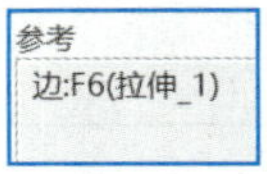	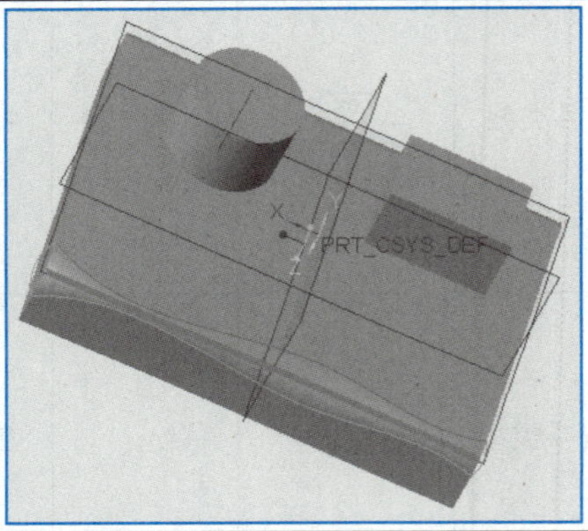

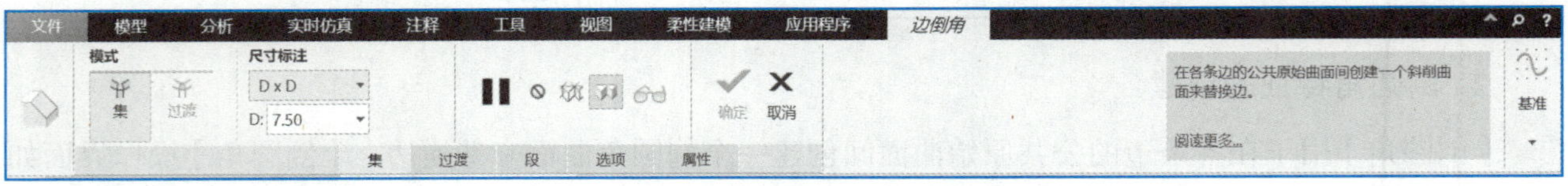

图 1-21 【边倒角】操作界面

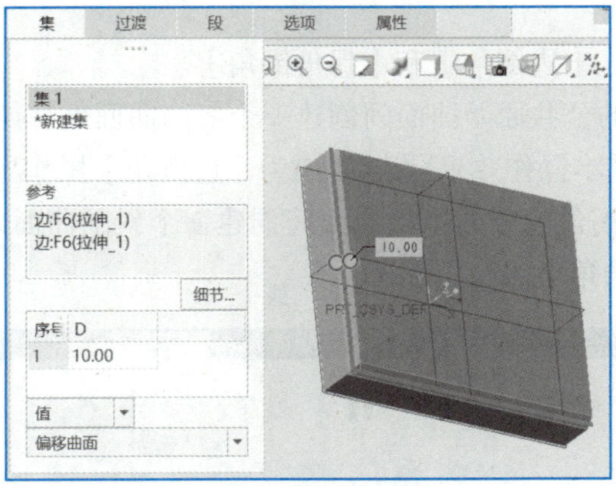

图 1-22 【边倒角】的基本操作效果

表 1-13 【边倒角】操作界面下不同命令的解释

模式	尺寸标注	命令解释
	D×D	在各曲面上与边相距 D 处创建倒角
	D1×D2	在一个曲面上距选定边 D1、在另一个曲面上距选定边 D2 处创建倒角
	角度×D	创建一个倒角，它距相邻曲面的选定边的距离为 D，与该曲面的夹角为指定角度（Angle）
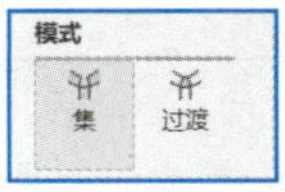	45×D	创建一个倒角，它与两个曲面都成 45°，且与各曲面上的边的距离为 D。此标注方案仅适用于使用 90°曲面的倒角
	O×O	在与各曲面上的边之间的偏移距离为 O 处创建倒角。仅当 D×D 不可用时，默认情况下才会选择此选项；只有当使用“偏移曲面”创建方法时，此方案才可用
	O1×O2	在一个曲面上距选定边的偏移距离为 O1、在另一个曲面上距选定边的偏移距离为 O2 处创建倒角。只有当使用“偏移曲面”创建方法时，此方案才可用

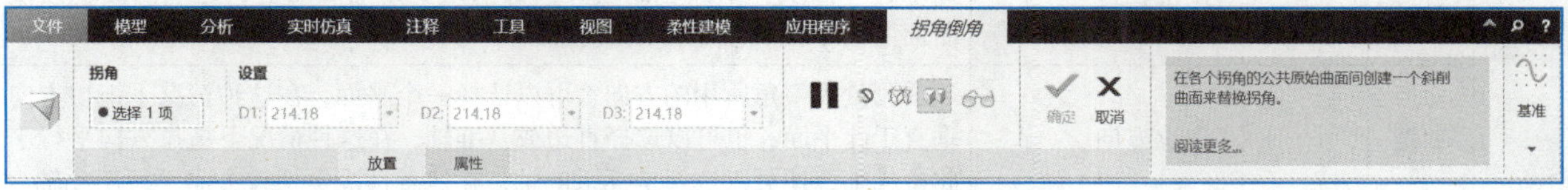

图 1-23 【拐角倒角】操作界面

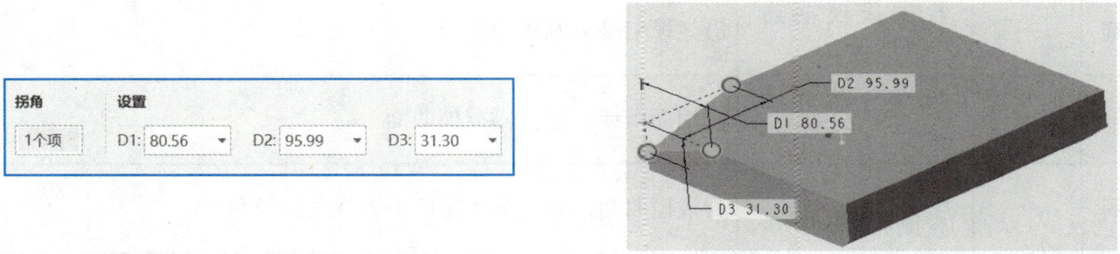

(a) 设置　　(b) 效果展示

图 1-24 【拐角倒角】的使用效果

4. 拔模特征的创建

【拔模】用于向单独曲面或一系列曲面中添加一个在–89.9°和+89.9°之间的拔模角度。用户可以对任何平面曲面、圆柱面、列表柱面、圆锥或直纹曲面进行拔模，但垂直于拖拉方向的面除外。要访问【拔模】特征，可单击【模型】→【拔模】命令。【拔模】分为两个子命令，即【拔模】和【可变拖拉方向拔模】。其中，子命令【拔模】使用范围更广，故这里对其重点进行介绍。子命令【拔模】操作界面如图 1-25 所示。表 1-14 为子命令【拔模】不同命令的解释。

子命令【拔模】的典型操作如下：在选项卡【参考】中单击【拔模曲面】选项框，用鼠标选择一个实体或多个实体侧面作为拔模曲面，如图 1-26 中①、②所示，单击【拔模枢轴】选项框（③处），选取实体④处边线作为拔模枢轴；单击【拖拉方向】选项框（⑤处），选取实体底面（⑥处），其曲面方向作为拖拉方向，生成如图 1-26 所示的拔模实体。

图 1-25 子命令【拔模】操作界面

表 1-14　子命令【拔模】不同命令的解释

工具	类别	细分	名称	命令解释
命令	参考		拔模曲面	显示来自单个主体或单个面组的拔模曲面；可以对平面曲面、圆柱面、列表柱面、圆锥或直纹曲面进行拔模，但垂直于拖拉方向的面除外
	参考		拔模枢轴	显示边、曲线、平面、面组、倒圆角或倒角曲面的链，这些曲面绕拔模曲面上的中性线或中性曲线旋转
	选项		传播拔模曲面	自动将拔模传播到与选定拔模曲面相切以及平行的曲面
	选项		保留内部倒圆角	将内部倒圆角曲面保留为倒圆角。它们将不进行拔模
选项卡	参考	—	拔模曲面	显示来自单个主体或单个面组的拔模曲面；可以对平面曲面、圆柱面、列表柱面、圆锥面或直纹曲面进行拔模，但垂直于拖拉方向的面除外
	参考	—	拔模枢轴	显示边、曲线、平面、面组、倒圆角或倒角曲面的链，这些曲面绕拔模曲面上的中性线或中性曲线旋转
	参考	—	拖拉方向	显示测量拔模角所用的方向。可以选择一个平面，在这种情况下拖拉方向垂直于此平面；也可以选择直边或基准轴，在这种情况下拖拉方向平行于此边或轴；还可以选择坐标系的轴，在这种情况下拖拉方向平行于此轴
	分割	—	不分割	不分割拔模曲面。整个曲面绕拔模枢轴旋转
	分割	—	根据拔模枢轴分割	沿拔模枢轴分割拔模曲面
	分割	—	根据分割对象分割	使用面组或草绘分割拔模曲面
	分割	—	侧选项：独立拔模侧面	为拔模曲面的每一侧指定两个独立的拔模角
	分割	—	侧选项：从属拔模侧面	指定一个拔模角，第二侧以相反方向拔模。此选项仅在拔模曲面以拔模枢轴分割或使用两个枢轴分割拔模时可用
	分割	—	侧选项：只拔模第一侧	仅拔模曲面的第一侧面（由分割对象的正拖拉方向确定），第二侧面保持中性位置。此选项不适用于使用两个枢轴的分割拔模
	分割	—	侧选项：只拔模第二侧	仅拔模曲面的第二侧面，第一侧面保持中性位置。此选项不适用于使用两个枢轴的分割拔模
	角度	—	恒定拔模	包含带拔模角度值的“角度 1”框的行
	角度	—	可变拔模	每个附加拔模角度的附加行
	角度	—	带独立拔模侧面的分割拔模（恒定和可变）	每行均包含一个“角度 1”框和一个“角度 2”框
	选项	—	排除环	显示要从拔模曲面排除的轮廓；仅在选定曲面包含多个环时可用
	选项	—	排除拔模区域	可从拔模特征中排除掉拔模曲面和拖拉方向之间的角度大于或等于拔模角度的区域。适用于以下情况：拔模曲面不平行于拖拉方向、至少部分拔模曲面和拖拉方向之间的角度大于或等于拔模角
	选项	—	创建倒圆角/倒角几何	对于与倒圆角或倒角连接的几何，会在连接拔模几何后重新创建倒圆角或倒角
	选项	—	延伸相交曲面	在边有外伸的情况下，尝试延伸拔模，使之与模型的相邻曲面相接触；如果拔模不能延伸到相邻的模型曲面，则模型曲面会延伸到拔模曲面中

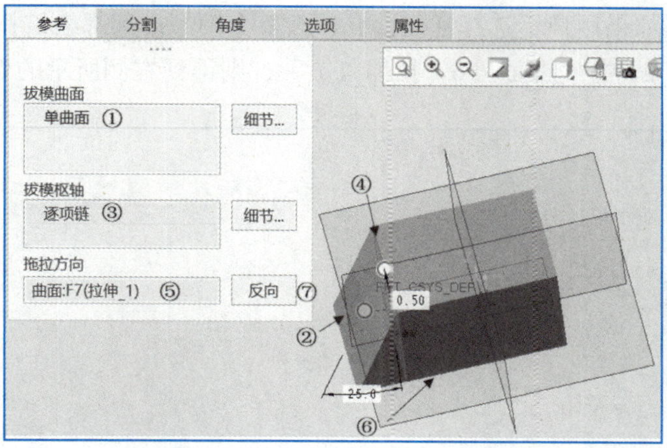

图 1-26　子命令【拔模】的使用效果

进一步地，为了满足设计需求，可以借助【分割】选项卡定义分割面，以及零件不同位置的拔模属性，如图 1-27 所示。可将拔模枢轴定义为基准平面，在【分割选项】中选取【根据拔模枢轴分割】，在【侧选项】中选择【独立拔模侧面】，这样就创建了两个独立的拔模面，并在【角度】选项框中定义“角度 1”和“角度 2”。

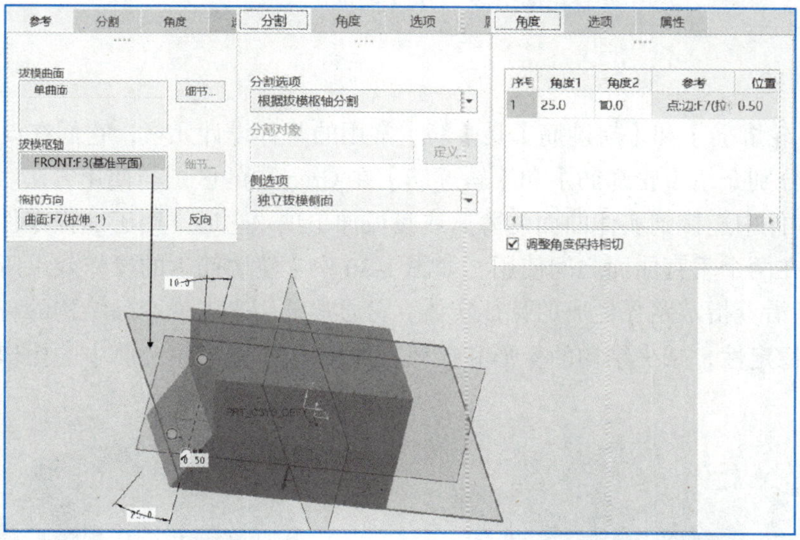

图 1-27　【分割】选项卡使用

5. 壳特征的创建

【壳】特征可将实体内部掏空，只留一个特定壁厚的壳。用户可选择要从壳中移除的曲面。如果未选择要移除的曲面，则会创建一个“封闭”壳，并将主体的整个内部掏空，且内部无开口。【壳】操作界面如图 1-28 所示。

图 1-28　【壳】操作界面

【壳】操作界面下，如果用户不选择任何面，那么整个模型内部都会被掏空。如果在【移除曲面】处选择指定曲面，如图 1-29 中“曲面：F6（拉伸_1）”，则得到右侧所示的效果。

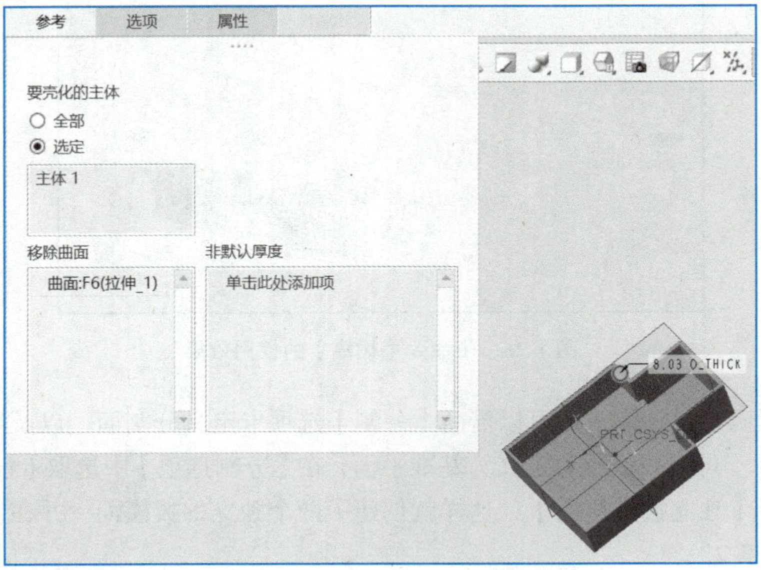

图 1-29 【壳】的操作效果

6. 筋特征的创建

在 Creo 中，【轮廓筋】和【轨迹筋】是【筋】常用的两种设计元素，它们在设计过程中起着十分重要的作用。下面分别介绍【轮廓筋】和【轨迹筋】在 Creo 中的区别与使用方法。

【轮廓筋】是零件中连接到实体曲面的薄翼或腹板伸出项。它通常用于加强零件，并防止出现非预期折弯。它们通常在两个垂直曲面之间使用，如图 1-30 中【轮廓筋】的操作效果所示。

【轨迹筋】是指沿着指定路径生成的特征实体。它通常被用来加强产品结构的特定部位，可以提高产品的整体强度和稳定性，减少结构的变形和损坏，如图 1-31 中【轮迹筋】的操作效果所示。

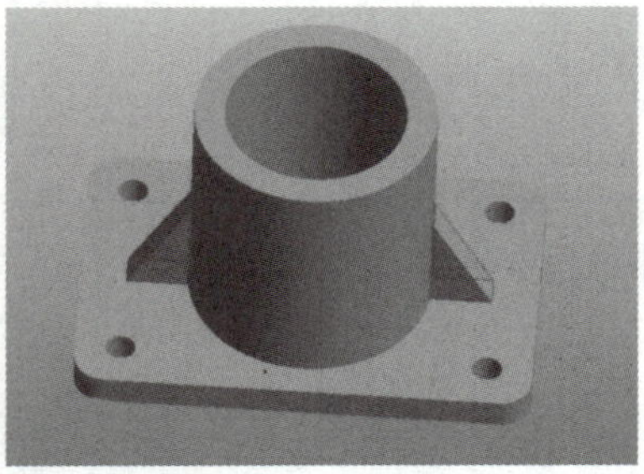

图 1-30 【轮廓筋】的操作效果

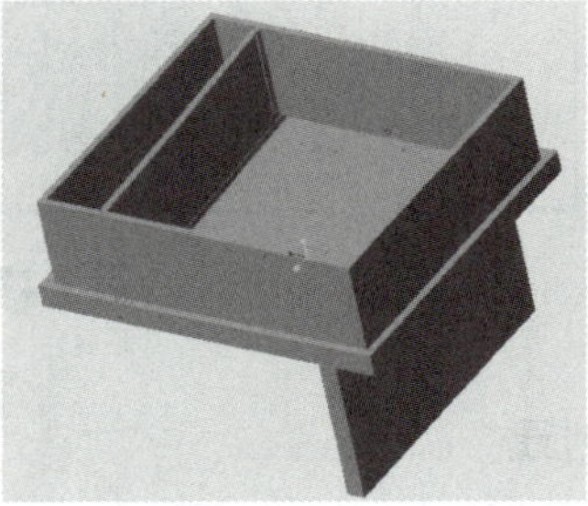

图 1-31 【轨迹筋】的操作效果

（1）【轮廓筋】操作界面如图 1-32 所示。

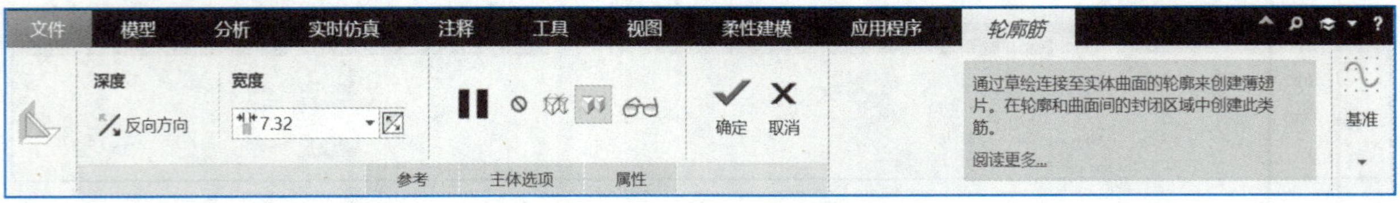

图 1-32 【轮廓筋】操作界面

【轮廓筋】操作步骤如下：

1）在【参考】选项卡下编辑轮廓筋草图，或者通过选择现有草绘来创建轮廓筋，如图 1-33 所示的直线。

2）定义创建轮廓筋几何的方向，在草绘的一侧或另一侧，如图 1-34 所示。只有草绘与参考曲面形成一个封闭区域，才能填充筋。

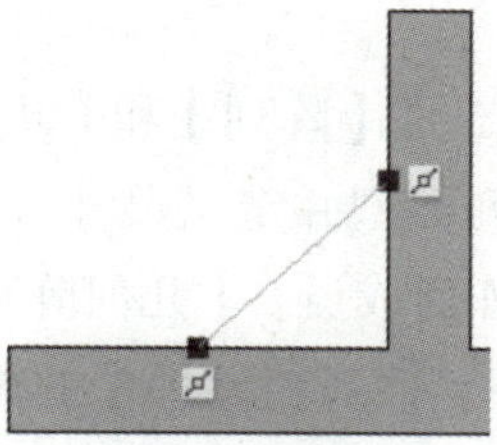

图 1-33　轮廓筋草绘

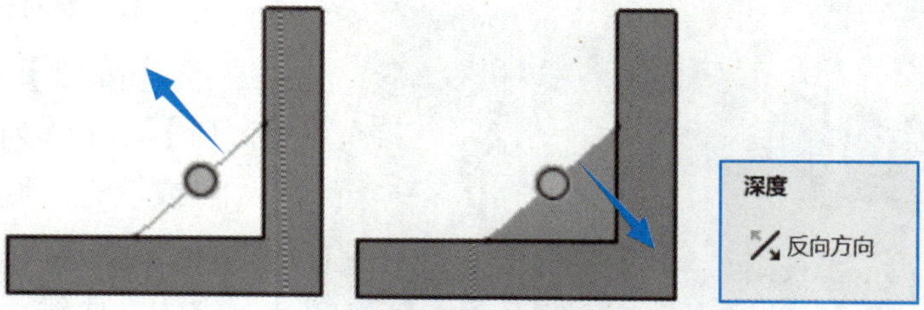

图 1-34　轮廓筋几何方向设置

3）定义筋的宽度，相对于草绘平面的放置位置，放置在平面的一侧或关于该平面对称放置，如图 1-35 所示。

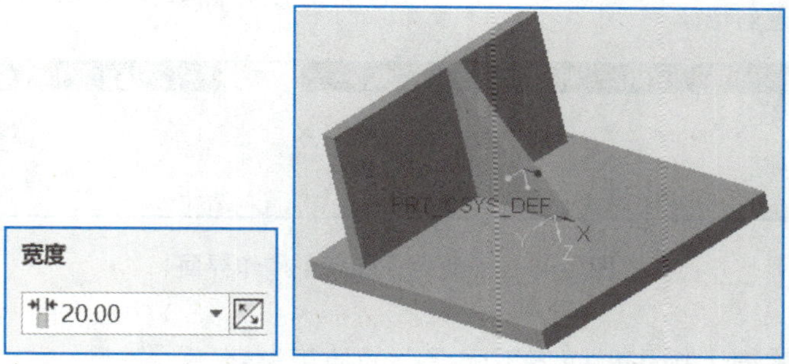

图 1-35　轮廓筋宽度设置

（2）【轨迹筋】操作界面如图 1-36 所示。

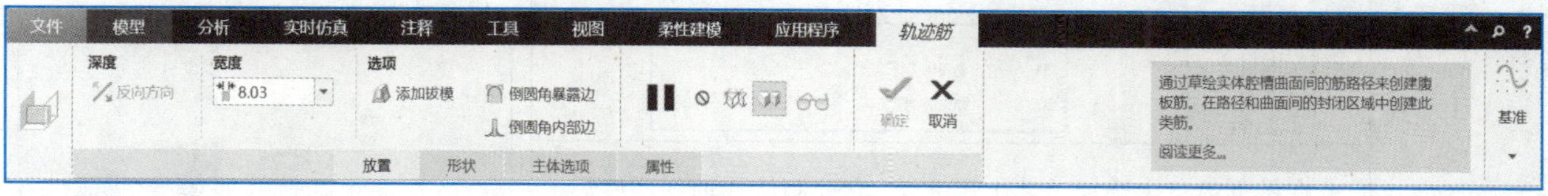

图 1-36　【轨迹筋】操作界面

【轨迹筋】操作步骤如下：

1）在【放置】处，编辑轨迹筋草图，如图 1-37 所示的直线。

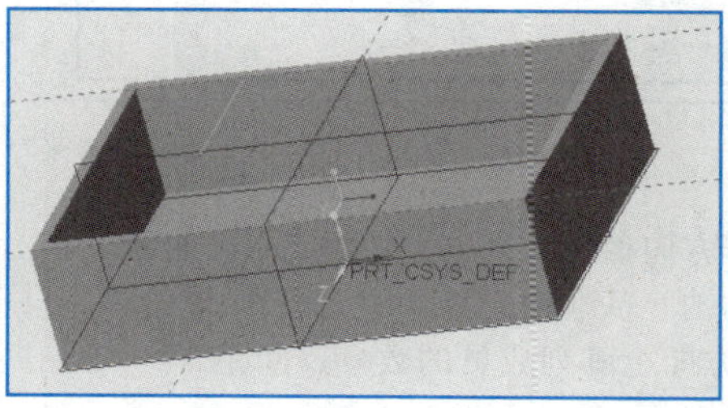

图 1-37　轨迹筋草图

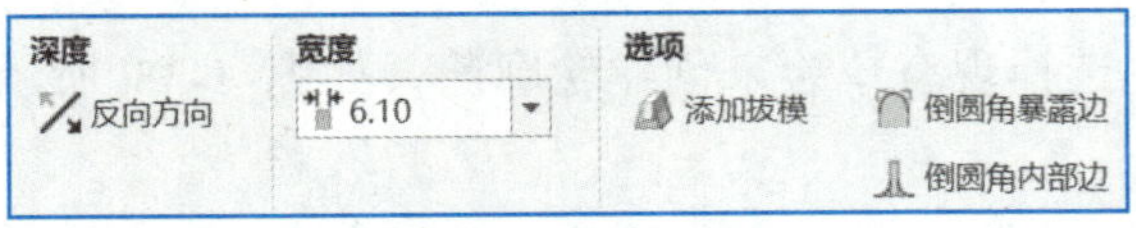

图 1-38　轨迹筋细节定义

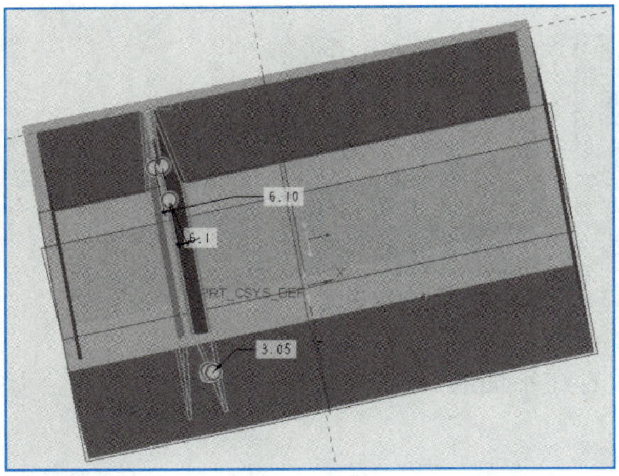

图 1-39　轨迹筋特征

2）在图 1-38 中，在【深度】处选择方向，【宽度】处定义筋的厚度，并在【选项】处对拔模等细节进行定义。生成的轨迹筋特征如图 1-39 所示。

1.3.3　编辑特征的创建

1. 阵列特征的创建

【阵列】分为两个子命令，即【阵列】和【几何阵列】。【阵列】，可选择阵列类型并定义尺寸、放置点或填充区域和形状以放置阵列成员。【几何阵列】，可创建所选几何的阵列，其中包括当前零件中的曲面、主体、曲线、基准或注释。每个阵列成员都是一个复制几何特征、用于创建参考几何的副本。

（1）选择一个要阵列的特征，然后单击【模型】→【阵列】命令，激活【阵列】下的子命令【阵列】操作界面，该界面如图 1-40 所示。

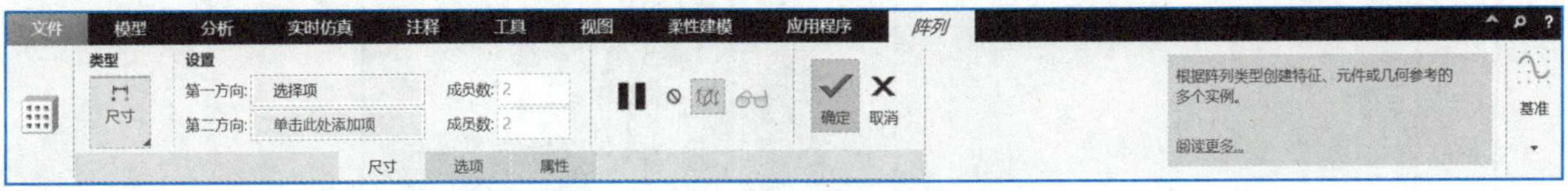

图 1-40　子命令【阵列】操作界面

表 1-15 为子命令【阵列】操作界面下不同命令的使用解释。

表 1-15　子命令【阵列】操作界面下不同命令的使用解释

<table>
<tr><th>工具栏</th><th>命令细分</th><th>设置</th><th>命令操作</th></tr>
<tr><td rowspan="4">类型</td><td>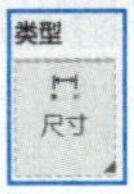</td><td></td><td rowspan="2">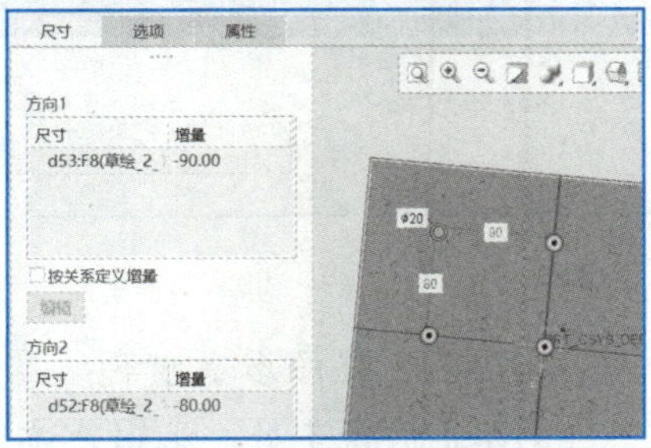</td></tr>
<tr><td colspan="2">• 在图形窗口中选择尺寸 1/尺寸 2，它控制从孔轴到零件边缘的距离；
• 修改尺寸 1 对应的增量；
• 修改尺寸 2 对应的增量</td></tr>
<tr><td></td><td></td><td rowspan="2">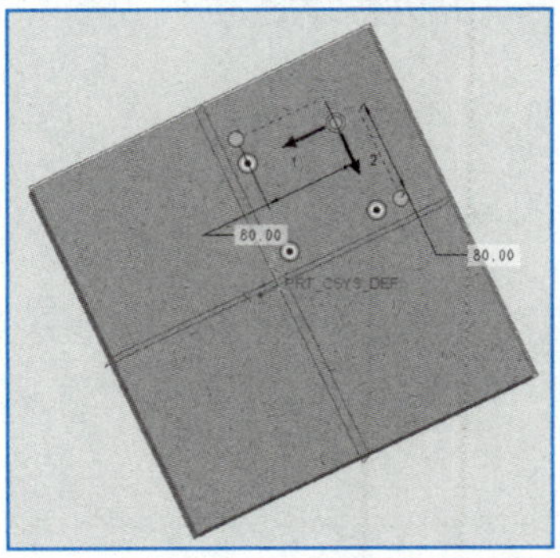</td></tr>
<tr><td colspan="2">• 选择以下条目来用作方向参考：直边、平面或平面曲面、线性曲线、坐标系的轴、基准轴；
• 定义第一方向/第二方向上阵列成员的数量、间距</td></tr>
</table>

续表

<table>
<tr><th>工具栏</th><th>命令细分</th><th>设置</th><th>命令操作</th></tr>
<tr><td rowspan="8">类型</td><td></td><td>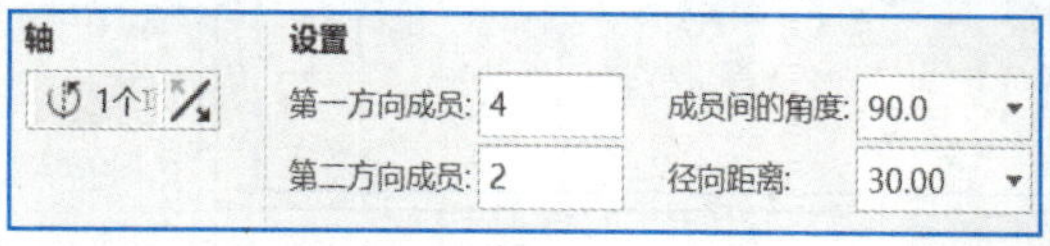</td><td rowspan="2">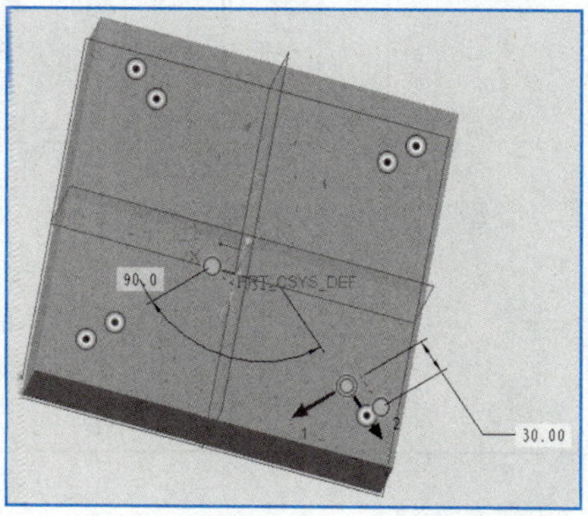</td></tr>
<tr><td colspan="2">• 单击【轴】处选项框，在图形中选择基准轴；
• 在【设置】处设置第一方向成员数量、成员间的角度、角度范围；
• 在【设置】处设置第二方向成员数量、径向距离</td></tr>
<tr><td></td><td>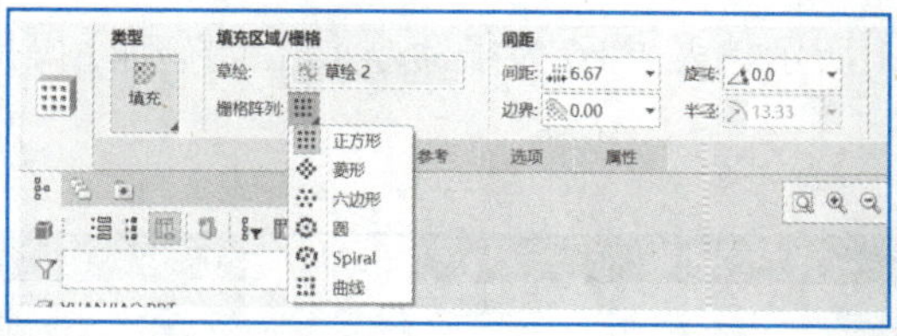</td><td rowspan="2">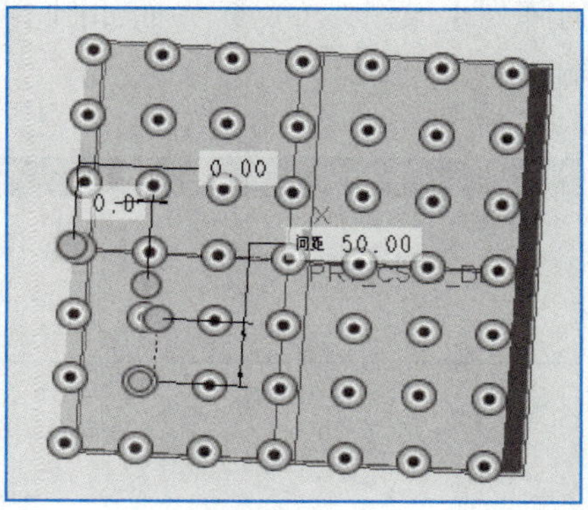</td></tr>
<tr><td colspan="2">•【填充区域/栅格】处【草绘】：通过选择草绘图元确定填充区域；
•【填充区域/栅格】处【栅格阵列】：选择阵列型式；
• 在【间距】处通过【间距】【旋转】【边界】和【半径】确定阵列特征的位置</td></tr>
<tr><td></td><td>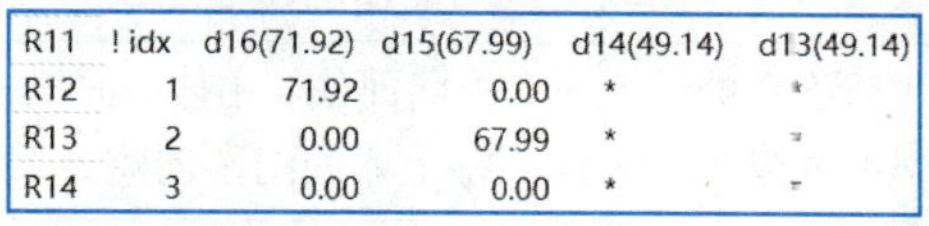

R11	! idx	d16(71.92)	d15(67.99)	d14(49.14)	d13(49.14)
R12	1	71.92	0.00	*	*
R13	2	0.00	67.99	*	*
R14	3	0.00	0.00	*	*

</td><td rowspan="2">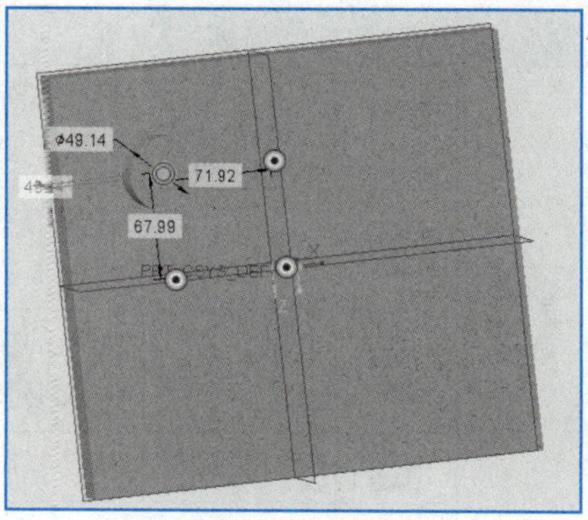</td></tr>
<tr><td colspan="2">• 按住【Ctrl】键在图形界面中选择多个尺寸，包括待阵列特征的尺寸及位置；
• 单击【启用的表】，编辑左上角表格信息</td></tr>
<tr><td></td><td>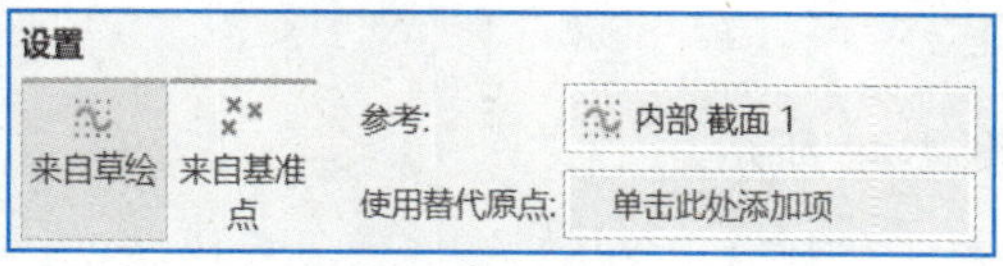</td><td rowspan="2">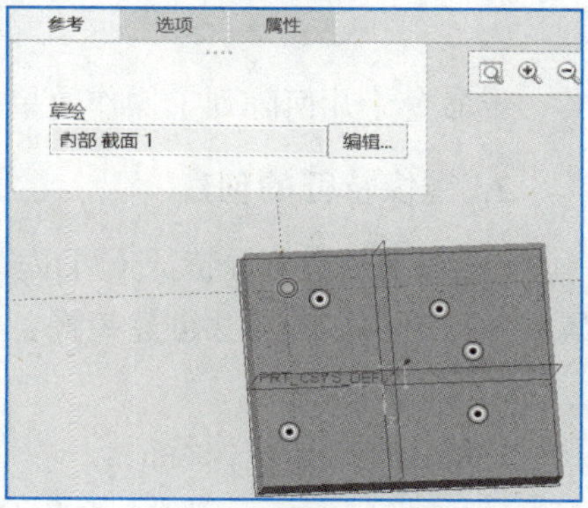</td></tr>
<tr><td colspan="2">• 在【设置】中选择【来自草绘】或【来自基准点】；
• 在选项卡【参考】处，编辑草绘图元，进入草绘平面，绘制基准点
• 返回【阵列】操作界面，得到右图</td></tr>
</table>

续表

工具栏	命令细分	设置	命令操作
类型		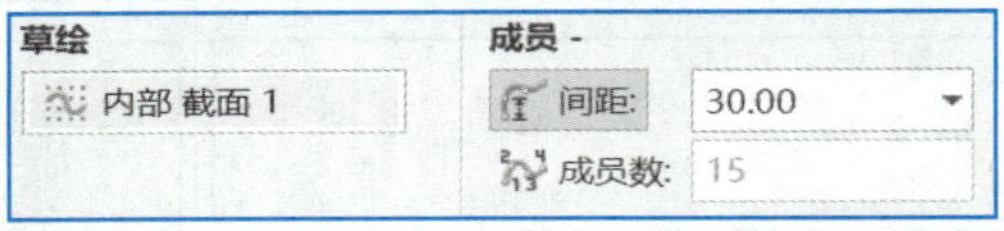	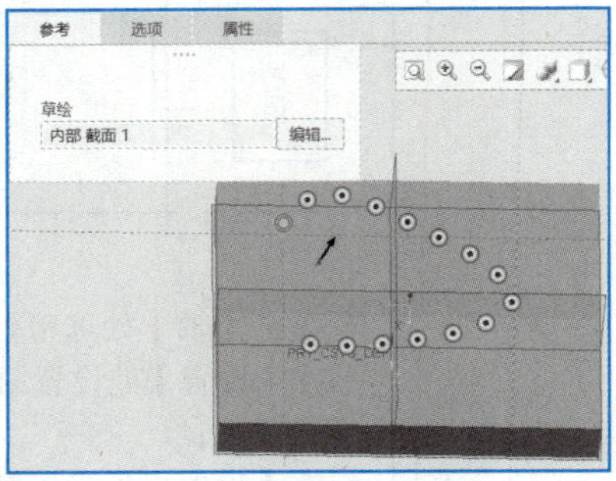
	• 在选项卡【参考】处，编辑草绘图元，进入草绘平面，绘制曲线； • 返回【阵列】操作界面，设置【成员】，在【间距】处修改数值		

（2）选择一个要阵列的特征，然后单击【模型】→【阵列】命令，激活【阵列】下的子命令【几何阵列】操作界面，该界面如图 1-41 所示。表 1-16 为子命令【几何阵列】操作界面下不同命令的使用解释。

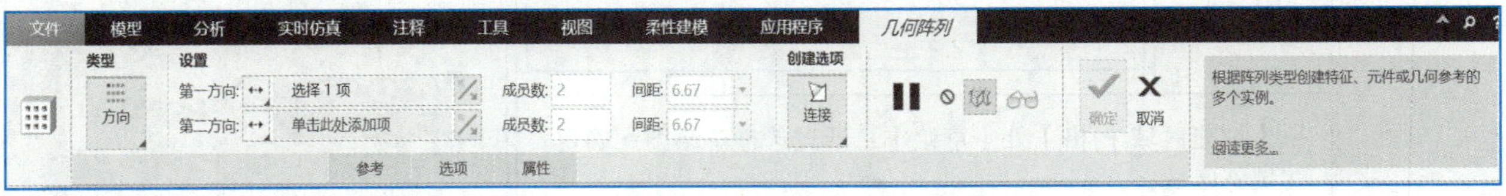

图 1-41 子命令【几何阵列】操作界面

表 1-16 子命令【几何阵列】操作界面下不同命令的使用解释

模式	细分	名称	命令解释
创建选项		连接	延伸或修剪复制曲面，直到复制曲面能够连接至其来源面组或主体。和其他连接选项不同，此选项可以在弯曲或不规则曲面上创建连接的阵列成员
		复制	在不与基本几何连接的情况下，将曲面集、主体、曲线、链、特征和组复制到新位置。将曲面集的副本创建为新面组，将主体的副本创建为新主体
		实体填充	用新的实体材料来填充由已复制曲面定义的体积块，不移除现有材料，【几何阵列】中仅会复制凸台
		移除材料	从已复制曲面定义的体积块中移除实体材料，不添加新材料，几何阵列中仅会复制孔
		替换	新增材料并移除同一主体内的现有材料，几何阵列中会同时复制凸台和孔

子命令【几何阵列】操作效果如图 1-42 所示。

2. 镜像特征的创建

【镜像】是指将源特征（可以多个）相对一个平面（镜像的中心平面）进行镜像得到相同的一个从属副本。可用多种方法创建镜像：

（1）特征镜像。

特征镜像，即镜像特征。

1）选定特征——创建一个包含选定特征的副本的镜像组。

2）所有特征——复制模型中的所有特征并创建合并的镜像特征。要使用此方法，请在“模型树”中选择所有特征和零件节点。

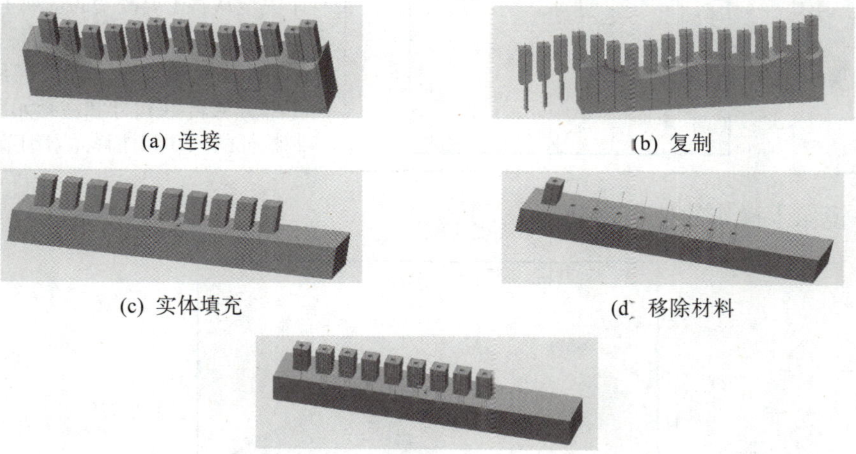

(a) 连接　(b) 复制　(c) 实体填充　(d) 移除材料　(e) 替换

图 1-42　子命令【几何阵列】操作效果

（2）几何镜像。

几何镜像，对诸如基准、曲线、面组、主体和曲面之类的几何项进行镜像。也可通过在“模型树”中选择零件的节点来镜像零件的整个几何。

单击【模型】→【镜像】命令，以打开【镜像】操作界面，如图 1-43 所示。表 1-17 为【镜像】操作界面下不同命令的使用解释。

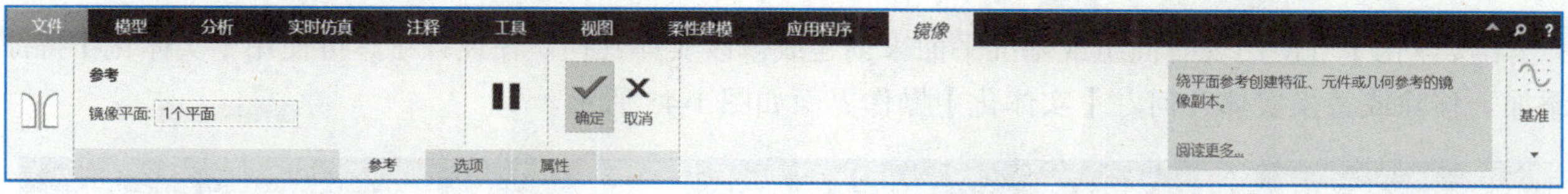

图 1-43　【镜像】操作界面

表 1-17　【镜像】操作界面下不同命令的使用解释

工具	类别	名称	命令解释
命令	参考		显示要对其进行镜像的平面参考。可选择基准平面、目的基准平面或平面曲面
	选项		在编辑【镜像】特征的定义时，使用源特征的新镜像特征来替换现有目标的镜像特征。在特征创建期间不可用，仅在【零件】模式下可用，可用于重新定义独立和部分从属的镜像特征
选项卡	参考	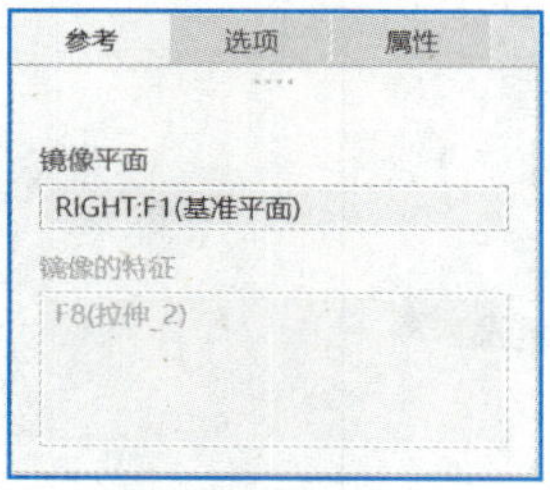	• 【镜像平面】：显示用于镜像的平面参考。可选择基准平面、目的基准平面或平面曲面。 • 【镜像的特征】：显示要镜像的特征或几何

续表

工具	类别	名称	命令解释
选项卡	选项	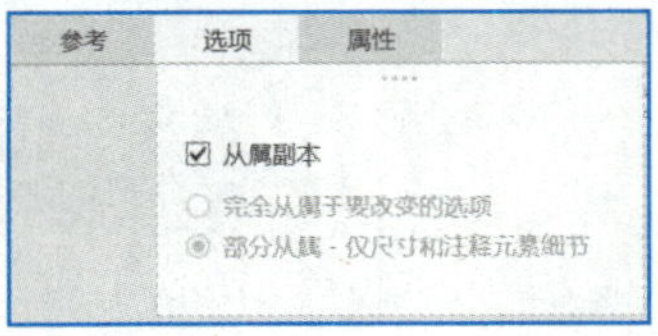	• 【完全从属于要改变的选项】：使所复制特征的所有元素完全从属于原始特征，并能够更改尺寸、注释元素细节、参数、草绘和参考的相关性； • 【部分从属-仅尺寸和注释元素细节】：仅使所复制特征的尺寸和注释元素细节从属于原始特征

图 1-44 为【镜像】操作的使用效果。

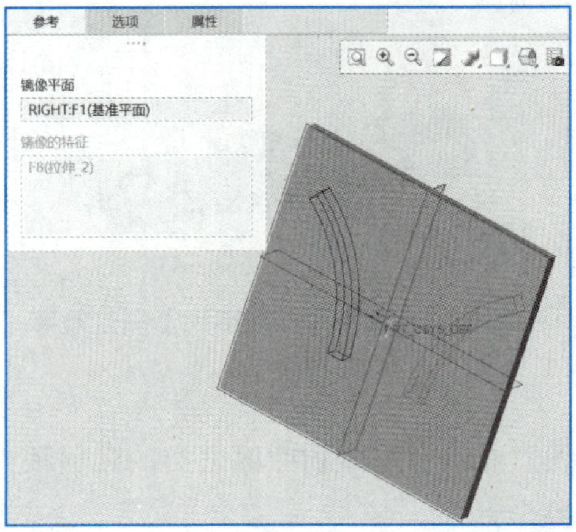

图 1-44 【镜像】操作的使用效果

3. 实体化特征的创建

【实体化】可使用现有面组或基准平面来创建或修改实体几何。在设计中，可使用【实体化】特征添加、移除或替换实体几何。【实体化】操作界面如图 1-45 所示。

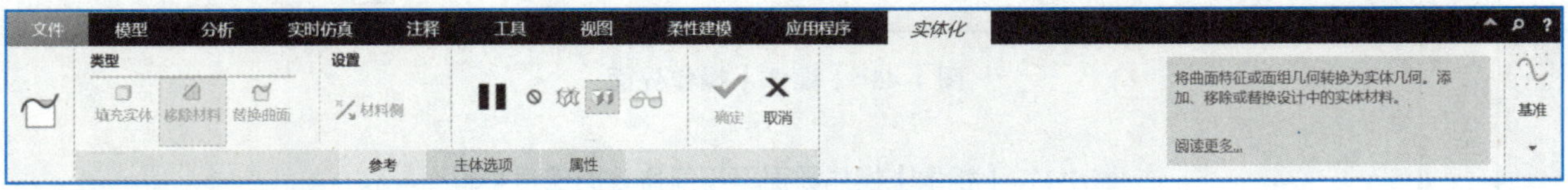

图 1-45 【实体化】操作界面

表 1-18 为【实体化】操作界面下命令的使用效果。

表 1-18 【实体化】操作界面下命令的使用效果

工具	细分	名称	命令解释
类型		填充实体	用实体几何填充由面组界定的体积块
	效果	曲面或面组 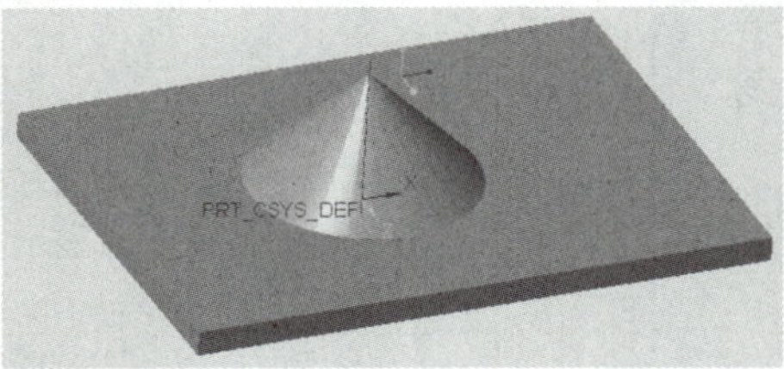	实体化 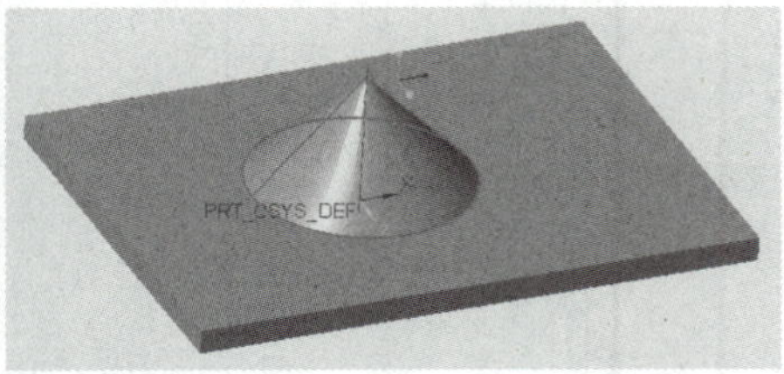

续表

工具	细分	名称	命令解释
类型		移除材料	从选定面组或基准平面的任一侧切除实体几何
	效果	曲面或面组 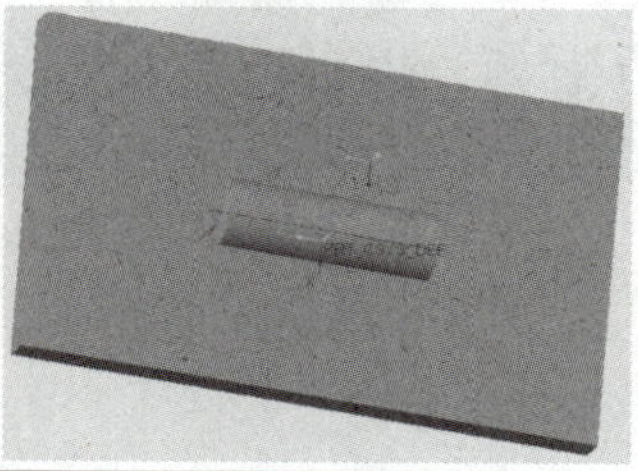	实体化 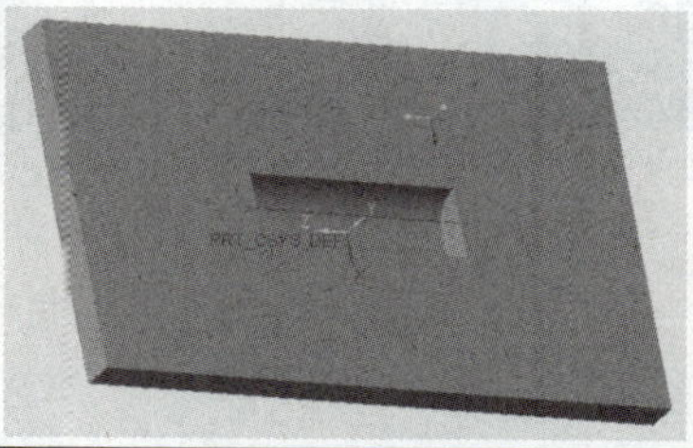
		替换曲面	用选定面组替换实体曲面的一部分。只有当选定的面组边界位于实体几何上时，该选项才可用
	效果	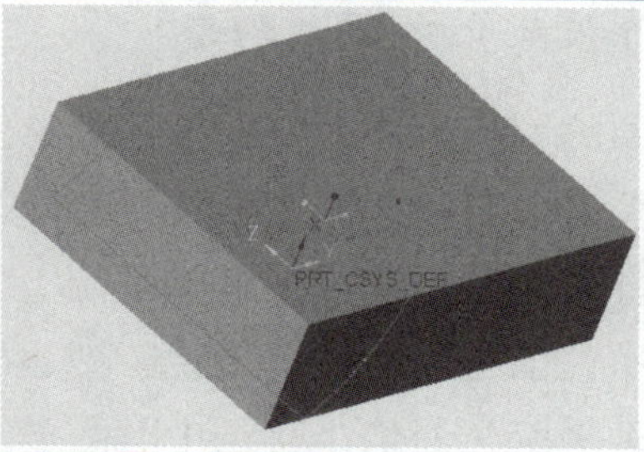	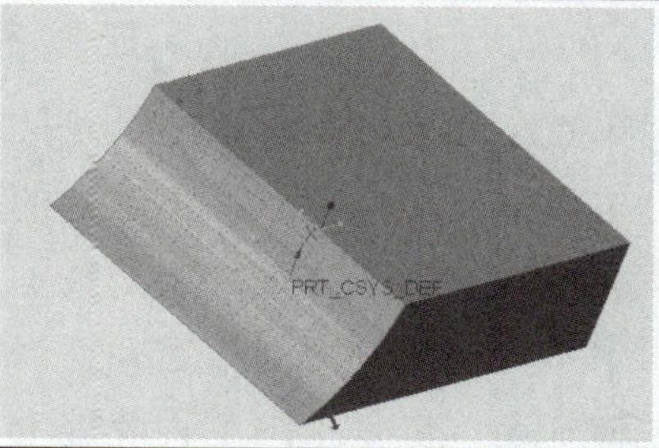

模块2 一级直齿圆柱齿轮减速器部分零件的三维建模

【素养园地】

社会主义核心价值观之文明、和谐

在武汉市第四中学校史馆二楼有一间复原的教室，在教室的第二组第三排有一张特殊的课桌，这里曾坐过两位中国工程院的院士，一位是著名的杂交水稻之父袁隆平，另一位则是他的同桌、同为中国工程院院士的我国著名空间技术专家林华宝。袁隆平院士曾在受邀回到武汉市第四中学时，走进这间教室并在当年上课的座位上坐下，动情地说："当时我就坐在这里，同桌是林华宝，也是中国工程院院士。"据袁隆平院士回忆，自己中学数学不太好，搞不懂为什么"负负得正"，而同桌林华宝数学成绩非常好。有意思的是，林华宝是数学尖子但不会游泳，而袁隆平数学不好却是游泳好手，于是两人达成协议，互相当"老师"。袁隆平院士还说："我划不来，我把他的游泳教好了，他没把我的数学教好。"这段同窗情谊被袁老如此风趣地讲述，引来大家一片笑声。

素养启迪：

"三人行，必有我师焉。"每个人身上都有值得我们学习的地方，而我们每个人又都有自己独特的长处。不要妄自菲薄，而要善于互相学习，并且发挥自己的长处。就像这段关于袁隆平与林华宝"一张课桌两院士"的传奇佳话，其背后是二人对彼此的欣赏和互勉，也是二人对各自专业的坚持和热爱。和谐的互动不仅能促进个人成长，也能推动社会文明的进步。

在文明与和谐的价值观引导下，中华优秀传统文化与现代科技交织共生，形成了独特的社会风貌。袁隆平院士与林华宝院士之间的同桌情谊告诉我们，无论时代如何变迁，和谐共融始终是社会发展的重要支柱。这种文明与和谐的关系，体现在日常生活中的方方面面，促进了社会整体素质的提升和稳定发展。

任务 2.1　轴套类零件的三维建模

本任务是熟悉 Creo 的建模流程，学会轴套类零件的三维造型的方法。轴套类零件一般是指带有回转特征的一类零件，它的作用通常是支撑轴上零件、传递运动和动力。本任务以一级直齿圆柱齿轮减速器轴套零件为载体，以支撑环和低速轴为例，创建三维模型。

2.1.1　支撑环的三维建模

1. 任务目标

本任务按工程图 2-1（略图框和标题栏）所示的尺寸完成 js-24 支撑环的三维建模。

2. 任务分析

图 2-1 所示为一个总长为 13、外径为 37、内径为 31 的轴套类典型零件，为一级减速器低速轴上的零件，主要是实现齿轮和轴承之间的轴向定位。由于轴套类零件多为回转体，因此它的第一个特征经常是拉伸实体特征或旋转实体特征，根据该零件特征可采用拉伸实体特征进行建模。

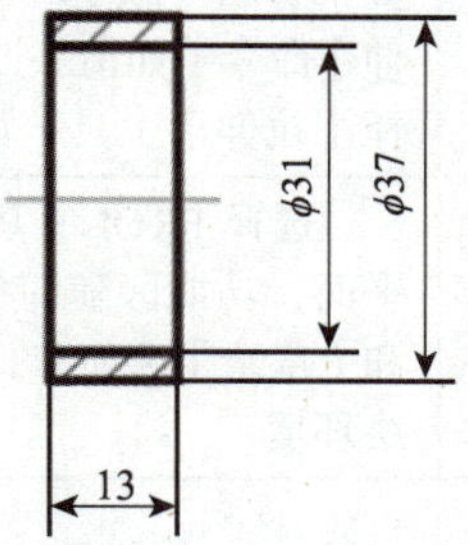

图 2-1　支撑环

完成该零件的建模需要用到【草绘】【拉伸】等特征命令，主要创建流程见表 2-1。

3. 任务实施

表 2-1 详细描述了如图 2-1 所示的 js-24 支撑环的建模步骤及说明。

表 2-1　支撑环的建模步骤及说明

<table>
<tr><th>序号</th><th>步骤</th><th>图例</th><th>备注</th></tr>
<tr><td>1</td><td>新建文件：
（1）在工具栏中单击【新建文件】按钮或单击菜单【文件】→【新建】命令，此时系统弹出如右图所示的对话框，在对话框中选中【类型】→【零件】（如箭头 1 所示），选中【子类型】→【实体】（如箭头 2 所示）。
（2）输入文件名“js-24 支撑环”（如箭头 3 所示）。将【使用默认模板】左侧方框中的对钩去掉（如箭头 4 所示），单击【确定】按钮（如箭头 5 所示），选择公制模板【mmns_part_solid_abs】（如箭头 6 所示），单击【确定】按钮（如箭头 7 所示）</td><td>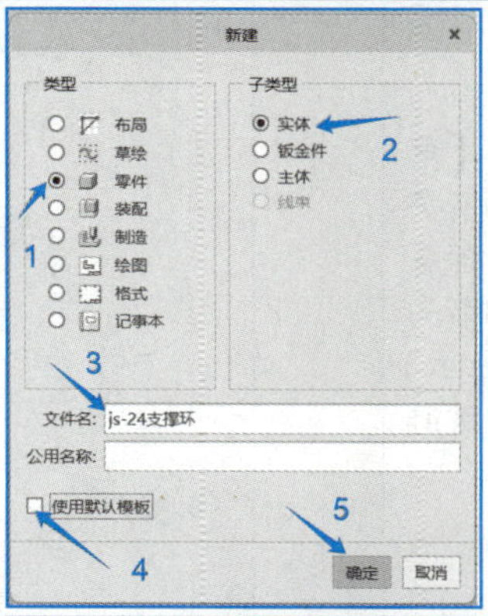

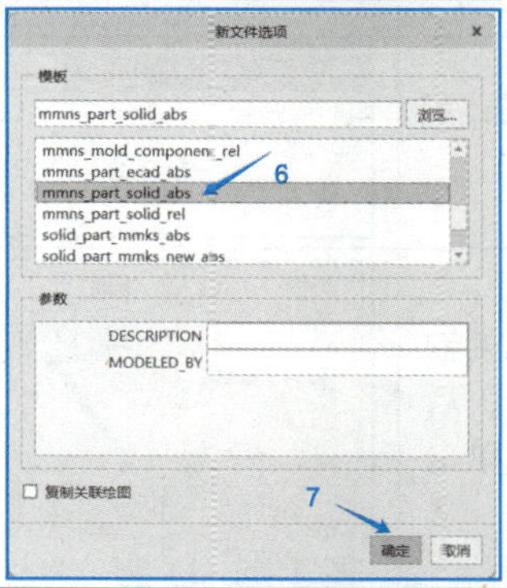
</td><td>因为默认模板使用的是英制单位，所以需要选择公制模板建立模型文件</td></tr>
<tr><td>2</td><td>建立基础特征：
进入 Creo 软件环境后，屏幕的绘图区中显示 3 个相互垂直的默认基本平面【TOP】、【FRONT】和【RIGHT】</td><td>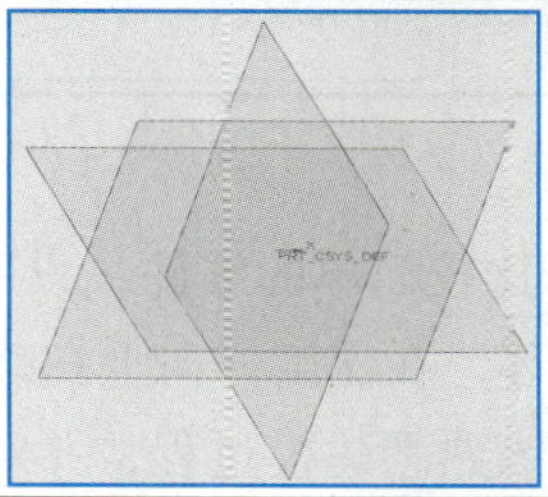</td><td></td></tr>
</table>

续表

序号	步骤	图例	备注
3	**启用拉伸特征命令：** 单击【模型】选项卡（如箭头 1 所示）下【形状】组中的【拉伸】命令（如箭头 2 所示），选择【拉伸】工具，如右图所示	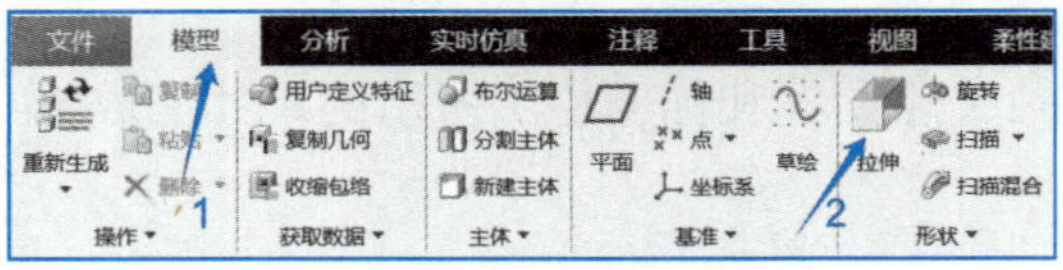	
4	选择 FRONT 基准面为草绘平面，功能区随即打开【拉伸】和【草绘】选项卡，系统进入草绘环境	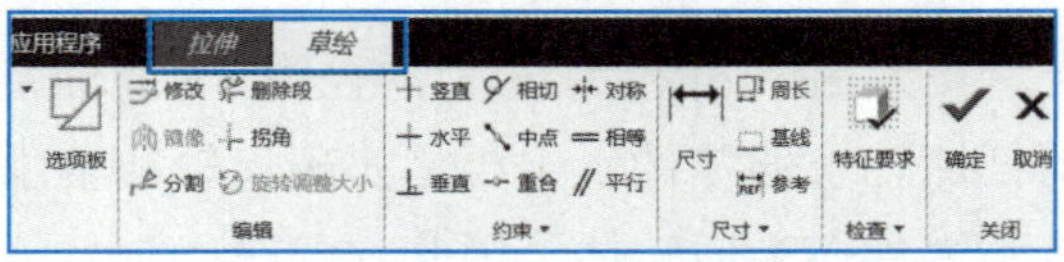	选择 FRONT 基准面就是在 FRONT 平面上草绘拉伸截面
5	单击【草绘】选项卡下【设置】组中的【草绘视图】命令或单击浮动菜单条中的按钮，使草绘视图与显示器平行	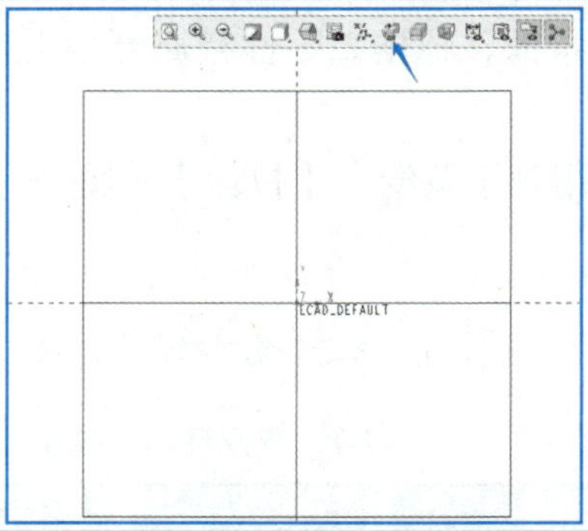	【草绘视图】命令下画出的截面真实、直观，有助于绘制草绘截面
6	单击【草绘】选项卡下【草绘】组中的【圆】命令（如箭头 1 所示），以绘图区中的坐标系原点为圆心，绘制 $\phi37$（如箭头 2 所示）和 $\phi31$（如箭头 3 所示）这两个同心圆，单击鼠标中键退出当前命令	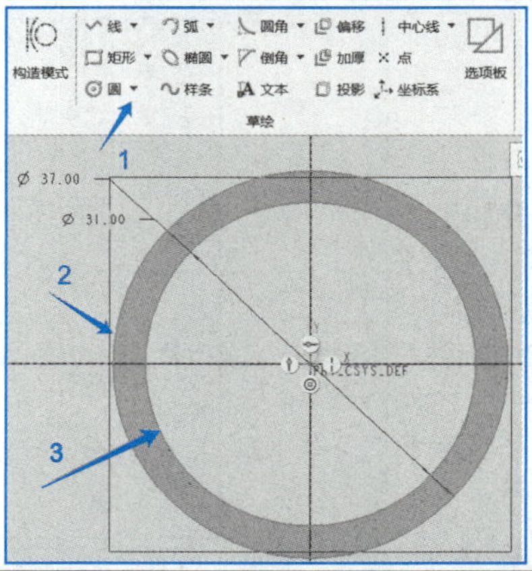	Creo 草绘采用全尺寸驱动，绘制视图时仅需要绘制“意图”即可，即所有形状、位置关系均满足图形要求，尺寸可以不同，尺寸需要通过手动形式修改。修改时，将鼠标移到尺寸位置，双击鼠标修改
7	单击【关闭】组中的【确定】按钮，保存并退出草绘	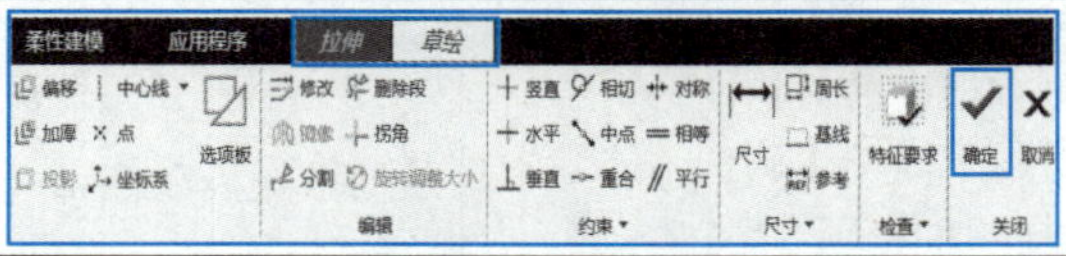	
8	在【拉伸】选项卡深度处输入深度为 13（如箭头所示）后按【Enter】键，单击或单击鼠标中键完成【拉伸】命令，从而完成支撑环零件的创建	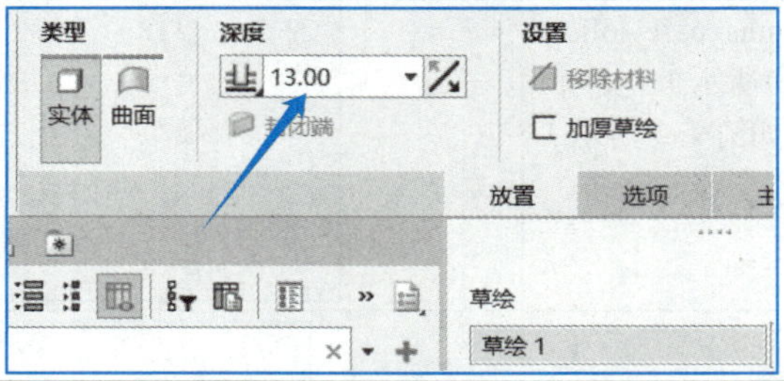	

4. 任务评价

图 2-1 所示的支撑环是一个比较简单的零件，只用到了【拉伸】命令，但涵盖了三维建模的全过程，本模型通过将二维图形“圆环”在深度方向上扫略而形成实体模型。

通过本任务的练习，读者应该熟悉建模过程，并对【拉伸】特征指令有了初步的了解。我们后续将在其他任务中逐步深化。

2.1.2　低速轴的三维建模

1. 任务目标

本任务按工程图 2-2（无图框和标题栏）所示的尺寸完成 js-18 轴的三维建模。

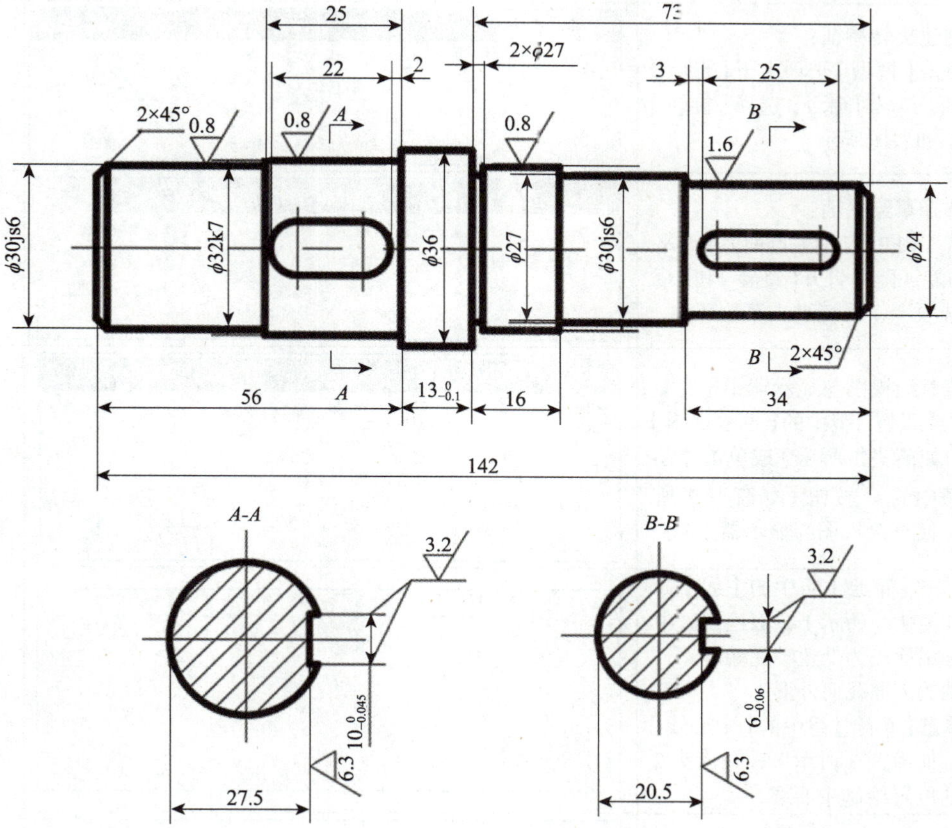

图 2-2　轴

2. 任务分析

图 2-2 所示为一总长为 142、最大断面直径为 36、最小断面直径为 24、含有退刀槽以及键槽特征的轴类典型零件，为一级减速器低速轴上的零件，主要起到支承转动零件、传递动力的作用。由于轴类零件多为回转体，因此它的第一个特征经常是拉伸实体特征或旋转实体特征，该零件特征可采用旋转特征进行建模，其上的键槽可采用拉伸切除特征进行建模。

完成该零件的建模需要用到【草绘】【旋转】【拉伸切除】等特征命令，主要创建流程见表 2-2。

3. 任务实施

表 2-2 详细描述了图 2-2 所示的轴的建模步骤及说明。

表 2-2　低速轴的建模步骤及说明

序号	步骤	图例	备注
1	新建文件： 打开 Creo 软件，新建实体类零件，命名为“js-18 轴”，选择公制模板【mmns_part_solid_abs】	（略）	创建方法见表 2-1 的第 1 个步骤内容

续表

序号	步骤	图例	备注
2	**建立基础特征：** 进入 Creo 软件环境后，屏幕的绘图区中显示 3 个相互垂直的默认基准平面【TOP】、【FRONT】和【RIGHT】	（略）	创建方法见表 2-1 的第 2 个步骤内容
3	**创建旋转特征：** 单击【模型】选项卡下【形状】组中的【旋转】命令，选择【旋转】工具，如右图所示	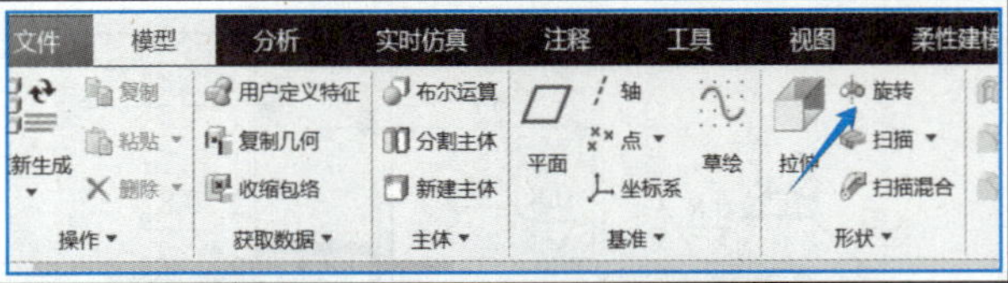	
	选择草绘平面： 选择【FRONT】基准面为草绘平面，功能区随即打开【旋转】和【草绘】选项卡，系统进入草绘环境	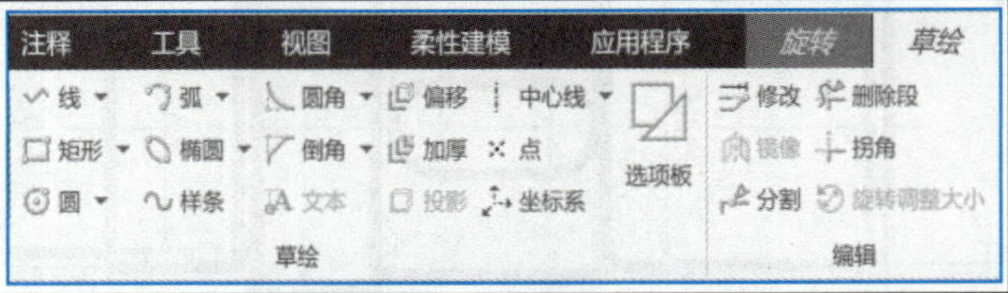	
	若草绘视图与显示器不平行，则单击【设置】组中的【草绘视图】命令（如箭头 1 所示）或单击浮动菜单条中的按钮（如箭头 2 所示），使草绘视图与显示器平行	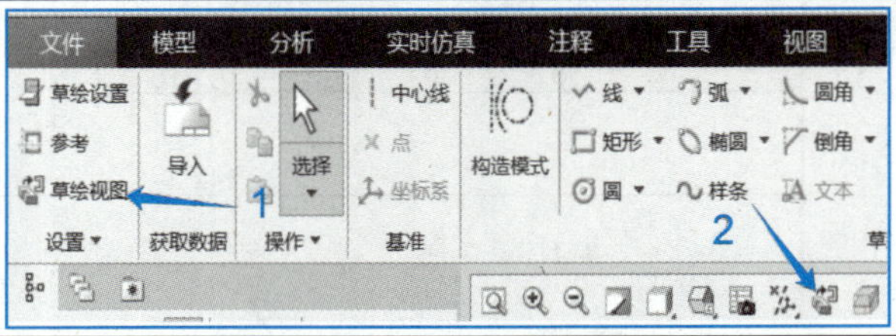	
	单击【草绘】组中的【线】命令（如箭头 1 所示），以绘图区中的坐标系原点为低速轴左端起点，绘制轴的剖面几何外形； 单击【草绘】组中的【中心线】命令（如箭头 3 所示），在箭头 2 所示的位置绘制中心线	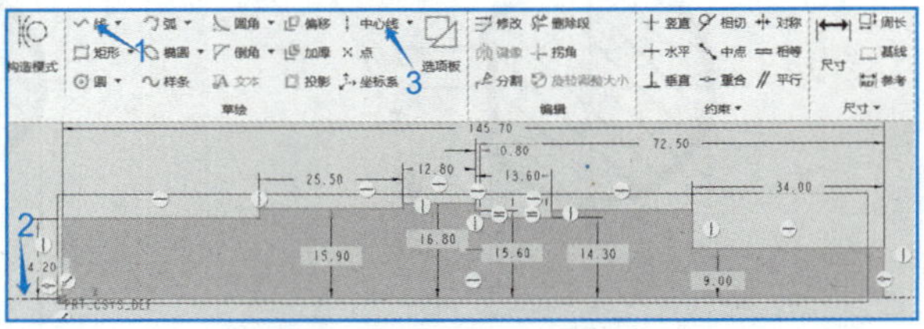	完成低速轴剖面的“意图”的绘制。绘制中心线作为旋转轴
	单击【操作】组中的【选择】命令（如箭头 1 所示），长按鼠标左键框选整个草绘，然后单击【编辑】组中的【修改】命令（如箭头 2 所示），对照低速轴图纸，依次修改尺寸	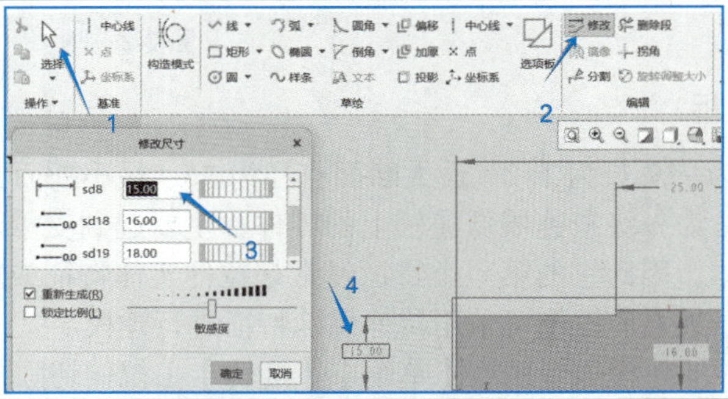	修改尺寸，完成图纸中的低速轴剖面图的尺寸修改。 箭头 3 所示尺寸即箭头 4 所示尺寸
	单击【关闭】工具栏中的【确定】按钮，保存并退出草绘视图	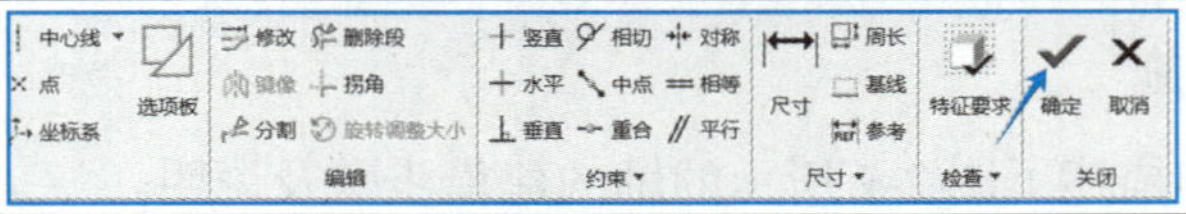	
	单击或单击鼠标中键，完成【旋转】命令。角度若不是 360，则修改成 360（如箭头所示）	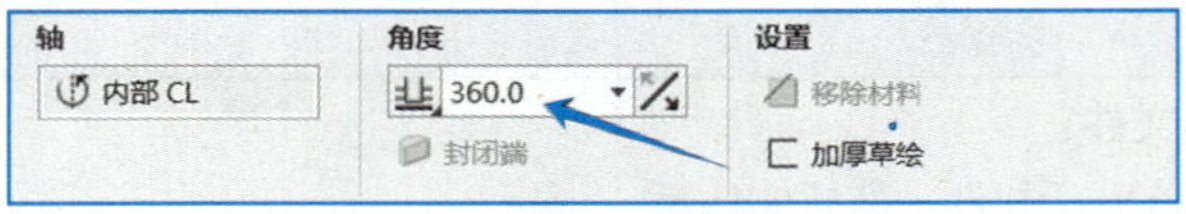	若旋转轴不是正确的方向，则在【旋转】选项卡下【放置】组中修改旋转轴方向

续表

序号	步骤	图例	备注
4	**建立键槽的基准面：** 单击【基准】组中的【平面】命令（如箭头 1 所示），在弹出的【基准平面】对话框中选择【TOP】面，选择“法向”（如箭头 2 所示），按住【Ctrl】键并同时选择低速轴的曲面，选择“相切”（如箭头 3 所示），单击【确定】按钮，完成键槽的基准面 DTM1 的创建	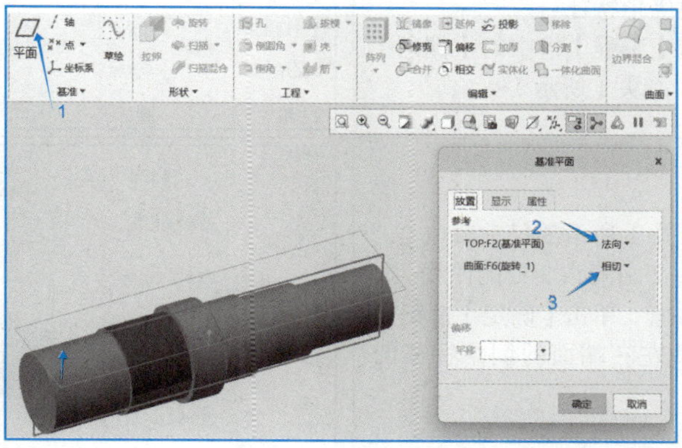	因为无法在低速轴的曲面上直接草绘，所以需要建立新的基准平面，本例采用曲面相切建立基准平面，使用【拉伸】工具，在新建平面上完成键槽的创建
	创建键槽： 单击【模型】选项卡下【形状】组中的【拉伸】命令。选择 DTM1 基准面为草绘平面，功能区随即打开【拉伸】和【草绘】选项卡，系统进入草绘环境	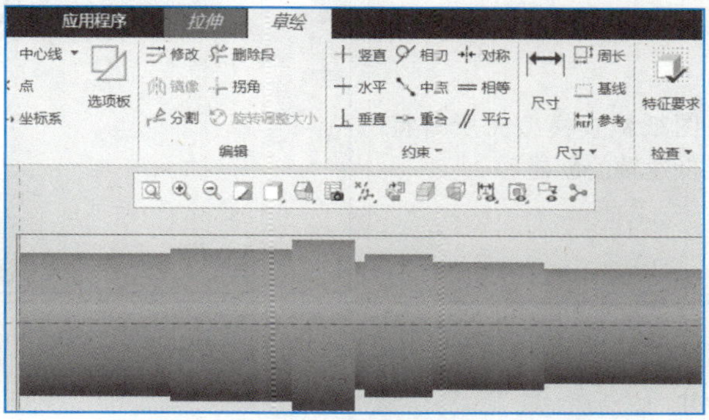 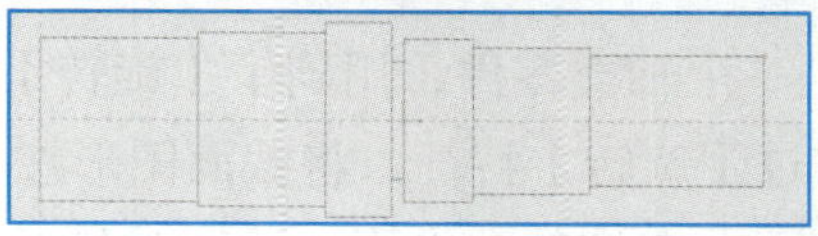	可单击工具栏中的显示样式按钮。把“着色”模式改为“线框”模式，同时可以通过工具栏中的【基准显示过滤器】按钮，将轴和平面显示关掉，以方便后续操作
5	单击【草绘】组中的【矩形】与【圆】命令，绘制槽的几何外形，槽长 22，槽宽 10，与轴肩距离为 2。单击【关闭】工具栏中的【确定】按钮，保存并退出草绘环境	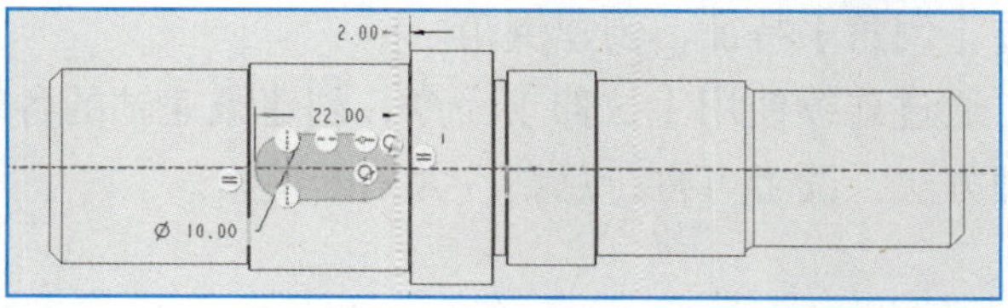	在绘制槽的几何外形时，此处使用删除段命令，删掉多余的线条
	在【拉伸】选项卡中，设置深度为 4.5（如箭头 2 所示），并选择【移除材料】命令（如箭头 3 所示），拉伸方向向里（如箭头 1 所示），如右图所示。单击【确定】按钮，完成槽的创建	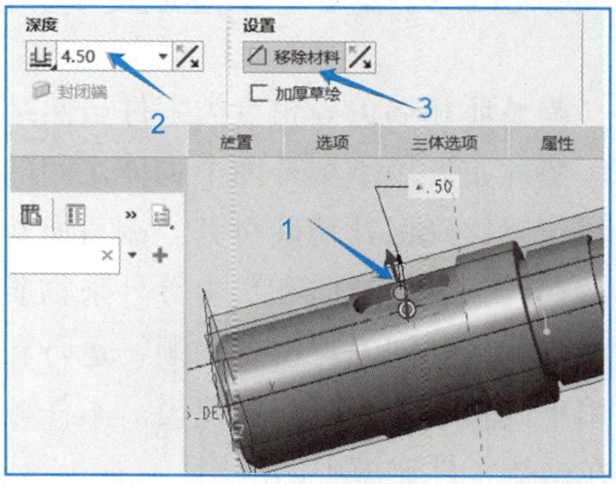	
6	同理做出第二个槽	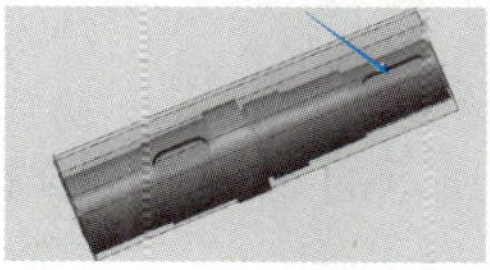	

续表

序号	步骤	图例	备注
7	创建倒角特征： 单击【工程】组中的【倒角】命令（如箭头 1 所示）	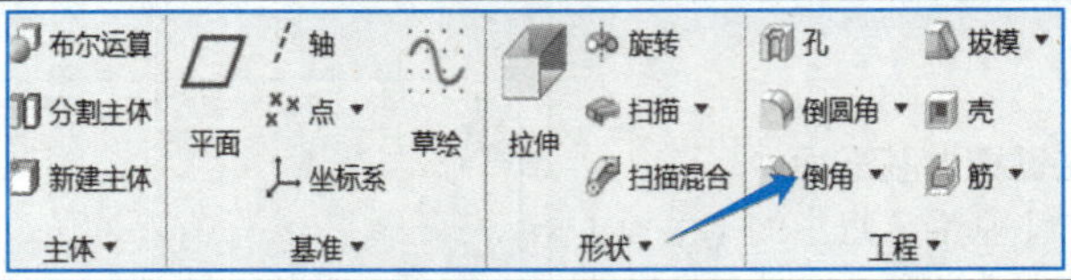	
	将箭头 1 所示的尺寸改成 2，单击箭头 2 和箭头 3 处的曲线，选中倒角位置，单击【确定】按钮完成低速轴左右端面的倒角特征的创建	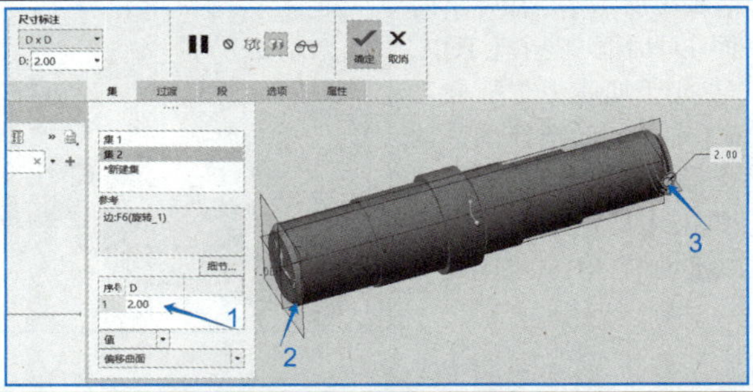	
8	对照图纸检查模型树所有特征，完成低速轴的创建	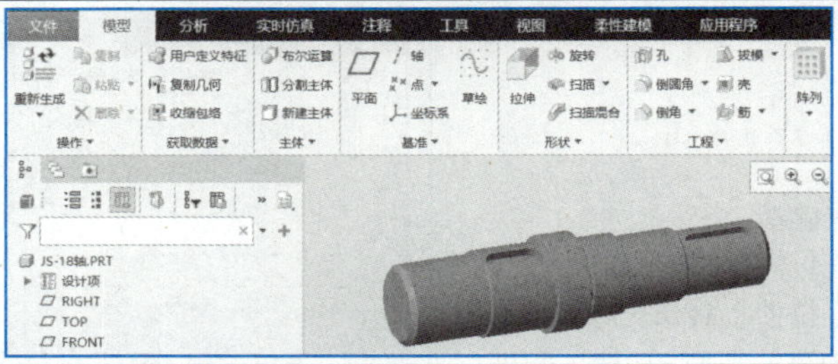	

4. 任务评价

图 2-2 所示的轴是一个轴类零件，用到了【旋转】【倒角】等命令，采用特征累加的形式创建三维模型。本模型首先通过【旋转】特征，将截面图形按照轴心旋转 360°扫略形成实体，然后通过曲面相切的形式创建基准平面，在该基准平面上绘制键槽截面图形，并通过【拉伸】去除材料的形式创建键槽，最后通过【倒角】特征，创建倒角。

本任务也可通过连续使用【拉伸】命令，创建减速轴的各轴段。通过本任务，可知同一个模型的创建可使用多种方法，读者可自行总结，并不断摸索。

任务 2.2　轮盘类零件的三维建模

在设备中，垫片、调整环和端盖等轮盘类零件虽然结构简单，但它们对于保证设备的正常运行起到了至关重要的作用。垫片主要用于填补两个物体之间的空隙，起到密封和稳定的作用。调整环则用于调整零件间的尺寸和位置，确保其精确对齐。端盖通常用于连接轴的末端，不仅提供保护和固定功能，还能防止轴端暴露在外，避免杂质和灰尘等外来物质进入设备内部，而且有助于防止轴端发生机械损伤。这些零件各司其职，共同确保设备的顺畅运行和长期稳定性。轮盘类零件属于典型的回转类零件，通常建模时利用【旋转】命令可完成建模。本任务中，我们将选取一级减速器中所使用的可通端盖来介绍其他命令在这类零件建模中的应用。

1. 任务目标

本任务要求完成如图 2-3 所示的 js-31 可通端盖的三维建模。

2. 任务分析

图 2-3 所示的可通端盖为典型的盘类零件，工程中常采用【旋转】方式直接创建而成。本任务中，我们在利用【旋转】命令生成可通端盖主体部分后，将运用【混合】命令去创建内孔中 V 型槽。该 V 型槽的【混合】特征需要借助四个平行平面上的截面图形圆来创建，根据图 2-3 可知，这四个圆的直径自左向右分别是 $\phi20$、$\phi33$、$\phi33$ 和 $\phi20$。

完成该零件的建模需要用到【旋转】【平面】【混合】等特征命令，主要创建流程见表 2-3。

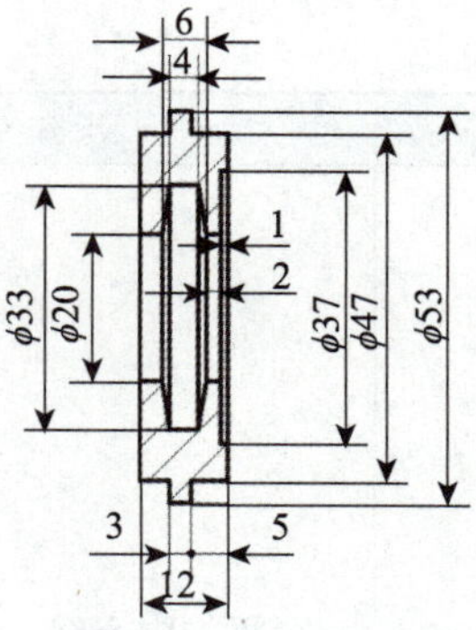

图 2-3　可通端盖

3. 任务实施

表 2-3 详细描述了图 2-3 所示的可通端盖的建模步骤及说明。

表 2-3　可通端盖的建模步骤及说明

序号	步骤	图例	备注
1	**新建文件：** 打开 Creo 软件，新建一个实体类零件，命名为“js-31 可通端盖”，选择公制模版【mmns_ part_solid_abs】	（略）	
2	**创建端盖主体的草绘环境：** 选择模型树的 FRONT 平面，单击【模型】选项卡下【基准】组中的【草绘】命令创建草绘	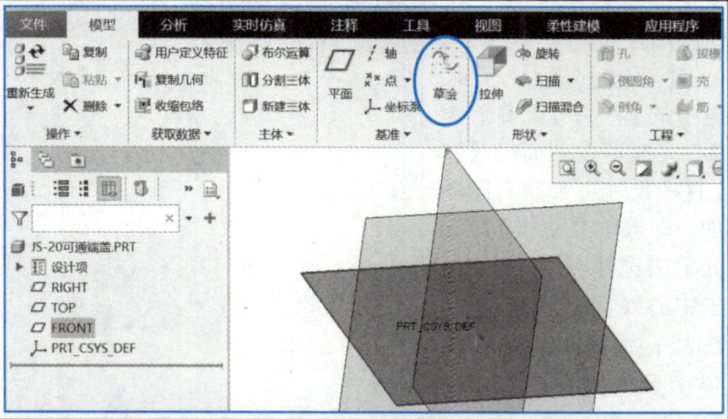	
3	**绘制端盖主体的草绘：** 进入草绘环境中，首先单击视图工具栏中 将草绘视图调整为与屏幕平行；然后单击【草绘】选项卡下【草绘】组中的【线】命令，绘制出端盖主体截面形状，如右图所示	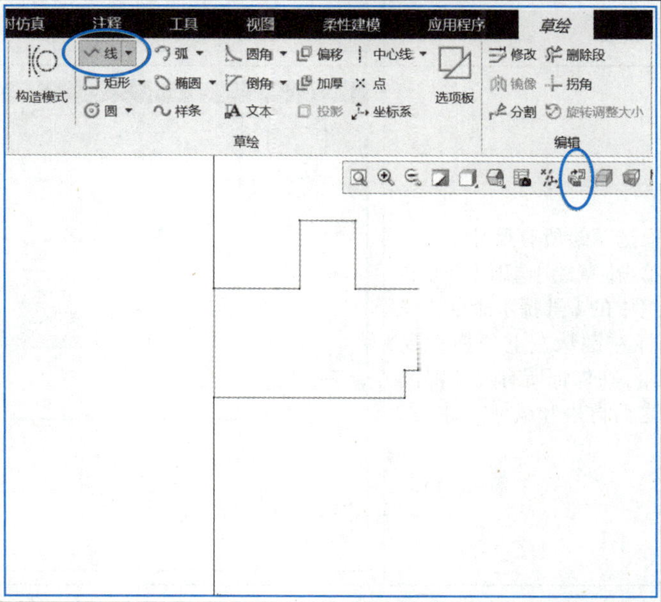	

续表

序号	步骤	图例	备注
4	**添加中心线：** 单击【草绘】选项卡下【草绘】组中的【中心线】命令，然后分别拾取端盖主体回转轴线的两点，完成中心线的绘制	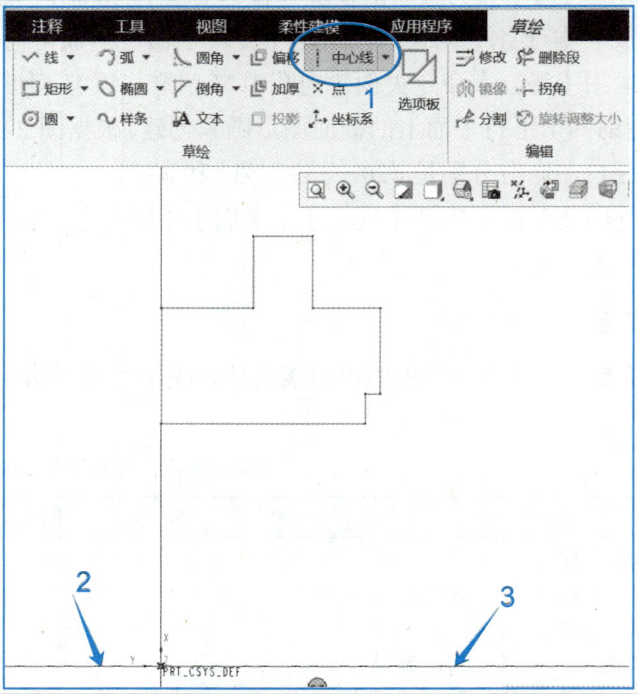	该中心线的创建为下一步创建直径尺寸标注做准备
5	**标注尺寸：** 单击【草绘】选项卡下【尺寸】组中的【尺寸】命令，参照图2-3完成草绘截面的尺寸标注。直径尺寸可参照右图顺序添加，即选中【尺寸】命令后，先单击选择被测轮廓线，再单击中心线，再单击选择被测轮廓线，最后在尺寸处单击鼠标中键完成直径尺寸的标注	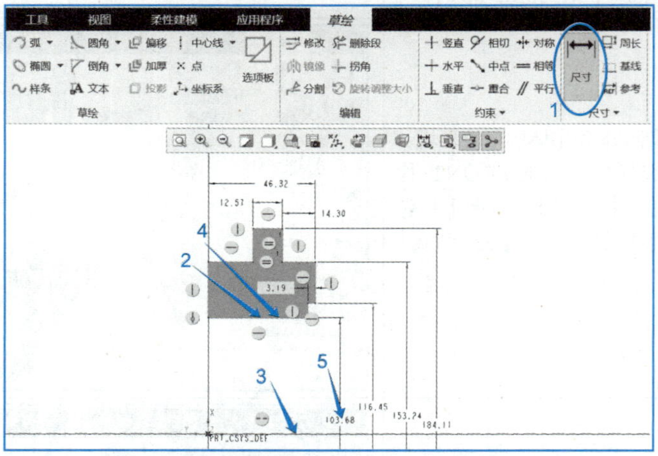	
6	**框选草绘所有尺寸：** 单击【草绘】选项卡下【操作】组中的【选择】命令，按住鼠标左键从左上角拖动到右下角，在保证所有尺寸都被框选之后再松开鼠标左键	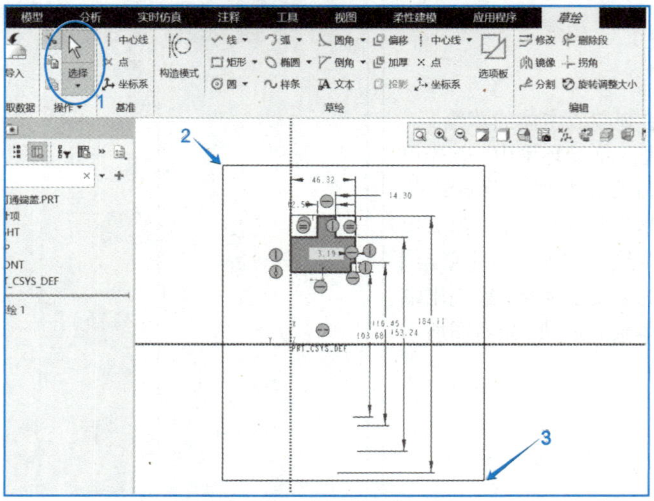	若有漏掉的尺寸，则需要重新框选

续表

序号	步骤	图例	备注
7	**修改草绘中所有尺寸：** 单击【草绘】选项卡下【编辑】组中的【修改】命令后，【修改尺寸】对话框打开。 取消【重新生成】设置后，再对照绘图区和图 2-3 所示逐一修改尺寸。 结束后，单击【确定】按钮完成草绘尺寸的修改	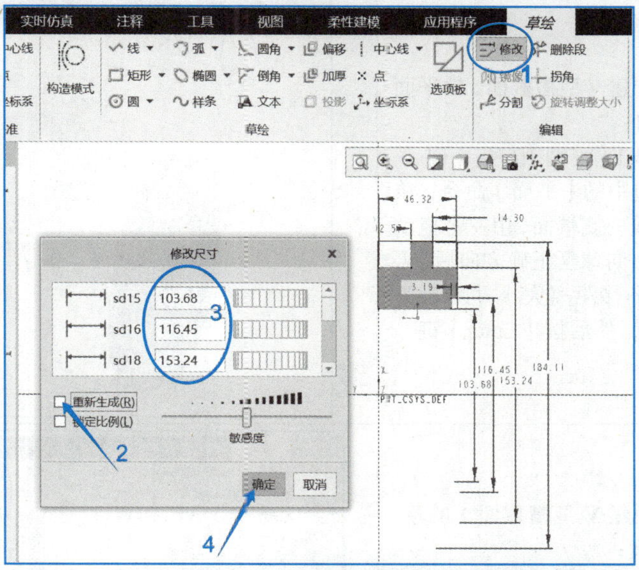	
8	**完成草绘尺寸的修改：** 检查所有尺寸修改无误后，单击【草绘】选项卡下【关闭】组中的【确定】命令，退出草绘环境	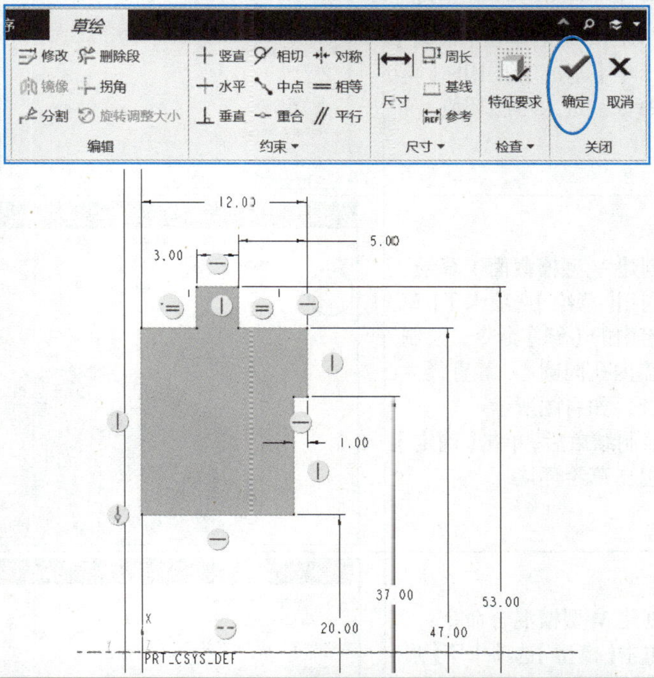	
9	**创建端盖主体的实体：** 单击【模型】选项卡下【形状】组中的【旋转】命令，在打开的【旋转】选项卡内，按照软件默认设定的参数，单击【确定】按钮完成端盖主体的创建	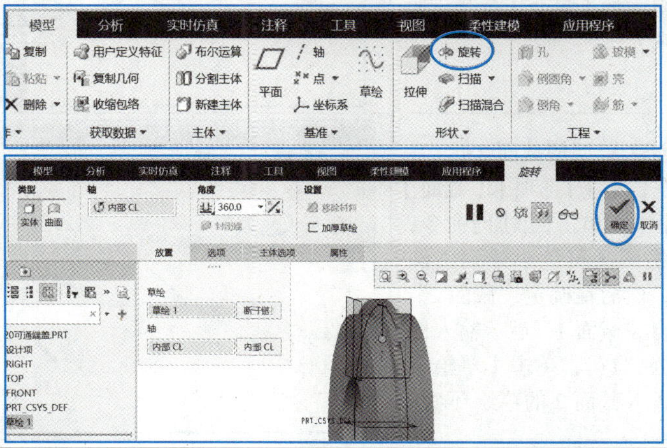	

续表

序号	步骤	图例	备注
10	**创建V型槽截面1的平面DTM1：** 单击【模型】选项卡下【基准】组中的【平面】命令，单击端盖一侧端面，用左键拖动偏移方向球至正确方向后，再双击平移距离大小并更改为“3”，然后按【Enter】键	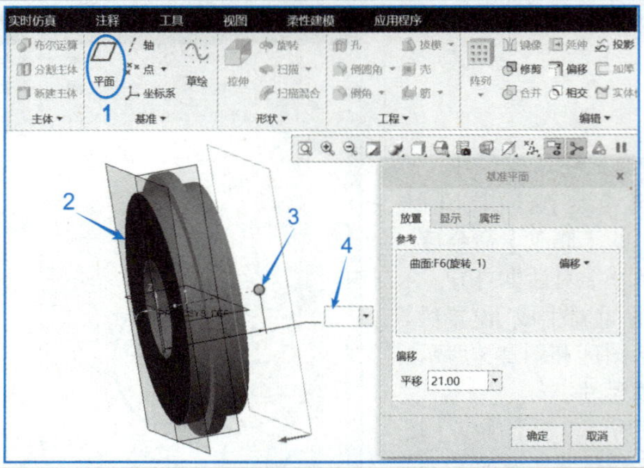	偏移平面的距离也可通过修改【基准平面】对话框的【平移】里的数据来设定
11	**创建V型槽截面1的草绘环境：** 单击选择模型树中的【DTM1】，然后单击【模型】选项卡下【基准】组中的【草绘】命令，进入草绘环境	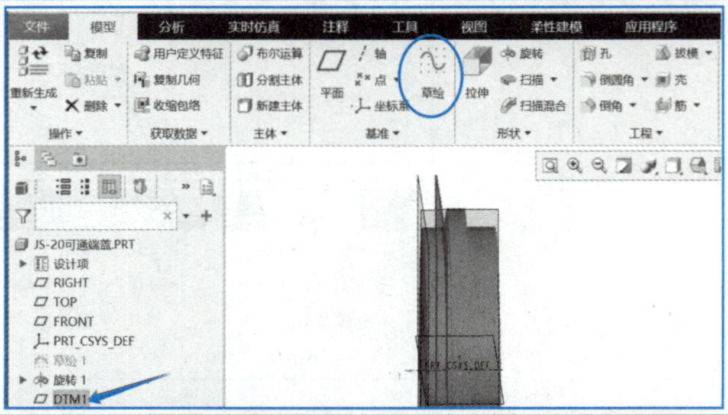	
12	**创建V型槽截面1草绘：** 利用【草绘】选项卡下【草绘】组中的【圆】命令，绘制与端盖内孔同圆心、等直径大小的圆，如右图所示。 绘制结束后，单击【确定】按钮退出草绘环境	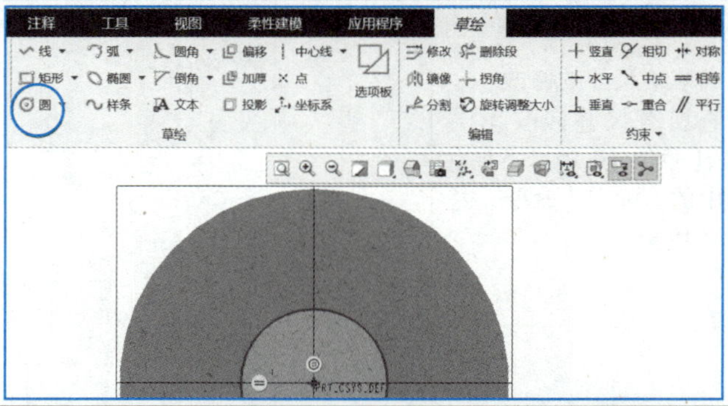	
13	**创建V型槽混合命令：** 单击【模型】选项卡下【形状】组中的【混合】命令，如右图所示	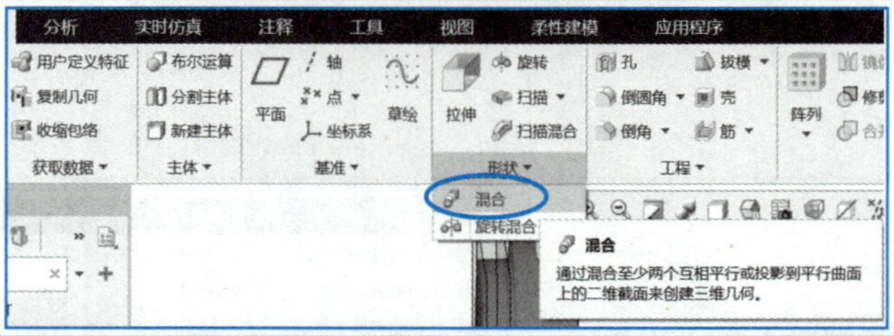	
14	**创建V型槽截面2：** 在【混合】选项卡【截面】对话框内，单击【添加】命令，拖动绘图区黄色小球到正确方向，然后在确定“截面2”偏移自“截面1”后，输入偏移量为“1”，单击【草绘】命令进入截面2的草绘环境	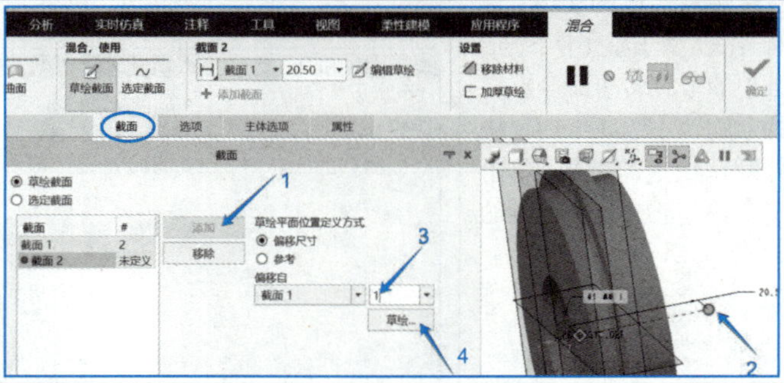	

续表

序号	步骤	图例	备注
15	**创建 V 型槽截面 2 草绘环境：** 利用【草绘】选项卡下【草绘】组中的【圆】命令，绘制与端盖内孔同圆心、直径为 33 的圆，如右图所示。 绘制结束后，单击【确定】按钮退出草绘环境	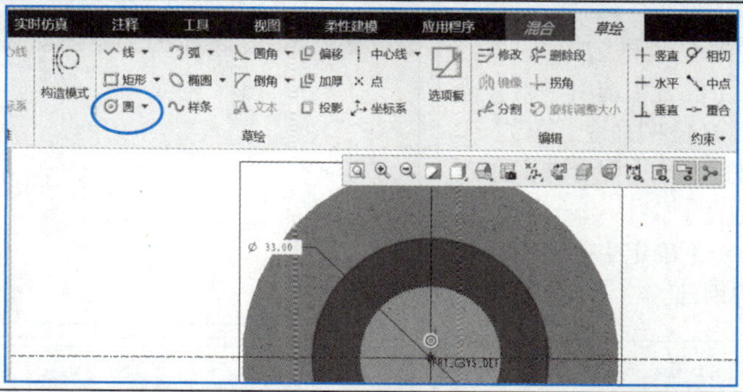	
16	**创建 V 型槽截面 3：** 在【混合】选项卡下【截面】对话框内，单击【添加】命令，拖动绘图区黄色小球到正确方向，然后在确定“截面 3”偏移自“截面 2”后，输入偏移量为“4”，再单击【草绘】命令进入截面 3 的草绘环境	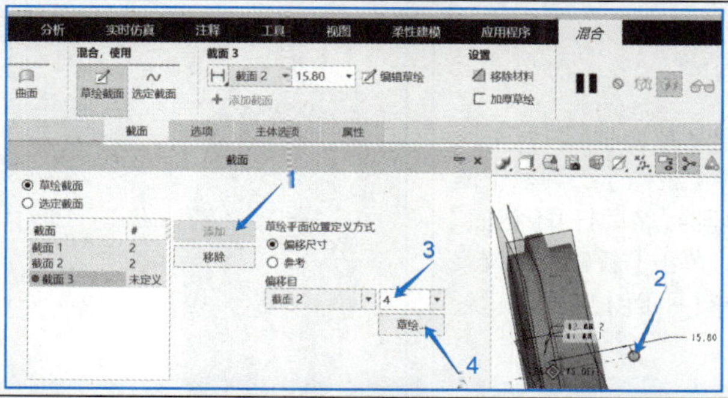	
17	**创建 V 型槽截面 3 草绘环境：** 利用【草绘】选项卡下【草绘】组中的【圆】命令，绘制与端盖内孔同圆心、直径为 33 的圆，如右图所示。 绘制结束后，单击【确定】按钮退出草绘环境	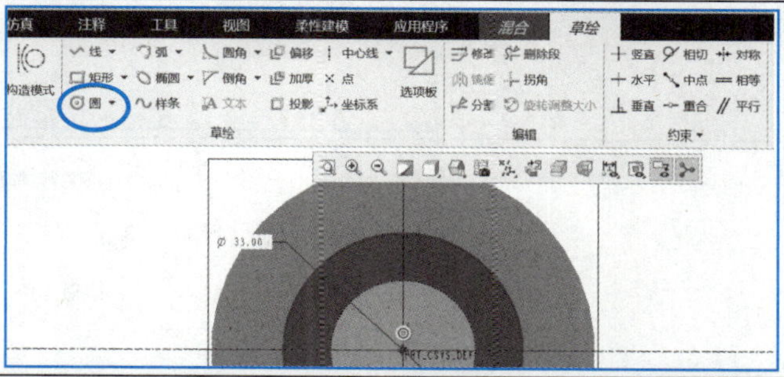	
18	**创建 V 型槽截面 4：** 在【混合】选项卡下【截面】对话框内，单击【添加】命令，拖动绘图区黄色小球到正确方向，然后在确定“截面 4”偏移自“截面 3”后，输入偏移量为“1”，再单击【草绘】命令进入截面 4 的草绘环境	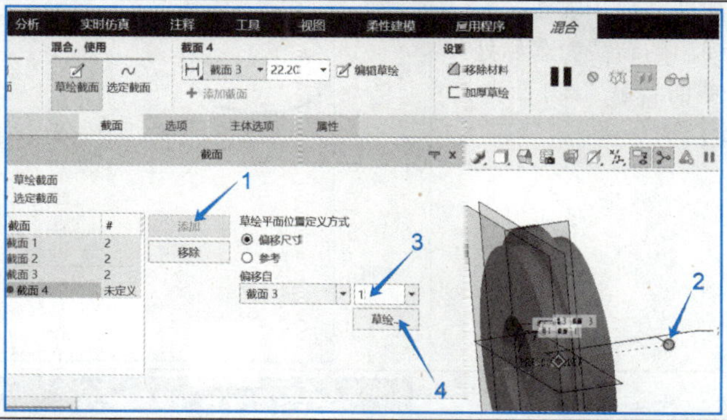	
19	**创建 V 型槽截面 4 草绘：** 利用【草绘】选项卡下【草绘】组中的【圆】命令，绘制与端盖内孔同圆心、等直径大小的圆，如右图所示。 绘制结束后，单击【确定】按钮退出草绘环境	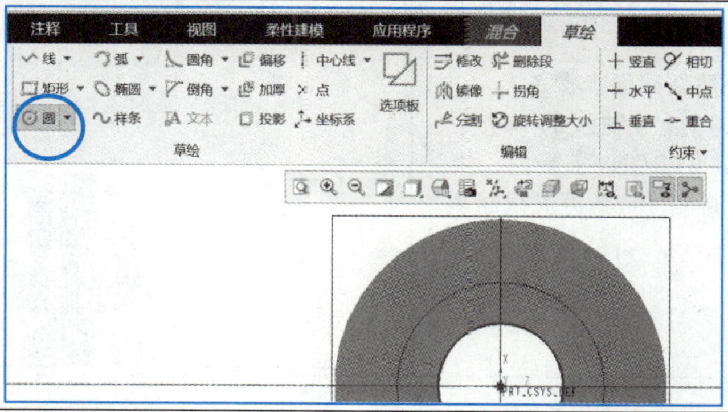	

续表

序号	步骤	图例	备注
20	**创建 V 型槽结构：** 在【混合】选项卡内，选择【移除材料】命令。更改【选项】对话框内【混合曲面】方式为【直】。 单击【确定】按钮完成 V 型槽的创建	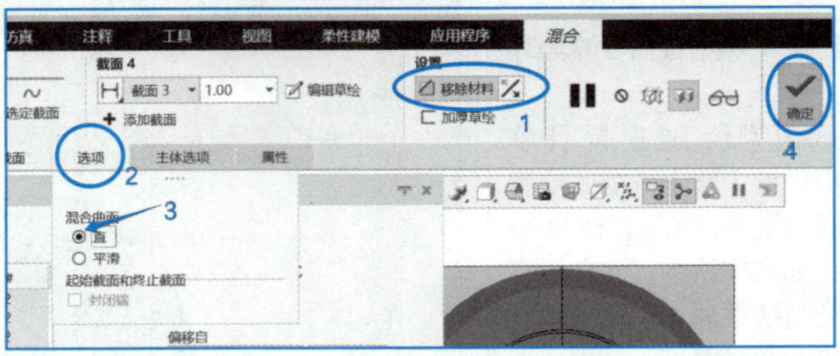	为了能清楚地看到该端盖的内部结构，后面将介绍截面显示的方法
21	**创建新截面步骤 1：** 单击【视图】工具栏中的视图管理器，然后打开【截面】选项卡，单击【新建】下拉菜单，选择【平面】方式创建新截面	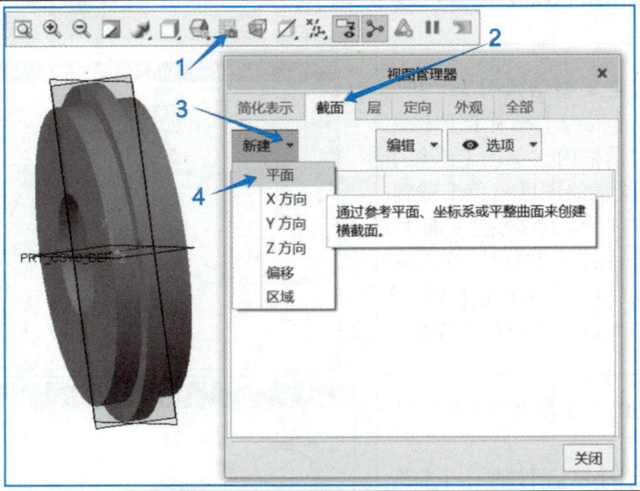	创建过轴线的截面，可利用显示截面来查看模型的内部结构
22	**创建新截面步骤 2：** 在弹出的新截面名称处，输入新截面名字“A”，并按【Enter】键	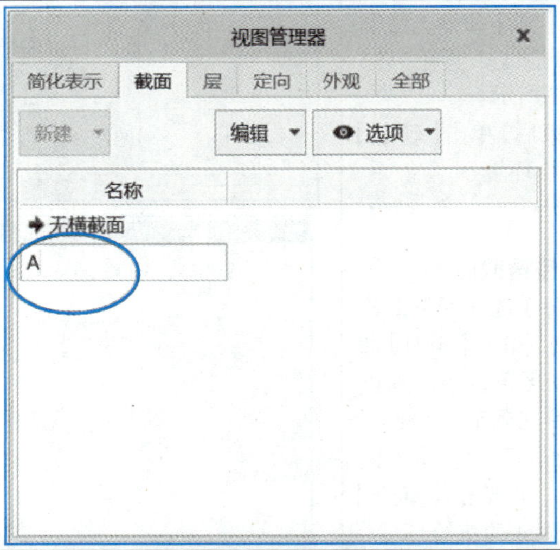	
23	**创建新截面步骤 3：** 选择通过轴线的一个平面，如【FRONT】平面，再单击【确定】按钮完成截面 A 的创建	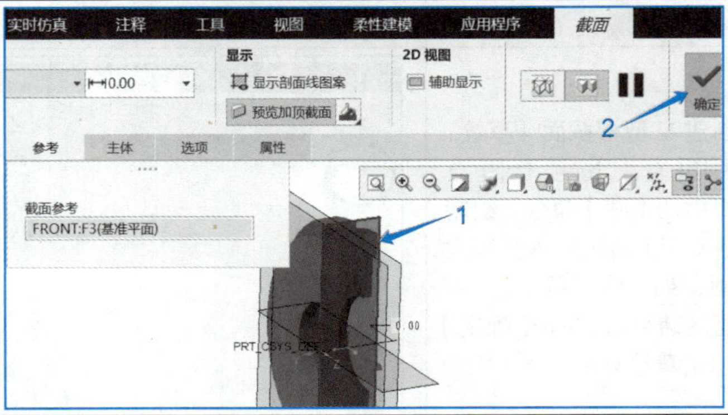	因为所需要创建的截面为经过轴线的平面，所以【截面】选项卡中的其余参数和选项无须修改

续表

序号	步骤	图例	备注
24	**创建新截面步骤 4：** 单击【视图管理器】中的【关闭】按钮退出。 此时，我们能够清晰地看到 A 截面的图形轮廓，内部的 V 型槽直接可见	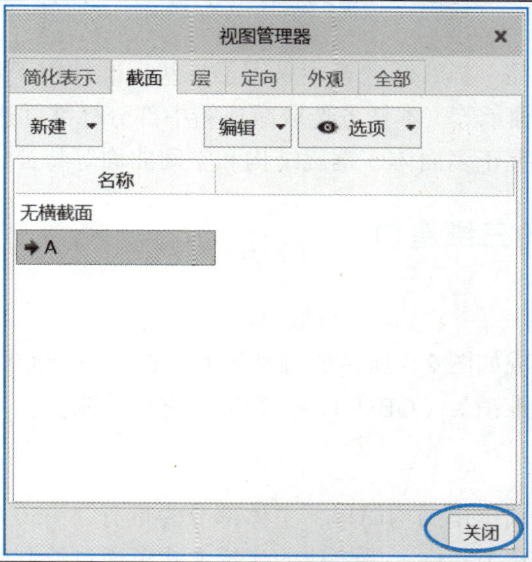	尝试将模型树【混合 1】进行“编辑定义”，其【选项】下【混合曲面】改成【平滑】后预览效果，以进一步理解【直】和【平滑】对建模的影响
25	**取消截面显示：** 单击模型树的 A 截面，在弹出的快捷菜单内，单击 命令取消激活 A 截面	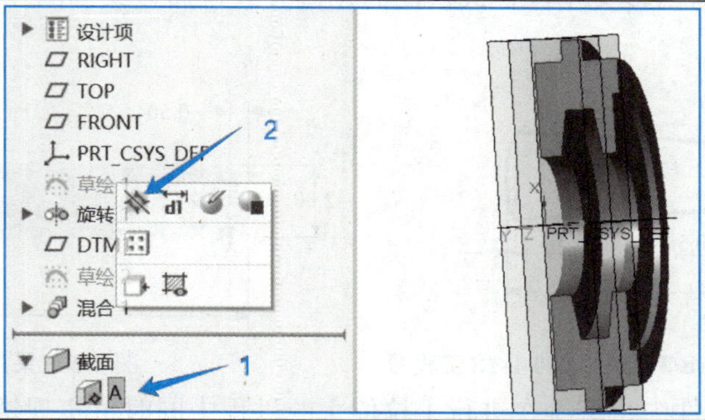	
26	**保存文件：** 单击【保存】按钮，将三维模型保存至工作目录中	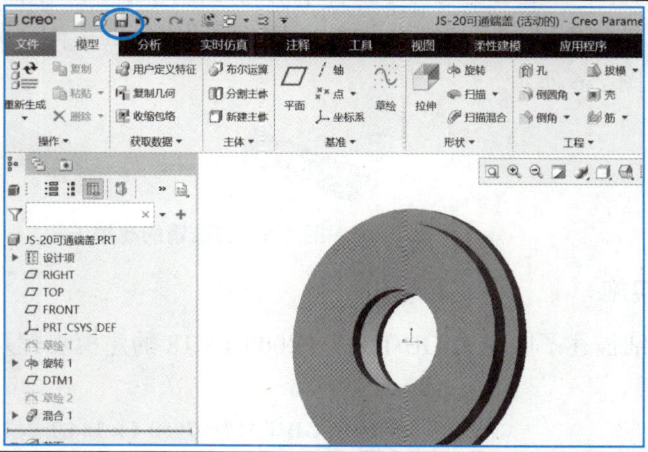	

4. 任务评价

图 2-3 所示的可通端盖在建模过程中采用了【旋转】、【平面】和【混合】等特征命令。在采用【混合】命令构建内孔中的 V 型槽时，需要绘制多个平行截面的图形、设置合理的参数（如混合曲面平滑度），过程中操作步骤较多，需要细致和耐心地工作，以保证建模的成功。

本任务中，我们还学习了如何创建截面，这对于理解三维模型的内部结构至关重要。截面不仅可以用于内部结构的分析，还可以用于生成工程图的剖视图，这是工程交流中的一个重要部分。

任务 2.3　标准件的三维建模

与许多机械产品一样，减速箱中采用了一些标准件用于零件间的连接和传动，如螺栓、螺母、螺钉、销、键和滚动轴承等。本任务选取减速箱中部分标准件进行实体建模介绍，通过三维建模的实践，帮助读者了解和掌握正多面体、螺旋结构和空间曲面等特征体的建模方法。

2.3.1　圆锥销的三维建模

1. 任务目标

本任务要求完成如图 2-4 所示的圆锥销 GB/T 117—2000 4 × 18 工程图的三维建模。该标准件的结构与尺寸参照《圆锥销》（GB/T 117—2000）进行绘制。

2. 任务分析

图 2-4 所示的圆锥销结构简单，主体部分为带有 1 : 50 锥度的圆台结构，大小端各结合了一部分球面结构。作为回转类零件，最快捷的建模方式可通过绘制图 2-5 所示的草绘，再利用【旋转】命令生成即可。

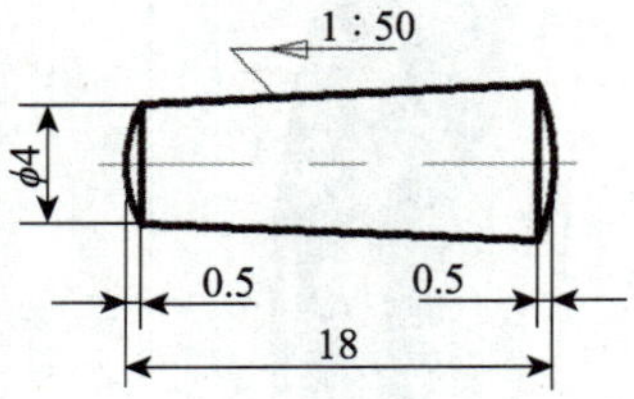

图 2-4　圆锥销 GB/T 117—2000 4×18 工程图

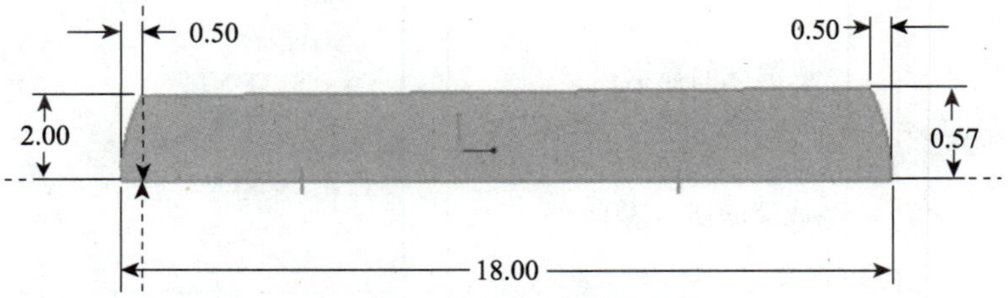

图 2-5　采用【旋转】命令绘制草绘

在 Creo 软件中，草绘在进行【拉伸】的过程中同时可实现锥度的生成。创建本模型时，我们将尝试通过设置【拉伸】的“添加锥度”方式来实现圆锥销的主体部分，再【旋转】生成两侧的球头端，其建模流程如图 2-6 所示。

图 2-6　圆锥销的建模流程

3. 任务实施

表 2-4 详细描述了圆锥销 GB/T 117—2000 4 × 18 的建模步骤及说明。

表 2-4　圆锥销 GB/T 117—2000 4 × 18 的建模步骤及说明

序号	步骤	图例	备注
1	新建文件：打开 Creo 软件，新建一个实体类零件，命名为“js-02 销 4 × 18”，选择公制模板【mmns_part_ solid_abs】	（略）	

续表

序号	步骤	图例	备注
2	**创建销主体的草绘环境：** 选择模型树的【RIGHT】平面，单击【模型】选项卡下【基准】组中的【草绘】命令创建草绘	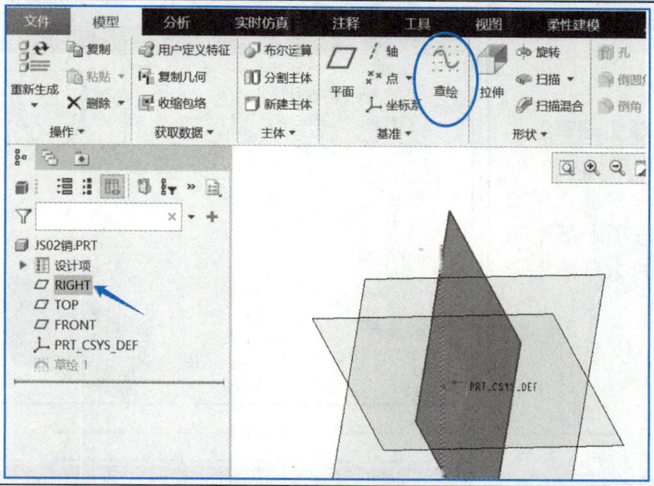	
3	**绘制销主体的草绘：** 进入草绘环境中，首先单击视图工具栏中的命令将草绘视图调整为与屏幕平行，然后单击【草绘】选项卡下【草绘】组中的【圆】命令，绘制直径为 $\phi4$ 的圆。单击【确定】按钮完成草绘的绘制	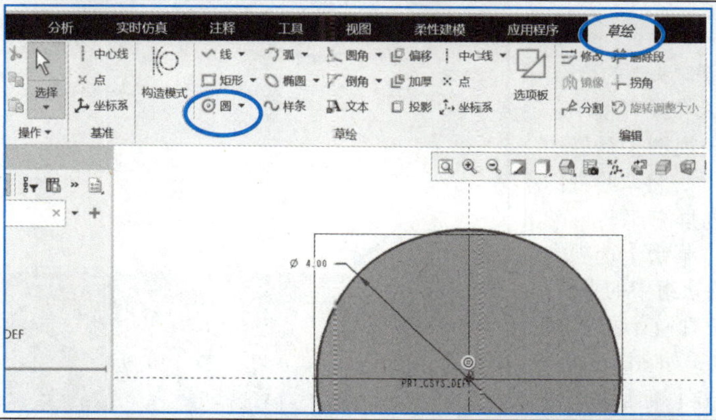	
4	**创建【拉伸】命令：** 单击【模型】选项卡下【形状】组中的【拉伸】命令，进入拉伸实体的参数设置	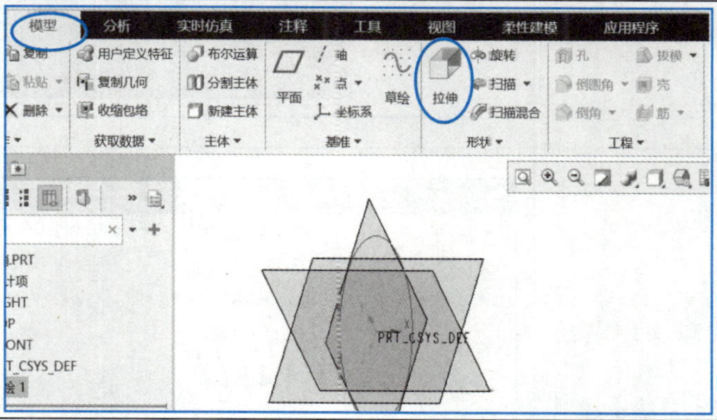	由于上一步刚刚完成外部草绘的绘制，因此在进入【拉伸】命令后，刚完成的草绘处于选中状态
5	**生成销的主体部分：** 在【拉伸】选项卡内，如右图所示设置相应的参数后，单击【确定】按钮完成销主体的创建	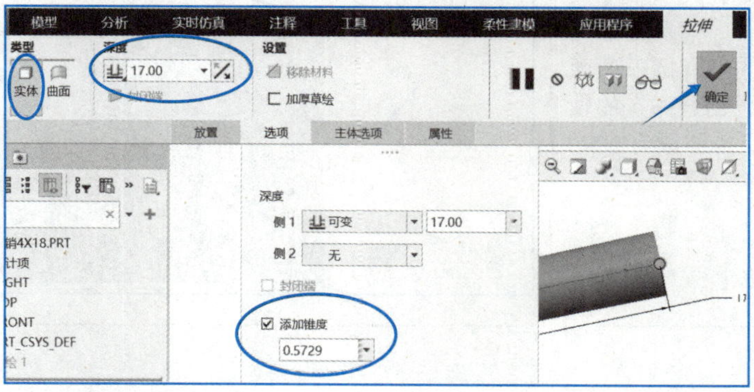	参数中【添加锥度】处是指草绘在拉伸过程中向外(角度为正)或向内(角度为负)形成锥面，锥度单位为“°”，因此锥度 1∶50 转换成角度为 0.572 9°

续表

序号	步骤	图例	备注
6	**创建球头端草绘：** 选择模型树的【FRONT】平面，单击【模型】选项卡下【基准】组中的【草绘】命令创建草绘	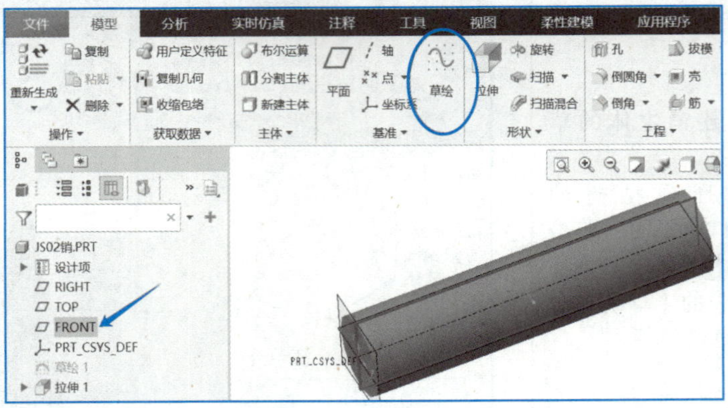	
7	**绘制球头端的草绘：** 进入草绘环境中，首先单击视图工具栏中的命令，将草绘视图调整为与屏幕平行。然后单击【草绘】选项卡下【草绘】组中的【弧】命令，以“圆心+端点”的方式绘制，如右图所示。 单击【确定】按钮完成草绘的绘制	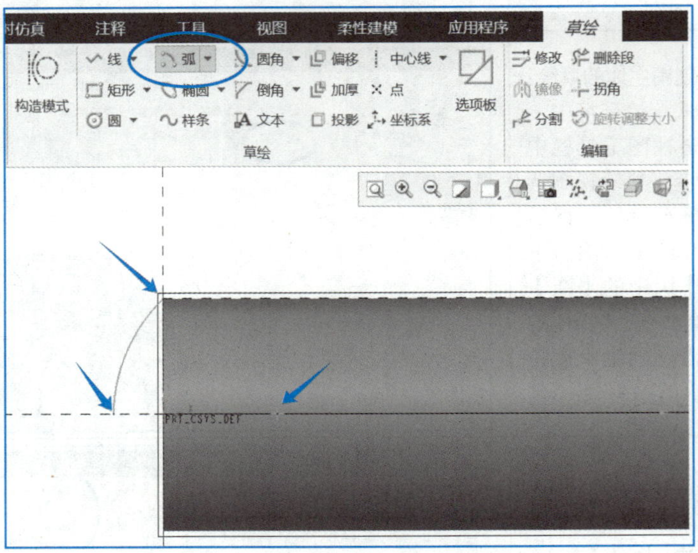	绘制圆弧时注意圆心和端点选取顺序和位置：圆心及其中一个端点要拾取到销的轴线上，另一个端点要拾取到销主体端面径向最大处，以保证球头端径向尺寸随着销主体径向尺寸一起改变
8	**修改球头端草绘的尺寸：** 单击【草绘】选项卡下【尺寸】组中的【尺寸】命令，然后在绘图区内单击选择圆弧的两个端点，创建两点的轴向尺寸，并修改为0.5	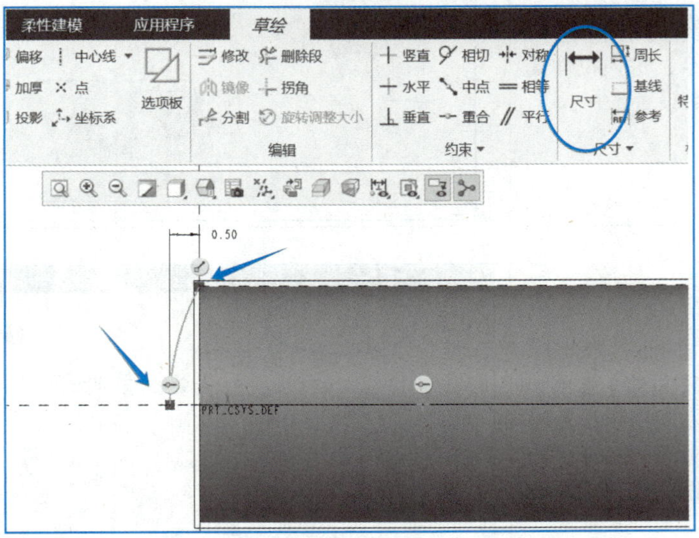	

续表

<table>
<tr><th>序号</th><th>步骤</th><th>图例</th><th>备注</th></tr>
<tr><td>9</td><td>完善球头端草绘：
单击草绘环境下的【线】命令，依次拾取右图所示的三点，完成销体一端球头端的草绘</td><td>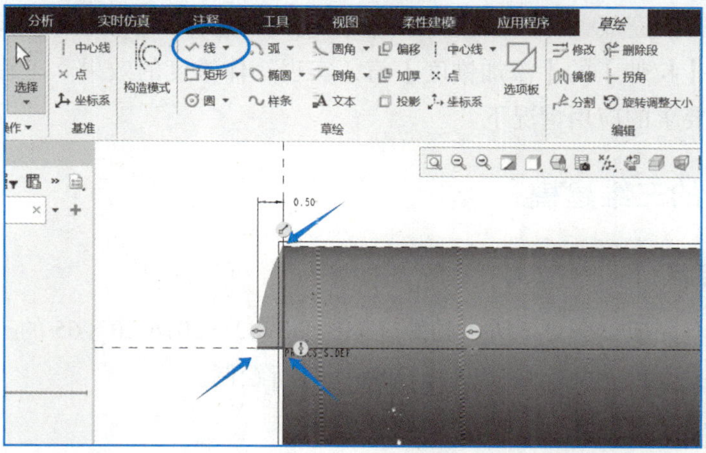
</td><td></td></tr>
<tr><td>10</td><td>绘制另一端球头端草绘：
使用相同的方法绘制出销体另一端的草绘，如右图所示。
单击【确定】按钮完成草绘的绘制</td><td>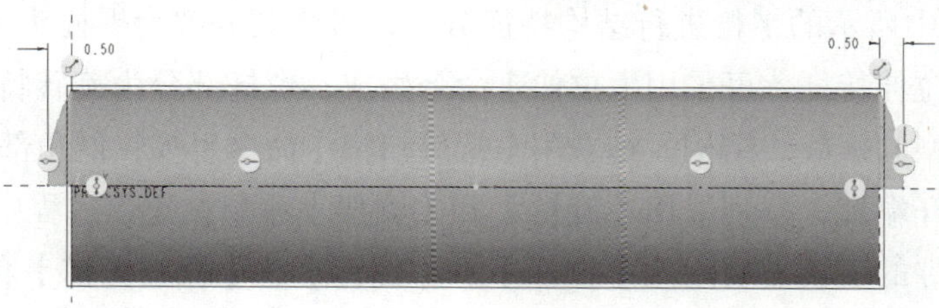
</td><td></td></tr>
<tr><td>11</td><td>创建两个球头端实体：
单击【模型】选项卡下【形状】组中的【旋转】命令，进入【旋转】参数设置状态。
分别设置相应的参数后，如右图所示，单击【确定】按钮完成实体建模</td><td>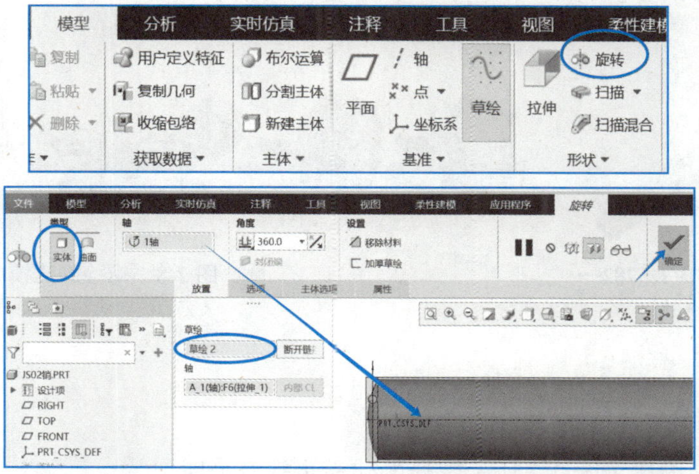
</td><td>上一步刚完成了外部草绘的绘制，这一步创建旋转实体时，软件会自动选取刚完成的草绘，见左图中【草绘】下的“草绘 2”。如果未被拾取，则需要补充选取</td></tr>
<tr><td>12</td><td>文件的保存：
单击【保存】按钮，将三维模型保存至【工作目录】中</td><td>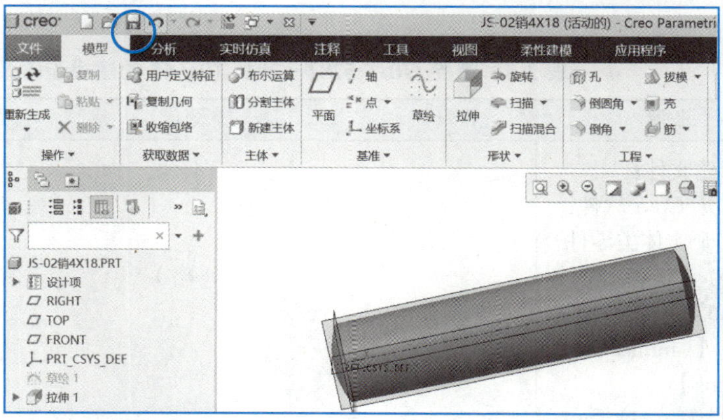
</td><td></td></tr>
</table>

4. 任务评价

标准件圆锥销虽然是一个很简单的零件，但不论是采用【旋转】方法一次完成还是采用【拉伸】与【旋转】等方法完成，都要注意将锥度的大小准确换算成角度值，单位为“°”。本任务中，我们体验了通过设置【拉伸】的【添加锥度】值，实现销体锥度的效果。工程中，添加锥度也可应用在一些具有拔模斜度要求的应用情况下。

2.3.2 螺栓的三维建模

1. 任务目标

本任务要求完成如图 2-7 所示的螺栓 GB/T 5782—2016 10×65 的三维建模。该标准件的结构与尺寸参照《六角头螺栓》（GB/T 5782—2016）进行绘制。

2. 任务分析

对图 2-7 中所示的螺栓进行结构特征分析，可将其分解为螺栓头、螺杆、螺纹和倒角四部分。螺栓头为典型的拉伸特征，可采用【拉伸】命令生成；螺杆部分为旋转特征，可采用【旋转】命令生成；螺纹部分为典型的螺旋线结构，将采用【螺旋扫描】命令生成；倒角部分分两部分，一处位于螺栓头，另一处位于螺杆端部，分别采用【旋转】和【倒角】命令在建模过程中创建产生。

完成该零件的建模需要用到【拉伸】、【旋转】、【螺旋扫描】和【倒角】等特征命令，主要创建流程如图 2-8 所示。

图 2-7 螺栓 GB/T 5782—2016 10×65

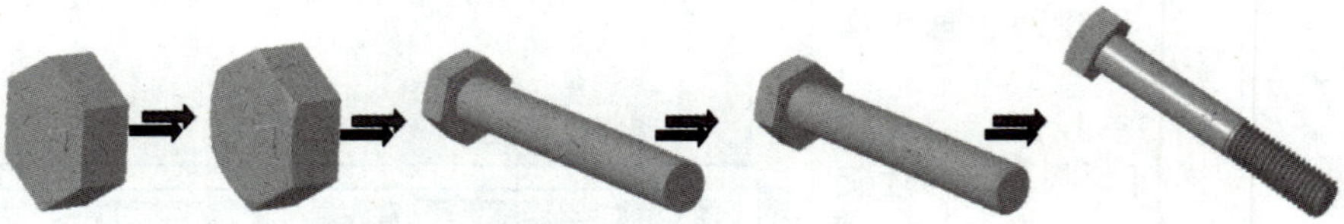

图 2-8 螺栓的建模流程

3. 任务实施

表 2-5 详细描述了图 2-7 所示螺栓的建模步骤及说明。

表 2-5 螺栓 GB/T 5782—2016 10×65 的建模步骤及说明

序号	步骤	图例	备注
1	**新建文件：**打开 Creo 软件，新建一个实体类零件，命名为“js-03 螺栓 m10×65”，选择公制模板【mmns_part_solid_abs】	（略）	

续表

序号	步骤	图例	备注
2	**创建螺栓头的草绘环境：** 选择模型树的【FRONT】平面，单击【模型】选项卡下【基准】组中的【草绘】命令创建草绘	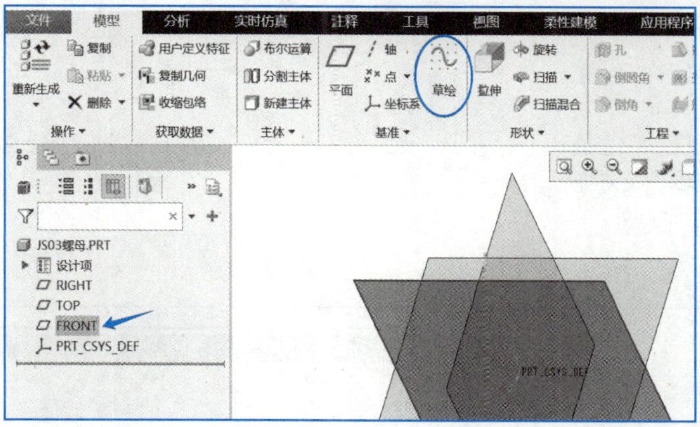	
3	**绘制螺栓头的草绘：** 进入草绘环境中，先单击视图工具栏中按钮将草绘视图调整为与屏幕平行，然后单击【草绘】选项卡下【草绘】组中的【选项板】命令，弹出【草绘器选项板】对话框	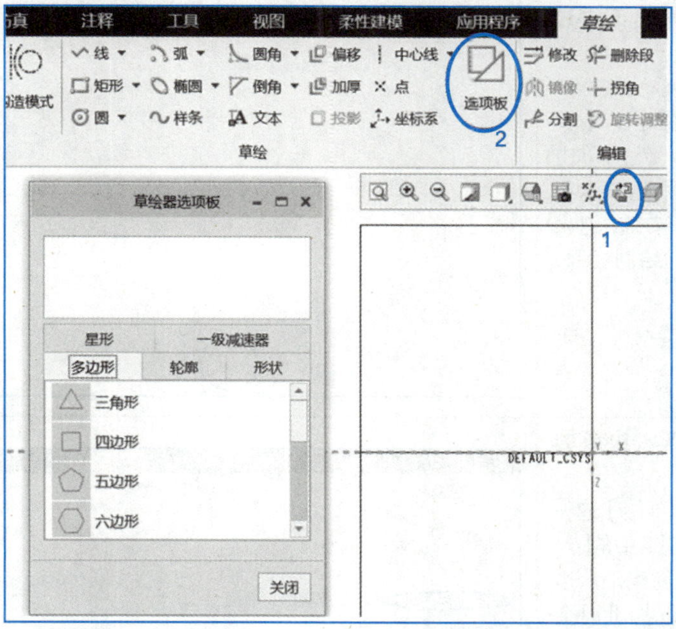	
4	**正六边形的生成：** 先用鼠标左键双击【草绘器选项板】中的【六边形】，然后移动鼠标至绘图区任意位置再单击，草绘中立即生成一个正六边形，如右图所示	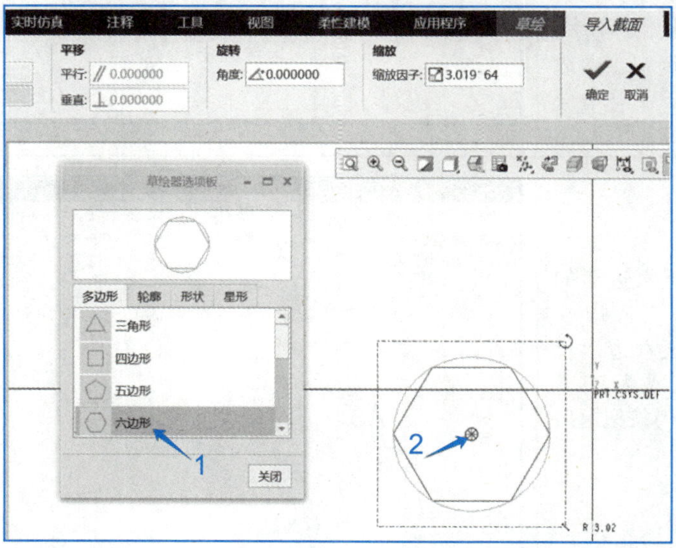	

续表

序号	步骤	图例	备注
5	**正六边形的位置确定：** 单击鼠标左键拾取正六边形的中心，拖动至坐标系原点处	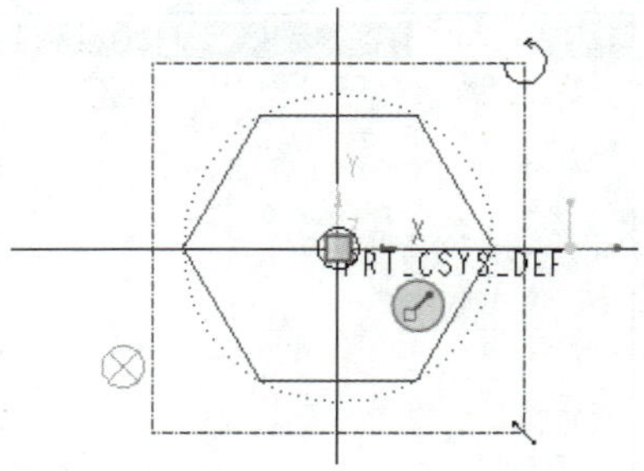	拖动时保证正六边形中心与坐标系原点重合约束出现，再松开鼠标左键
6	**确定完成正六边形的绘制：** 单击【草绘器选项板】对话框中的【关闭】按钮，然后单击【导入截面】选项卡下的【确定】按钮，退出正六边形的绘制过程	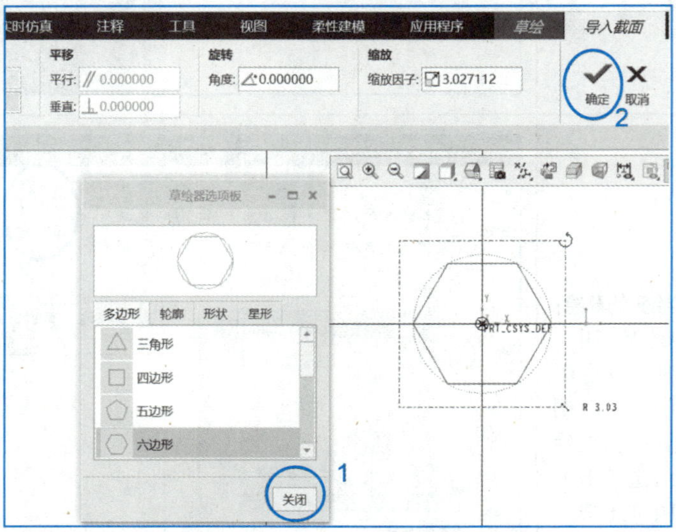	
7	**创建正六边形的尺寸：** 单击【草绘】选项卡下【约束】组中的【尺寸】命令，创建正六边形对边的尺寸。此时会出现约束和尺寸冲突，在弹出的【解决草绘】对话框中选中正六边形边长(图中为 3.03)，单击【删除】按钮	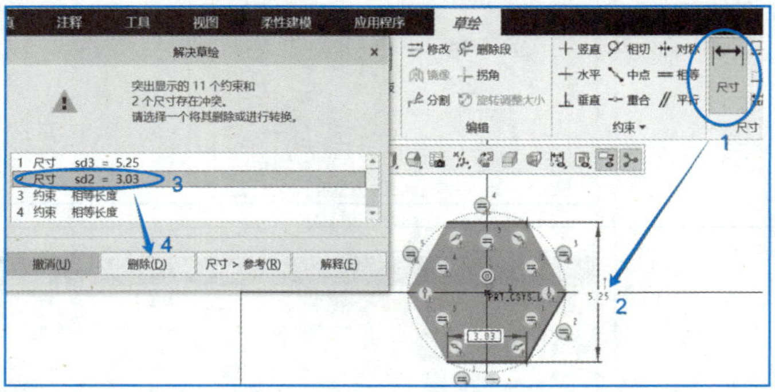	遇到尺寸冲突时，要确定哪些尺寸或约束条件需要保留，哪些是可以删除的
8	**修改正六边形的尺寸：** 双击正六边形尺寸，将其修改为 16，单击【确定】按钮退出草绘环境	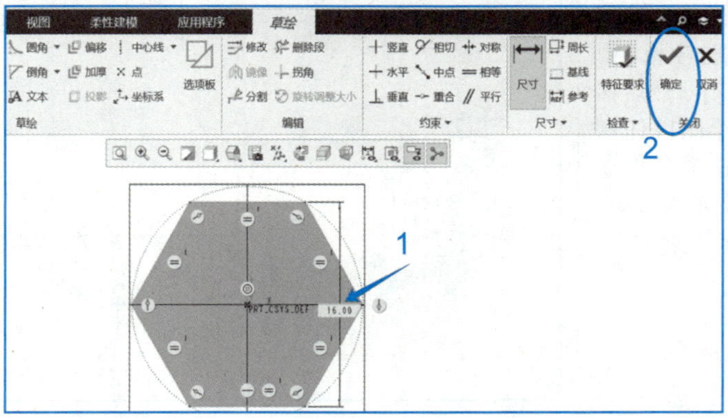	

续表

序号	步骤	图例	备注
9	**创建螺栓头的实体：** 单击【模型】选项卡下【形状】组中的【拉伸】命令，进入拉伸实体的参数设置。 在【拉伸】选项卡下，如右图所示，设置相应的参数后，单击【确定】按钮完成实体的创建	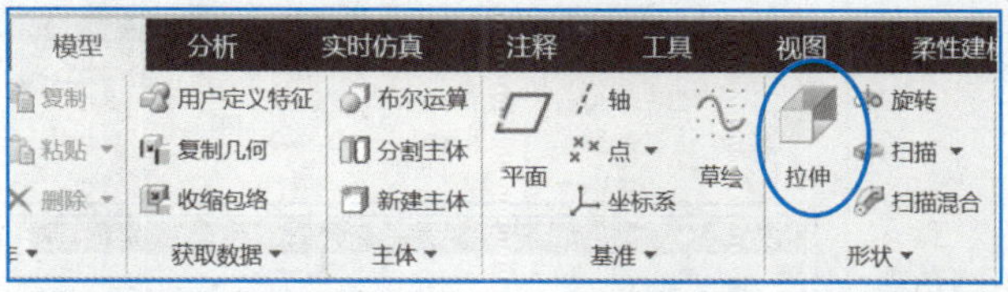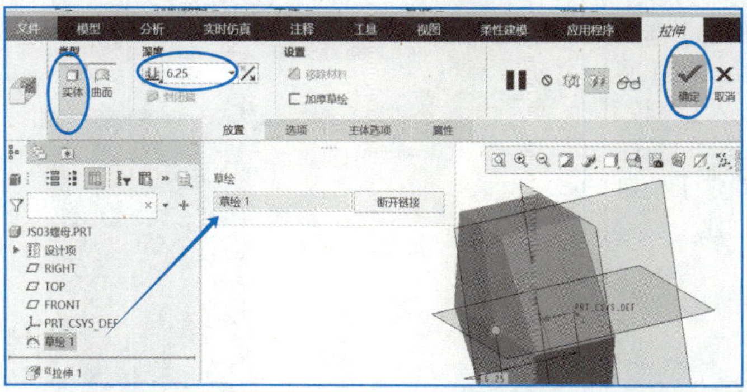	
10	**创建螺栓头倒角的草绘环境：** 单击经过正六面体对角棱线的平面——【TOP】平面，单击【模型】选项卡下【基准】组中的【草绘】命令，进入螺栓头倒角的草绘环境	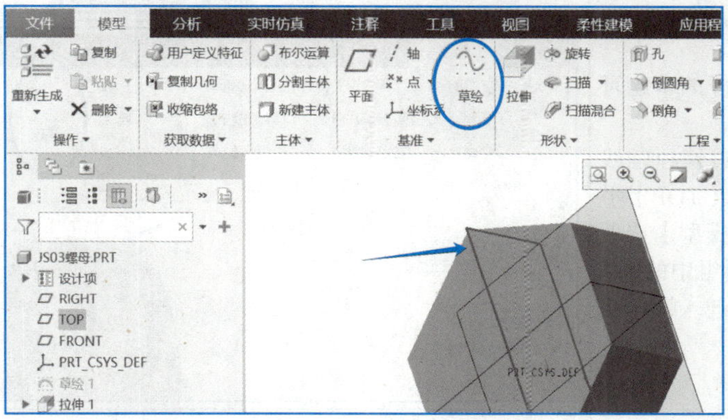	
11	**创建螺栓头倒角的草绘：** 在草绘环境中，利用【线】命令，生成倒角截面图形，如右图所示。利用【尺寸】命令标注出25°和8的尺寸。 绘制完成后，单击【确定】按钮退出草绘环境	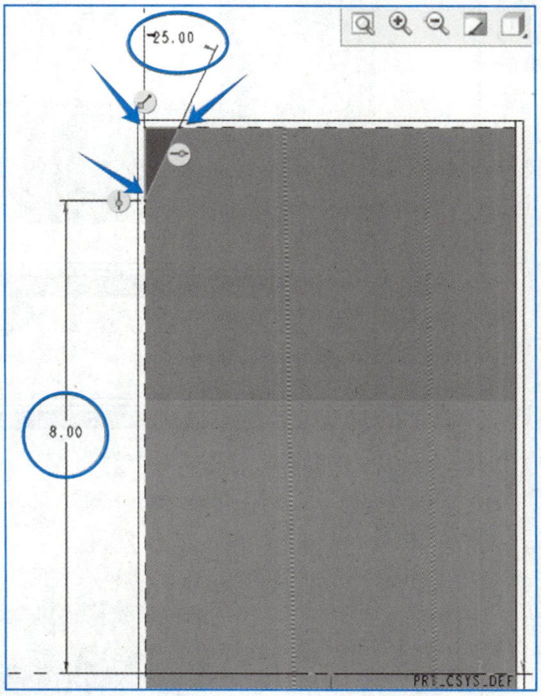	线性尺寸 8 为截面图形到六面体中心轴的距离。 绘制时，务必保证该三角形三个交点与已有实体表面重合的约束

续表

序号	步骤	图例	备注
12	**创建螺栓头倒角：** 单击【模型】选项卡下【形状】组中的【旋转】命令，进入【旋转】参数设置状态。 单击【确定】按钮完成倒角的创建	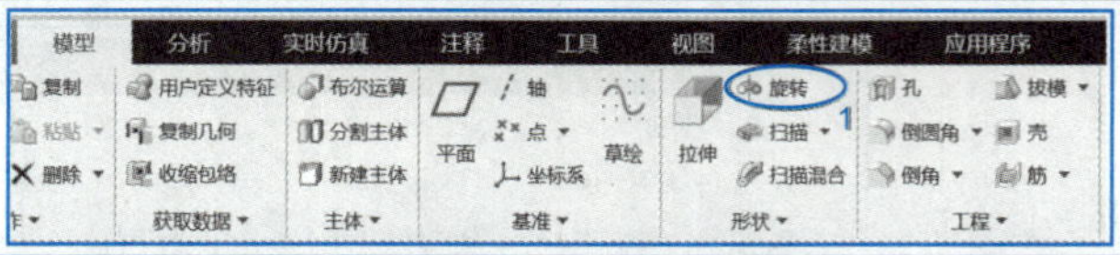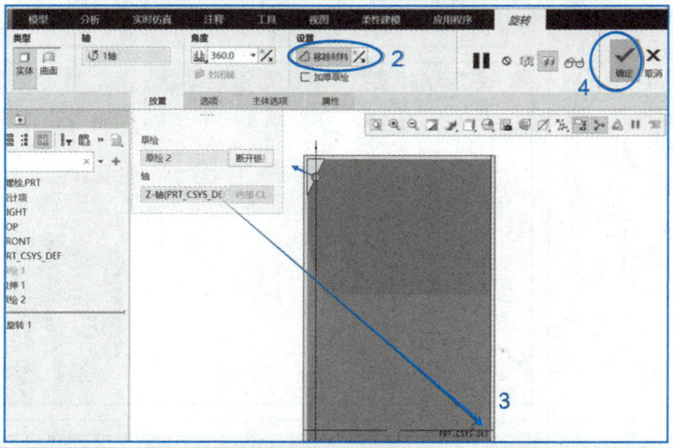	移除材料时，注意方向。如果移除的方向相反，可在绘图区内将移除材料的箭头进行更改，也可以单击【旋转】选项卡下【设置】中【移除材料】后的按钮
13	**创建螺杆的草绘环境：** 单击经过螺栓轴线的平面，如【TOP】平面，单击【模型】选项卡下【基准】组中的【草绘】命令，进入螺杆的草绘环境	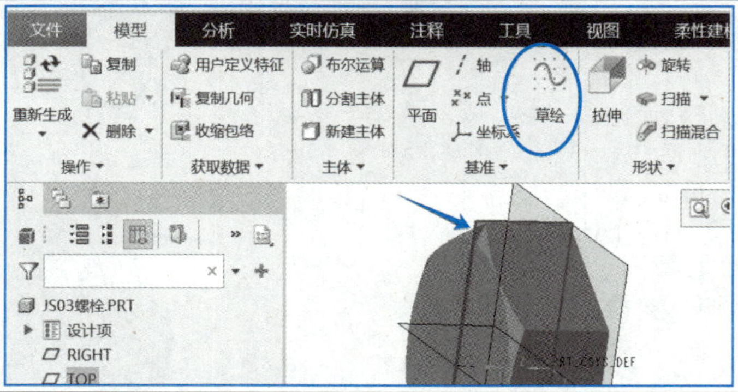	
14	**创建螺杆的草绘：** 在草绘环境中，利用【线】命令，绘制螺杆的草绘截面，如右图所示。利用【尺寸】命令完成图中的尺寸标注后，单击【确定】按钮退出草绘环境	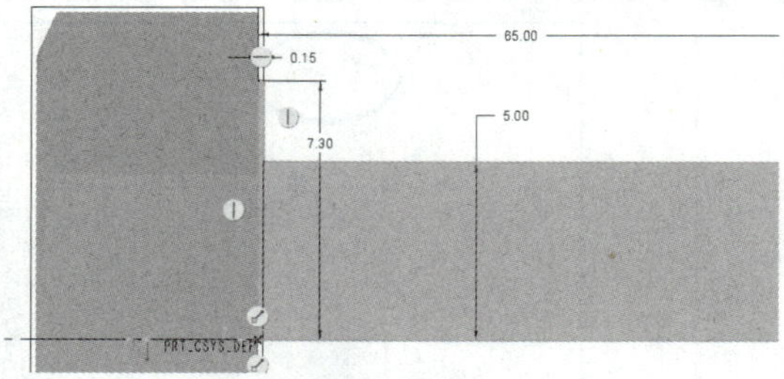	
15	**创建螺杆实体：** 单击【模型】选项卡下【形状】组中的【旋转】命令，进入【旋转】参数设置状态。 分别设置相应的参数后，如右图所示，单击【确定】按钮完成螺杆实体的创建	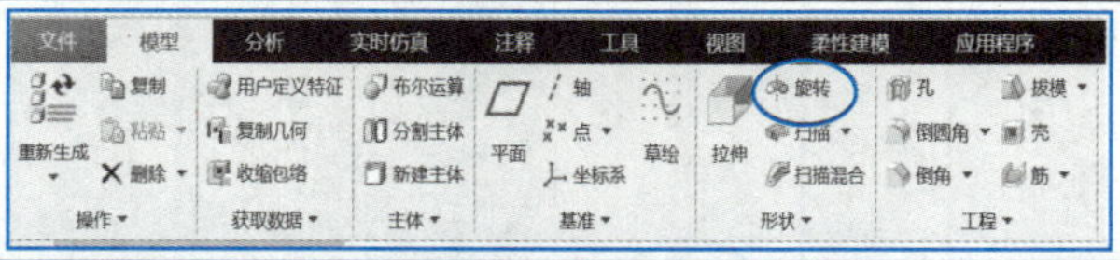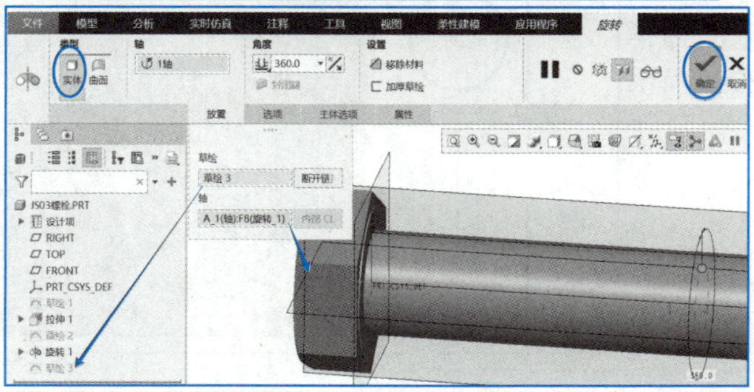	

续表

序号	步骤	图例	备注
16	**创建螺杆末端倒角：** 单击【模型】选项卡下【工程】组中的【倒角】命令，进入【边倒角】参数设置状态。 在设置【尺寸标注】和 D 尺寸后，拾取螺杆末端的轮廓线，如右图所示。单击【确定】按钮完成倒角的创建	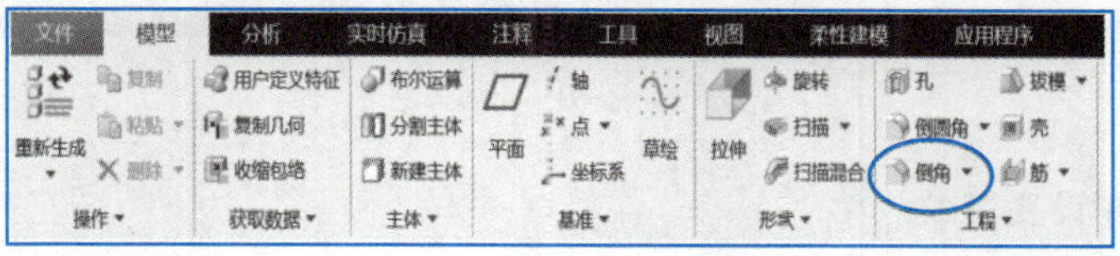 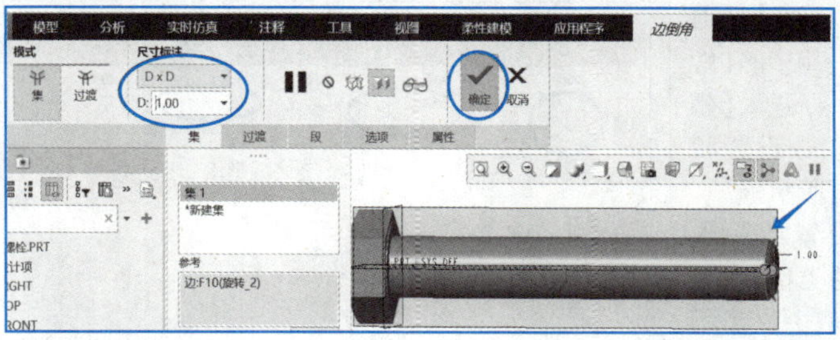	
17	**创建螺纹轮廓草绘环境：** 单击经过螺栓轴线的平面（如【TOP】平面）。单击【模型】选项卡下【基准】组中的【草绘】命令，进入螺纹轮廓草绘环境	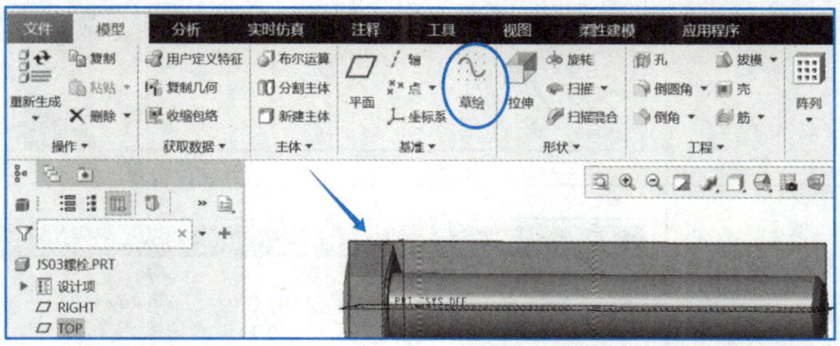	螺纹轮廓主要用于确定螺纹的起终点
18	**绘制螺纹轮廓的草绘：** 在草绘环境中，利用【线】命令，绘制两段直线，如右图所示	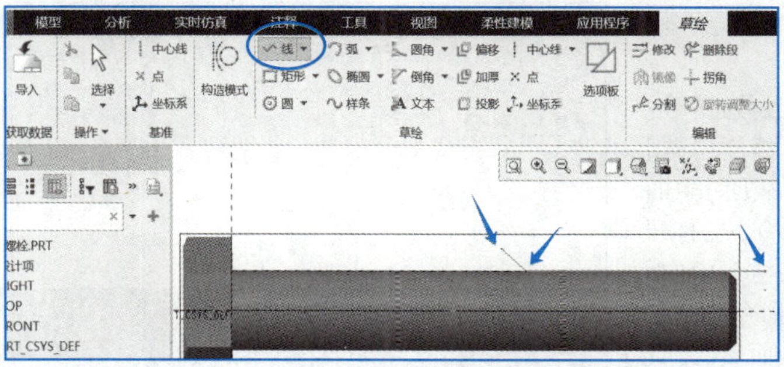	螺纹轮廓线要比螺纹实际起终位置向双侧各有延长，且与实体接触的一端要以 30°～45°角度远离螺杆退出
19	**修改螺纹轮廓的尺寸：** 在草绘环境中，利用【尺寸】命令完成图中的尺寸标注后，单击【确定】按钮退出草绘环境	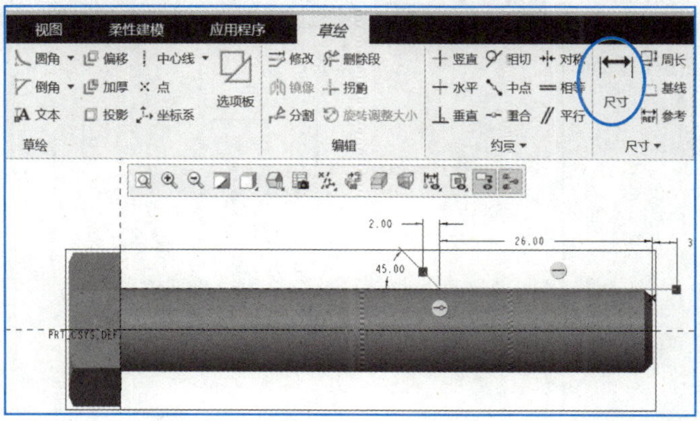	M10 的螺距 P 为 1.5，引入长度建议为 $2P$～$3P$（设为 3.00），超越长度建议设置为引入长度的 1/2（设为 2.00）。 根据国家标准，该螺纹的有效螺纹长度为 26

续表

<table>
<tr><th>序号</th><th>步骤</th><th>图例</th><th>备注</th></tr>
<tr><td>20</td><td>创建并设置螺纹扫描参数：
单击【模型】选项卡下【形状】组中的【螺旋扫描】命令，进入【螺旋扫描】参数设置状态，如右图所示。
分别设置或输入螺旋扫描的类型、间距和设置，拾取上一步所完成的螺旋轮廓（草绘4）和螺旋轴</td><td>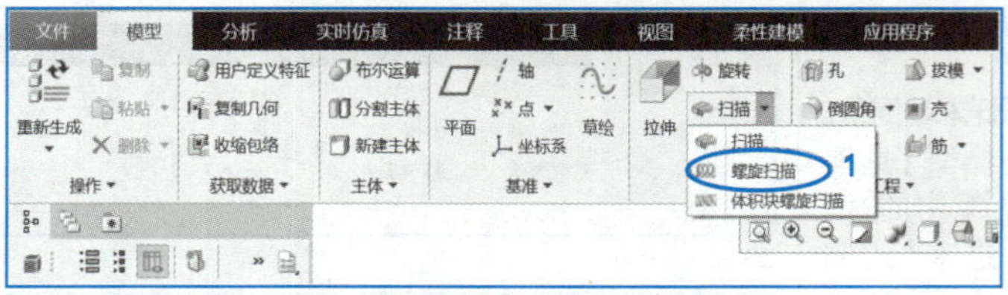

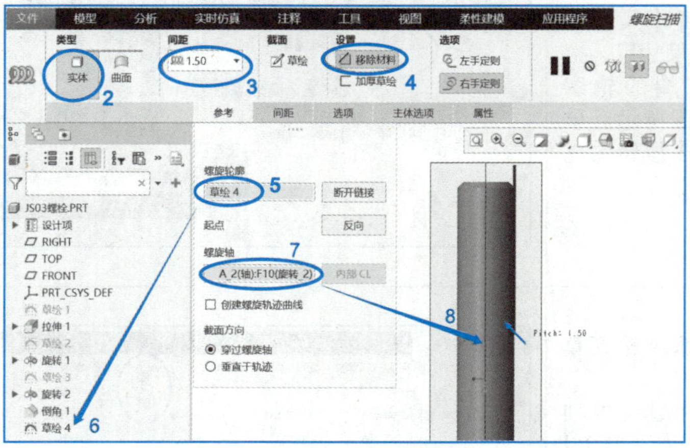
</td><td></td></tr>
<tr><td>21</td><td>绘制螺纹截面草绘：
单击【螺旋扫描】选项卡下【截面】中的【草绘】命令，在打开的【草绘】选项卡中，利用【线】命令绘制三角形螺牙截面形状，具体形状和尺寸参照右图中的放大草绘图形。
绘制结束后，单击【确定】按钮退出截面的草绘环境</td><td>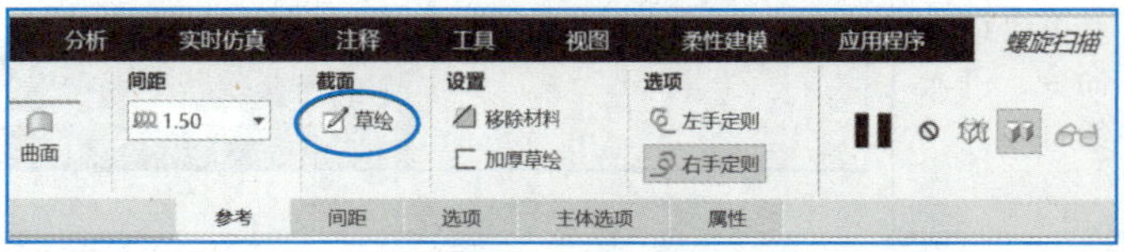

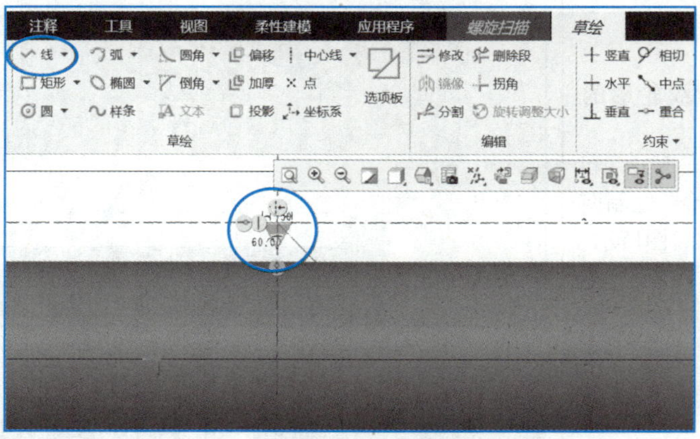

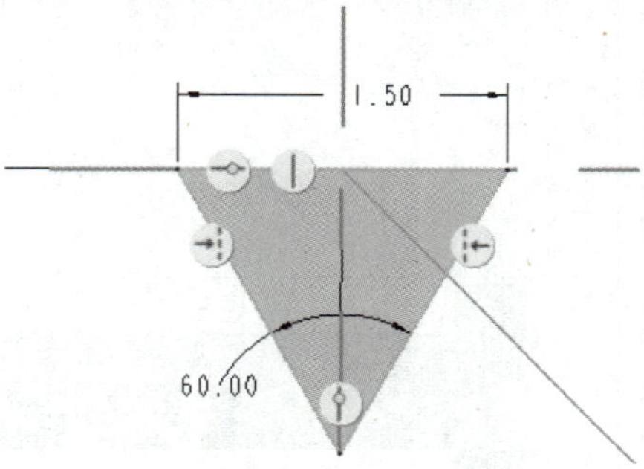
</td><td>螺纹截面出现在螺纹轮廓的哪一端，与螺纹轮廓的绘制顺序有关，对螺纹生成没有影响</td></tr>
</table>

续表

序号	步骤	图例	备注
22	**完成螺纹的创建：** 当上述所有参数均设置完成后，螺纹的预览效果立刻显示，单击【确定】按钮完成螺纹的创建	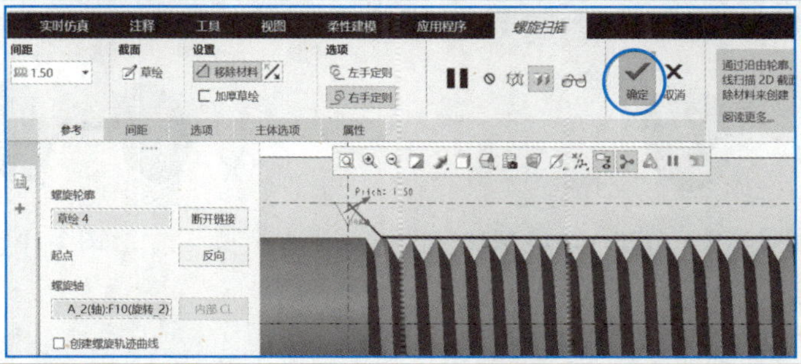	工程中标准件等零件上的螺纹通常采用【修饰螺纹】命令创建。【修饰螺纹】将在螺钉的三维建模任务中进行介绍
23	**保存文件：** 单击【保存】按钮，将三维模型保存至工作目录中	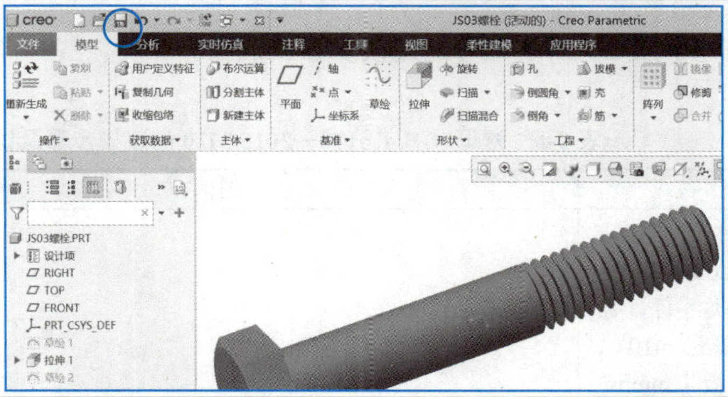	

4. 任务评价

在图 2-7 所示螺栓的建模中，我们首次展示了通过【选项板】来生成多边形的应用，读者在使用该命令时要有耐心和细心，注意尺寸大小的标注以及正六边形中心在草绘平面的定位点拾取。

此外，我们借助这一零件载体运用【螺旋扫描】命令生成螺纹结构特征体。建模中，【螺旋扫描】的【螺旋轮廓】要相对于实际的螺纹起终位置外延，以保证螺纹的准确生成。【螺旋扫描】创建螺纹需要计算机后台的大量运算，对于标准螺纹而言，工程中一般采用修饰螺纹来表达，创建工程图时可输出符合画法的螺纹。

2.3.3　螺母的三维建模

1. 任务目标

本任务要求完成如图 2-9 所示的螺母 GB/T 6170—2015 M10 的三维建模。该标准件的结构与尺寸参照《I 型六角螺母》（GB/T 6170—2015）进行绘制。

2. 任务分析

对图 2-9 所示的螺母进行结构特征分析，可将其分解为螺母基本体、内螺纹和倒角三部分。

螺母基本体为典型的拉伸特征，可采用【拉伸】命令生成；螺母主体部分上下两面的倒角属于旋转特征，可采用【旋转】命令生成一个面的倒角，再利用【镜像】命令生成另一个面的倒角；内螺纹部分为典型的螺旋线结构，可采用【螺旋扫描】命令生成。若内螺纹采用【螺旋扫描】的方式生成，则需要在创建螺母基本体时创建以小径为直径的内孔。

对于本次内螺纹的生成，我们将尝试采用打孔的命令直接生成钻孔和内螺纹。需要注意的是：采用【孔】命令生成的螺纹，三维模型无螺纹显示效果，但螺纹是真实存在的。当创建工程图时，螺纹将以螺纹画法呈现。

完成该零件的建模需要用到【拉伸】、【旋转】、【镜像】和【孔】等特征命令，主要创建流程如图 2-10 所示。

图 2-9　螺母 GB/T 6170—2015 M10

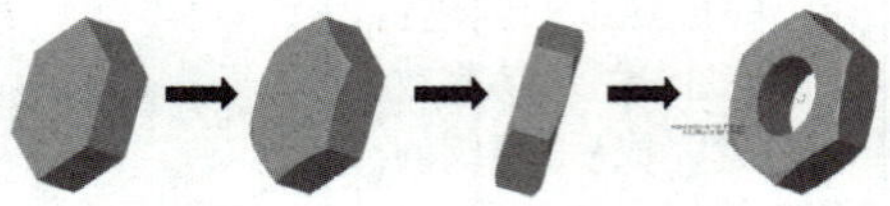

图 2-10　螺母的建模流程

3. 任务实施

表 2-6 详细描述了图 2-9 所示螺母的建模步骤及说明。

表 2-6　螺母 GB/T 6170—2015 M10 的建模步骤及说明

序号	步骤	图例	备注
1	新建文件： 打开 Creo 软件，新建一个实体类零件，命名为“js-04 螺母 m10”，选择公制模板【mmns_part_ solid_abs】	（略）	
2	创建螺母主体的草绘环境： 选择模型树的【FRONT】平面，单击【模型】选项卡下【基准】组中的【草绘】命令创建草绘	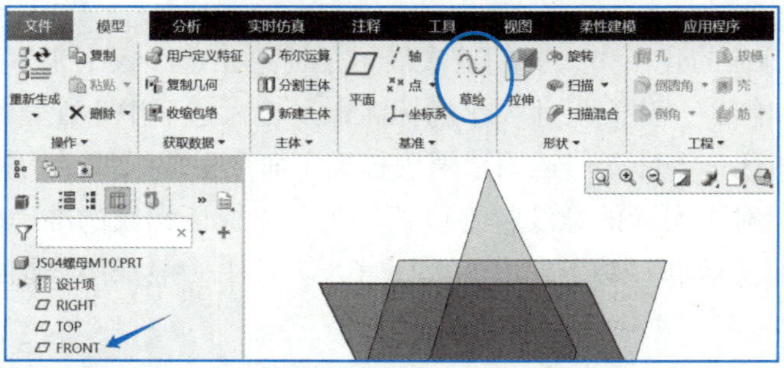	草绘选择其他平面也可以
3	绘制螺母主体的草绘： 进入草绘环境中，先单击视图工具栏中的按钮，将草绘视图调整为与屏幕平行，然后单击【草绘】选项卡下【草绘】组中的【选项板】命令，弹出【草绘器选项板】对话框，如右图所示	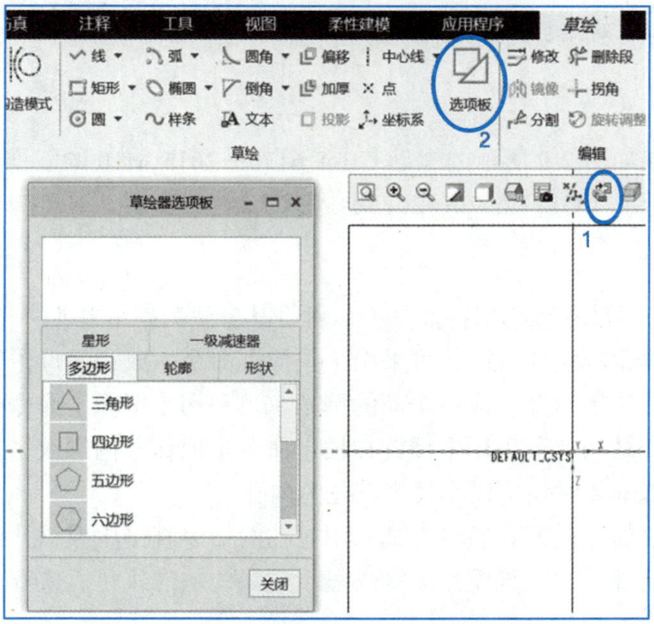	

续表

序号	步骤	图例	备注
4	**正六边形的生成：** 双击【草绘器选项板】对话框中的【六边形】命令，然后在绘图区的任意位置处单击鼠标左键，生成一个正六边形	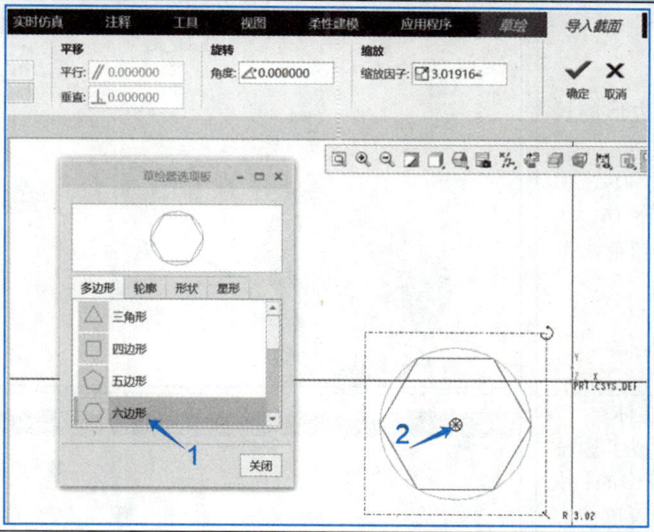	
5	**确定正六边形的位置：** 用鼠标单击拾取正六边形的中心，拖动至坐标系原点处	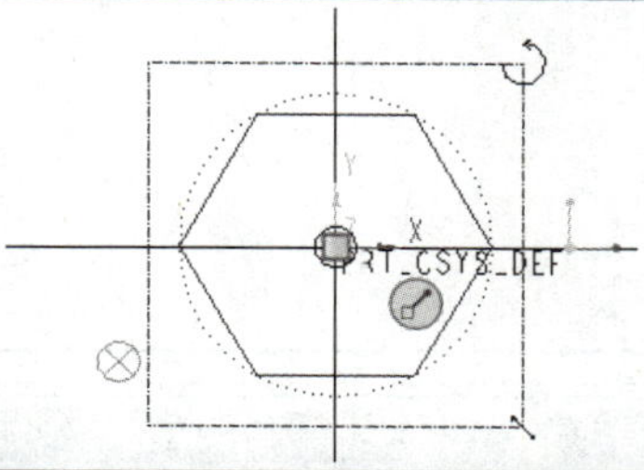	拖动时保证正六边形中心与坐标系原点的重合约束出现，再松开鼠标左键
6	**确定完成正六边形的绘制：** 单击【草绘器选项板】对话框中的【关闭】按钮，然后单击【导入截面】选项卡下的【确定】按钮，退出正六边形的绘制过程	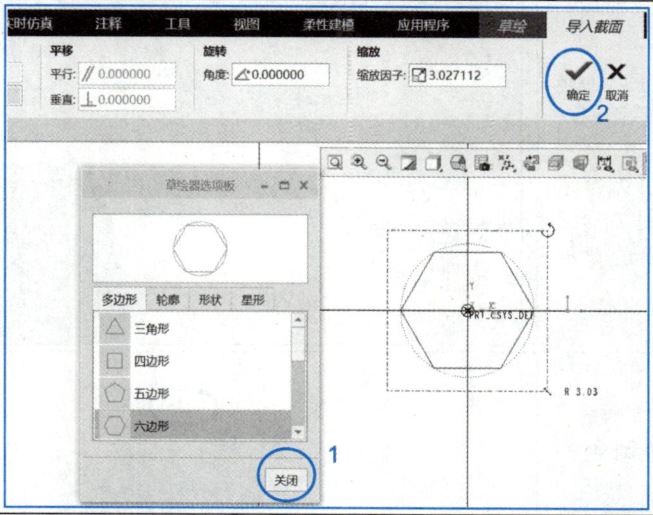	
7	**单击【操作】工具栏创建正六边形的尺寸：** 单击【草绘】选项卡下【尺寸】组中的【尺寸】命令，创建正六边形对边的尺寸。此时会出现约束和尺寸冲突，在弹出的【解决草绘】对话框中选中正六边形边长（图中为3.03），单击【删除】按钮	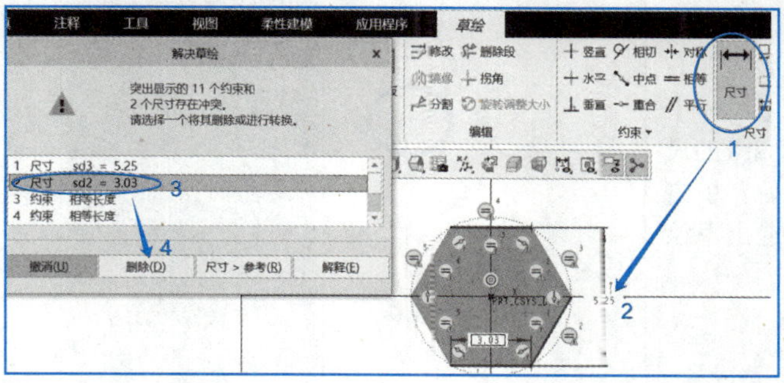	

续表

序号	步骤	图例	备注
8	**修改正六边形的尺寸：** 双击正六边形尺寸，将其修改为 16，单击【确定】按钮退出草绘环境	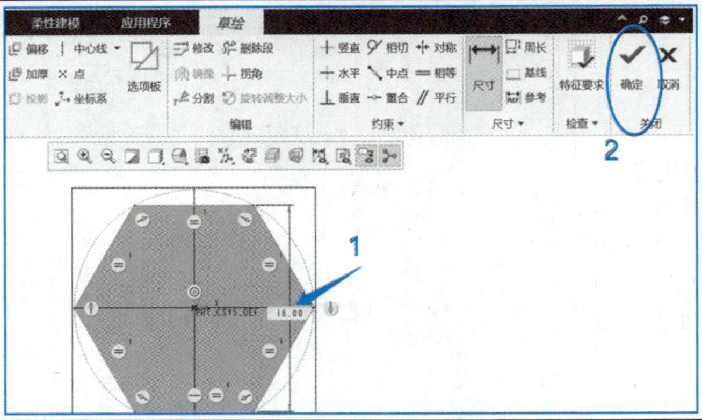	
9	**创建螺母主体：** 单击【模型】选项卡下【形状】组中的【拉伸】命令，进入拉伸实体的参数设置页面。在【拉伸】选项卡下，如右图所示设置相应的参数，然后单击【确定】按钮完成螺母主体的创建	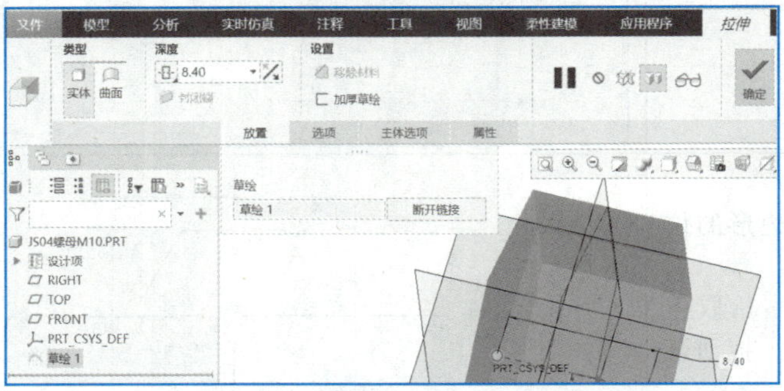	深度方式建议设置为【双向】，总厚度为 8.4，以便后面利用已有的系统平面做镜像平面
10	**创建螺母一端倒角的草绘环境：** 单击经过正六面体对角棱线的平面——【TOP】平面，单击【模型】选项卡下【基准】组中的【草绘】命令，进入螺母倒角的草绘环境	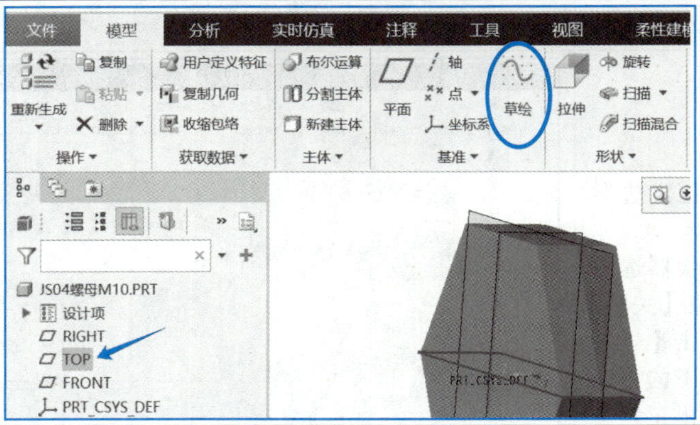	
11	**创建螺母倒角的草绘：** 在草绘环境中，利用【线】命令，生成螺母倒角截面图形，如右图所示。利用【尺寸】命令标注出 25°和 8 的尺寸。绘制完成后，单击【确定】按钮退出草绘环境	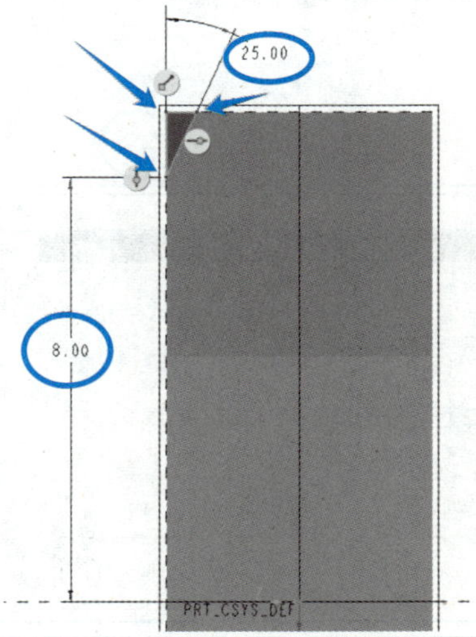	线性尺寸 8 为截面图形到六面体中心轴的距离。绘制时，务必保证该三角形三个交点与已有实体表面重合的约束

续表

序号	步骤	图例	备注
12	**创建螺母倒角：** 单击【模型】选项卡下【形状】组中的【旋转】命令，进入【旋转】参数设置状态。分别设置相应的参数后，如右图所示，单击【确定】按钮完成倒角的创建	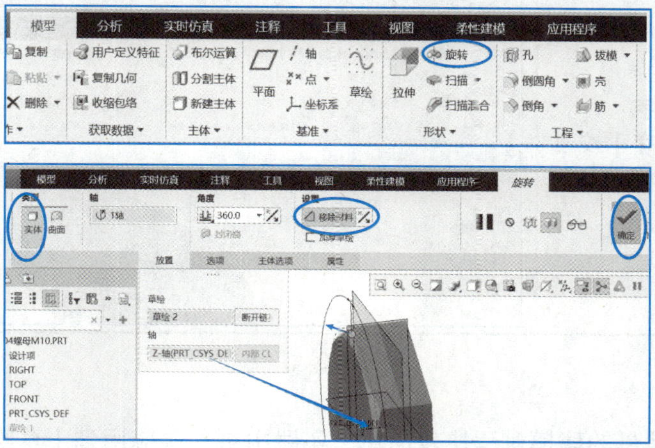	移除材料时，注意方向。如果移除的方向相反，则可在绘图区内将移除材料的箭头进行更改，也可以单击【旋转】选项卡下【设置】中【移除材料】后面的按钮
13	**调用【镜像】命令状态：** 单击模型树上一步所生成的倒角【旋转 1】特征体，然后单击【模型】选项卡下【编辑】组中的【镜像】命令，即可打开【镜像】选项卡	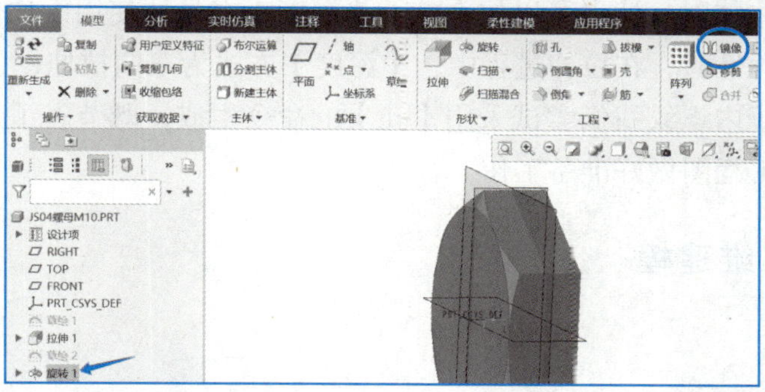	只有先选中镜像特征对象，【镜像】命令才可用
14	**创建螺母的另一端倒角：** 在【镜像】选项卡下，单击镜像平面【FRONT】平面，并确保镜像的特征（旋转 1 特征体）被拾取后，单击【确定】按钮完成另一端倒角的创建	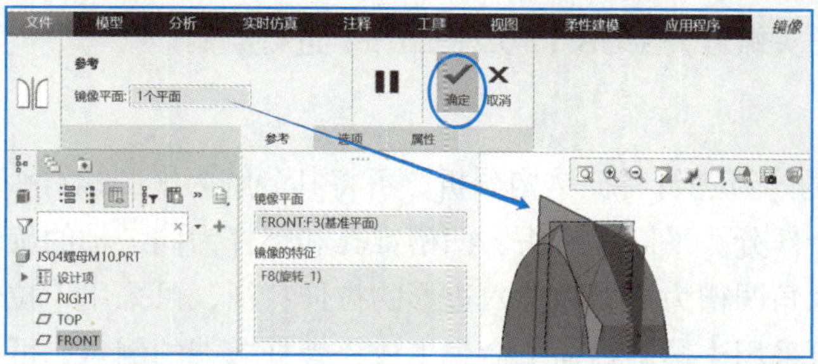	
15	**创建内螺纹孔：** 单击【模型】选项卡下【工程】组中的【孔】命令，进入【孔】参数设置状态。分别设置相应的参数后，如右图所示，单击【确定】按钮完成内螺纹的创建	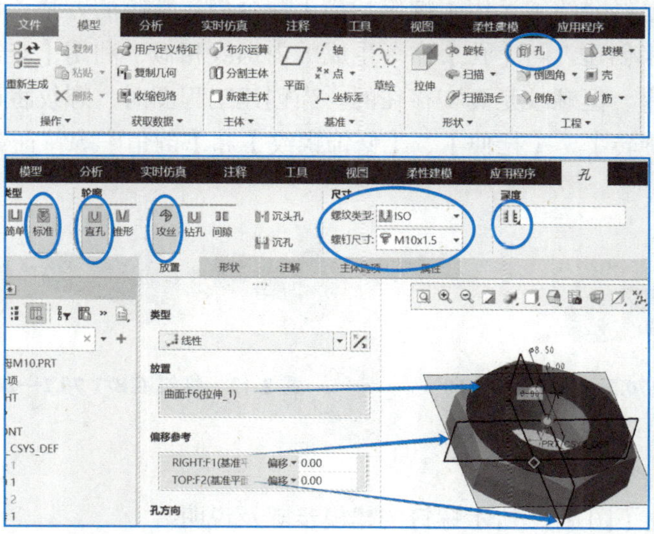	选择第二个偏移参考平面时，需要在按下【Ctrl】键的同时单击选择参考平面（如图中的【TOP】平面）

续表

序号	步骤	图例	备注
16	文件的保存： 单击【保存】按钮，将三维模型保存至工作目录中	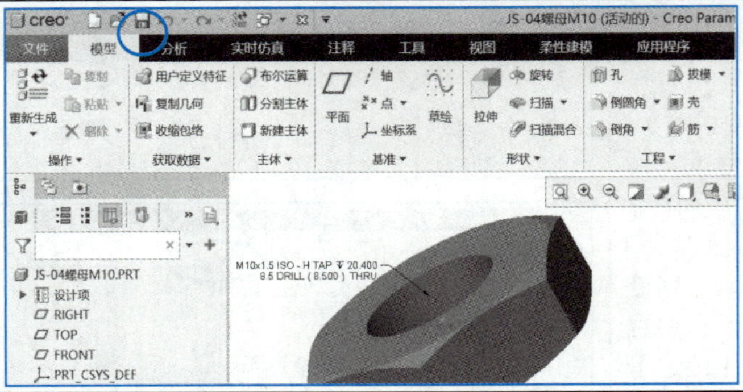	内螺纹无三维显示效果，以光孔和注释的形式出现

4. 任务评价

图 2-9 所示的螺母的建模过程比较简单，实践中再一次应用到【草绘器选项板】来创建正六边形。创建【拉伸】螺母主体时，读者可以体会拉伸【深度】在具体使用中如何设置，例如本任务中在考虑螺母上下底面的对称性时，在拉伸过程中，【深度】方式为双向拉伸，以方便后面的镜像操作。

本任务中，对于内螺纹我们尝试采用【孔】的命令生成，既节省了建模时间，也保证了内螺纹的创建成功，为创建工程图做好准备工作。

2.3.4 螺钉的三维建模

1. 任务目标

本任务要求完成如图 2-11 所示的螺钉 GB/T 70.2—2015 M3 × 10 的三维建模。该标准件的结构与尺寸参照《内六角平圆头螺钉》（GB/T 70.2—2015）进行绘制。

2. 任务分析

对图 2-11 所示的螺钉进行特征结构分析，可将其分解为平圆螺钉头、内六角凹槽、凹槽锥孔、螺杆、螺纹和倒角六个部分。平圆螺钉头、凹槽锥孔和螺杆为同一轴的旋转特征，可合并采用【旋转】命令一次生成；内六角凹槽为截面为正六边形的拉伸特征，可采用【拉伸】命令生成；螺纹部分为典型的螺旋线结构，可采用【螺旋扫描】命令生成；螺杆末端的倒角，可采用【倒角】命令生成。在前面的螺栓中，我们已经介绍了运用【螺旋扫描】命令创建螺纹的方法，该螺钉的螺纹部分我们将尝试采用【修饰螺纹】来创建。与【孔】命令生成的内螺纹相似，利用【修饰螺纹】生成的螺纹在三维模型中无螺纹显示效果，但螺纹是真实存在的。当创建工程图时，螺纹将以螺纹画法呈现。完成该螺钉的建模需要用到【旋转】、【拉伸】、【修饰螺纹】和【倒角】等特征命令，主要创建流程如图 2-12 所示。

图 2-11 螺钉 GB/T 70.2—2015 M3 × 10

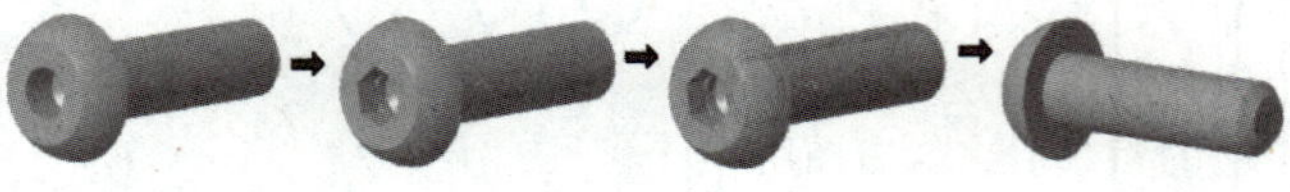

图 2-12 螺钉 GB/T 70.2—2015 M3 × 10 的建模流程

3. 任务实施

表 2-7 详细描述了图 2-11 所示螺钉的建模步骤及说明。

表 2-7　螺钉 GB/T 70.2—2015 M3×10 的建模步骤及说明

序号	步骤	图例	备注
1	**新建文件：** 打开 Creo 软件，新建一个实体类零件，命名为“js-07 半圆头螺钉 m3x10”，选择公制模板【mmns_part_solid_abs】	（略）	
2	**创建螺栓头的草绘环境：** 选择模型树的【FRONT】平面，单击【模型】选项卡下【基准】组中的【草绘】命令创建草绘	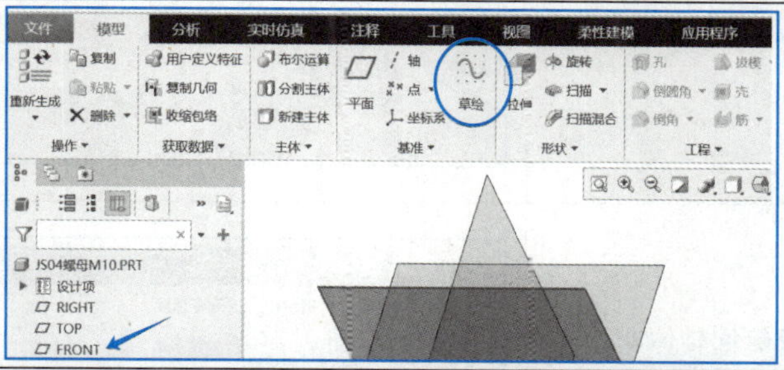	
3	**绘制螺钉主体部分的草绘 1：** 进入草绘环境中，切换到草绘平面平行于屏幕方向后，单击【草绘】选项卡下【草绘】组中的【中心线】命令绘制出该截面的轴线，然后利用【线】命令，绘制出如右图所示的直线段部分，并完成尺寸标注和修改	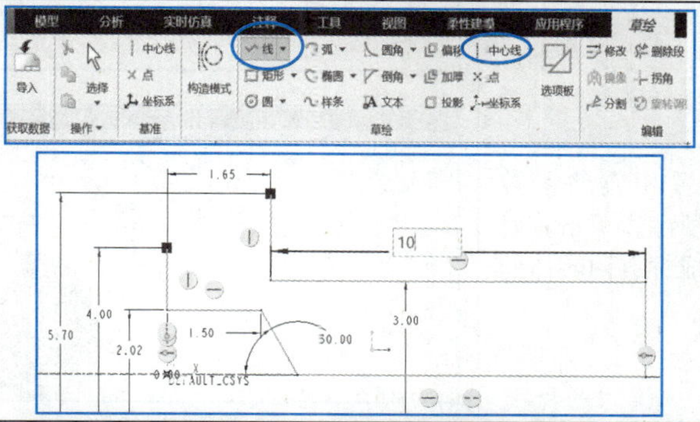	图中所标注的径向尺寸为直径尺寸，标注直径尺寸前，务必保证中心线已绘制好
4	**绘制螺钉主体部分的草绘 2：** 将【弧】命令的创建方法修改为中心加两个端点的方式，分别在螺钉中心线上一点、螺钉头大端和小端附近一点创建一段圆弧，如右图所示	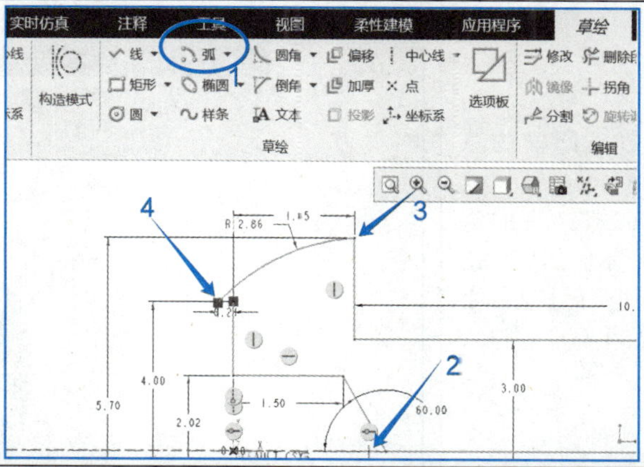	
5	**绘制螺钉主体部分的草绘 3：** 单击【草绘】选项卡下【约束】组中的【重合】命令，分别单击右图所示螺钉头轮廓直线一段和圆弧一段，使两点重合为一点	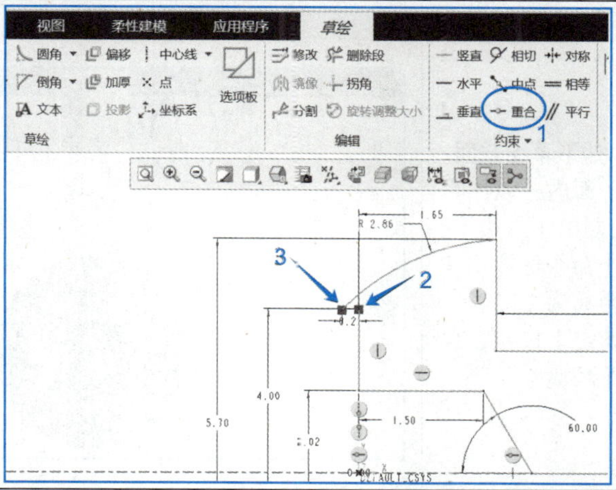	

续表

序号	步骤	图例	备注
6	**退出螺钉主体部分的草绘：** 在确认草绘为封闭状态后，单击【确定】按钮退出旋转体的草绘环境，如右图所示	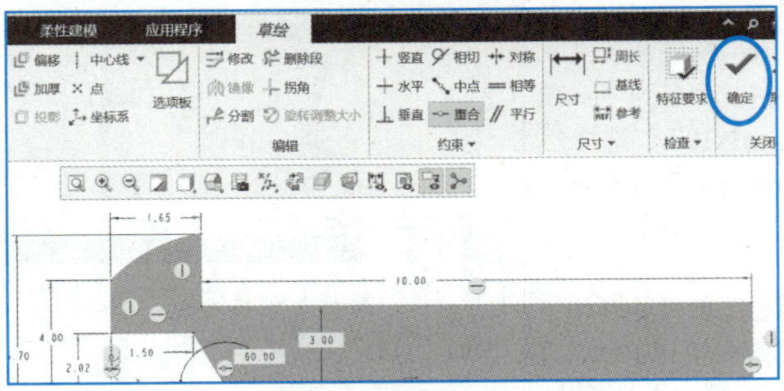	
7	**创建螺钉回转体实体：** 单击【模型】选项卡下【形状】组中的【旋转】命令，进入【旋转】参数设置状态。 分别设置相应的参数后，如右图所示，单击【确定】按钮完成螺钉回转体的创建	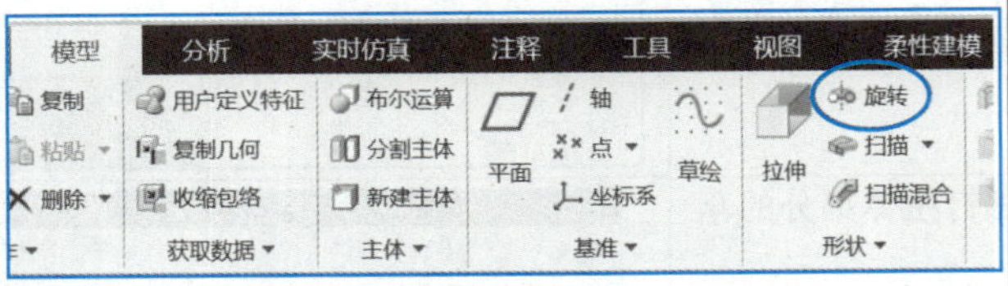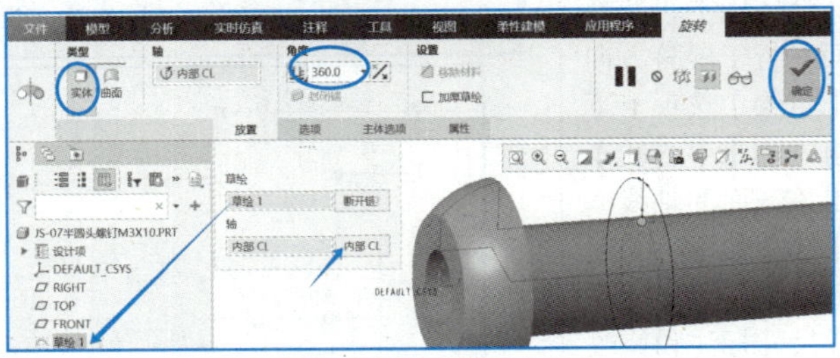	在绘制截面草绘时，创建了用于标注直径尺寸的一条中心线，所以在创建旋转体拾取轴的信息时，可以直接单击【内部CL】完成轴信息的拾取
8	**创建螺钉头凹槽的草绘环境：** 首先单击螺钉头的端面，如右图所示。然后单击【模型】选项卡下【基准】组中的【草绘】命令，进入草绘环境	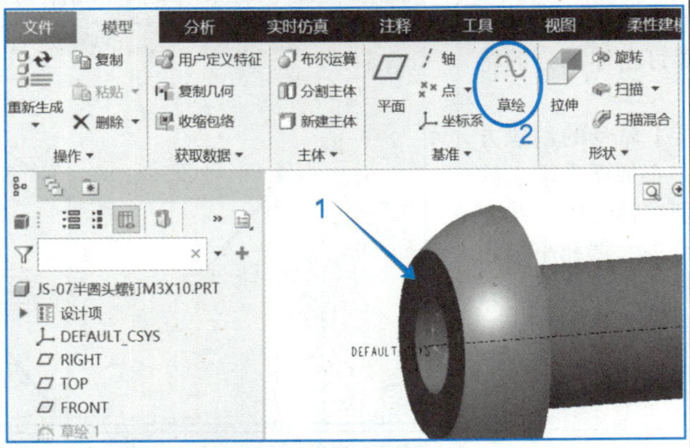	
9	**绘制正六边形草绘截面：** 在草绘平面内，以图形中心为准，绘制出正六边形，利用【尺寸】命令标注出正六边形对边距离为2.02。 单击【确定】按钮，保存并退出草绘环境	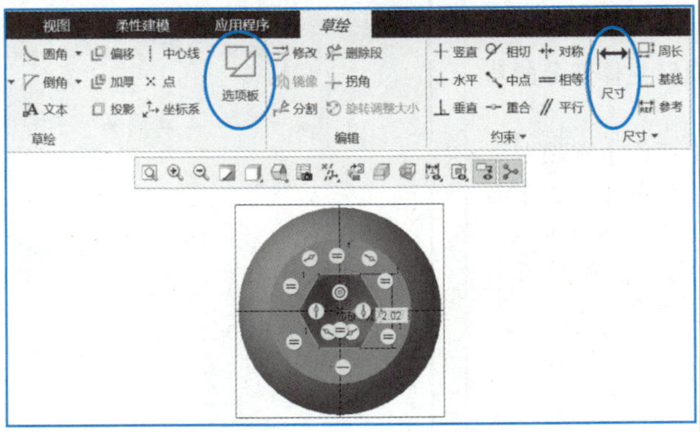	创建正六边形的具体操作步骤可查看螺栓（表2-5）和螺母（表2-6）的创建过程

续表

序号	步骤	图例	备注
10	**创建螺钉头凹槽结构：** 单击【模型】选项卡下【形状】组中的【拉伸】命令，进入拉伸实体的参数设置界面。 在【拉伸】选项卡内，如右图所示，设置相应的参数后，单击【确定】按钮退出草绘环境	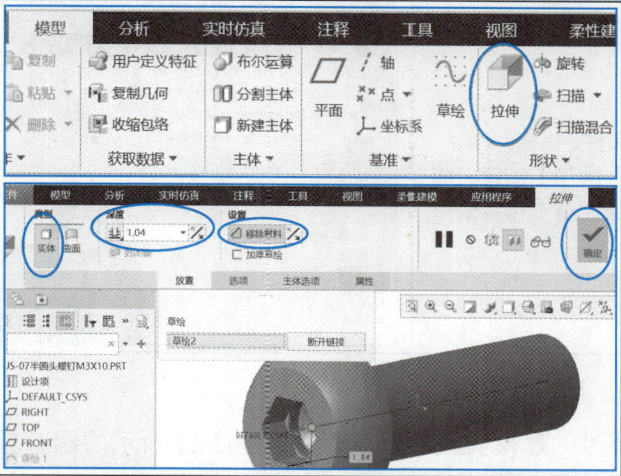	注意拉伸的深度设定为 1.04
11	**创建修饰螺纹的命令：** 单击【模型】选项卡下【工程】组右侧下拉箭头，单击下拉菜单中的【修饰螺纹】命令，进入修饰螺纹的创建状态	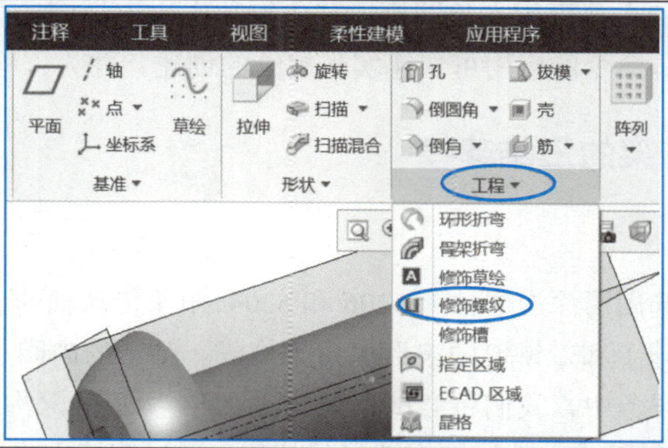	
12	**创建修饰螺纹：** 在【螺纹】选项卡下，按照右图所示，创建 M3×5 的【标准螺纹】，选取螺杆末端平面作为起始曲面，向螺钉头方向创建 9mm 深度的修饰螺纹	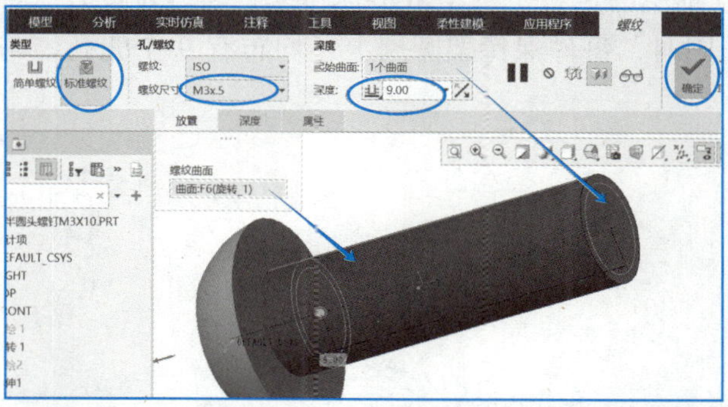	【螺纹曲面】和【起始曲面】的选择操作方法一致，先单击参数旁边的空格，再到绘图区单击拾取曲面对象。修饰螺纹生成后无三维显示效果，以光轴的形式呈现
13	**创建螺杆末端倒角：** 单击【模型】选项卡下【工程】组中的【倒角】命令，进入【边倒角】参数设置状态。在设置【尺寸标注】和 D 尺寸为 0.5 后，拾取螺杆末端的轮廓线，如右图所示。单击【确定】按钮完成倒角的创建	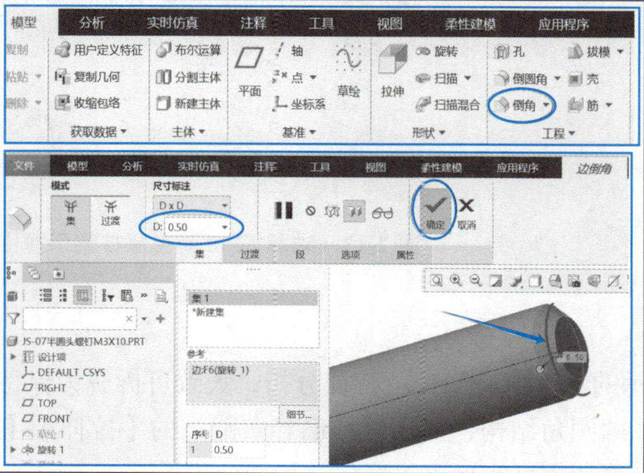	

续表

序号	步骤	图例	备注
14	保存文件： 单击【保存】按钮，将三维模型保存至工作目录中	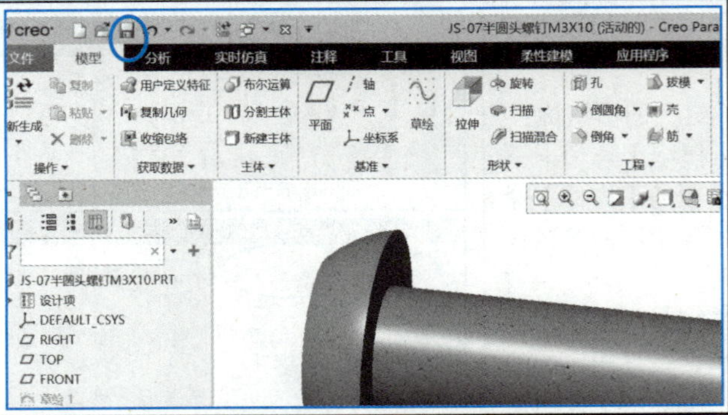	

4. 任务评价

经过螺栓、螺母的建模实践后，读者完成图 2-11 所示的螺钉就有了很好的基础，可轻松【旋转】出螺钉主体，【拉伸】获得内六角凹槽，并【倒角】出末端倒角。螺杆的螺纹生成引入了新命令——【修饰螺纹】，这一命令的应用可快速实现螺纹的创建，并为工程图的创建做好准备工作。

2.3.5 轴承保持架的三维建模

1. 任务目标

一级减速器内选用了深沟球轴承 6206 和 6204，用于传动轴的支撑与传动。该类轴承的结构由内圈、外圈、滚动体（钢球）和带铆钉的浪形保持架构成。轴承的内圈、外圈、钢球和保持架铆钉均为简单的旋转结构体。本任务中，我们将尝试完成如图 2-13 所示的深沟球轴承 6206 的浪形保持架的三维建模任务。一套 6206 轴承内包含了两个浪形保持架，通过铆接方式连接成一体，每件保持架圆周方向上均布 9 个铆钉孔。同时，每件保持架圆周上还均布有 9 个兜孔，与铆钉孔在圆周方向上均匀错开，用于装入 $S\phi9$ 钢球。

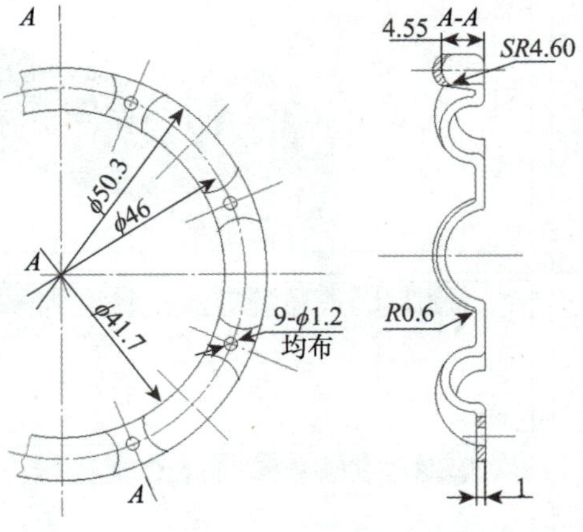

图 2-13　轴承 6206 浪形保持架示意图

2. 任务分析

对图 2-13 所示的浪形保持架进行特征分析，大致可拆解为保持架平面部分、圆周分布的兜孔和铆钉孔，以及细节性的圆角结构，采用之前已经实践过的【拉伸】【旋转】命令生成实体的方法，辅以【阵列】【倒角】等命令可实现该浪形保持架的建模。

本任务中，我们将尝试利用【曲面】及曲面【编辑】等命令来完成浪形保持架的建模过程：保持架平面部分可采用【填充】命令生成；单一兜孔采用【旋转】命令生成，并采用【阵列】命令形成所有兜孔球面；平面和球面【合并】后【加厚】成 1mm 的实体模型；内外圆多余的部分利用【拉伸】曲面进行【实体化】裁剪完成；铆钉孔较容易实现，利用【拉伸】和【阵列】命令即可；保持架圆角处采用【倒圆角】命令做好细节的处理。

其主要创建流程如图 2-14 所示，完成该零件的建模需要用到【填充】【旋转】【阵列】【合并】【加厚】【拉伸】【实体化】【倒圆角】等特征命令。

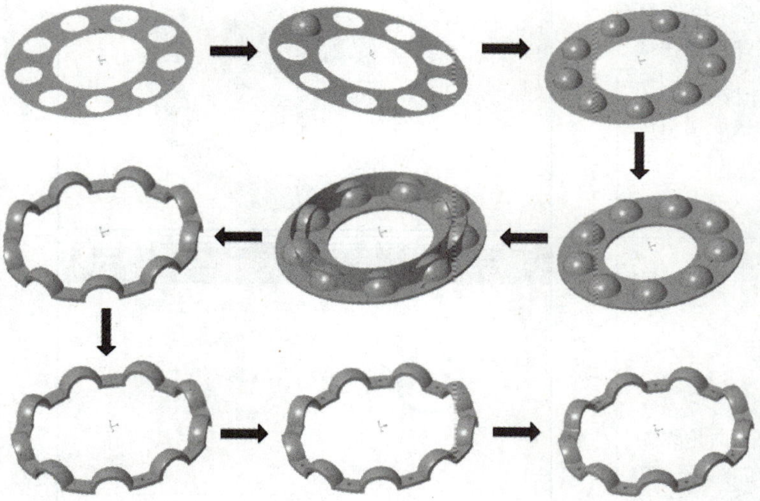

图 2-14　轴承 6206 浪形保持架的建模流程

3. 任务实施

表 2-8 详细描述了图 2-13 所示的轴承 6206 浪形保持架的建模步骤及说明。

表 2-8　轴承 6206 浪形保持架的建模步骤及说明

序号	步骤	图例	备注
1	**新建文件：** 打开 Creo 软件，新建一个实体类零件，命名为“6206-cage”，选择公制模板【mmns_part_solid_abs】	（略）	
2	**创建保持架平面的草绘环境：** 选择模型树的【TOP】平面，单击【模型】选项卡下【基准】组中的【草绘】命令创建草绘环境	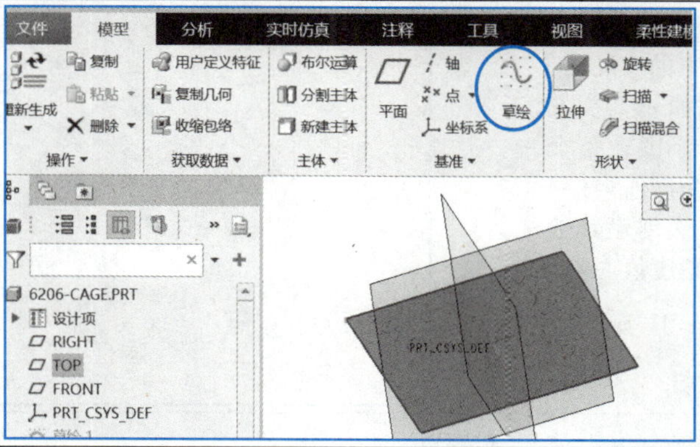	

续表

序号	步骤	图例	备注
3	**绘制保持架平面轮廓 1：** 进入草绘环境后，首先单击【圆】命令，以草绘的坐标系原点为圆心，绘制三个同心圆，直径尺寸分别为 $\phi 60$、$\phi 46$ 和 $\phi 30$。 然后单击选择绘图区 $\phi 46$ 的圆后，在弹出的快捷菜单中单击，如右图所示，将实体圆转换成构造圆	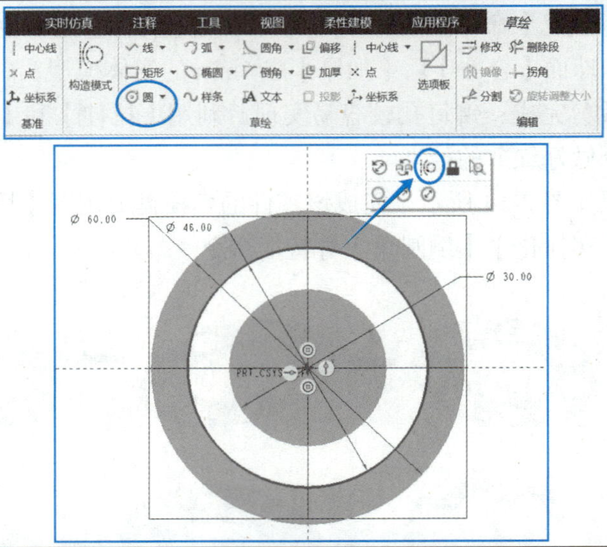	$\phi 46$ 圆也可以直接以构造方式绘出：画圆之前，先单击【草绘】选项卡下【草绘】组中的【构造模式】命令，再用【圆】命令完成圆的绘制。需要注意的是，【构造模式】命令使用结束后，要单击一次，退出构造模式的状态，恢复成实线的绘图方式
4	**绘制保持架平面轮廓 2：** 单击【圆】命令，在 $\phi 46$ 构造圆上绘制 9 个小圆，如右图所示，绘制过程中同时创建与所有小圆直径尺寸相等的约束。 双击第一个小圆直径，修改直径尺寸为 9.2	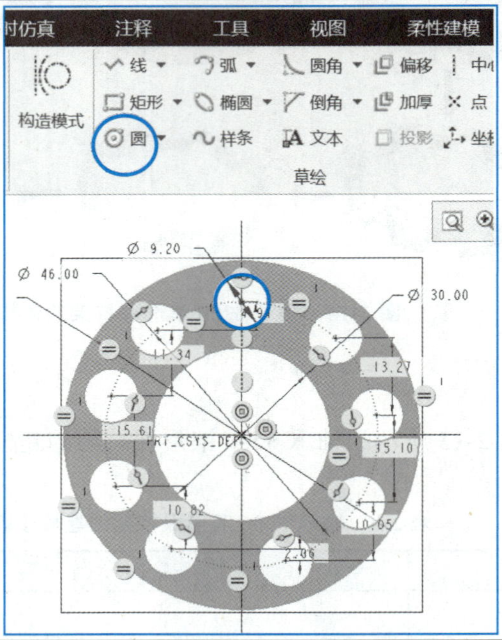	第一个小圆的圆心建议绘制在草绘平面坐标系的坐标轴与 $\phi 46$ 构造圆的交点处，便于为后面创建铆钉孔提供圆周方向的定位。 注意小圆一定要保证在上一步平面内，超过或相切会造成后面曲面【合并】和【加厚】创建失败
5	**绘制保持架平面轮廓 3：** 单击【草绘】选项卡下【尺寸】组中的【尺寸】命令，按右图所示箭头及顺序创建两个小圆在整个圆周方向上的角度值。按照相同的方法依次创建其他两个小圆间的角度值	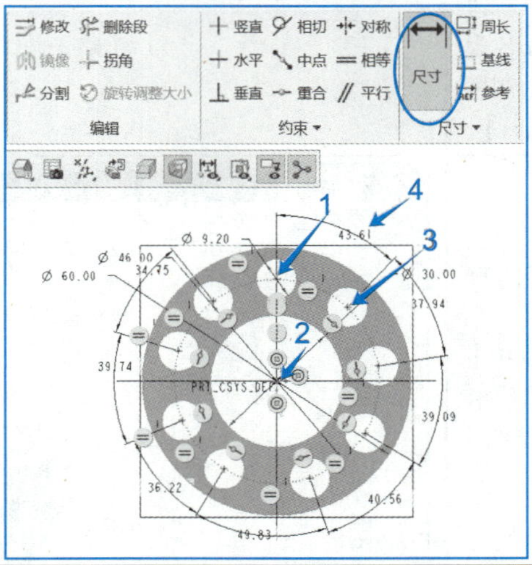	圆周方向不可形成封闭尺寸链，因此最后一个小圆和第一个小圆间的角度值不标注

续表

序号	步骤	图例	备注
6	**绘制保持架平面轮廓 4：** 单击【草绘】选项卡下【约束】组中的【相等】命令，依次选择上一步所创建的角度值（共 8 处），使其余 7 个角度值与第一个选择的角度值相等，图中可见 8 处“E1”尺寸值。双击第一个角度值，修改为 40°。单击【确定】按钮退出草绘环境	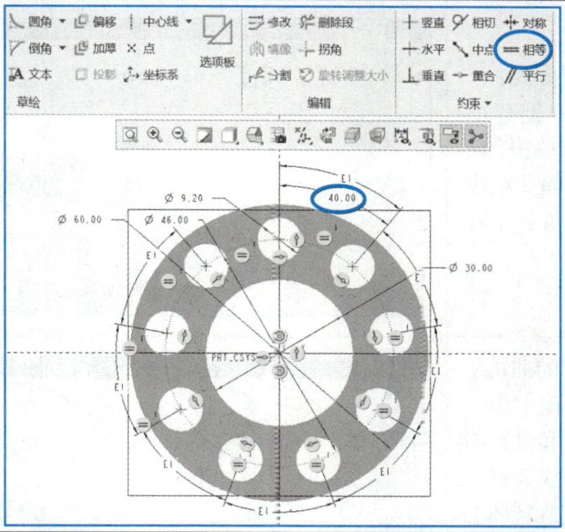	
7	**创建保持架的平面部分：** 单击【模型】选项卡下【曲面】组中的【填充】命令，打开【填充】选项卡，将上一步所创建的草绘 1 生成一填充曲面，单击【确定】按钮完成平面的创建	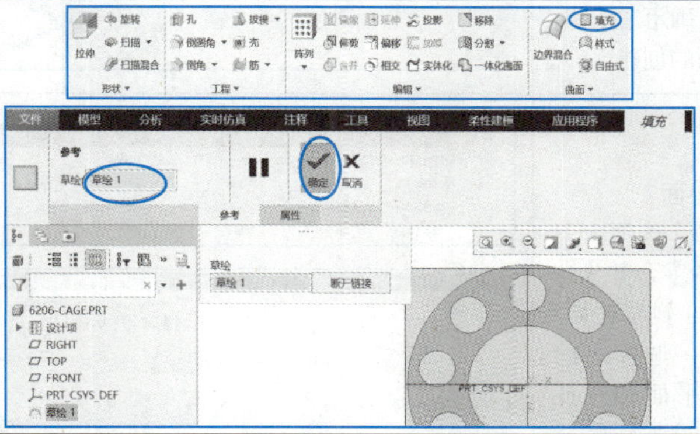	
8	**绘制兜孔的草绘截面：** 拾取上一步填充平面所在的平面，创建草绘。 进入草绘环境后，单击【草绘】选项卡下【草绘】组中的【弧】命令，以【圆心+端点】的方式，在绘图区中分别自动拾取填充平面中第一个圆孔的圆心和上下两个端点，形成一个半圆轮廓	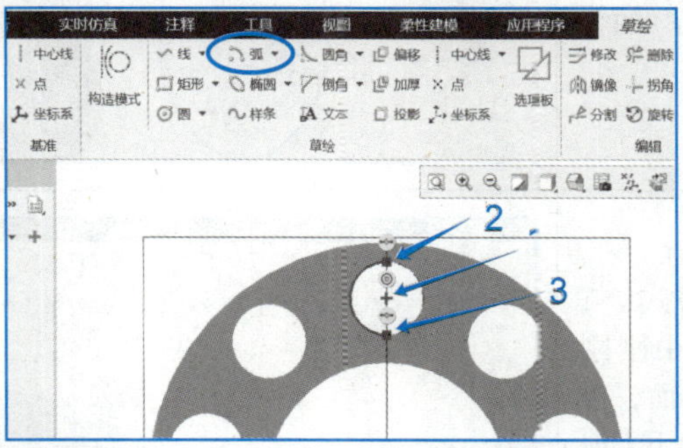	
9	**创建第一个兜孔的曲面：** 单击【模型】选项卡下【形状】组中的【旋转】命令，进入【旋转】参数设置状态。 分别设置相应的参数后，创建一个半球面，如右图所示，单击【确定】按钮退出草绘环境	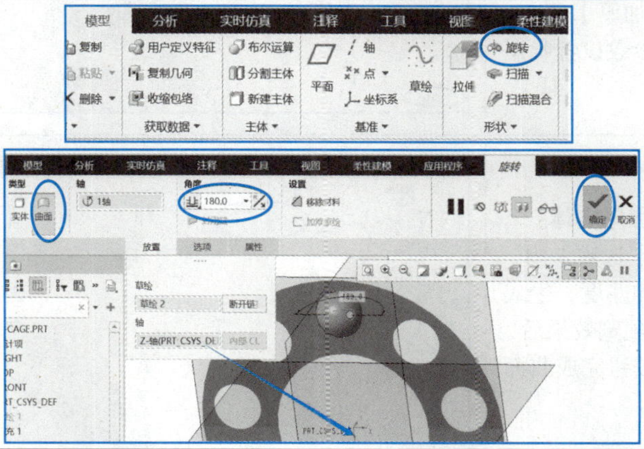	

续表

序号	步骤	图例	备注
10	**创建兜孔阵列方式：** 选中模型树中创建的兜孔【旋转 1】，再单击【模型】选项卡下【编辑】组中的【阵列】命令，进入【阵列】参数设置状态	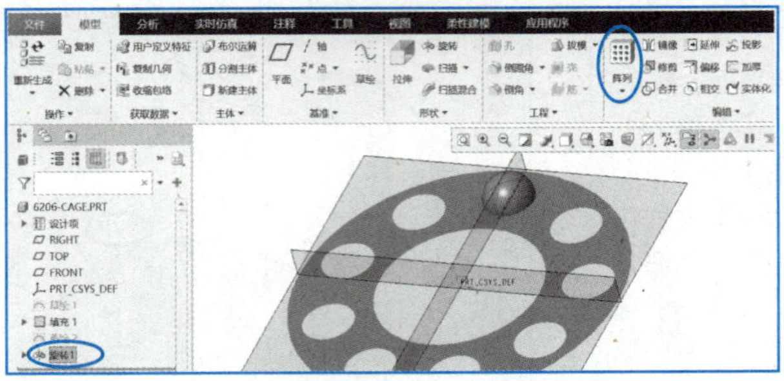	
11	**创建所有兜孔的曲面：** 在【阵列】选项卡中，依照右图分别选择和设置参数，完成以圆盘轴线为轴、360°均布 9 个兜孔旋转体的轴阵列。单击【确定】按钮，完成所有兜孔面的创建	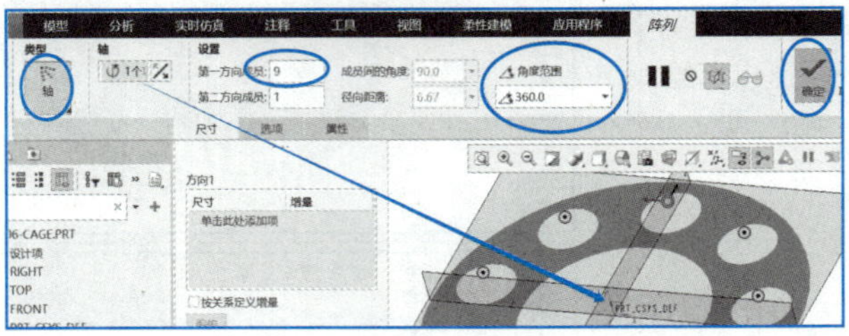	
12	**创建合并曲面：** 单击【模型】选项卡下【编辑】组中的【合并】命令，打开【合并】选项卡，在绘图区内逐一选择之前所创建的填充平面和兜孔面，单击【确定】按钮完成所有曲面（包括平面）的合并操作	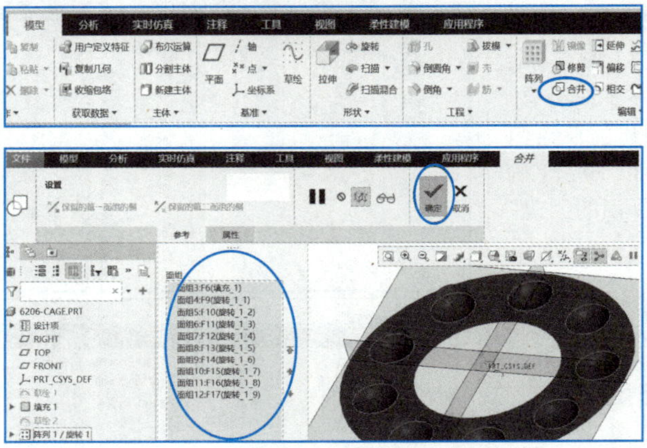	
13	**创建曲面加厚方式：** 先选中模型树中刚刚创建的【合并 1】曲面，再单击【模型】选项卡下【编辑】组中的【加厚】命令，进入【加厚】参数设置状态	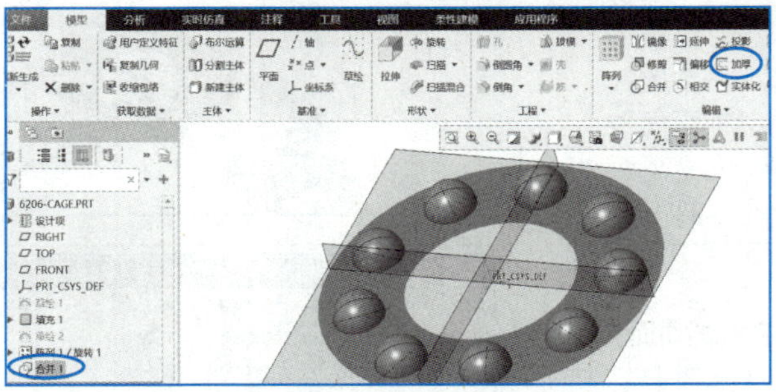	
14	**创建曲面加厚实体：** 在【加厚】选项卡内，输入“1.00”的厚度，生成【填充实体】预览效果后，单击【确定】按钮完成曲面加厚实体	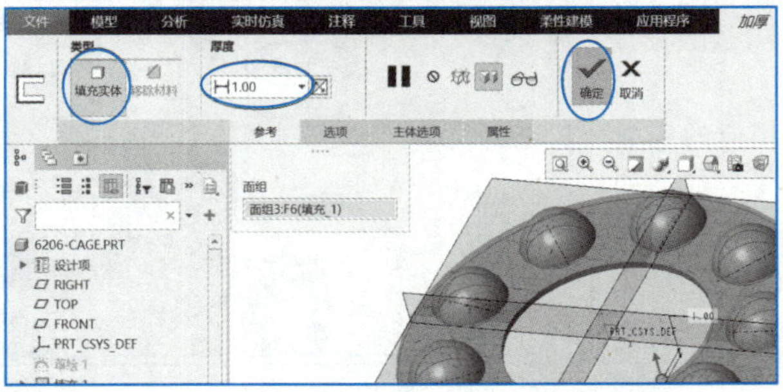	

续表

序号	步骤	图例	备注
15	**创建内外圆裁剪曲面草绘环境：** 选择【TOP】平面，单击【模型】选项卡下【基准】组中的【草绘】命令，进入草绘环境	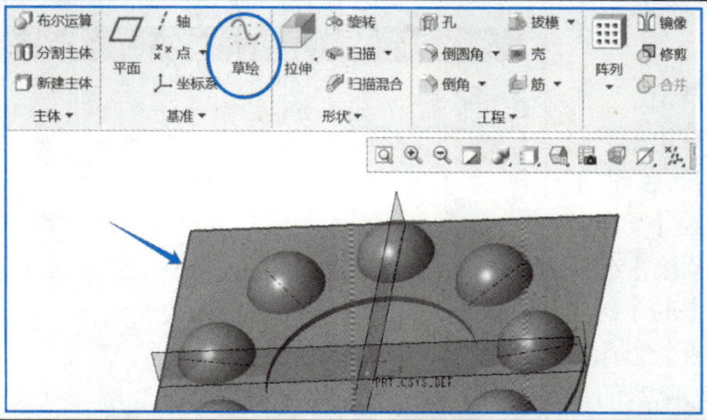	
16	**创建内外圆裁剪曲面草绘：** 单击【草绘】选项卡下【草绘】组中的【圆】命令，绘制两个同心圆，如右图所示，直径分别为 $\phi50.3$ 和 $\phi41.7$。单击【确定】按钮退出草绘环境	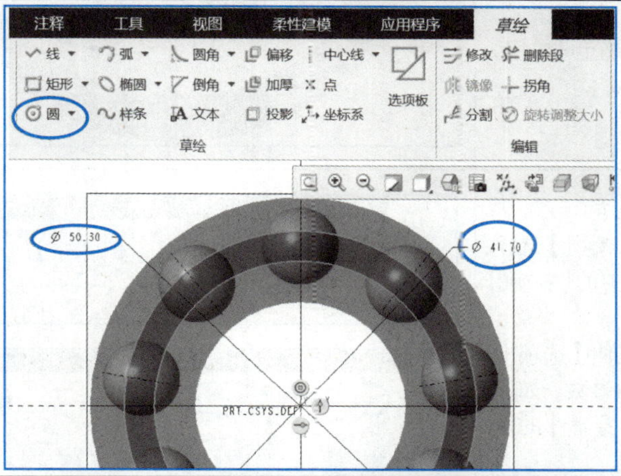	
17	**创建内外圆裁剪曲面：** 单击【模型】选项卡下【形状】组中的【拉伸】命令，打开【拉伸】选项卡，将上一步所绘制的草绘拉伸为深度为 6 的曲面。单击【确定】按钮完成裁剪曲面的创建	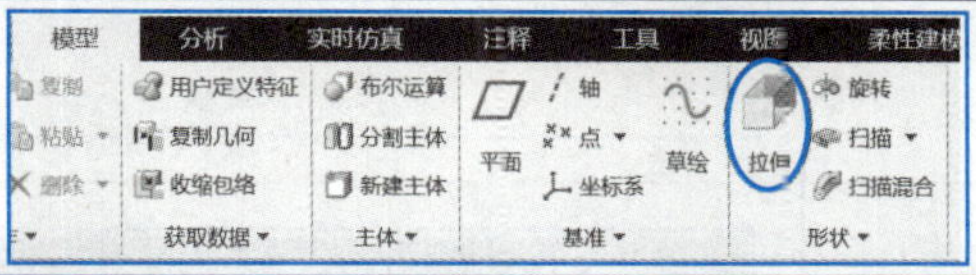 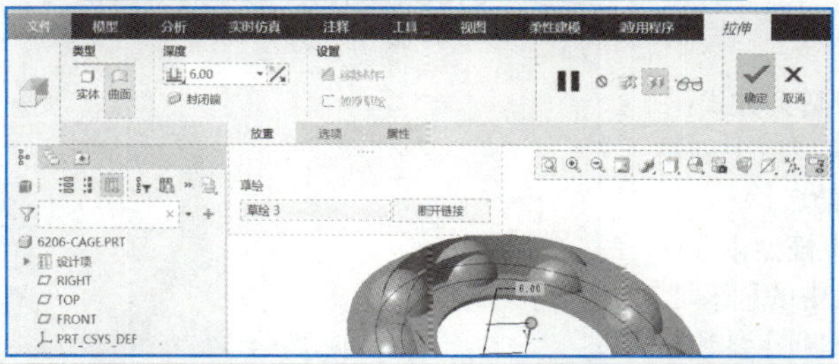	这一步也可拉伸为【实体】，做【移除材料】操作，调整除料方向，可以直接完成拆除多余实体的操作，下一步可以跳过。 注意：拉伸深度要超过兜孔的顶面
18	**裁剪保持架内外圆多余的实体：** （1）单击【模型】选项卡下【编辑】组中的【实体化】命令。 （2）打开【实体化】选项卡，将上一步所创建的拉伸【面组】做实体化的【移除材料】，如右图所示。如果裁剪方向错误，可单击【材料侧】改变方向。 （3）确认无误后，单击【确定】按钮完成保持架的裁剪	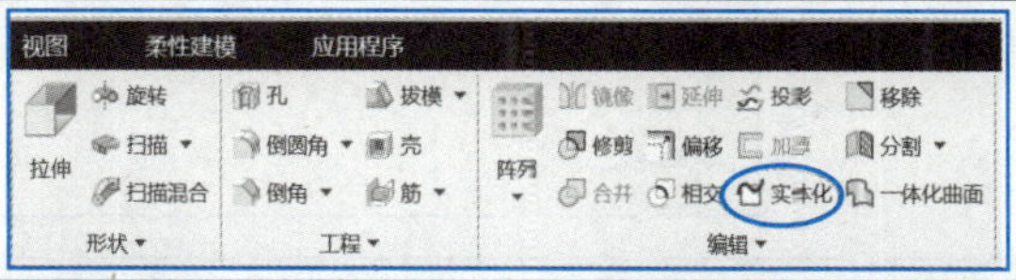 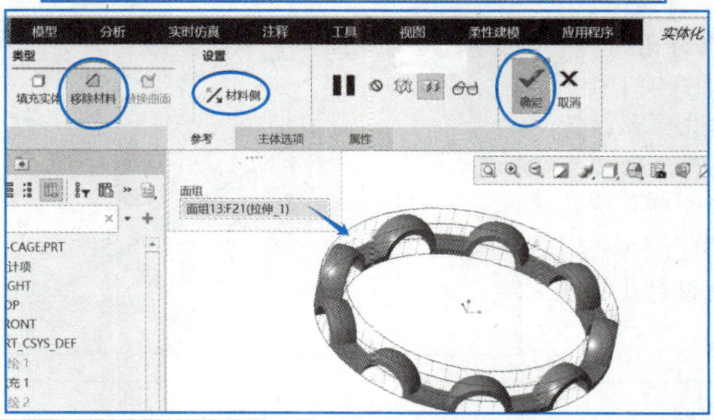	【实体化】的作用是将曲面特征和面组组合转换为实体组合

续表

<table>
<tr><th>序号</th><th>步骤</th><th>图例</th><th>备注</th></tr>
<tr><td>19</td><td>创建铆钉孔草绘：
（1）选择【TOP】平面（或选择保持架底部平面），创建【草绘】。
（2）单击【草绘】选项卡下【草绘】组中的【圆】命令，在保持架两个兜孔的中间位置处绘制 $\phi1.2$ 的小圆，与圆心的距离为23。
（3）单击【确定】按钮，退出草绘环境</td><td>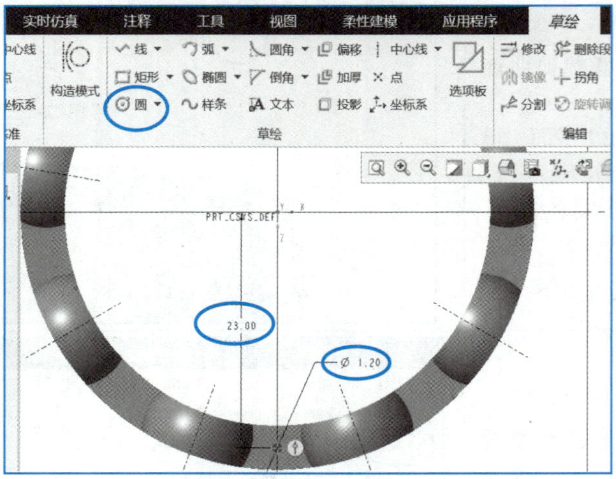</td><td>铆钉孔的草绘截面图形中小圆定位在第一个兜孔180°的位置处，可以保证保持架上兜孔和铆钉孔有均匀错开的效果</td></tr>
<tr><td>20</td><td>创建铆钉孔：
（1）单击【模型】选项卡下【形状】组中的【拉伸】命令。
（2）在【拉伸】选项卡中，设置相应的参数，如右图所示，形成【穿透】的铆钉孔。
（3）单击【确定】按钮，完成单一铆钉孔的创建</td><td>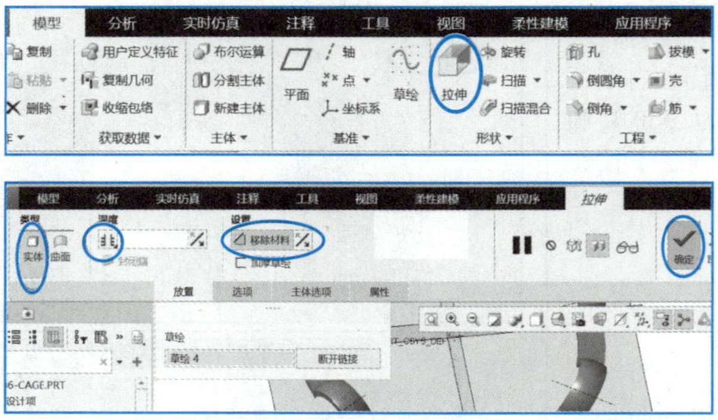</td><td></td></tr>
<tr><td>21</td><td>创建铆钉孔阵列方式：
（1）选中模型树中创建的铆钉孔【拉伸2】。
（2）单击【模型】选项卡下【编辑】组中的【阵列】命令，进入【阵列】参数设置状态</td><td>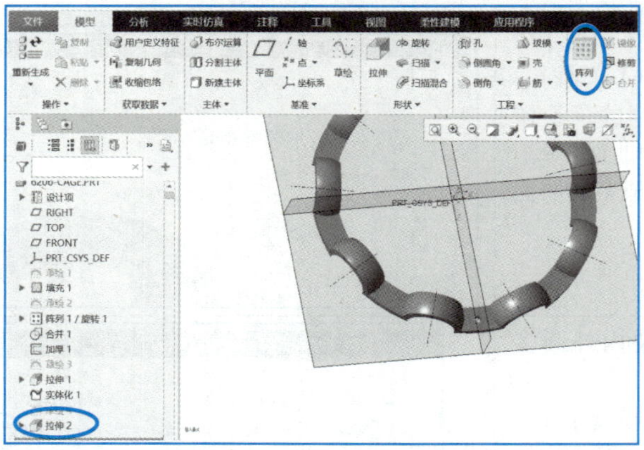</td><td></td></tr>
<tr><td>22</td><td>创建所有铆钉孔：
在【阵列】选项卡中，依照右图分别选择和设置参数，完成以圆盘轴线为轴、360°均布9个兜孔旋转体的轴阵列。单击【确定】按钮，完成所有铆钉孔的创建</td><td>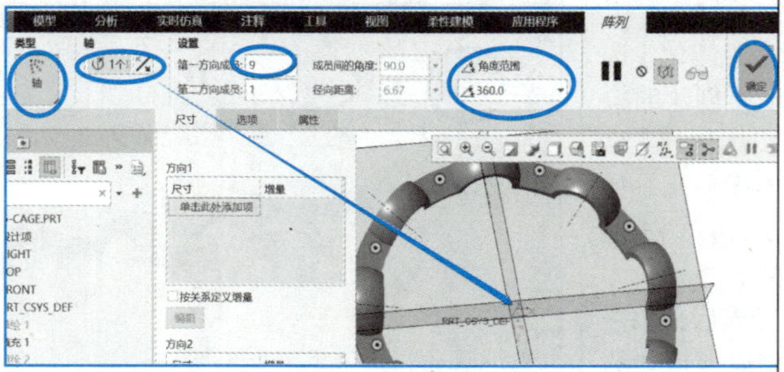</td><td></td></tr>
</table>

续表

序号	步骤	图例	备注
23	**创建兜孔突起面倒圆角：** （1）单击【模型】选项卡下【工程】组中的【倒圆角】命令。 （2）在【倒圆角】选项卡中，设置倒圆的半径为0.6，如右图所示，再逐一选取兜孔突起一面与平面间的交线，形成预览效果。 （3）单击【确定】按钮，完成半径为0.6的倒圆角的创建	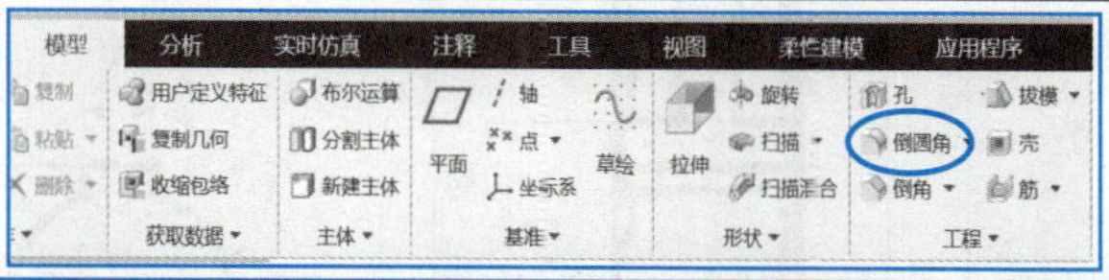 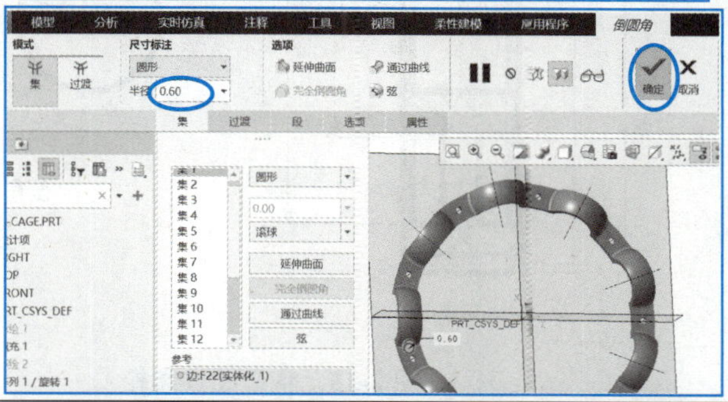	
24	**创建兜孔凹陷面的倒圆角：** 参照上一步的操作，完成兜孔凹陷面与平面的倒圆角处理，圆角半径大小为1.6	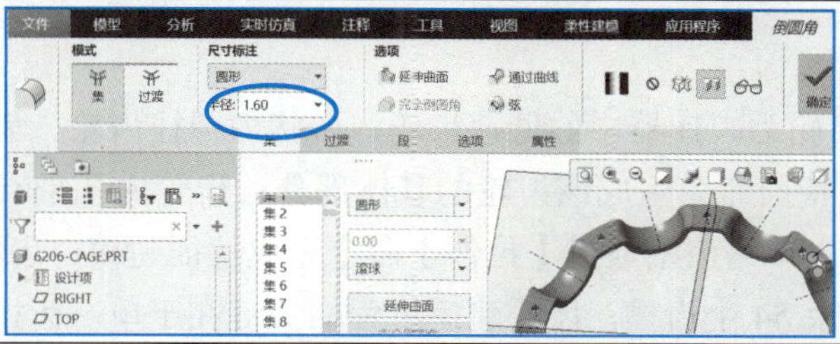	
25	**文件的保存：** 单击【保存】按钮，将三维模型保存至工作目录中	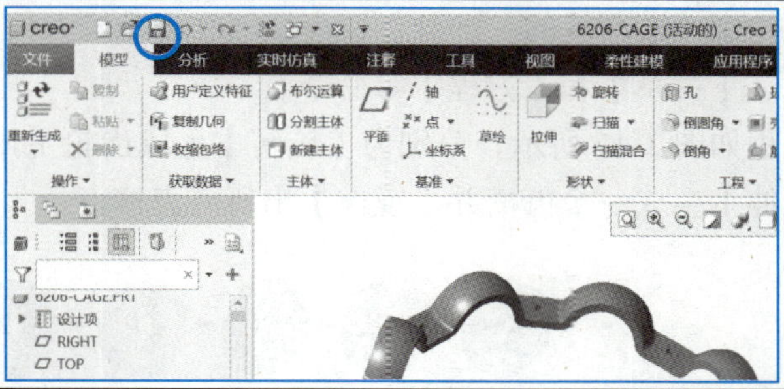	

4. 任务评价

在创建图 2-13 所示的浪形保持架的过程中，我们学习应用了【填充】【旋转】【阵列】【合并】【加厚】【拉伸】【实体化】等曲面生成和编辑命令。这些曲面命令比较容易理解，但在操作过程中，还是比较容易出现创建失败的情况，比如【合并】，有时会因为曲面的个别尺寸或拾取顺序造成合并失败，这需要读者在学习过程中要敢于尝试、善于总结，不断摸索 Creo 软件的操作方法。

任务 2.4　齿轮的参数化建模

齿轮是典型的传递运动和动力的机械元件，在设备运行中承担变速和转向等功能。本任务以一级减速器中的直齿圆柱齿轮为例，介绍如何应用 Creo 软件完成齿轮建模的过程。齿轮的设计是典型的参数设计和计算过程，通过本任务的学习和应用，读者可了解参数设置、关系生成和曲线创建等功能在结构设计中的应用方法，同时掌握齿轮这类典型零件的参数化建模方法。

1. 任务目标

按照图 2-15 所示的直齿圆柱齿轮的工程图纸进行三维建模，该齿轮的模数 $m=2$，齿数 $Z=55$，压力角 $\alpha=20°$。

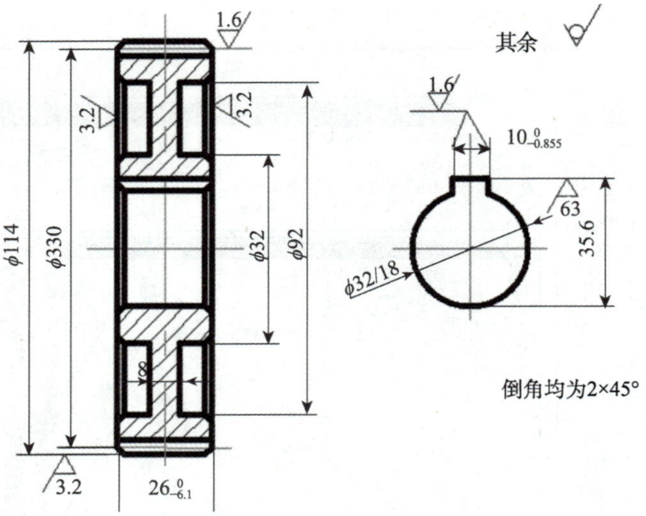

图 2-15　直齿圆柱齿轮

2. 任务分析

图 2-15 所示的齿轮为减速器中的低速齿轮，形状为圆柱齿轮，齿向为直齿。整体结构属于盘类零件，可采用【旋转】特征命令生成该齿轮的基体部分；齿轮内孔带有键槽，为简单的【拉伸】特征结构；齿轮为直齿齿轮，单一齿槽通过【拉伸】命令完成特征建模；齿轮外周均匀分布 55 个齿，可通过【阵列】方式完成其余 54 个齿槽。齿轮建模过程的关键在于单一齿槽结构的草绘图元绘制，封闭的轮廓由一组对称的齿侧轮廓（渐开线的一部分）、齿根圆和齿顶圆共同构成，如图 2-16 所示。图元生成过程将用到【参数】、【关系】和【方程】等命令。

该齿轮的建模流程如图 2-17 所示，分别为【旋转】生成齿轮主体、【拉伸】形成键槽、【倒角】生成倒角结构、【拉伸】生成一个齿槽并【镜像】出所有齿槽。

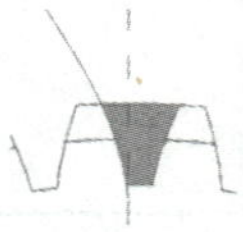

图 2-16　齿槽草绘图形

图 2-17　直齿圆柱齿轮的建模思路

微课视频

直齿圆柱齿轮的建模操作

3. 任务实施

表 2-9 详细描述了图 2-15 所示的直齿圆柱齿轮的建模步骤，并针对相关内容做了补充说明。

表 2-9　直齿圆柱齿轮的建模步骤

序号	步骤	图例	备注
1	**新建文件：** 打开 Creo 软件，新建一个实体类零件，命名为“js-21 齿轮”，选择公制模板【mmns_part_solid_abs】	（略）	
2	**启用参数设置：** 单击【工具】选项卡下【模型意图】组中的【参数】命令，如右图所示	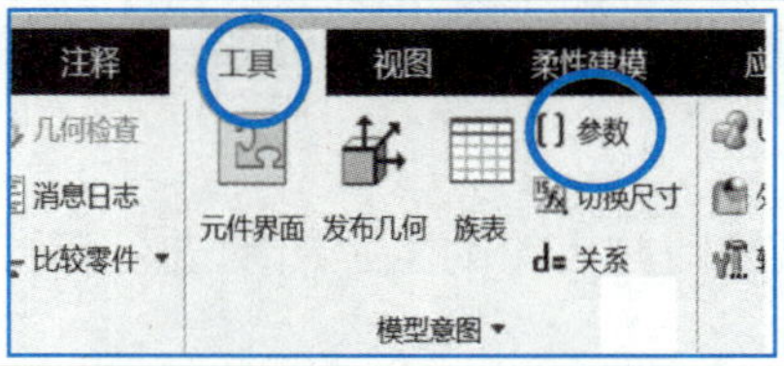	

续表

序号	步骤	图例	备注
3	**设置参数：** 在【参数】对话框中，单击左下角“+”增加参数，参数名称输入 M，数值为 2。 Z=55，angle=20，按照上述方法逐一创建。结果如右图所示	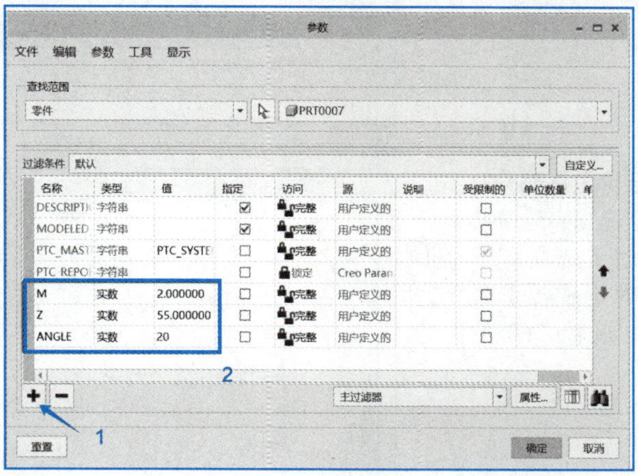	
4	**启用关系设置：** 单击【工具】选项卡下【模型意图】组中的【d = 关系】命令，如右图所示	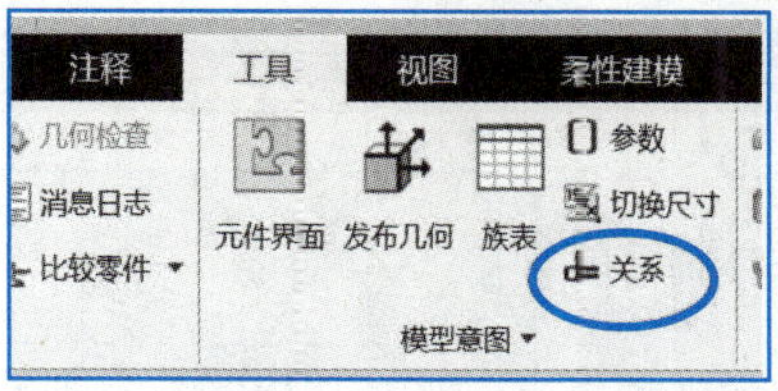	
5	**设置参数：** 在【关系】对话框的输入区内，逐一输入： d=m*z da=m*(z+2) df=m*(z-2.5) r=m*z*cos(angle)/2 完成后单击【确定】按钮	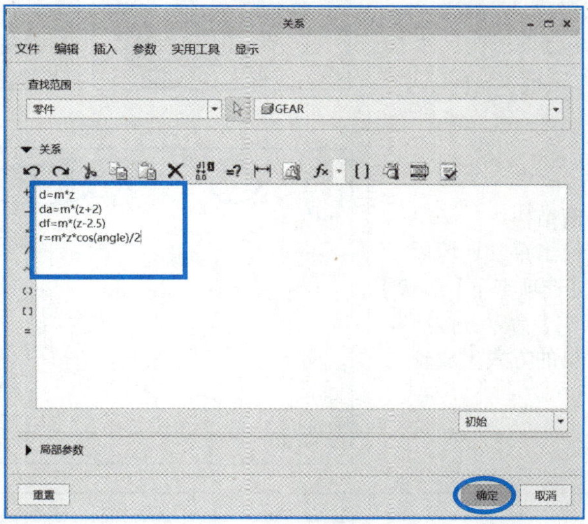	d——分度圆直径 da——齿顶圆直径 df——齿根圆直径 r——基圆半径 输入时，乘号“*”不可以省略。 每个关系公式结束后，按【Enter】键换行
6	**绘制齿轮主体结构的草绘：** 选择【RIGHT】平面创建【草绘】，按照旋转特征要求，绘制出截面草绘，并按零件图完成尺寸的标注和修改。齿顶圆的直径大小修改输入 da，按【Enter】键后软件提示“是否要添加此关系-sd16=da”，单击【是】按钮即可，如右图所示	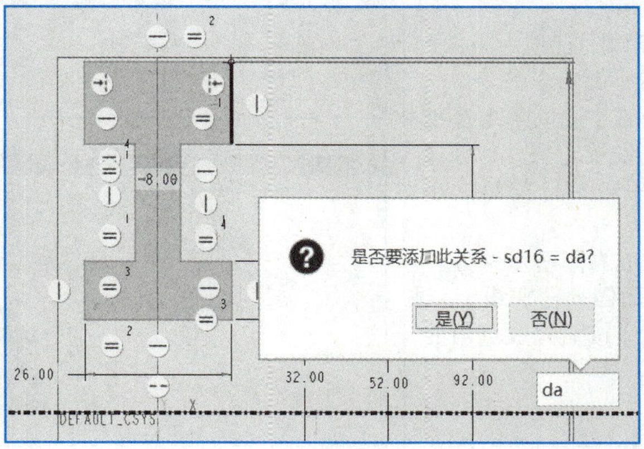	绘制时，注意设置草绘截面图形的对称性(关于 y 轴)和线段相等的约束条件。尺寸标注按照对称尺寸方式标注出直径尺寸。齿顶圆的直径大小需要修改为 da，不应直接标注为 114

续表

序号	步骤	图例	备注
7	**生成齿轮主体部分：** 在确定退出草绘环境后，单击【模型】选项卡下【形状】组中的【旋转】命令，生成实体、旋转 360°的齿轮主体结构	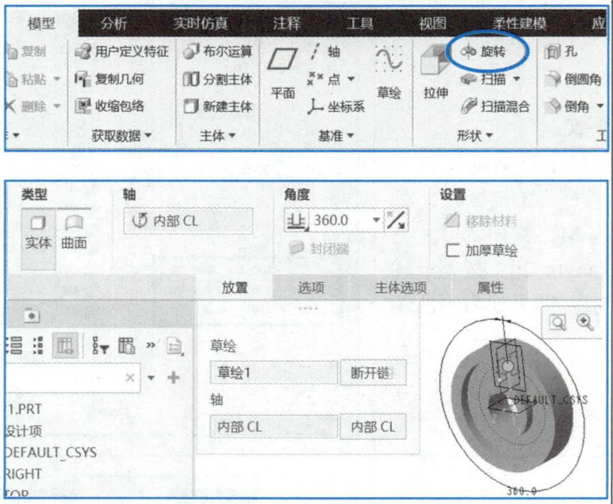	
8	**绘制键槽草绘：** 单击选择齿轮主体轴套的端面，创建【草绘】。 在草绘环境下，按键槽的尺寸绘制出键槽截面图形——矩形，标注出键槽槽宽尺寸 10 和槽深尺寸 35.6	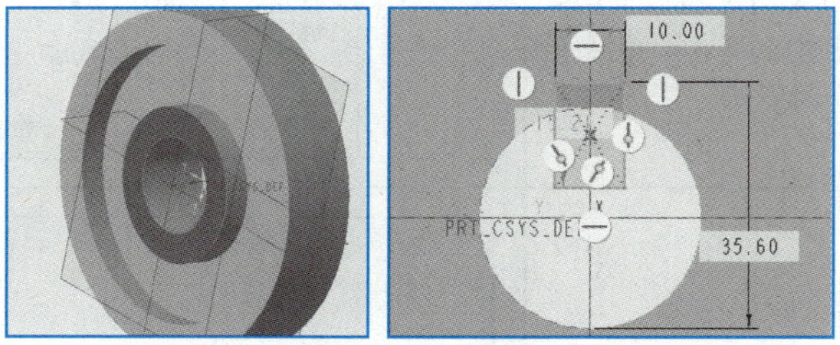	草绘截面的矩形建议采用中心矩形，矩形中心会自动拾取到键槽的中心上，可以直接保证键槽两侧面轮廓的对称
9	**生成键槽结构：** 在确定退出草绘环境后，单击【模型】选项卡下【形状】组中的【拉伸】命令，按照穿透、移除材料的方式生成轮毂的键槽	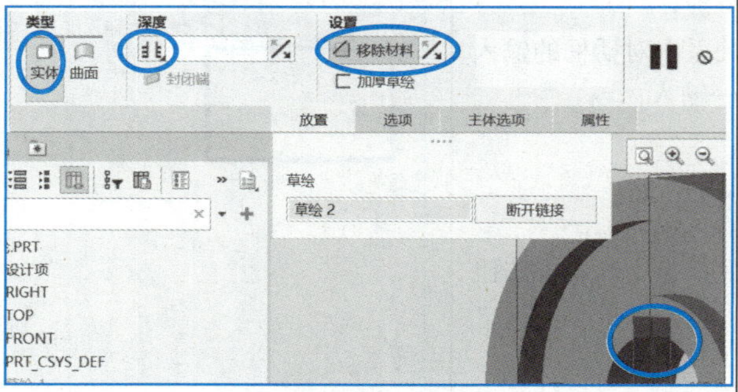	若预览键槽未创建，则需要调整绘图区的箭头方向
10	**创建倒角：** 单击【模型】选项卡下【工程】组中的【倒角】命令。 在打开的【边倒角】选项卡中，分别设置【尺寸标注】方式为“D×D”，设置 D 大小为“2”。 分别拾取右图所示八处轮廓线（含背面四处轮廓线）后，单击【确定】按钮完成倒角的创建	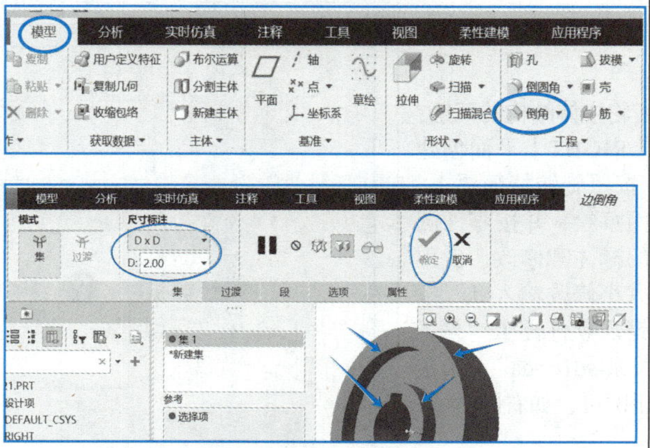	尺寸标注方式也可选择为“45×D”

续表

序号	步骤	图例	备注
11	**创建方程曲线：** 单击【模型】选项卡下【基准】组中的【曲线】下一级的【来自方程的曲线】命令，操作如右图所示	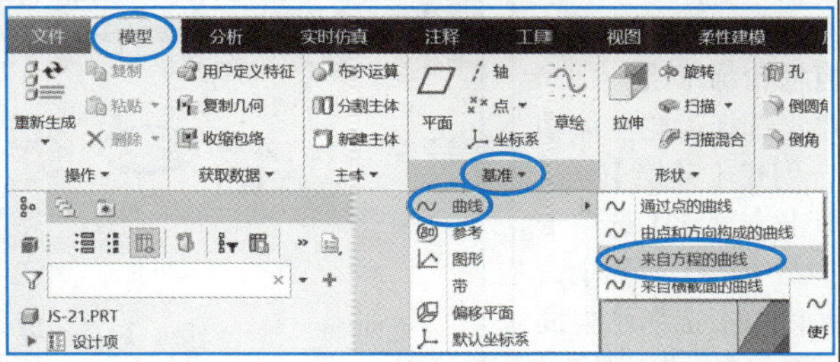	
12	**设置曲线所用坐标系：** 在弹出的【曲线：从方程】选项卡中选择默认的【笛卡尔】坐标系，其余均选择默认设置。单击【参考】选项卡的坐标系输入区，然后单击选择模型树中的坐标系（DEFAULT_CSYS）完成坐标系的拾取	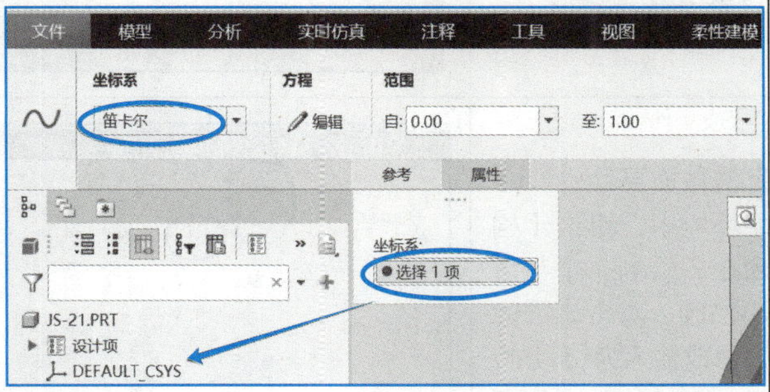	
13	**编辑渐开线曲线：** 继续在【曲线：从方程】选项卡中，单击【方程】命令，弹出【方程】对话框，输入以下关系式： b=90*t x=r*cos(b)+r*b*Pi/180*sin(b) z=r*sin(b)-r*b*Pi/180*cos(b)	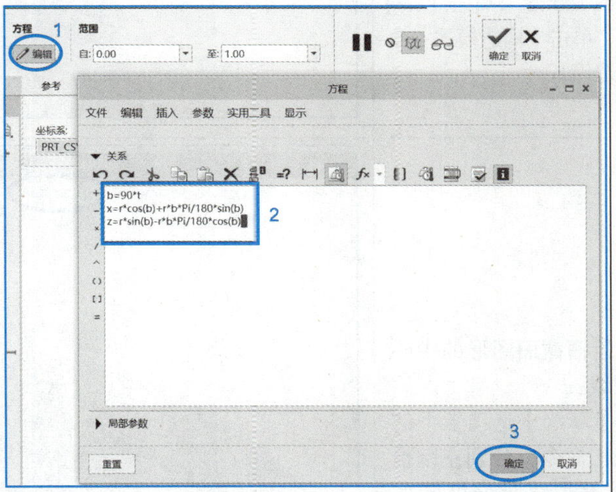	所输入方程分别为角度自变量 b，以及渐开线上各点的坐标位置。 输入关系式前请确认齿轮轴为 Y 轴。若齿轮轴为 X 或 Z 轴，关系式的表达相应调整为： “y=…　z=…”或“x=…　y=…”
14	**生成渐开线曲线：** 单击【确定】按钮退出【方程】对话框。继续单击【曲线：从方程】选项卡右侧的【确定】按钮✓，从而完成渐开线曲线的创建，曲线生成情况如右图所示	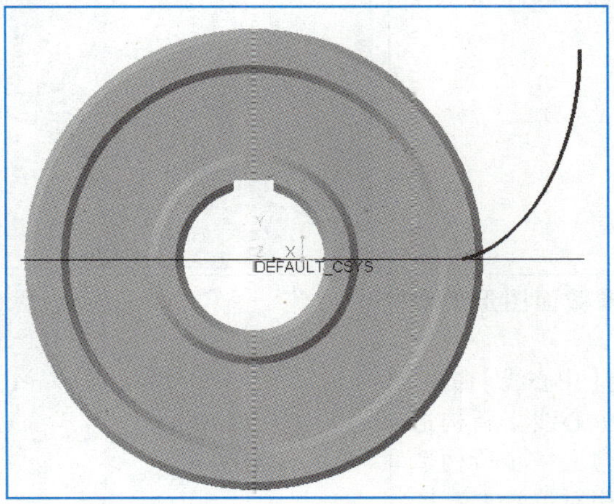	

续表

序号	步骤	图例	备注
15	**创建齿槽轮廓草绘：** 首先单击选择齿轮主体轴套的端面，创建【草绘】。 然后单击【草绘】选项卡下【草绘】组中的【投影】命令，绘图区内单击选择已生成的渐开线，再单击☑按钮完成渐开线的投影生成	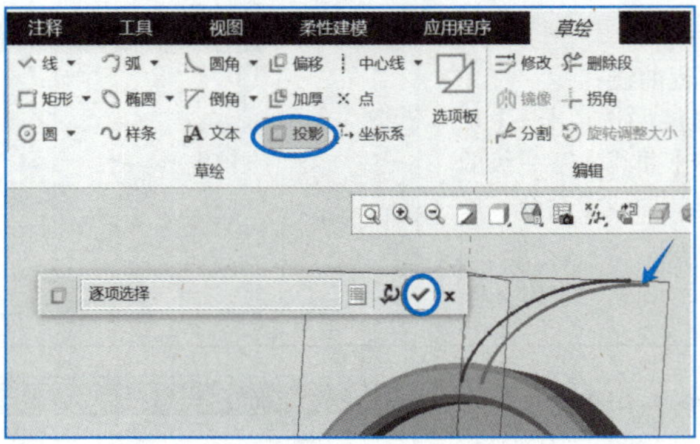	
16	**创建齿槽截面草绘：** 在草绘环境中，单击【构造模式】命令，绘制一个与齿轮主体同心的圆。双击该圆的直径尺寸，修改输入为 d 并按【Enter】键。软件提示“是否要添加此关系-sd0=d”，单击【是】按钮即可。单击【构造模式】命令退出构造模式	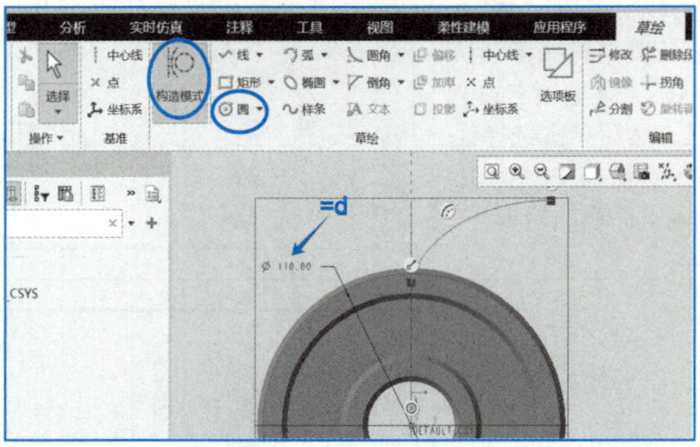	所绘制的圆为齿轮的基圆，是形成齿轮齿槽轮廓的重要参照线
17	**创建齿槽截面图形的中心线的参照线：** 单击【草绘】选项卡下的【中心线】命令，分别左键拾取渐开线投影线与分度圆的交点、分度圆的圆心，完成参照线的创建	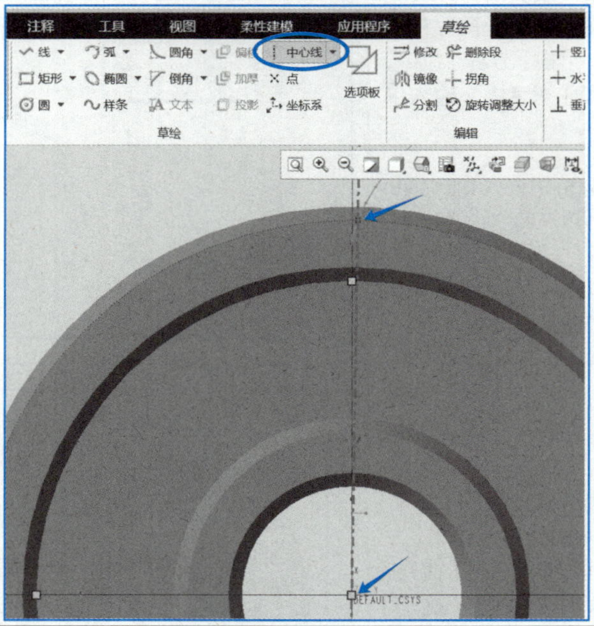	这一步中心线的绘制一定要注意两点拾取的顺序。另外，在拾取每个点之前要将图形放大至合适的大小，以便准确拾取所需要的点。如果圆心拾取失败，则亦可补充中心线和圆心点【重合】的约束条件
18	**创建齿槽截面图形的对称线：** 继续保持【中心线】命令，构造另一条中心线。新构造出的中心线与上一步所构造的中心线的相对位置如右图所示	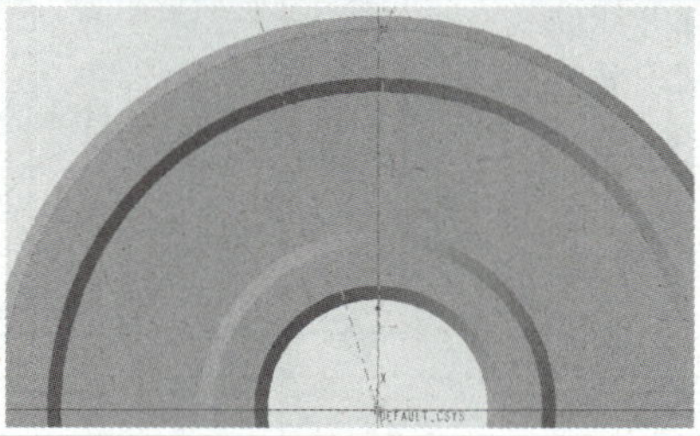	两条中心线的夹角要明显

续表

序号	步骤	图例	备注
19	**修改齿槽截面图形的对称线的位置角度：** 单击【尺寸】命令，标注出上述两条中心线的夹角。 双击修改角度为“360/55/4”，按【Enter】键	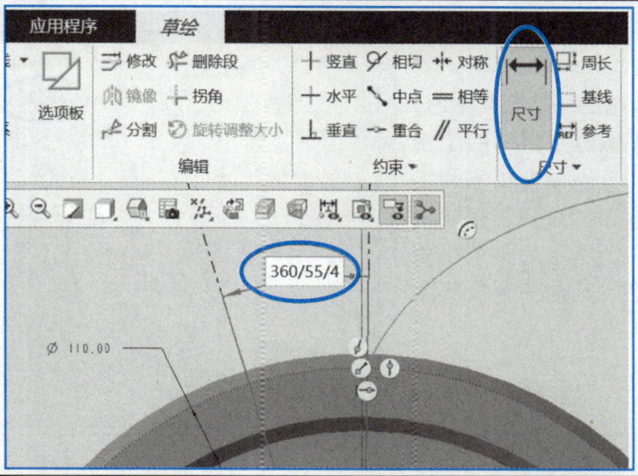	通过修改角度，可准确生成齿槽轮廓的对称线。 为保证数据的准确性，角度建议采用计算表达式
20	**创建另一侧齿槽轮廓线：** 单击已生成的渐开线，再单击【编辑】组中的【镜像】命令，单击拾取齿槽对线中心线，对称的齿侧渐开线立即生成	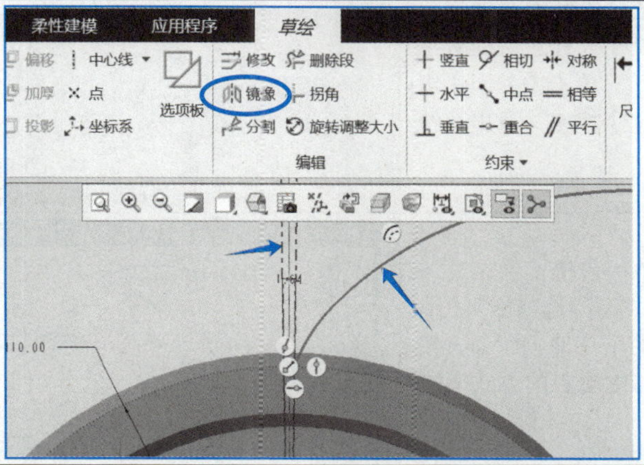	
21	**齿槽的齿根圆和齿顶圆圆弧的绘制：** 单击【草绘】组中的【弧】命令，选中【圆心和端点】模式。按照先拾取圆心再分别拾取两个端点的操作过程，完成如右图所示的两条圆弧	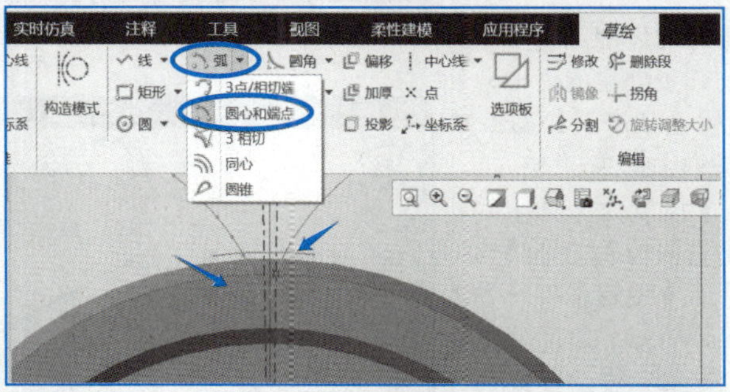	两个圆弧中半径较大的圆弧亦可采用【投影】命令来创建：单击【投影】命令，将已建实体的齿顶圆投影到草绘中，直接生成满足尺寸要求的圆弧
22	**齿槽的齿根圆和齿顶圆尺寸的标注：** 单击【尺寸】命令，分别双击两段圆弧，将其圆弧直径尺寸分别关联到 da 和 df，如右图所示	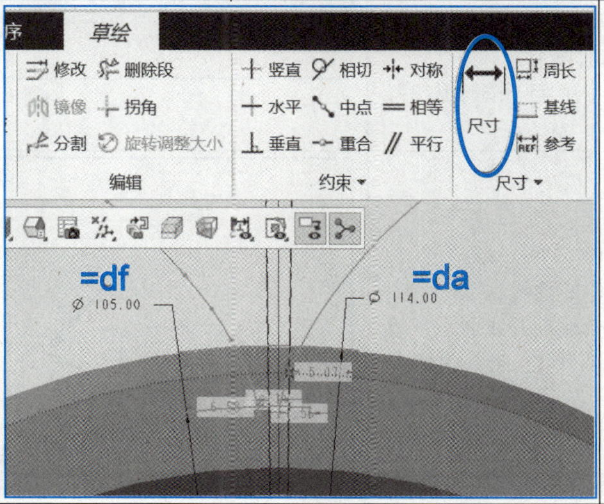	此处尺寸标注为 da 和 df，可使得该模型基本参数 m、z 改变后，齿槽的形状和位置随之发生改变，更能体现参数化设计

续表

序号	步骤	图例	备注
23	**修整齿槽的草绘截面图形：** 单击【编辑】组中的【拐角】命令，分别单击相邻两条线段需要保留的位置，完成拐角处理。右图所示为一个拐角的操作方法，其余三个角依此方法进行	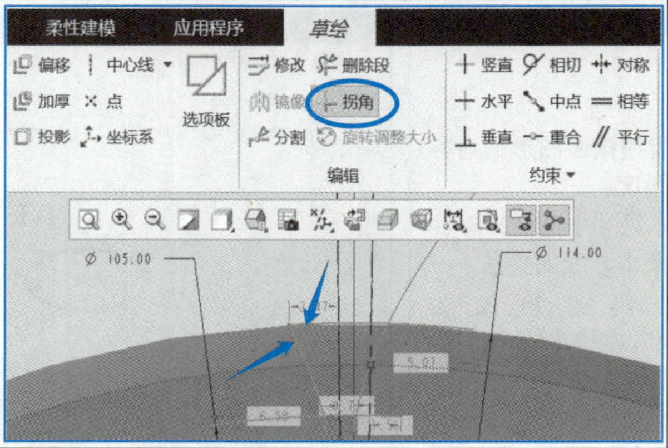	
24	**齿槽的草绘截面图形：** 拐角操作处理之后的效果如右图所示。单击【关闭】组中的【确定】按钮，退出草绘环境	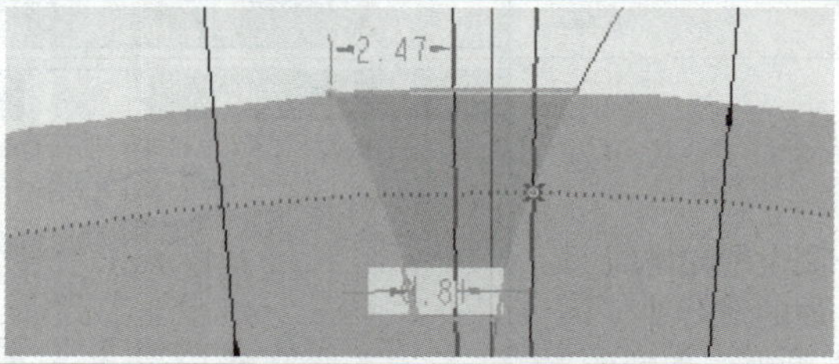	
25	**创建单一齿槽：** 单击【模型】选项卡下【形状】组中的【拉伸】命令，按照穿透、移除材料的方式生成一处齿槽	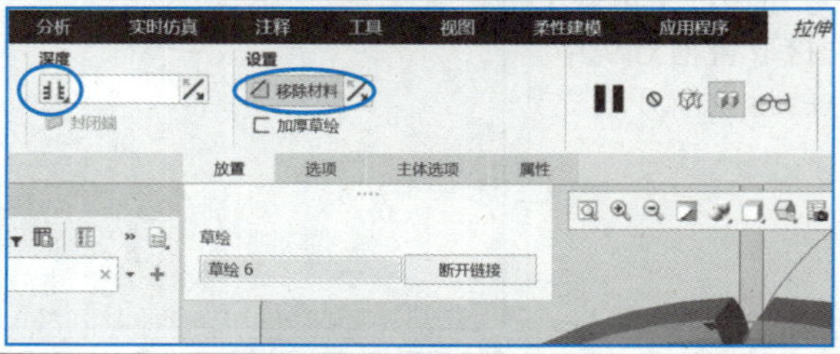	
26	**创建所有的齿槽：** 选中上一步创建的齿槽，单击【模型】选项卡下【编辑】组中的【阵列】命令。 【类型】设置为【轴】的阵列；单击选取齿轮的轴线为阵列【轴】；【设置】第一方向成员输入为 55，角度范围为 360°。上述参数设置或选择好后，阵列的预览效果即可出现，如右图所示。 单击【确定】按钮退出阵列命令	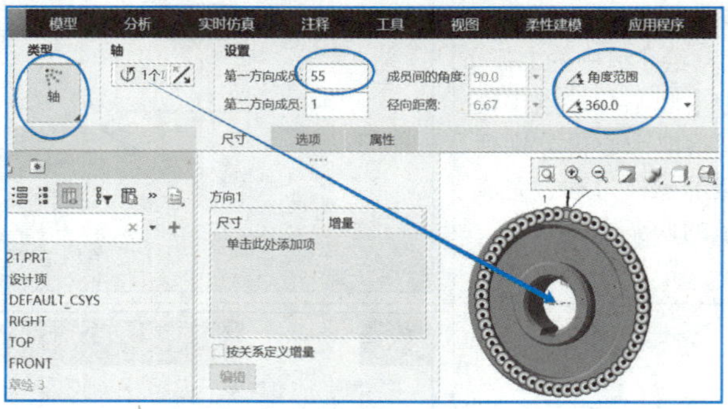	
27	**隐藏空间曲线：** 单击拾取渐开线曲线或模型树中的曲线 1，将其隐藏	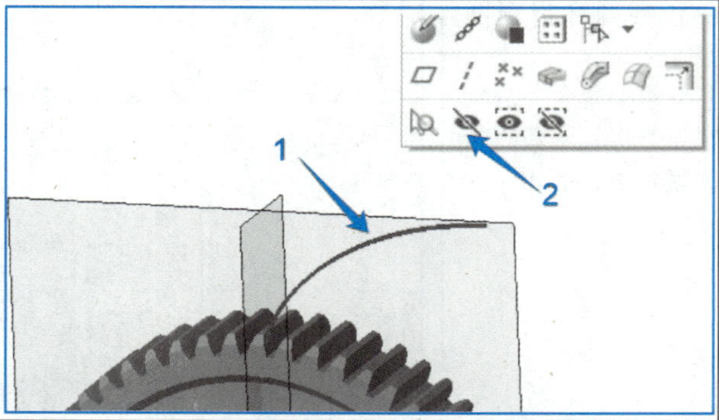	

续表

序号	步骤	图例	备注
28	**保存文件：** 单击【保存】按钮，将三维模型保存至工作目录中	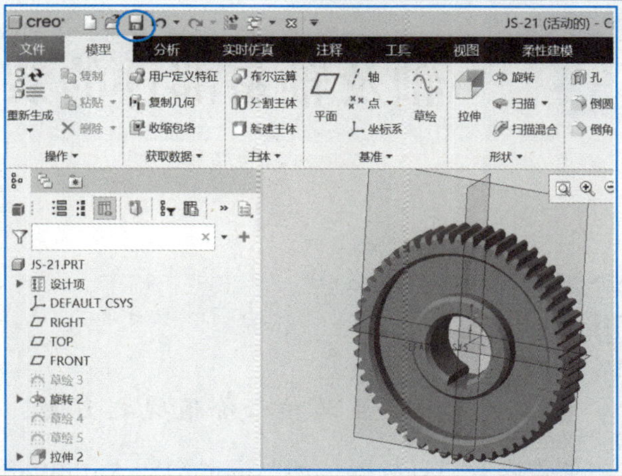	

4. 任务评价

直齿圆柱齿轮建模的难点在于齿槽轮廓的创建，建模前要理清齿轮的参数、关系式和渐开线的数学表达式等，以便准确生成齿轮的齿廓。建模过程中要用【旋转】、【拉伸】、【倒角】、【参数】、【关系】、【方程】和【阵列】等命令，是典型的系列化产品设计方法。

模块3 轴及轴系部件的装配

【素养园地】

社会主义核心价值观之自由、平等

在产品设计行业有多款设计软件，如 AutoCAD、SolidWorks、CATIA、ProE 等，以及集成多个可互操作应用程序的 Cero 软件。在软件开发和使用领域，国际上倡导的是自由开发和平等参与。

我国的唐荣锡教授在面对国外技术封锁和重重困难时，坚持自力更生、艰苦奋斗，率先在国内开展 CAD 理论和技术研究，并研制出了我国第一个多面体实体造型原型系统 PANDA，为我国 CAD/CAM 事业的发展奠定了坚实的基础。

素养启迪：

在自由与平等的信念指引下，我们追求的不仅是物质生活的改善，更有精神层面的充实。唐荣锡教授的事迹，让我们看到了一位普通人在面对困境时不屈不挠、追求真理的决心。在他的身上，我们看到了自由探究科学奥秘的精神，以及在机会面前人人平等的理念。这是对自由与平等价值观的生动诠释。

唐荣锡教授的故事告诉我们，在科学技术面前，我们也要有敢于在国际上平等竞争、百家争鸣的精神，勇敢追逐自己的梦想，做到自强不息、勇于创新。

任务 3.1 滚动轴承的装配

本任务以常见的普通轴承组件为例，使用 Creo 软件进行装配，目的是熟悉 Creo 软件制作装配体文件的流程与操作步骤：首先进行装配文件的新建，然后取消默认模板选项，接着调取已有模型到装配环境中进行放置和约束等，最后完成装配体的组装。

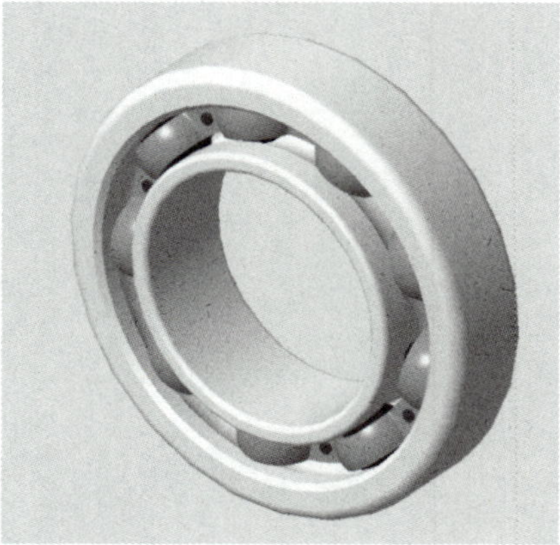

图 3-1 JS-25 滚动轴承 206 装配图

1. 任务目标

本任务按照图 3-1 所示的 JS-25 滚动轴承 206 装配图，完成轴承组件的组装。

2. 任务分析

滚动轴承（GB/T 276—2013）是应用广泛的一种轴承。其特点是摩擦阻力小，转速高，能用于承受径向负荷或径向和轴向同时作用的联合负荷的机件上，如小功率电动机、汽车及拖拉机变速箱、机床齿轮箱、一般机器、工具等。基本型的轴承由 1 个外圈、1 个内圈、1 组钢球和一组保持架（6206-cage）构成。由于轴承装配组件为标准圆形结构，因此，可以用内圈作为装配中心，也可以用外圈作为装配中心。在此，我们以轴承内圈为装配中心，在装配过程中便于观察装配效果。完成该滚动轴承组件的装配，需要用到【模型】组中的【组装】命令，主要创建流程见表 3-1。

微课视频

滚动轴承装配

3. 任务实施

表 3-1 详细描述了如图 3-1 所示的 JS-25 滚动轴承 206 装配的完整步骤及说明。

表 3-1 JS-25 滚动轴承 206 装配步骤及说明

序号	步骤	图例	备注
1	新建装配文件： （1）在工具栏中单击新建文件按钮或单击菜单【文件】→【新建】命令，如右图所示	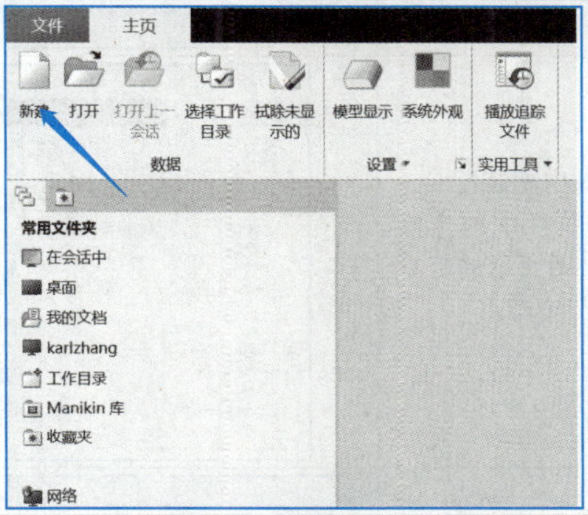	
	（2）单击新建文件按钮后，弹出如右图所示的对话框。在对话框中按步骤 1 选择【类型】为【装配】，按步骤 2 选择【子类型】为【设计】，在步骤 3 中输入文件名。 （3）按步骤 4，将最下面【使用默认模板】左侧方框中的对钩取消。 （4）单击【确定】按钮，进入【选择模板】对话框界面	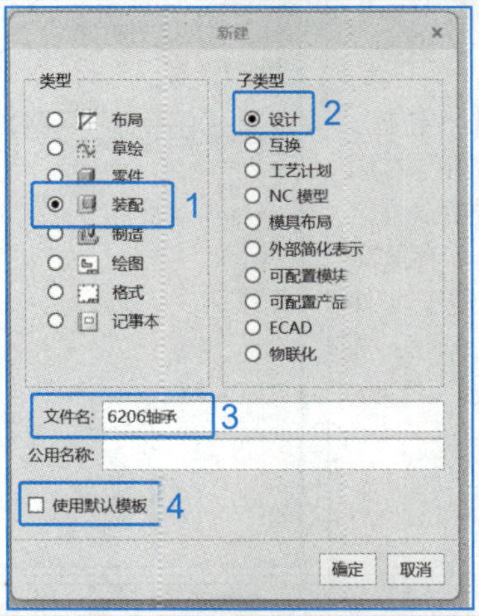	默认模板使用的是英制单位，所以需要选择公制模板建立模型文件
	（5）弹出如右图所示的对话框后，找到如图中所示的公制模板【mmns_asm_design_rel】，单击【确定】按钮	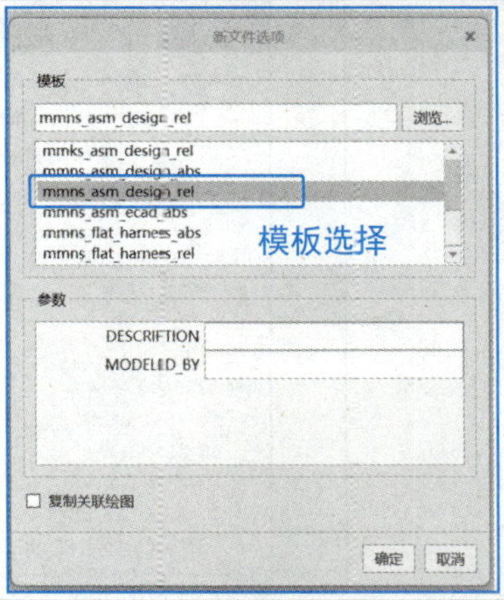	【mmns_asm_design_rel】表示绝对精度，【mmns_asm_design_abs】表示相对精度。根据实际要求选择其一

续表

序号	步骤	图例	备注
1	（6）进入 Creo 软件装配环境后，可看到三个互相垂直的默认基本平面【TOP】、【FRONT】和【RIGHT】	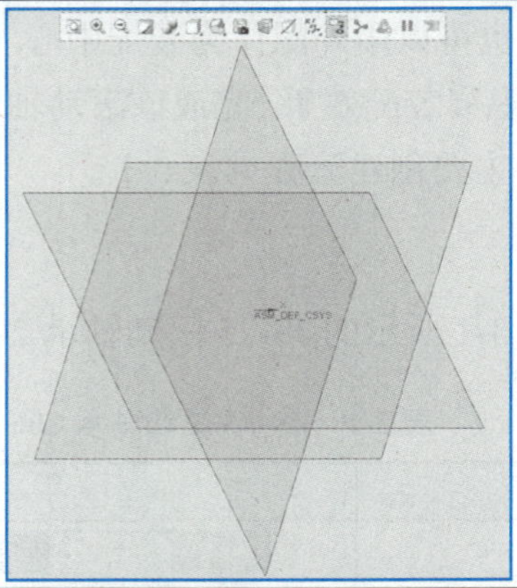	如果没有显示，则可以单击工具栏中的按钮，将其显示出来。如果还没有看到，就需要通过单击按钮来创建3个基准平面
2	**滚动轴承206内圈装配：** （1）选择菜单栏中的【模型】，可看到如右图所示的工具栏。单击【组装】按钮	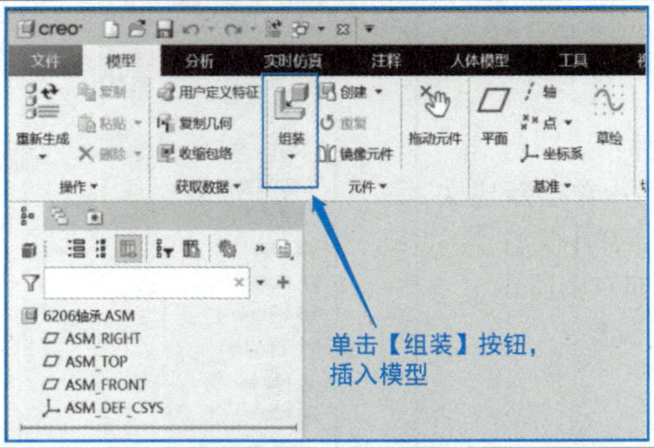	
	（2）单击【组装】按钮后，弹出如右图所示的对话框。右图中，先选择模型存放路径（如1所示），然后在三维模型存放文件夹中选择所要调入装配文件中的零件模型（如2所示），最后单击【打开】按钮（如3所示）	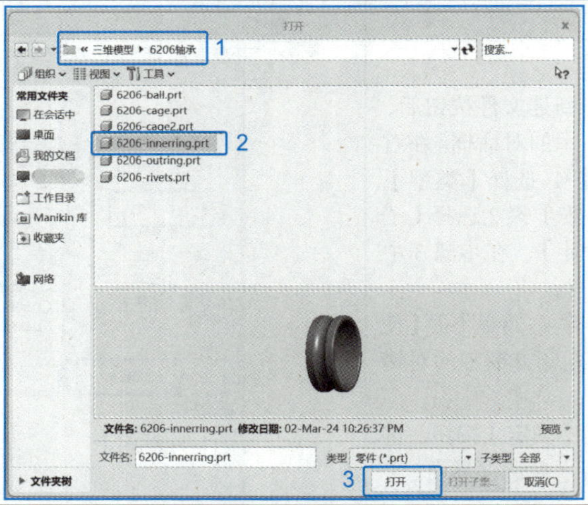	注意：框1所指表示已经建立完成的三维模型存放路径，需要在自己电脑中找到模型存放位置
		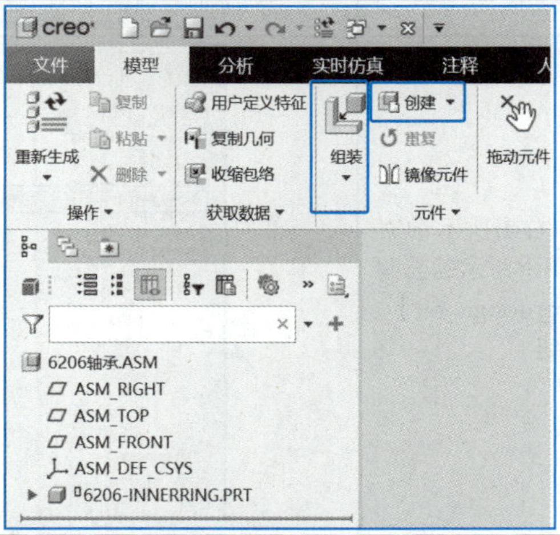	需要注意的是，调入已有模型单击的是【组装】命令按钮，并不是【创建】命令按钮。 【创建】命令指的是在当前装配环境下，直接新建一个新的三维模型，而不是调入已有模型

续表

序号	步骤	图例	备注
	（3）单击【打开】命令后，所需要的内圈零件即出现在装配环境中。此时需要在箭头所指位置进行切换和选择。 单击【放置】命令，选择步骤 1、2 所示装配模型的【ASM-RIGHT】基准平面和内圈零件的【RIGHT】基准平面。步骤 3 为【集】的建立，即【约束】的建立。步骤 4 为【约束类型】的选择项，此时可选择【约束类型】为【重合】，也可默认为【自动】	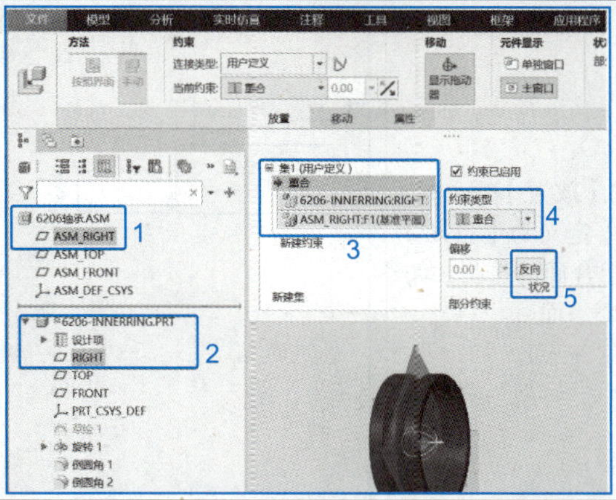	【放置】本质上是为新零件添加三个自由度方向上的约束。 用鼠标选取平面、轴线或圆柱面后，系统会自动匹配约束类型。 在选取配合元素时，可以直接在左图所示窗口左侧的模型树中选取，也可以在模型中选取
2	（4）同上，再进行第二组元素的约束选择，需要【新建约束】	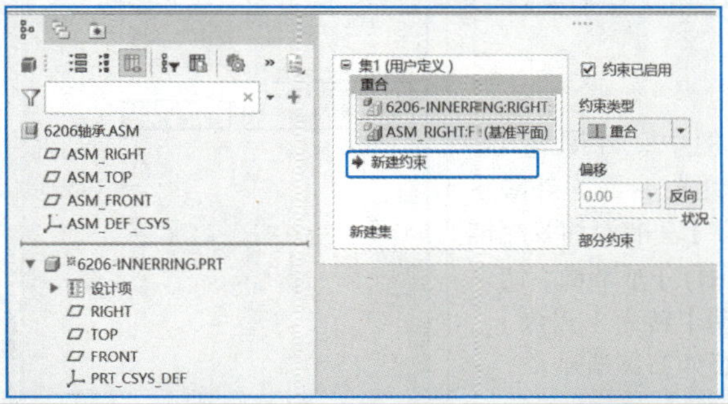	
	（5）再进行第三组平面的【约束】选择。 完成第三组【约束】后，此时窗口顶部工具栏中的【状况】为完全约束。 最后单击【确定】按钮，轴承内圈即放置结束	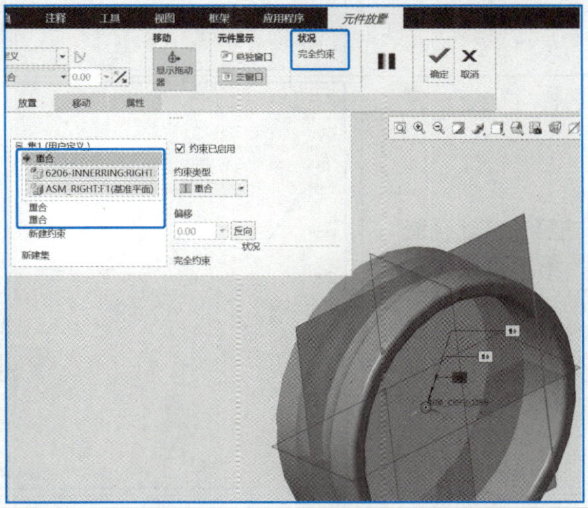	完全约束状态下，轴承内圈无法实现移动和转动
3	**滚动轴承 206 外圈装配：** （1）单击【组装】按钮，如右图所示，按步骤 1、2、3 的顺序，首先找到轴承外圈零件模型存放位置，然后选中轴承外圈 6206-outring 零件模型，最后单击【打开】按钮，进入装配环境界面	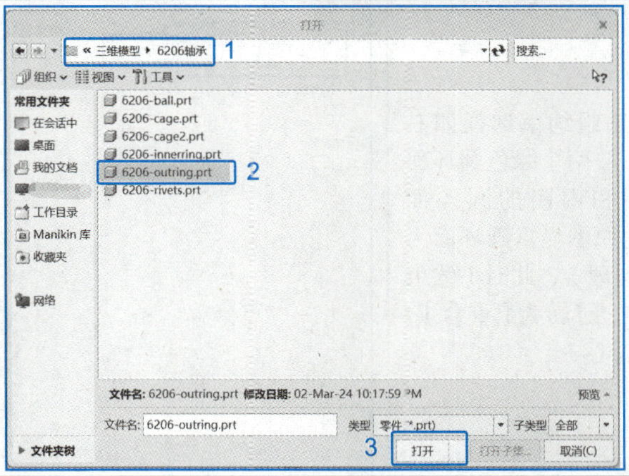	

续表

序号	步骤	图例	备注
3	（2）先进入【放置】对话框，将【约束类型】定义为【自动】选项，再进行配合面的选择，如箭头所指的两个平面	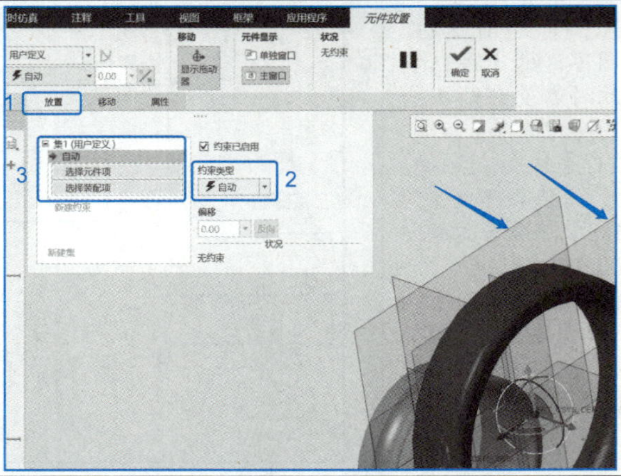	注意：也可从左侧模型树中选择自己需要的平面进行【约束】
	（3）本例中，外圈 6206-outring 第一组配合面为外圈零件的【RIGHT】基准面和装配体模型的【RIGHT】基准面。约束类型由【自动】转为【重合】，内、外圈状态如右图所示	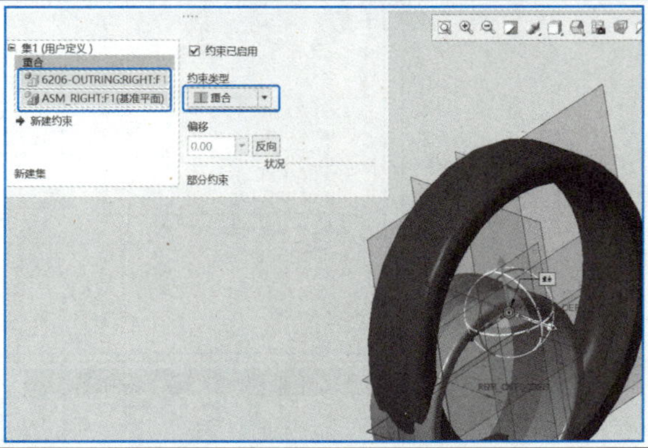	
	（4）新建第二组配合面。如右图所示，单击箭头所指的【新建约束】后，即可进行第二组约束选择	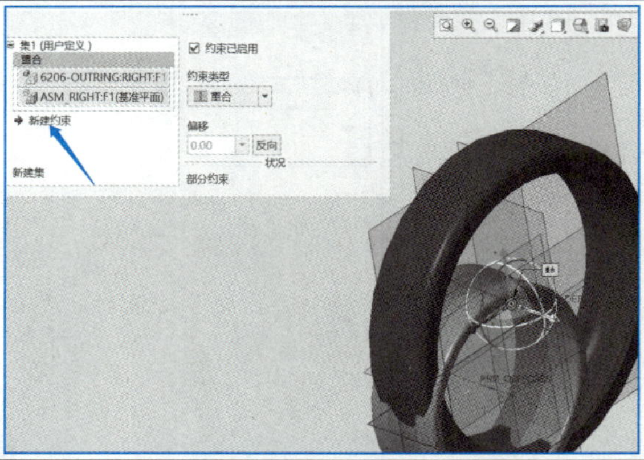	按图 3-1 组件装配图所示，轴承外圈与内圈同心、共面
	（5）第二组约束选择如右图中箭头所指，两个绿色圆环面分别是外圈和内圈的圆环面（注：软件中原图显示圆环面为绿色，后文同理），此时【约束类型】由【自动】转为【重合】，即内、外圈同心	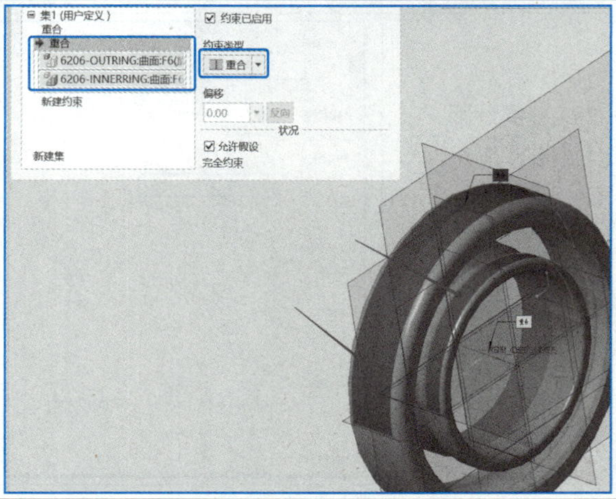	现实中，由于滚动轴承的内、外圈为同心且可相对转动，因此外圈就不再需要创建第三组约束

续表

序号	步骤	图例	备注
3		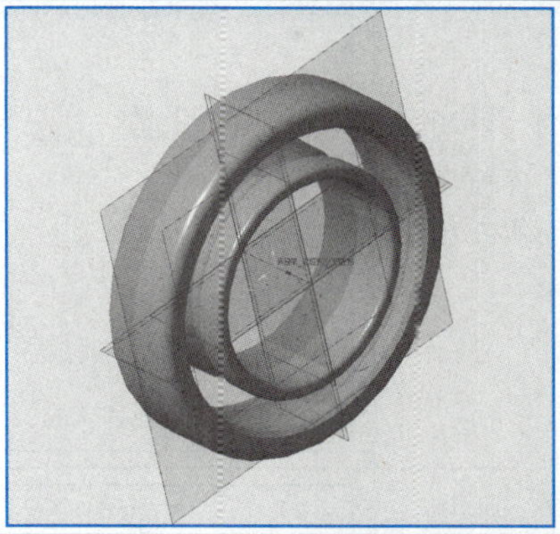 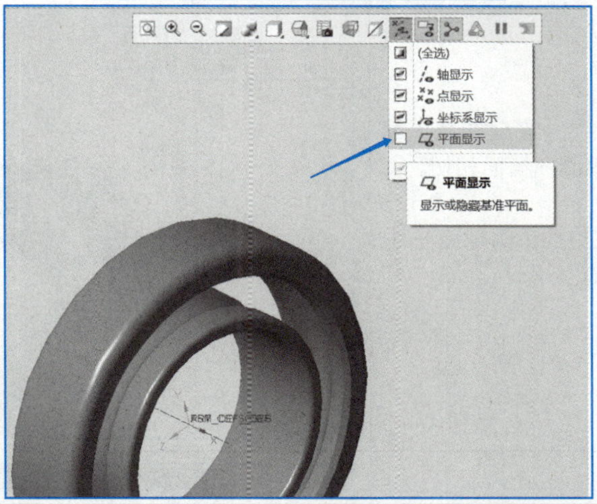	滚动轴承内、外圈完成装配后，此时模型中共有 9 个平面存在，看上去平面较杂乱。 可以通过【基准显示过滤器】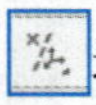进行基准的显示与隐藏。 【基准显示过滤器】的位置在窗口上部
	（6）单击【基准显示过滤器】按钮，可自由选择需要隐藏的基准。将【平面显示】左侧方框中的对钩取消，滚动轴承内、外圈模型的平面即被隐藏	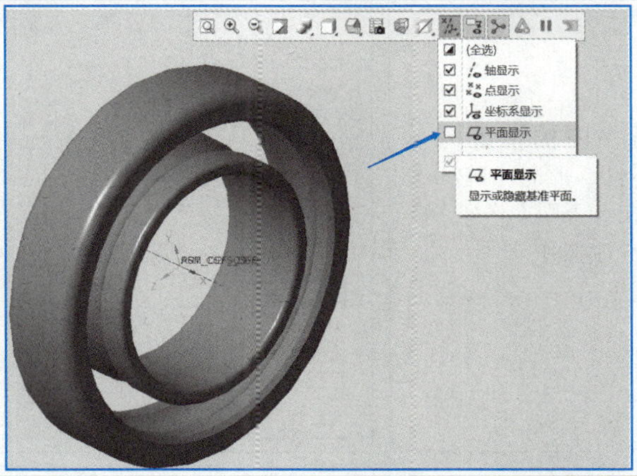	
4	**滚动体装配：** 按调入新模型的步骤，单击【组装】按钮，查找滚动体 6206-ball 零件存放路径，单击【打开】按钮调入模型。 （1）如右图所示选择箭头所指的两个平面，再将【约束类型】的【距离】改为【重合】，使 6206-ball 模型中心平面与滚动轴承内、外圈处于同一平面内	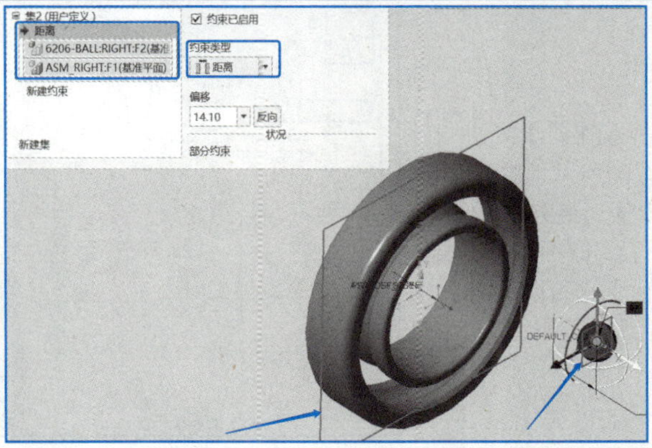	

续表

序号	步骤	图例	备注
4	（2）6206-ball 零件模型与内、外圈重合，再进行第二组约束的新建	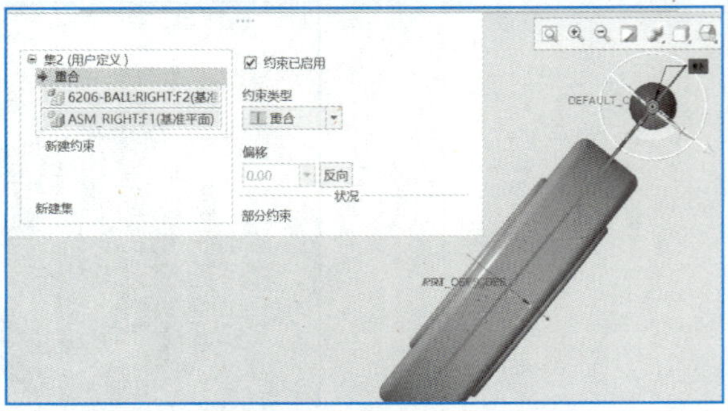	
	（3）第二组【新建约束】为球面与轴承内圈凹槽面相切，如右图所示。 （4）第三组约束为球面与外圈凹槽面相切	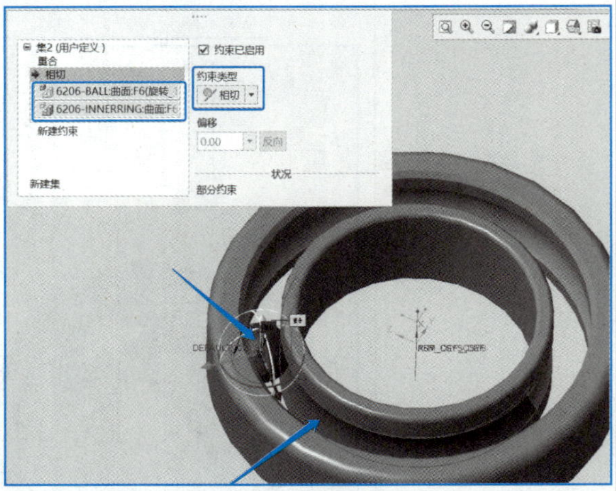	完成 6206-ball 零件的第三组约束后，可利用【阵列】命令，完成多个球的阵列
	（5）选中左侧模型树中 6206-ball 零件，此时【阵列】按钮才可单击，否则【阵列】按钮为灰色，无法操作	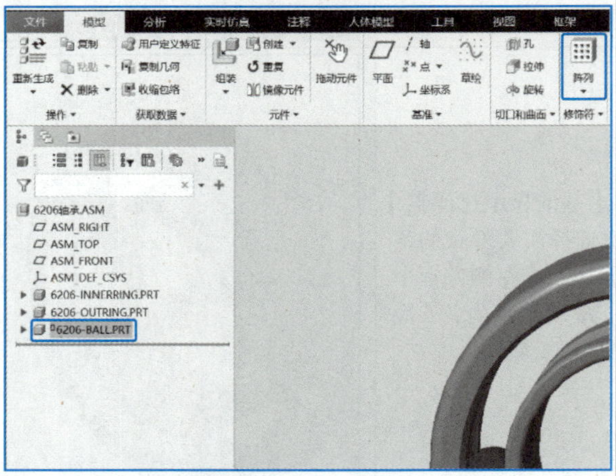	根据图 3-1 所示的部件装配图可知，JS-25 滚动轴承 206 有 9 个 ball 零件，因此阵列出 9 个 ball 零件即可
	（6）单击【阵列】按钮后，出现如右图所示的情况。按 1、2、3 的步骤，最终选择箭头所指的【轴】，即为 6206-ball 零件绕着【轴】进行圆周阵列	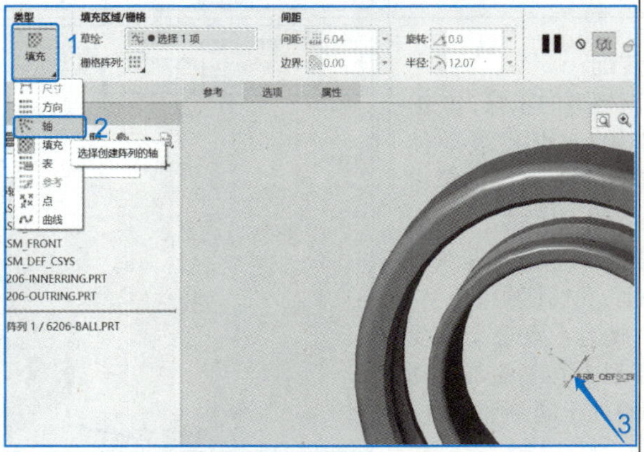	【填充】命令中除【轴】以外的命令，可自行试验阵列

续表

序号	步骤	图例	备注
	（7）选择【轴】后，按右图中步骤 1、2、3 进行圆周阵列参数设置。第 2 步单击选择【角度范围】，第 3 步在【第一方向成员】选项中设置需要阵列的数量。一般默认数量为 4，见图中箭头所指圆点	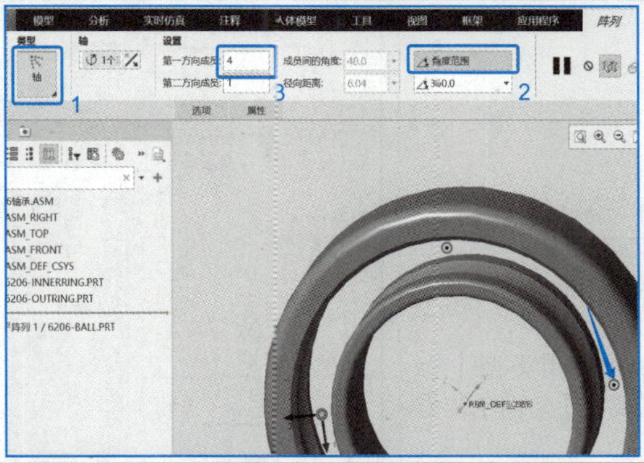	
4	（8）轴承滚动体阵列。通过【阵列】命令，【类型】选择为【轴】，参数的详细设置见右图，可实现 ball 滚动体的圆周阵列	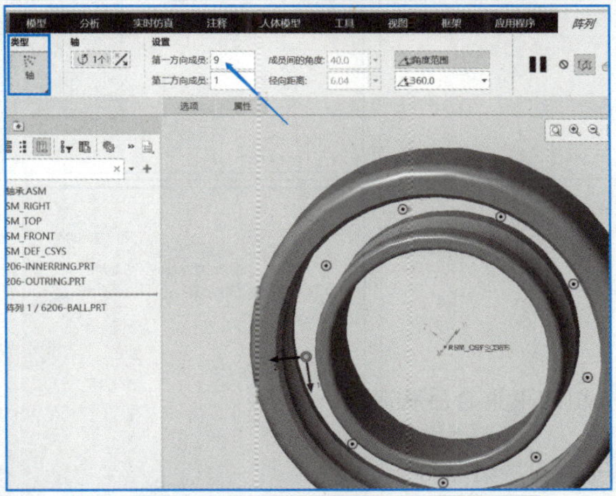 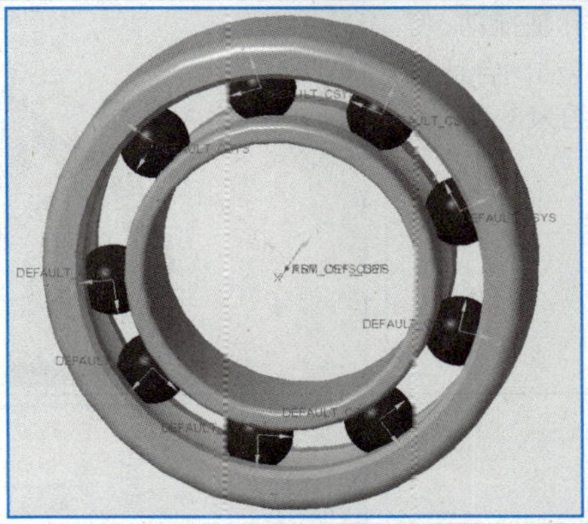	
5	**保持架 6206-cage 模型调入：** （1）和以上所述调入新零件步骤一样，将保持架 6206-cage 模型调入装配环境中	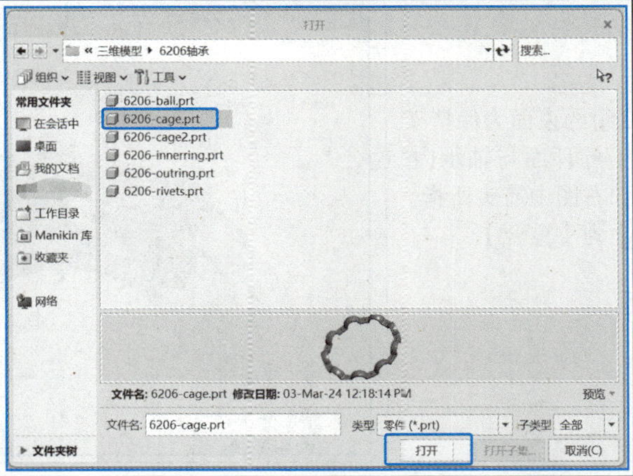	

续表

序号	步骤	图例	备注
	（2）为保持架 6206-cage 进行第一组约束面选择。 本例模型选中的是【TOP】平面。 此时图中【约束类型】为【法向】，需要将【法向】转为【重合】	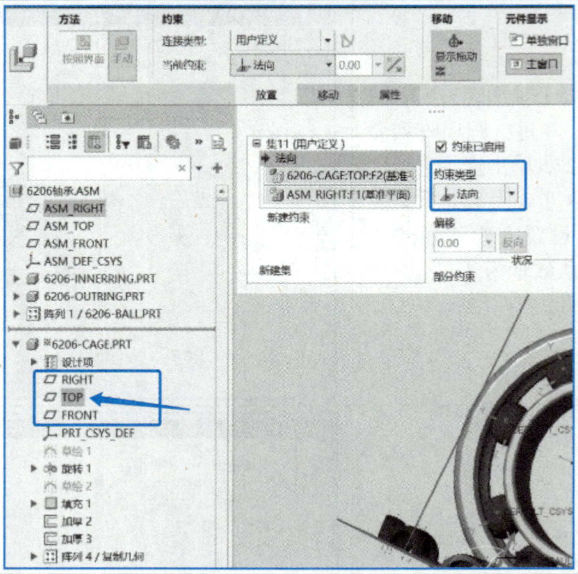	如左图所示左侧模型树中，逐一试选保持架 6206-cage 的三个平面，确定哪个平面是我们想要约束的平面
5	（3）第一组约束重合后状态。 此时，可通过保持架 6206-cage 中心的三个坐标轴拖动，使保持架 6206-cage 移动到合适位置，再进行下一组约束的建立	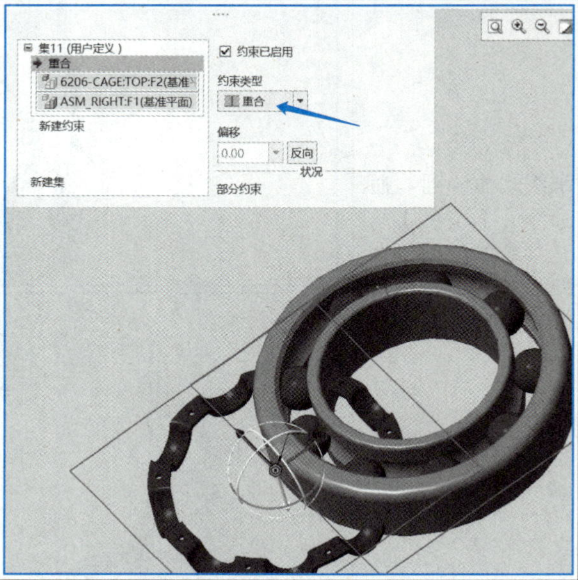	
	（4）第二组约束面为保持架 6206-cage 内/外环面与轴承内/外圈环面，如右图中箭头所指。【约束类型】为【重合】	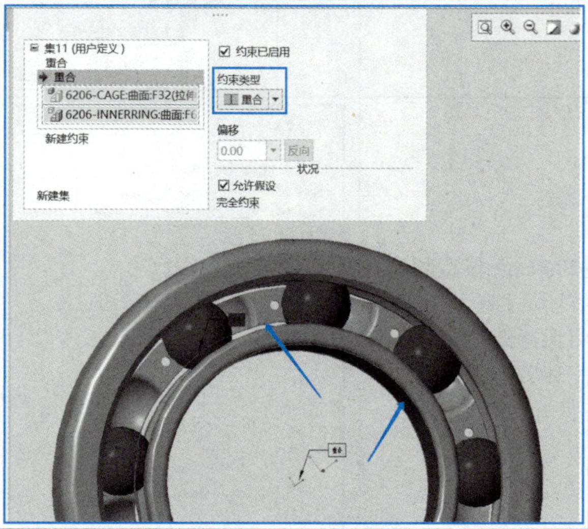	

续表

序号	步骤	图例	备注
5	（5）第三组约束为 ball 球面与保持架 6206-cage 球面重合		
	（6）再将另一半保持架 6206- cage 调入并进行【约束】装配	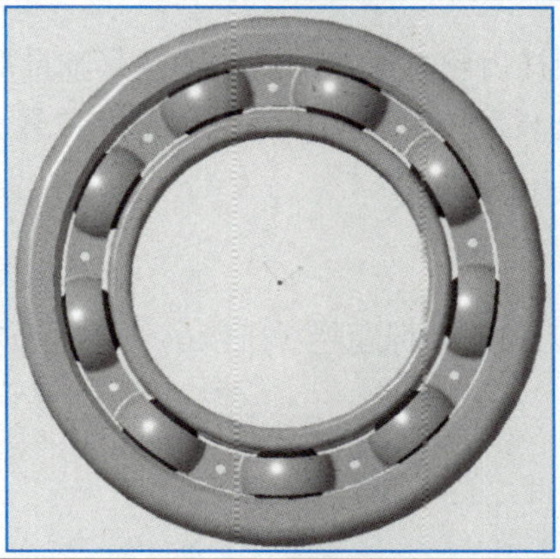	
	（7）最后一步是将铆钉装配到铆钉孔中并进行【阵列】操作	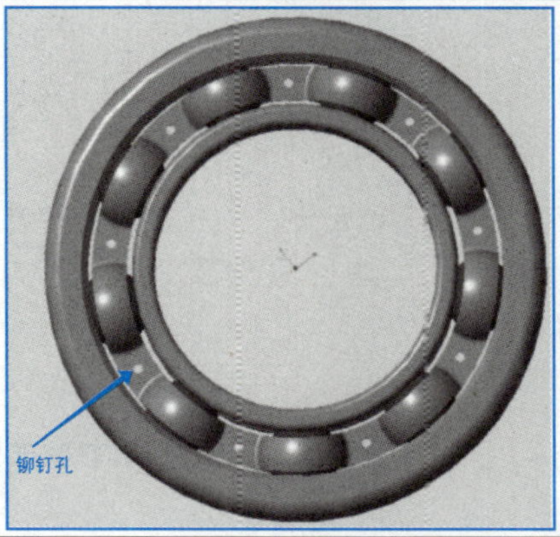	调入模型、【约束】、【阵列】步骤均与上述操作一样，因此不再重复
	（8）JS-25 滚动轴承 206 装配完成	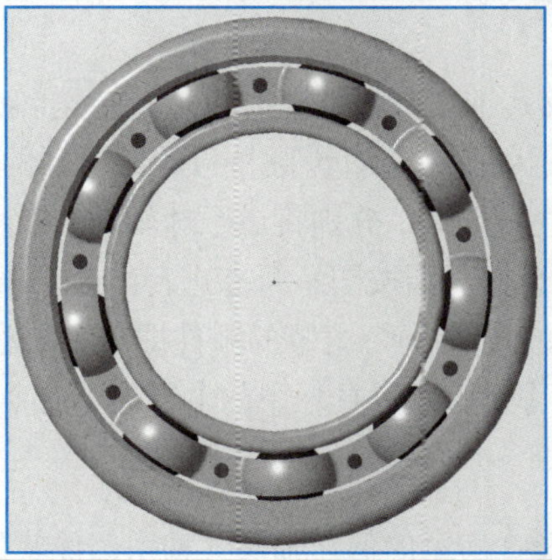	

4. 任务评价

知识拓展

高速轴及其轴系部件装配

图 3-1 所示的 JS-25 滚动轴承 206 组件装配图，是比较简单的一个组件装配模型。从装配文件的新建、模板的选择，到装配过程中使用了模型的调入【组装】、约束【集】的建立、【约束类型】的选择、【阵列】命令的使用等过程，让读者沉浸式体验了 Creo 软件装配模型设计的全过程。

通过本任务的练习，读者能够熟悉 Creo 软件装配模型的操作过程，对操作软件的使用有了进一步的了解，为后续复杂模型的装配操作奠定了基础。高速轴及其轴系部件装配可扫描右侧二维码进行学习。

任务 3.2 低速轴及其轴系部件的装配

本任务以一级直齿圆柱齿轮减速器的低速轴及其轴系部件的装配为例，使用 Creo 软件进行装配。主要目的是熟悉软件进行装配体组装的操作流程，即从装配文件的新建，到取消默认模板的勾选，再到将已有零件模型调入装配环境中。

1. 任务目标

本任务按照图 3-2（无图框和标题栏）所示的低速轴及其轴系部件装配图，完成低速轴及其轴系部件的组装。

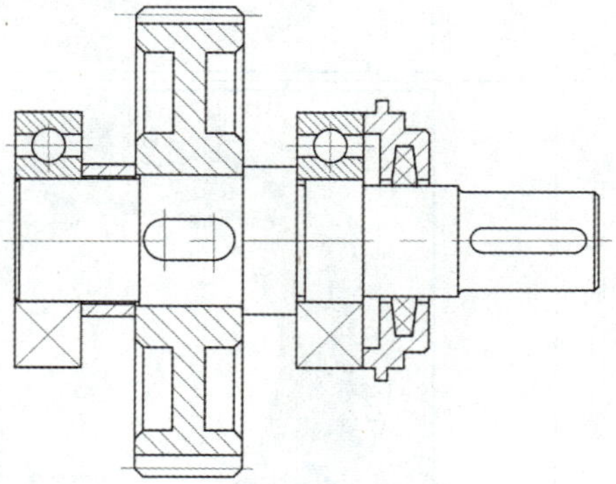

图 3-2 低速轴及其轴系部件装配图

2. 任务分析

一级减速器低速轴及其轴系部件，输出的是低转速和大扭矩力。一级减速器 JS-18 轴也就是减速器的输出轴。图 3-2 所示的为一级直齿圆柱齿轮减速器的低速轴及其轴系部件装配图，其中 1 个 JS-18 轴为主要零件，分别将 2 个球轴承、1 个 JS-24 支撑环、1 个 JS-21 齿轮、1 个可通端盖及 1 个密封圈按图示状态进行组装。由于该装配组件以 JS-18 轴为中心，因此在装配开始时，第一个组装的零件即是 JS-18 轴。完成该组件的装配，需要在装配环境下，使用【模型】工具栏中的【组装】命令，主要创建流程见表 3-2。

微课视频

低速轴及其轴系部件装配

3. 任务实施

表 3-2 详细描述了图 3-2 所示的低速轴及其轴系部件装配的完整步骤及说明。

表 3-2　低速轴及其轴系部件装配步骤及说明

序号	步骤	图例	备注
1	**新建装配文件：** 打开 Creo 软件，新建一个装配类文件，命名为“低速轴组件”，选择公制模板【mmns_asm_design】	（略）	
2	**调入 JS-18 轴：** （1）进入 Creo 软件装配环境后，可看到三个互相垂直的默认基准平面：【TOP】、【FRONT】和【RIGHT】	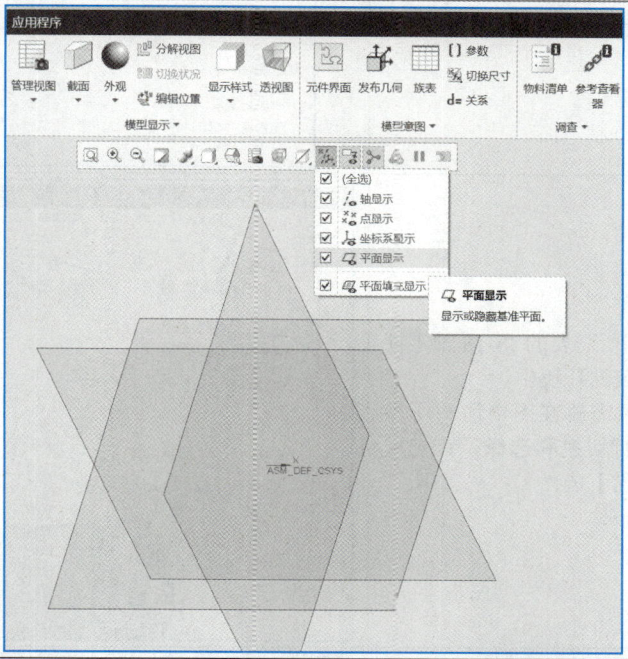	如果没有显示，则可单击工具栏中的按钮，将其显示出来。如果还没有看到，就需要通过单击按钮来创建 3 个基准平面
	（2）选择菜单栏中的【模型】选项卡，可看到如右图所示的工具栏。单击【组装】按钮	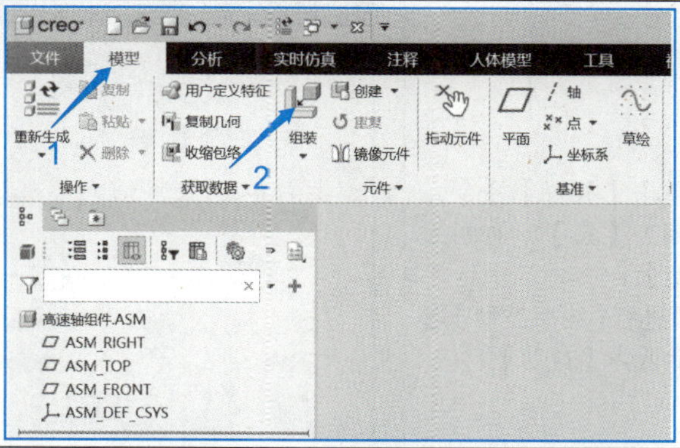	
	（3）单击【组装】按钮后，弹出如右图所示的对话框。按步骤 1 选择模型存放路径，按步骤 2 在三维模型存放文件夹中选择所要调入的 JS-18 轴零件模型，按步骤 3 单击【打开】按钮	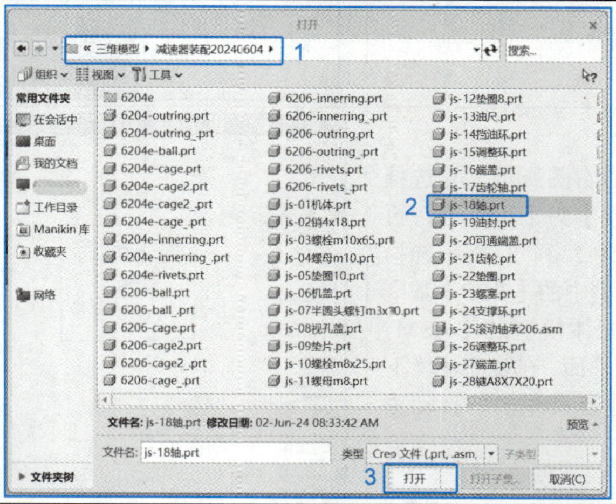	

续表

序号	步骤	图例	备注
2		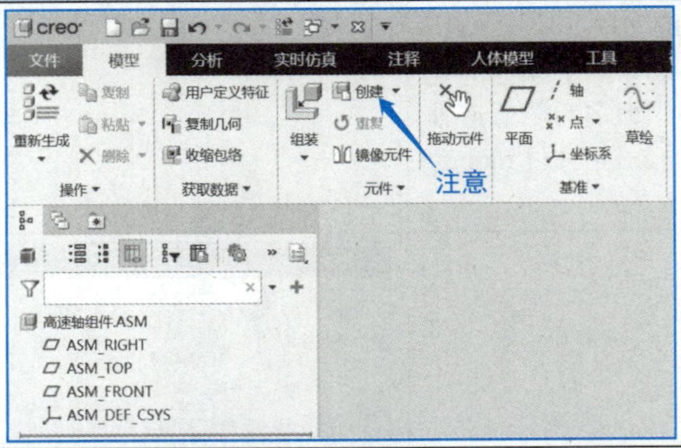	注意：调入已有模型可单击【组装】命令按钮。【创建】是在当前装配环境下，直接新建一个新的三维模型，而非调入已有模型
	（4）所需要的 JS-18 轴零件出现在装配环境中。 此时需要在图中箭头所指位置进行切换和选择。首先进行【放置】选择	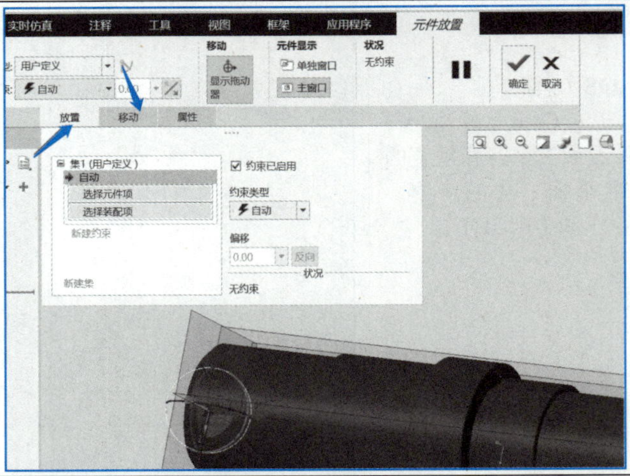	【放置】本质上是为新零件添加三个自由度方向上的约束
	（5）单击【放置】命令，对话框左侧为【集】，右侧为【约束类型】。 此时可进行【约束类型】选择，也可默认为【自动】	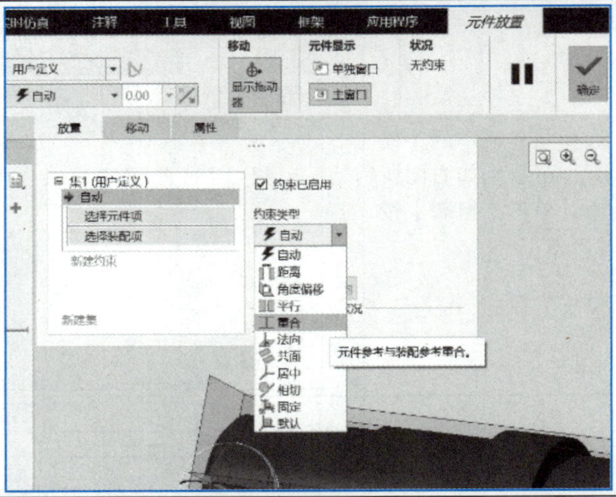	用鼠标选取平面、轴线或圆柱面后，系统会自动匹配约束类型
	（6）如右图所示，先选择【约束类型】为【重合】，再分别如步骤 2 和 3 所示选择 JS-18 轴模型中的【TOP】基准平面和装配体模型的【ASM_TOP】基准平面，在装配环境下可实现两个基准平面的自动重合	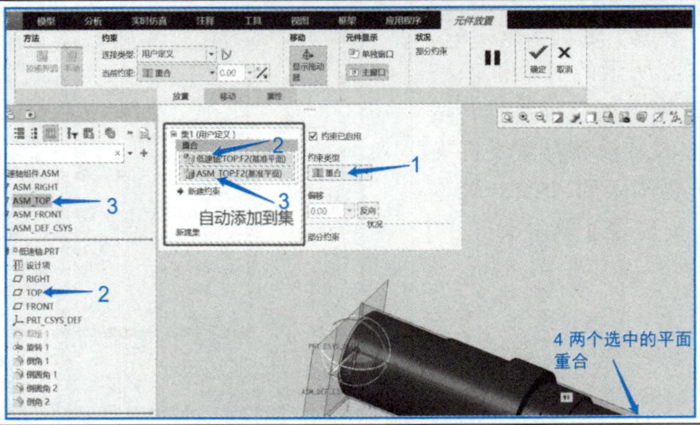	在选取配合元素时，可直接在左图所示窗口左侧的模型树中选取，也可在模型中选取

续表

序号	步骤	图例	备注
		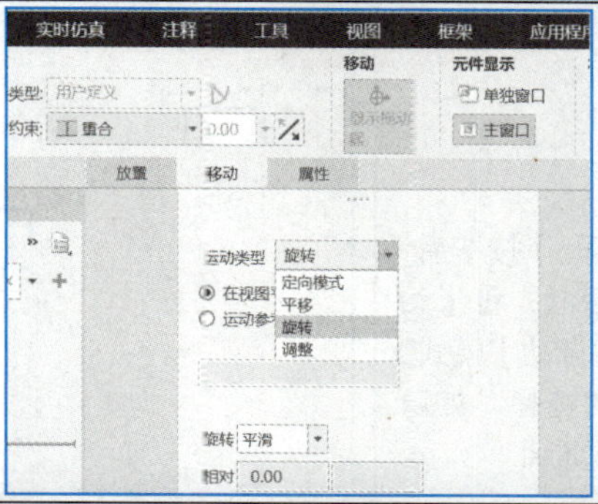	
2	（7）同上，再进行第二组平面的【约束】选择。此时窗口顶部工具栏中的【状况】为【部分约束】	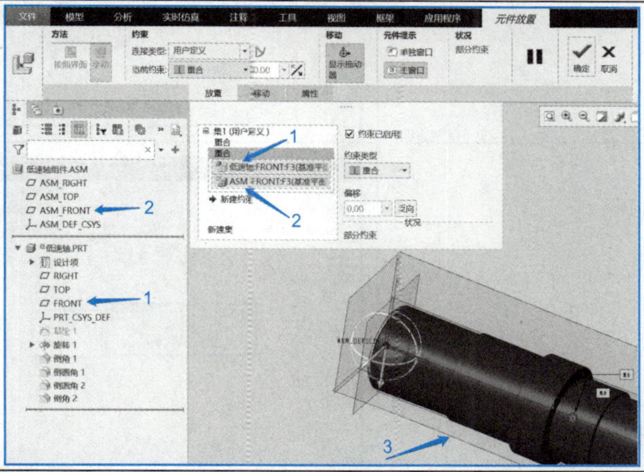	第二组平面的【约束类型】亦是重合，不用对其进行干预
	（8）同上，再进行第三组平面的【约束】选择。按图中步骤 1 和 2，分别选择左侧对应的平面 1 和 2，【约束类型】自动定义为【重合】，此时窗口顶部工具栏中的【状况】为【完全约束】	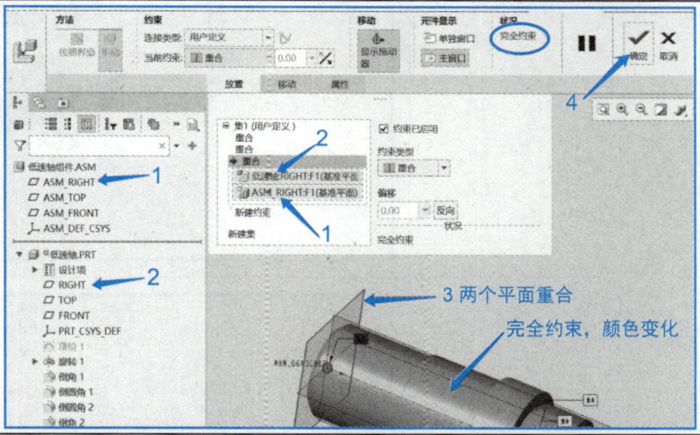	【完全约束】下，轴无法移动和转动。若想对【移动】选项卡进行调整，则视具体情况而定
3	**调入 JS-21 齿轮零件：** （1）如右图所示，先按步骤 1、2、3、4 的顺序，找到 JS-21 齿轮零件模型存放位置，然后选中 JS-21 齿轮零件模型，最后单击【打开】按钮	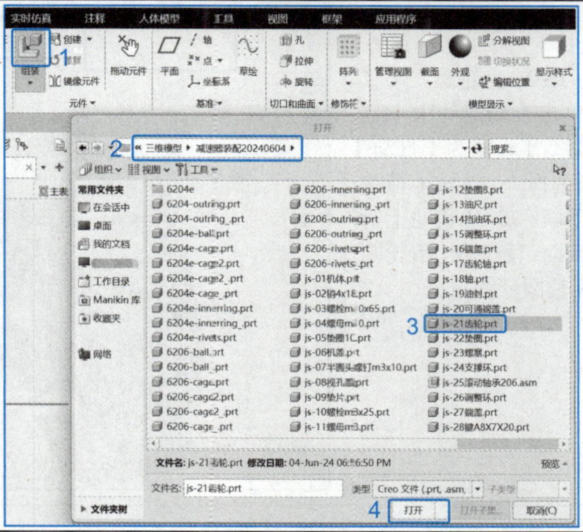	

续表

<table>
<tr><th>序号</th><th>步骤</th><th>图例</th><th>备注</th></tr>
<tr><td rowspan="3">3</td><td>（2）单击【打开】按钮后，进入【放置】对话框，将【约束类型】设置为【自动】模式，然后进行配合面的选择，如箭头所指的两个圆弧曲面</td><td>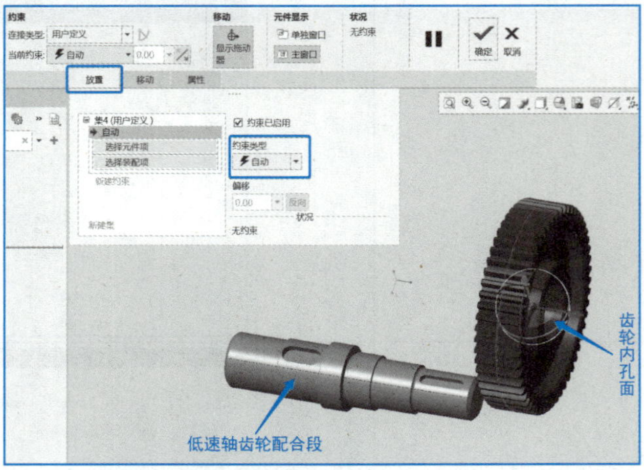
</td><td>按图 3-2 装配图所示，JS-21 齿轮与 JS-18 轴为同轴心</td></tr>
<tr><td>（3）单击【放置】对话框左侧的【集】中第一组【重合】约束，被选中的两个面呈现绿色。注：两个圆环面重合，即为同轴</td><td>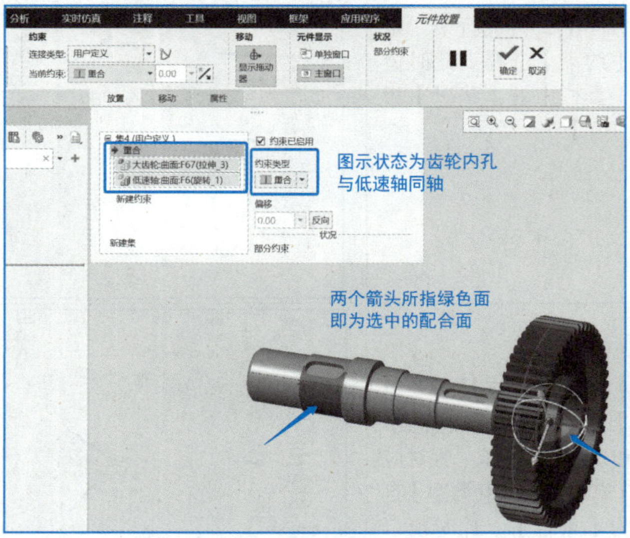
</td><td>图中所示状态为齿轮与轴同轴，可用鼠标左键按住齿轮零件的 3D 拖动器，实现齿轮的轴向任意移动</td></tr>
<tr><td>（4）为 JS-21 齿轮建立第二组约束：单击【新建约束】，将【约束类型】设置为【自动】模式，分别选择 JS-18 轴上箭头所指的圆环面、JS-21 齿轮上箭头所指的端面，使 JS-21 齿轮端面与 JS-18 轴圆环面重合</td><td>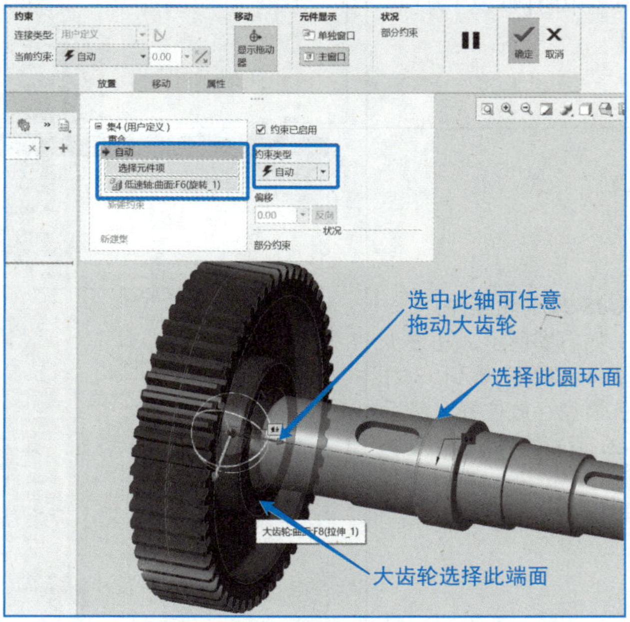
</td><td></td></tr>
</table>

续表

序号	步骤	图例	备注
3	（5）为 JS-21 齿轮新建第三组【约束】。如右图所示，单击【新建约束】按钮，分别选择 JS-18 轴键槽面和 JS-21 齿轮键槽面，完成【重合】约束	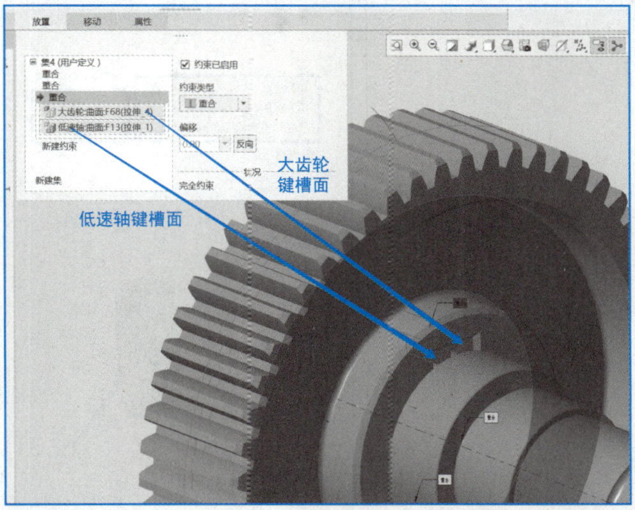	此时 JS-21 齿轮在 JS-18 轴上完全约束
4	按图 3-2 装配图安装工艺，调入 JS-24 支撑环模型： （1）与 JS-21 齿轮调入步骤相同，单击【组装】按钮后，按步骤 1、2、3、4 的顺序，找到 JS-24 支撑环零件模型，单击【打开】按钮	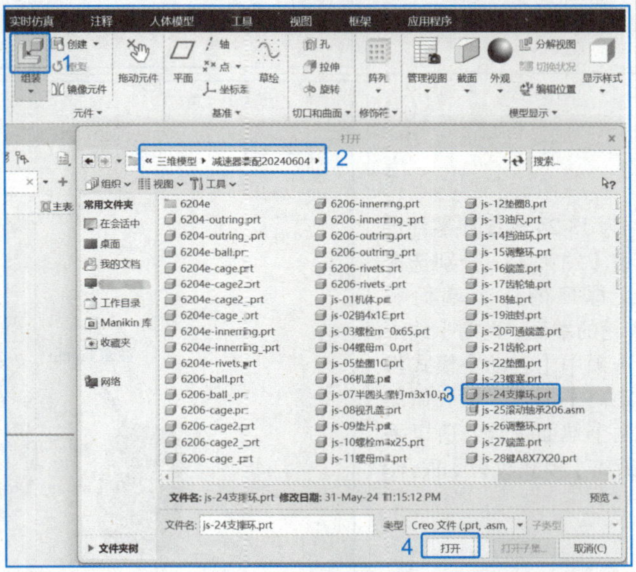	
	（2）JS-24 支撑环调入后，实际位置可能与理想位置有差别，可用鼠标选中 3D 拖动器的任一轴进行移动	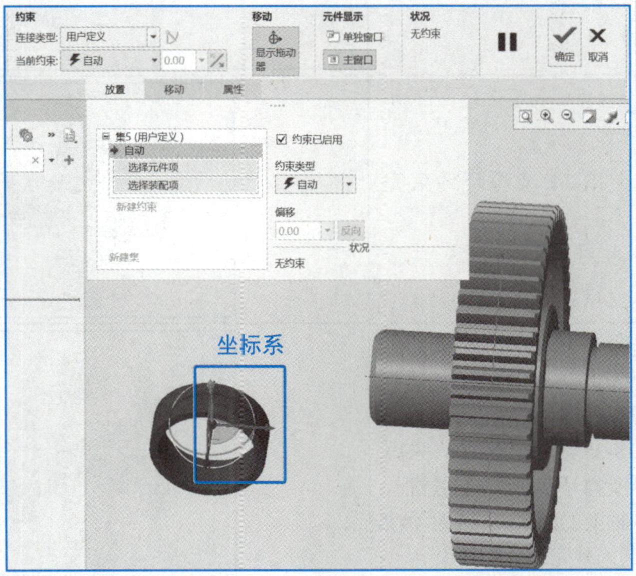	

续表

序号	步骤	图例	备注
	（3）为 JS-24 支撑环零件选取第一组【约束】。如右图中箭头所指两个圆环面，系统自动识别为【重合】模式	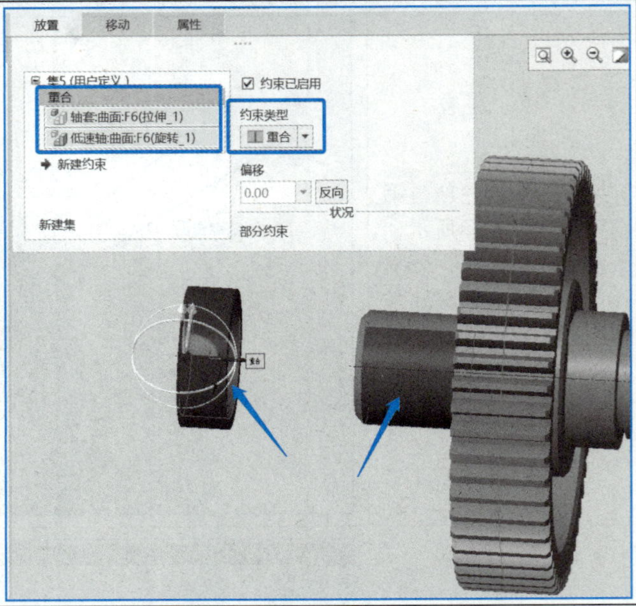	此时，JS-24 支撑环与 JS-18 轴和 JS-21 齿轮同轴
4	（4）为 JS-24 支撑环零件选取第二组【约束】。分别选择 JS-24 支撑环的一个端面和 JS-21 齿轮的端面，此时【约束类型】选项中【自动】模式将变为【距离】模式，但我们需要的是两个端面重合，所以手动将【距离】模式改为【重合】模式	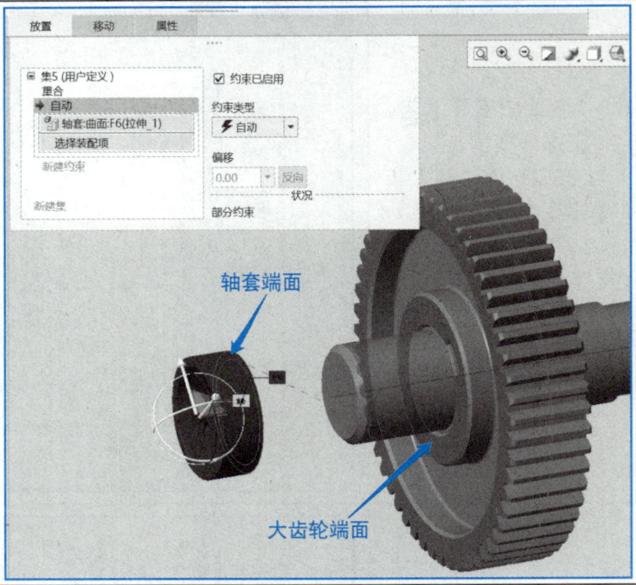	因为支撑环在轴上旋转与否不影响挡油环的功能，所以支撑环不必进行第三组【约束】的建立。当然，建立也完全可以
	（5）JS-24 支撑环约束完成。	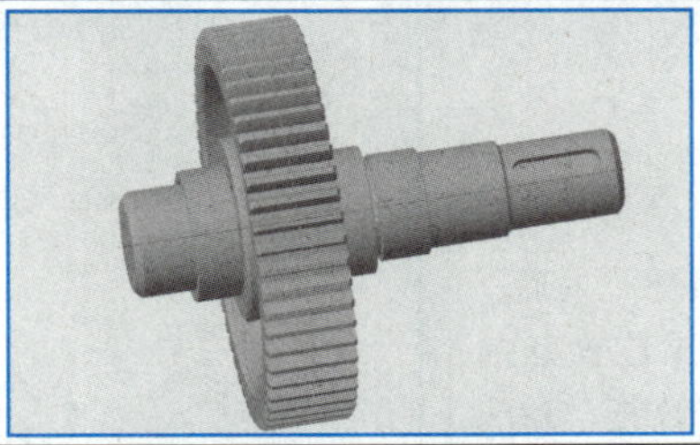	
5	**安装2个JS-25滚动轴承206：** 根据图 3-2 低速轴及其轴系部件装配图，JS-18 轴上还需要安装 2 个 JS-25 滚动轴承 206。采用与 JS-24 支撑环步骤相同的过程，将 JS-18 轴上的两个 JS-25 滚动轴承 206 调入并完成装配约束	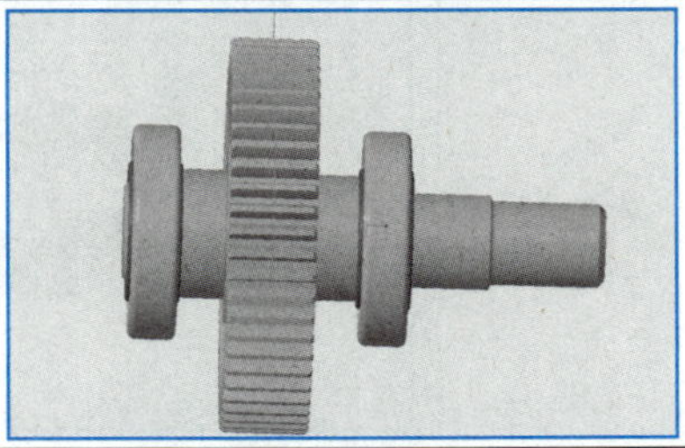	

续表

序号	步骤	图例	备注
6	**JS-20 可通端盖装配：** （1）按右图中步骤 1、2、3、4 的顺序进行可通端盖模型的调入	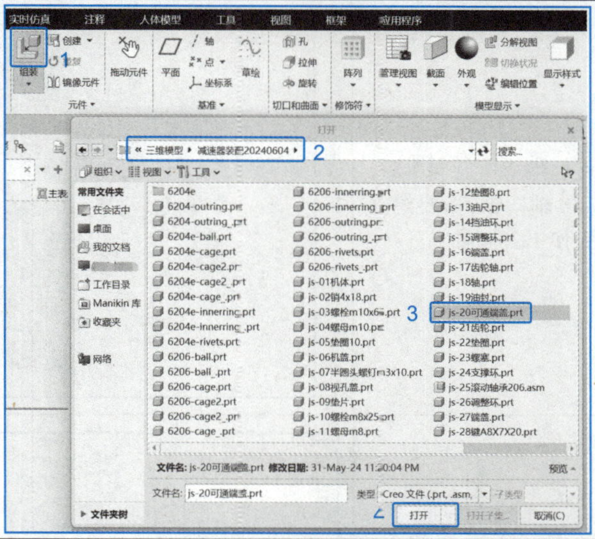	（1）在装配环境下，单击【组装】按钮，弹出【打开】对话框。 （2）自行选择所需 JS-20 可通端盖模型的存放位置。 （3）选择 JS- 20 可通端盖模型。 （4）单击【打开】按钮
	（2）JS-20 可通端盖第一组约束。 根据图 3-2 低速轴及其轴系部件装配图，分别选择 JS-20 可通端盖的内端面和低速轴组件上右侧 JS-25 滚动轴承 206 的外端面作为第一组约束		
	（3）选择上述两面后，【约束类型】显示为【距离】模式，需要手动将【距离】模式改为【重合】模式，如右图所示状态。 （4）此时，需要进行第 2 步操作，单击【反向】按钮，使 JS-20 可通端盖方向变为所要的方向	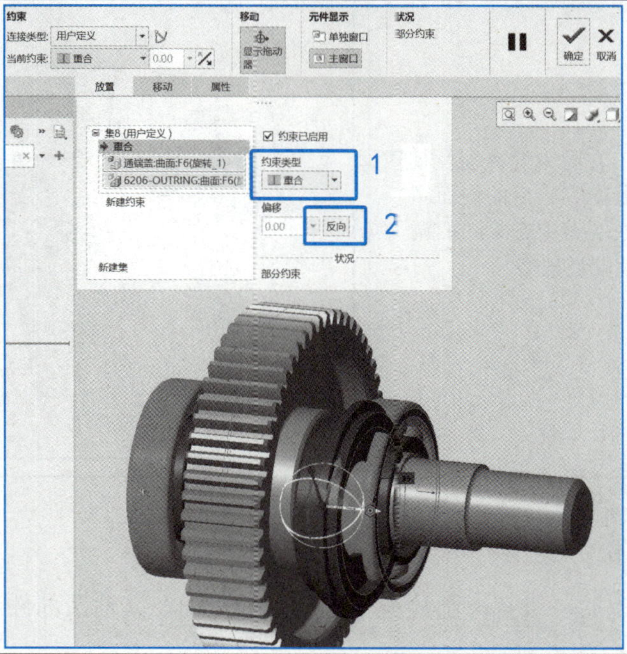	

续表

序号	步骤	图例	备注
	（5）可通端盖【反向】后，还未与 JS-18 轴同轴，需要建立第二组约束使二者同轴		
6	（6）JS-20 可通端盖第二组【约束】： 右图所示为 JS-20 可通端盖，与 JS-18 轴同轴	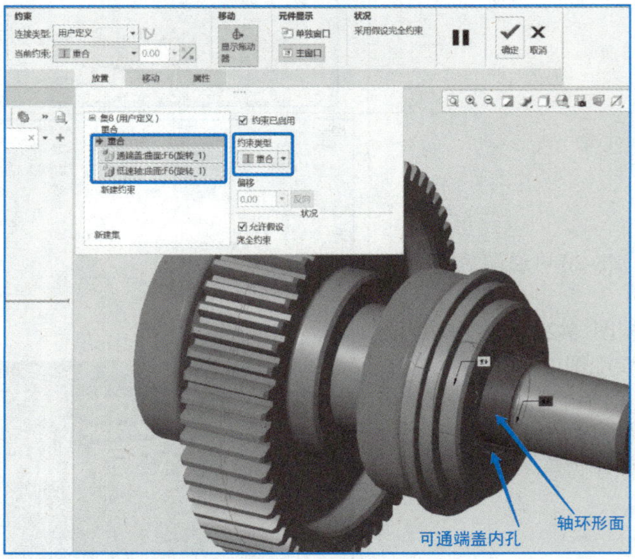	
	（7）右图为低速轴及其轴系部件装配完成后的剖面图，其中可通端盖中密封圈的调入与约束装配过程略	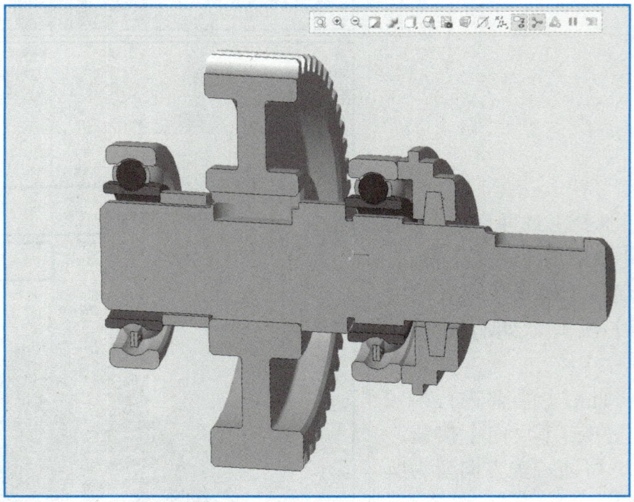	低速轴及其轴系部件装配模型中，JS-28 键 A8X7X20 和 JS-19 油封的装配过程略

4. 任务评价

图 3-2 所示的一级直齿圆柱齿轮减速器低速轴及其轴系部件装配图是相对比较简单的一个组件模

型。从装配文件的新建、模板的选择，到装配过程，均使用了模型的调入【组装】、约束【集】的建立、【约束类型】的选择、零件相对方向的转换【反向】等命令，再一次让读者对轴及轴系部件的组装工艺过程有了进一步的了解，同时也使得读者对 Creo 软件的装配操作更加熟练。

通过本任务的练习，相信读者对 Creo 软件操作更加熟悉，对真实设备在装配过程中的工艺过程有了进一步的深入理解。

模块4 箱体类零部件在装配环境中的三维建模

【素养园地】

社会主义核心价值观之公正、法治

公正与法治是通过法律手段保障公民权益、维护社会秩序、促进公平正义。它们不仅普遍体现在我们的生活、工作中，还具体体现在知识产权保护和市场经济运行上，维护着生产和经营秩序的健康发展。

我国通信设备制造商——华为技术有限公司在通信技术领域持续创新，拥有大量的技术专利。通过在全球范围内申请和维护这些专利，华为不仅保护了自己的研发成果，还在国际市场上与其他竞争对手进行了有效的竞争。

同样在市场竞争环境下，2022 年 3 月，加拿大边境服务署（CBSA）宣布对从中国进口的钻杆启动反倾销和反补贴调查。我国企业海隆石油工业集团有限公司在面对调查时，积极应诉并提交了大量事实和数据证据。最终加拿大国际贸易法庭在综合评估了相关产品的物理特性、市场特性、工艺资质以及其国内产业现状后，于同年 5 月裁定，从中国进口的钻杆未对加拿大产业造成损害、威胁，或者阻碍加拿大产业的建立，终止了对中国钻杆的反倾销和反补贴调查。

素养启迪：

公正是社会稳定的基石，法治是国家治理的根本。在法治环境下，每个人都应该受到同等的尊重和保护。华为技术有限公司和海隆石油工业集团有限公司的案例，凸显了法治精神在企业和公民生活中的重要作用。这些企业在国际竞争中，敢于维权，勇于发声，既维护了自身利益，也为全球贸易注入了公平正义的力量。

在生产经营中，我们也要有用法律来保护自己的意识，同时应当遵守法律与规则，积极维护法治的公正与平等。法治既是保障也是约束，它不仅能让每个人的生活更加安心，也能让社会充满活力。

任务　上箱体及其附件在装配环境中的三维建模

本任务是熟悉 Creo 软件在装配环境中进行上箱体及其附件的三维建模，学会利用装配环境对箱体类零件进行三维建模的方法。这些零件通常是指在工程设计和制造中用于容纳、保护和支持其他组件或设备的外壳或壳体，其作用通常是保护内部构件和支撑内部结构，这对于保证内部机械、电子或其他设备的正常运行，确保其稳定性、可靠性和安全性以及使用寿命至关重要。本任务以高速轴、低速轴及其轴系部件为载体，创建三维模型。

1. 任务目标

本任务按图 4-1 所示的尺寸完成上箱体的三维建模。

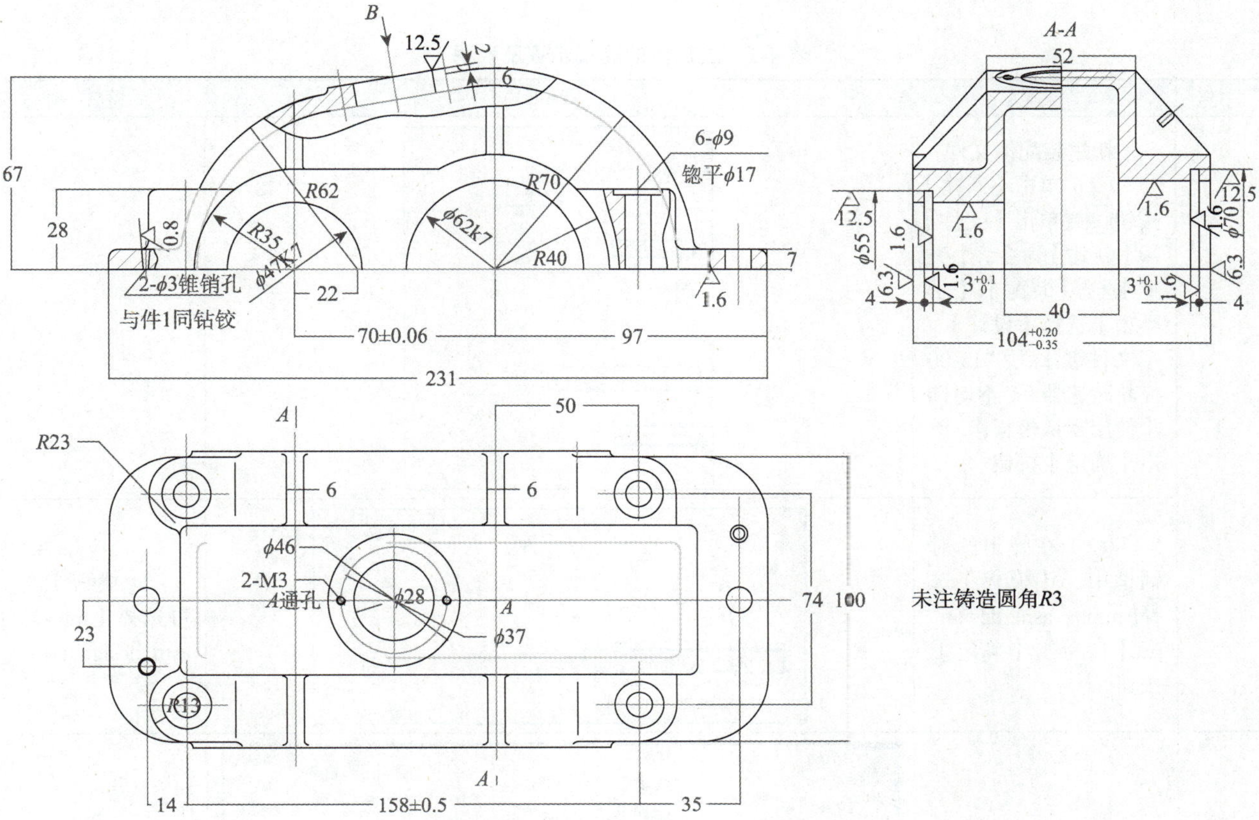

图 4-1　上箱体图纸

2. 任务分析

图 4-2 中所示为一总长为 231、总宽为 104、观察窗中心高度为 67 的箱体类典型零件，主要起保护与支撑高速轴、低速轴及其轴系部件的作用。由于箱体类零件多为外壳或壳体，因此通常可以在装配环境中进行零件的建模。完成该零件的建模需要从前文的高速轴、低速轴及其轴系部件装配环境中进入零件的创建，用到【草绘】【拉伸】【拉伸切除】【孔】等命令，主要创建流程见表 4-1。

微课视频

上箱体的建模

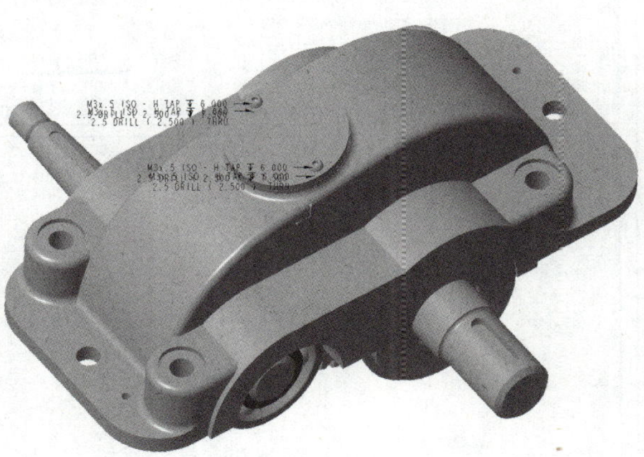

图 4-2　上箱体及其附件三维数模图

3. 任务实施

表 4-1 详细描述了图 4-2 所示的上箱体的建模步骤及说明。

表 4-1 上箱体的建模步骤及说明

序号	步骤	图例	备注
1	新建装配体文件： （1）单击【新建】按钮或单击【文件】→【新建】命令，【类型】选择【装配】，【子类型】选择【设计】，【文件名】为“JS-00 齿轮减速器”，不勾选【使用默认模板】，单击【确定】按钮	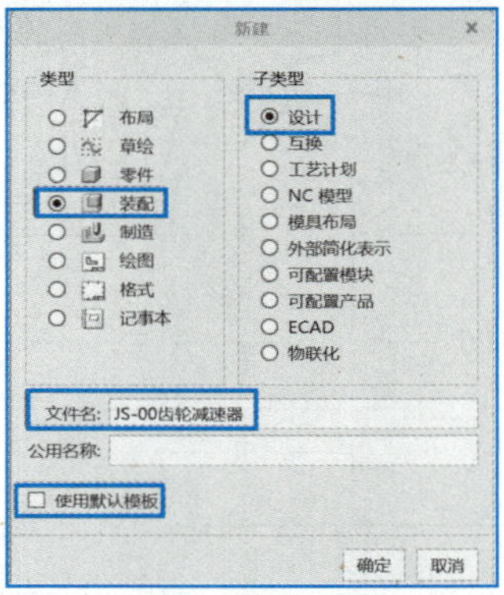	
	（2）在弹出的对话框中，【模板】选择【mmns_asm_design_rel】，单击【确定】按钮	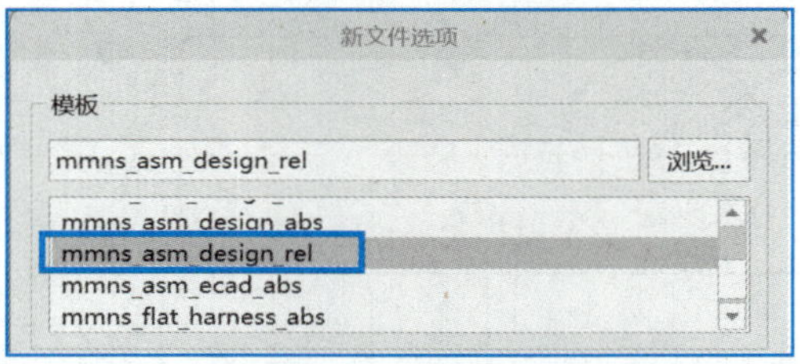	【模板】也可选择【mmks_asm_design_rel】
2	打开低速轴组件文件： （1）单击【模型】选项卡下【元件】组中的【组装】命令（如 1 所示），在弹出的对话框中选中低速轴组件（如 2 所示），单击【打开】按钮（如 3 所示）	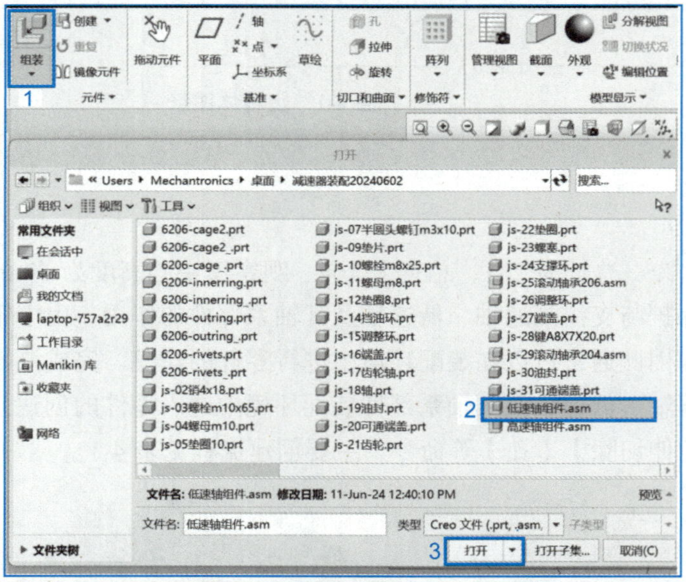	
	（2）在【放置】对话框中，【约束类型】选择【默认】（如 1 所示），单击【确定】按钮	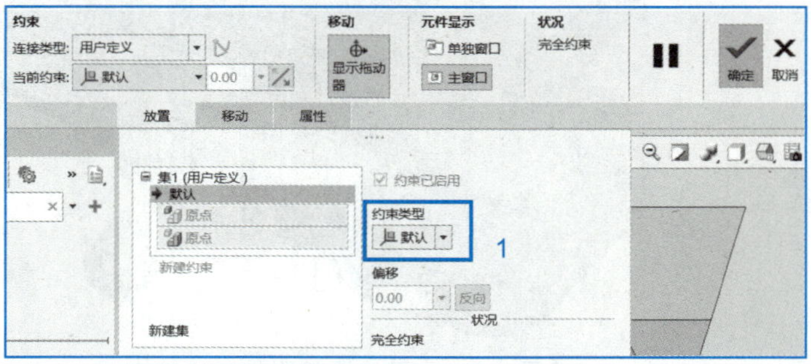	

续表

序号	步骤	图例	备注
3	打开高速轴组件文件： 单击【模型】选项卡下【元件】组中的【组装】按钮（如 1 所示），在弹出的对话框中选中高速轴组件（如 2 所示），单击【打开】按钮（如 3 所示）	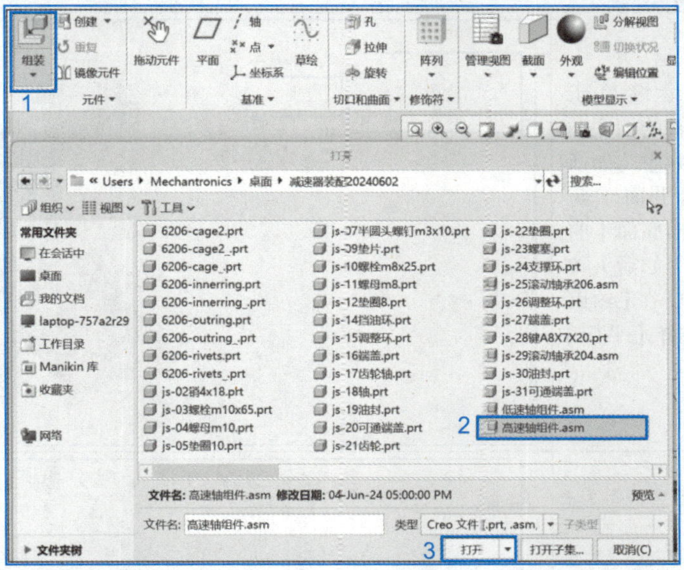	
	装配高速轴、低速轴及其轴系部件： （1）单击快捷菜单中的【基准显示过滤器】按钮，单击【全选】前的☑，取消基准显示，单击【注释显示】按钮，取消注释显示（如箭头 1、2、3 所示）	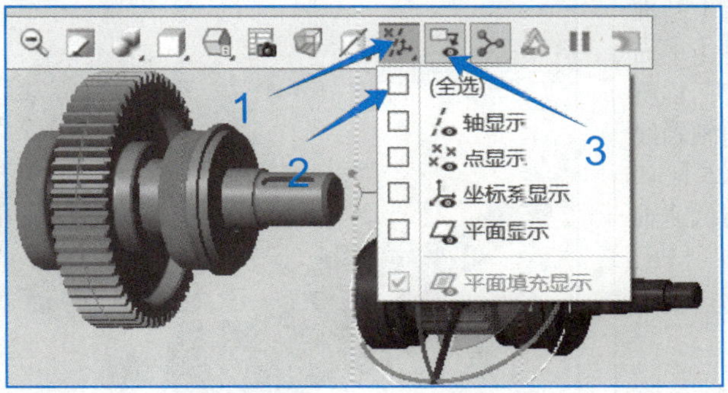	在装配前取消基准显示和注释显示，以利于装配
4	（2）将鼠标移动到 3D 拖动器位置（如箭头 1～5 所示），按住鼠标左键，可对零件进行移动或转动，将零件位置调整到合适位置处	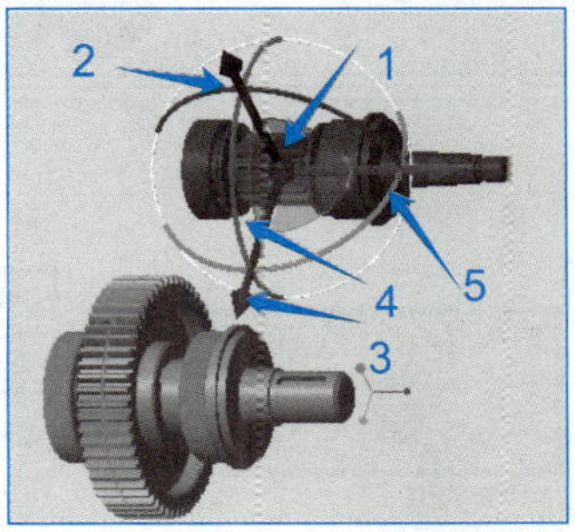	
	（3）选中【基准显示过滤器】里的【轴显示】和【平面显示】。单击 JS-17 齿轮轴齿轮中心面【RIGHT:F1】（如箭头 1 所示平面）与 JS-21 齿轮中心面【RIGHT:F2】（如箭头 2 所示平面），在【约束类型】里选择【重合】约束	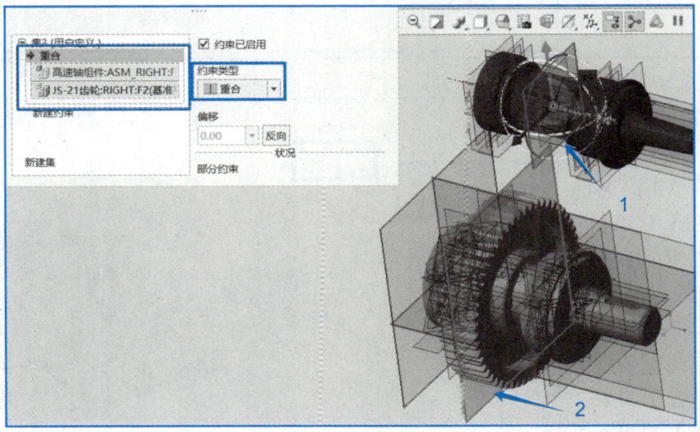	提示：关于平面，可以从三维模型中直接单击选择，也可以从模型树中单击选择

续表

序号	步骤	图例	备注
4	（4）继续单击 JS-17 齿轮轴的槽底面【曲面：F44】（如箭头 1 所示平面）与 JS-18 轴的槽底面【曲面：F16】（如箭头 2 所示平面），在【约束类型】里选择【平行】约束	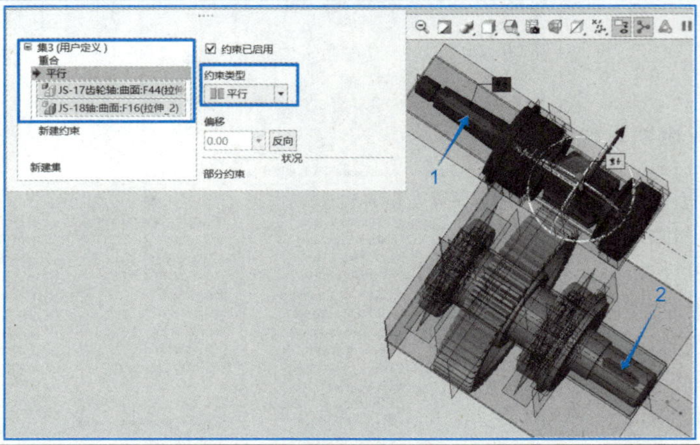	可在【放置】中单击【新建约束】，然后再选择两个槽底面进行约束
	（5）取消【基准显示过滤器】中【平面显示】（如箭头 1 所示），单击高速轴轴线【A_9（轴）: F25】（如箭头 2 所示）与低速轴轴线【A_1（轴）: F6】（如箭头 3 所示）	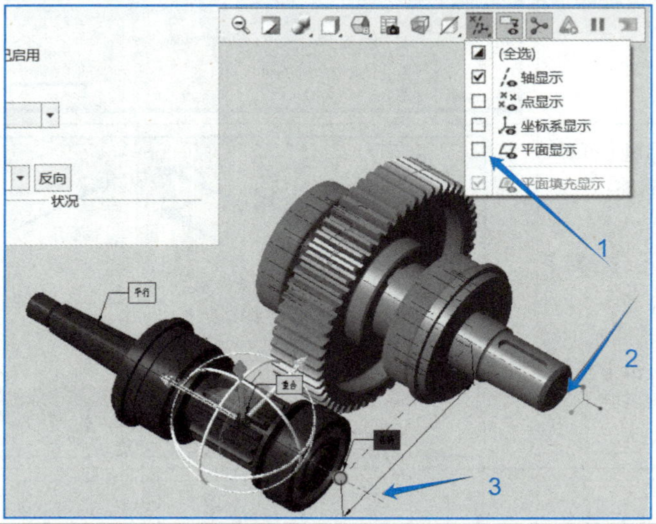	
	（6）在【约束类型】里选择【距离】约束，根据图纸在【偏移】里输入 70（如箭头 1 所示）	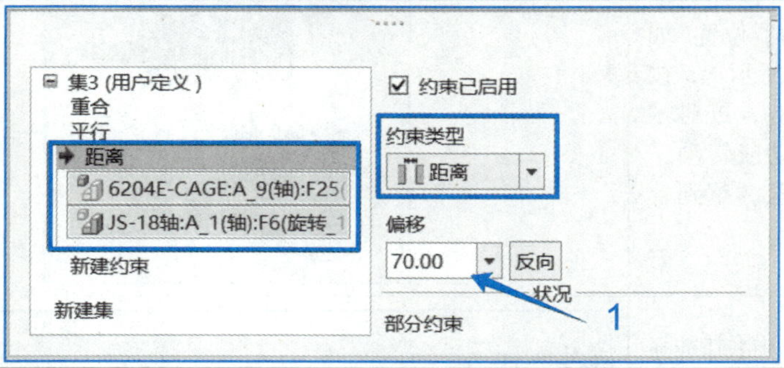	若两轴的相对位置相反，则可输入–70 调整
	（7）选中【基准显示过滤器】中的【平面显示】（如箭头 1 所示），继续单击高速轴组件的【ASM_TOP】面（如箭头 2 所示）与低速轴组件的【ASM_TOP】面（如箭头 3 所示），在【约束类型】里选择【重合】约束，单击【确定】按钮	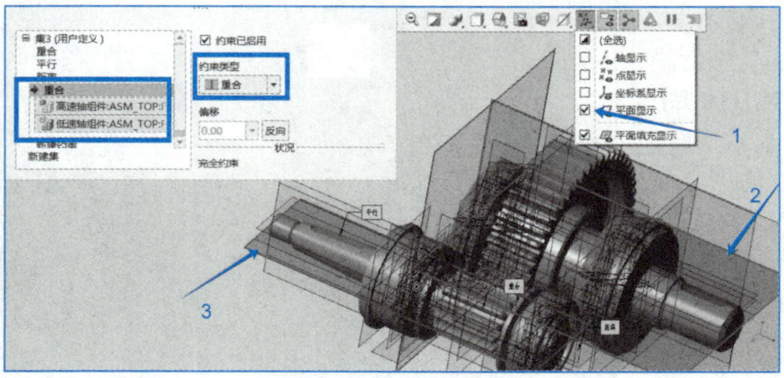	

续表

序号	步骤	图例	备注
5	**装配环境下进入零件创建界面：** （1）单击【模型】选项卡下【元件】组中的【创建】命令，在弹出的对话框中，【类型】选择【零件】，【子类型】选择【实体】，单击【确定】按钮	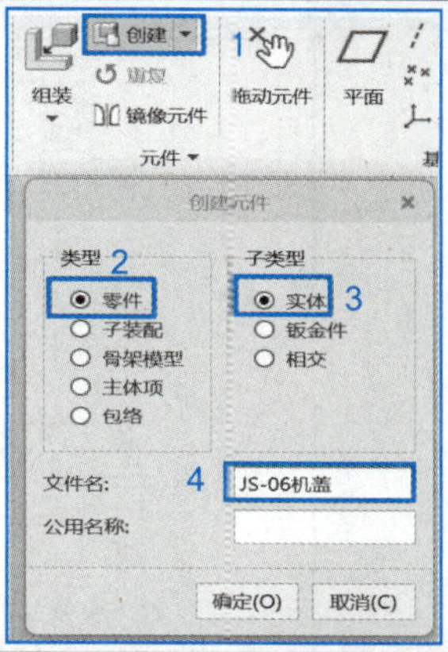	提示：这一步可以对零件进行命名（如图中 4 所示）
	（2）此时，在弹出的对话框中，【创建方法】选择【定位默认基准】，【定位基准的方法】选择【轴垂直于平面】，单击【确定】按钮	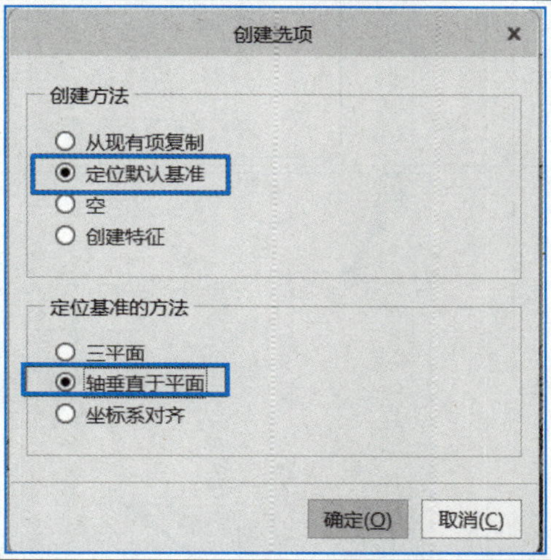	此时，消息栏提示，选择通过其创建一个零件基准的平面（也称为草绘平面）。因此，需要打开【基准显示过滤器】中的【轴显示】和【平面显示】，方便选择绘制上箱体的基准
	（3）打开【基准显示过滤器】中的【轴显示】和【平面显示】，单击选择 JS-21 齿轮【RIGHT】面（如箭头 1 所示，即如箭头 2 所示平面）和低速轴轴线（如箭头 3 所示轴）	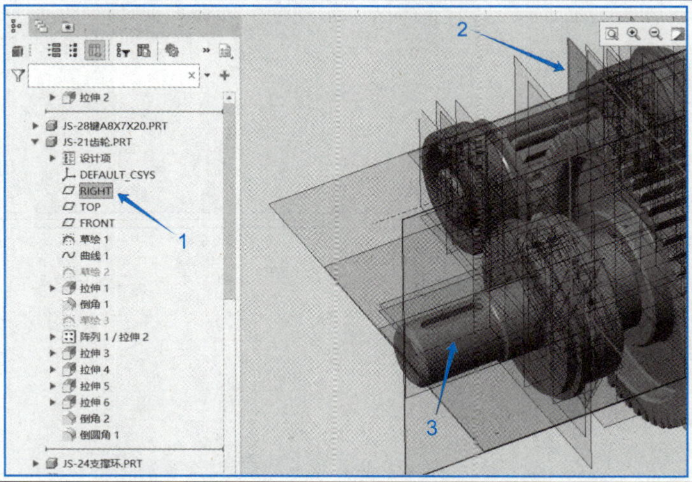	若选择齿轮【RIGHT】面，则可在模型树中选择，如箭头 1 所示
	（4）此时，模型树【JS-06 机盖】显示为激活状态	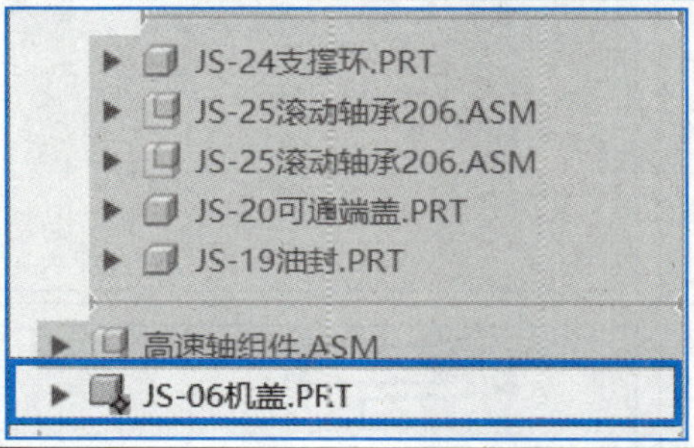	

续表

序号	步骤	图例	备注
6	**绘制上箱体底部：** （1）从模型树中单击 JS-21 齿轮的【RIGHT】面（如箭头 1 所示），单击【模型】选项卡下【形状】组中的【拉伸】命令按钮	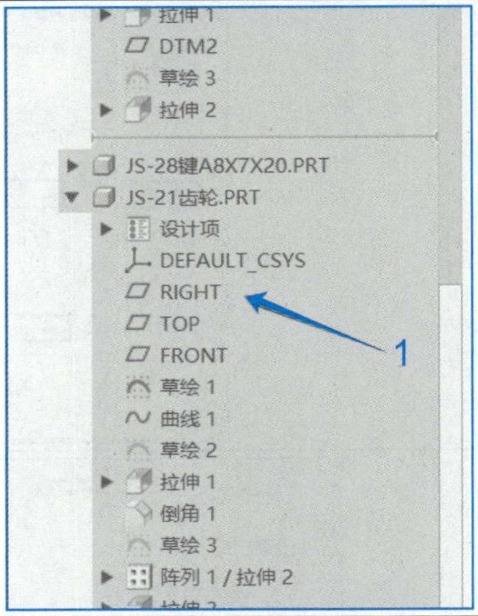	
	（2）单击选择 JS-21 齿轮圆弧（如箭头 1 所示）为参考，过此齿轮圆心（如箭头 2 所示）作水平中心线(如箭头 3 所示)	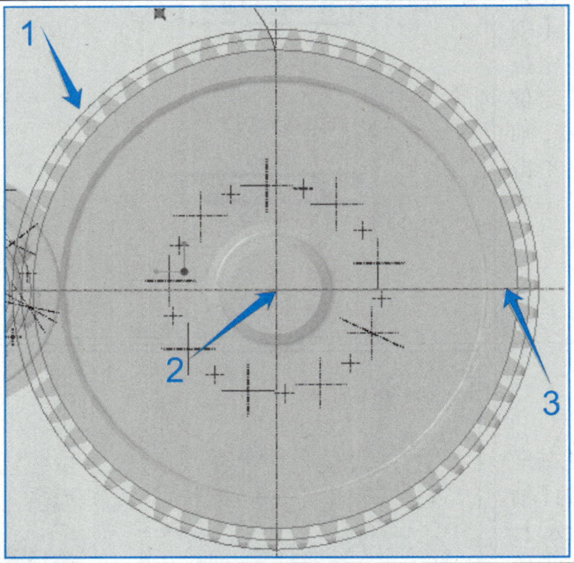	弹出【参考】，选择所示圆弧，即可单击选择齿轮圆心，新建一矩形，其底边过齿轮的圆心
	（3）单击【草绘】选项卡下【草绘】组中的【矩形】（如箭头 1 所示）下拉菜单里的【拐角矩形】命令，以新建的水平中心线(如箭头 2 所示)为矩形底边基准，绘制长 231、高 7 的矩形，并标注 JS-21 齿轮圆的圆心与矩形左边相距 97（如箭头 3 所示），单击【确定】按钮。绘图步骤略	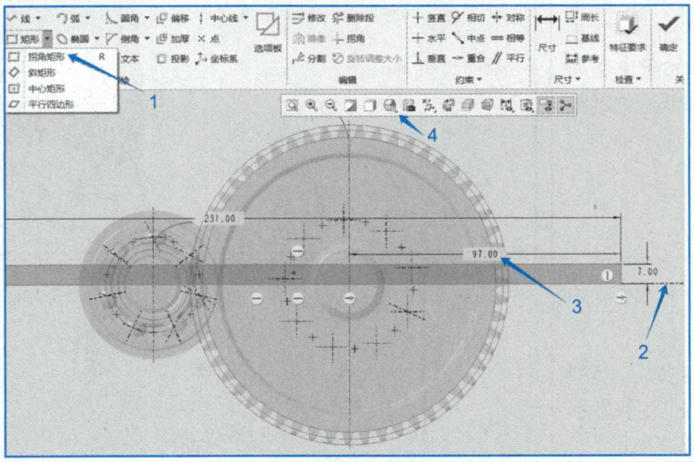	注意：绘图区视图方向应与图纸视图一致。若不一致，则可单击【重定向】按钮进行修改（如箭头 4 所示）
	（4）拉伸方式选择【对称】，深度为 100，单击【确定】按钮	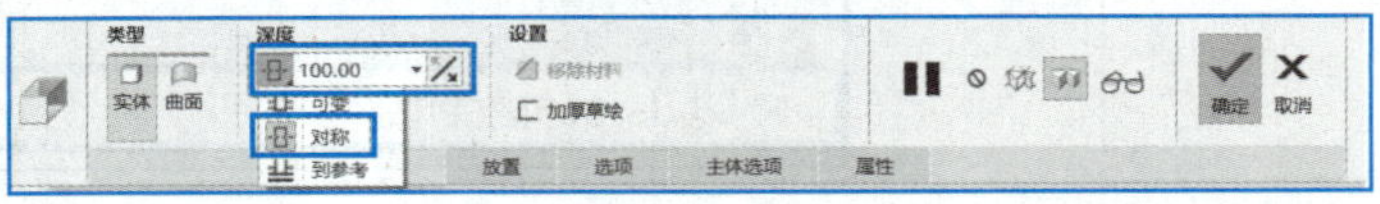	

续表

序号	步骤	图例	备注
	绘制上箱体弧形顶部： （1）从模型树中单击 JS-21 齿轮的【RIGHT】面，单击【模型】选项卡下【形状】组中的【拉伸】命令，单击选择 JS-21 齿轮圆弧（如箭头 1 所示）为参考	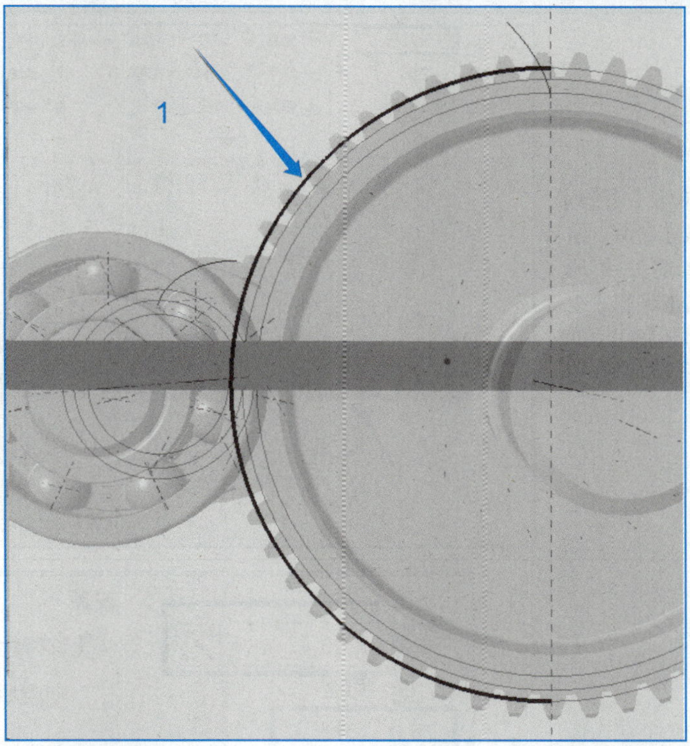	
7	（2）单击【草绘】选项卡下【草绘】组中的【圆】命令，以绘图区中的 JS-21 齿轮圆心为圆心（如箭头 1 所示），绘制 *R*70 的圆，再作一 *R*62 的圆，且圆心（如箭头 2 所示）与 *R*70 圆心在同一水平线上，标注两圆的中心距为 48（如箭头 3 所示）	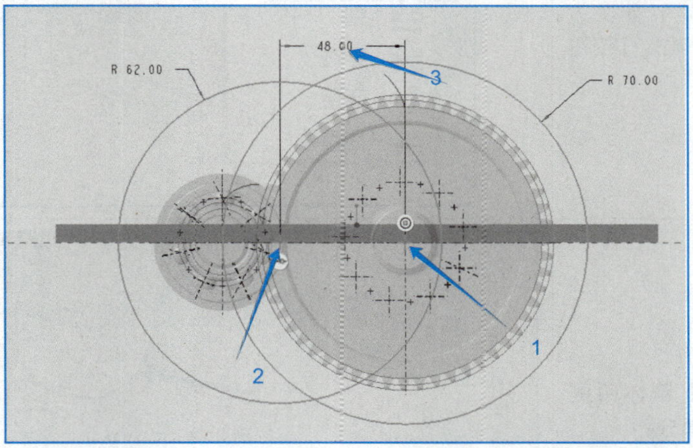	
	（3）再单击【线】命令下拉菜单中的【直线相切】命令（如箭头 1 所示），作两圆公切线（如箭头 2 所示）	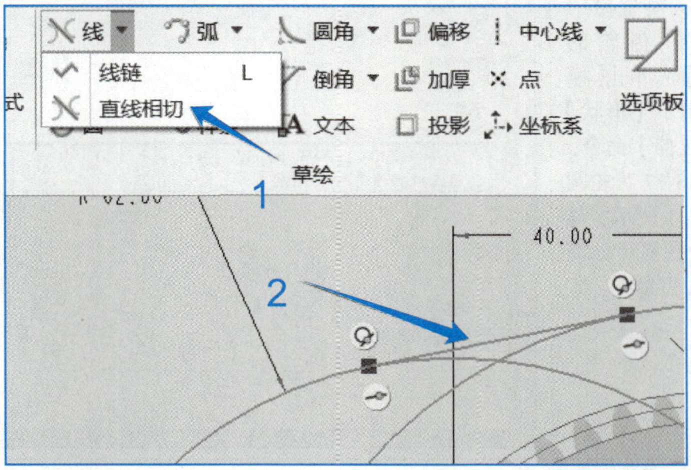	或者使用约束使之为公切线

续表

<table>
<tr><th>序号</th><th>步骤</th><th>图例</th><th>备注</th></tr>
<tr><td rowspan="2">7</td><td>（4）单击【草绘】组中的【线】命令，绘制直线（如箭头 1 所示），单击【编辑】组中的【删除段】命令（如 2 所示）进行图形修剪</td><td>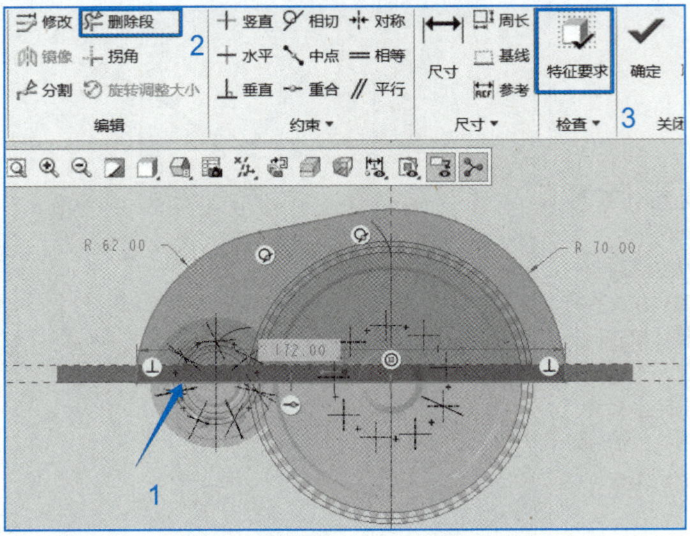
</td><td>可单击【检查】组中的【特征要求】（如 3 所示）进行图形闭合检查</td></tr>
<tr><td>（5）拉伸方式选择【对称】，深度为 52，单击【确定】按钮</td><td>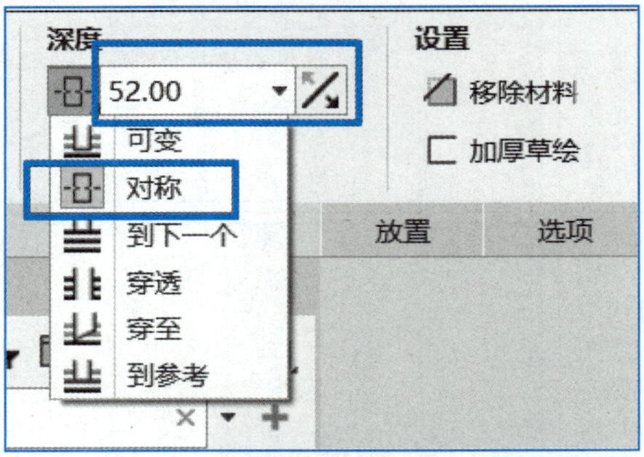
</td><td></td></tr>
<tr><td>8</td><td>绘制上箱体两侧弧形凸出部分：
（1）从模型树中单击 JS-21 齿轮的【RIGHT】面，单击【模型】选项卡下【形状】组中的【拉伸】命令，单击选择 JS-17 齿轮圆弧（如箭头 1 所示）与 JS-21 齿轮圆弧（如箭头 2 所示）为参考</td><td>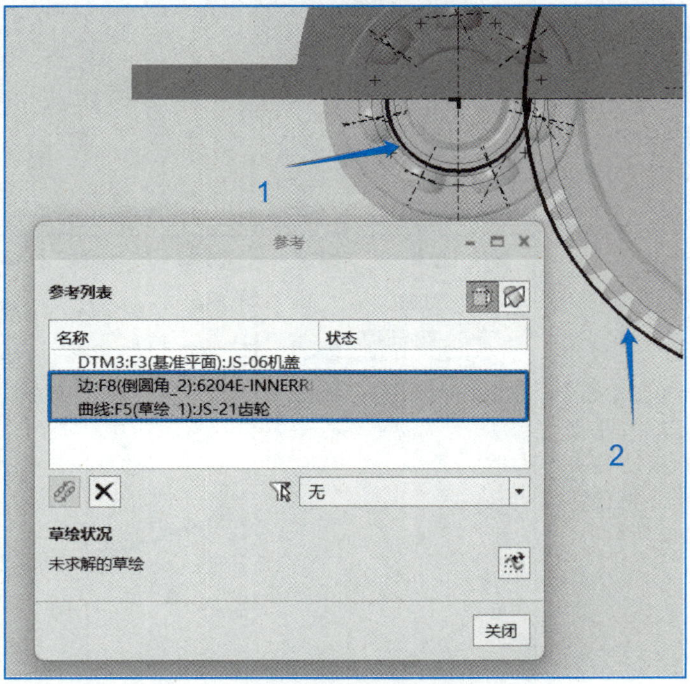
</td><td></td></tr>
</table>

续表

序号	步骤	图例	备注
	（2）单击【圆】命令，过两个圆心（如箭头 1、2 所示）分别绘制 $R35$ 与 $R40$ 的圆，再单击【线】命令，绘制两条水平直线（如箭头 3、4 所示）	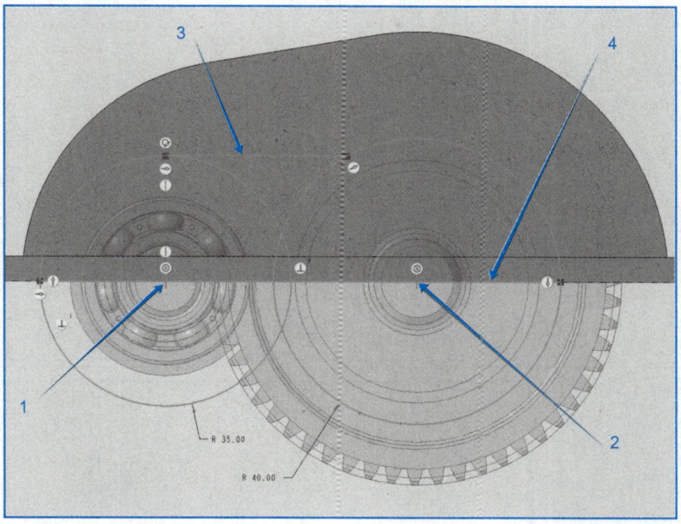	两个圆的中心距为 70；可单击【约束】组中的【相切】命令使箭头 3 所示直线与 $R35$ 圆相切，同时其与 $R40$ 圆相交
8	（3）单击【编辑】组中的【删除段】命令（如 1 所示）进行图形修剪，单击【确定】按钮	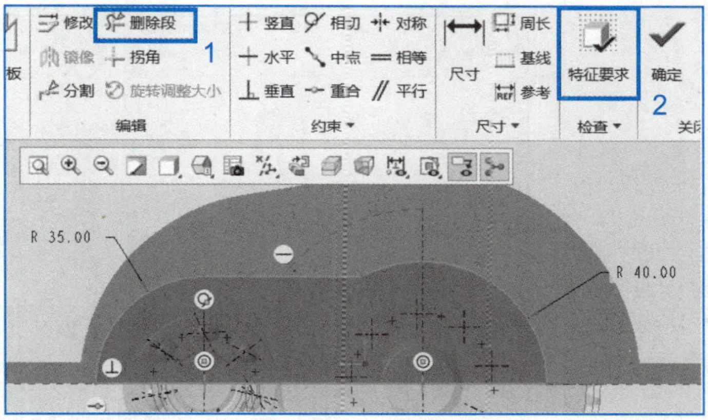	单击【检查】组中的【特征要求】（如 2 所示）进行图形封闭检查
	（4）拉伸方式选择【对称】，深度为 104，单击【确定】按钮	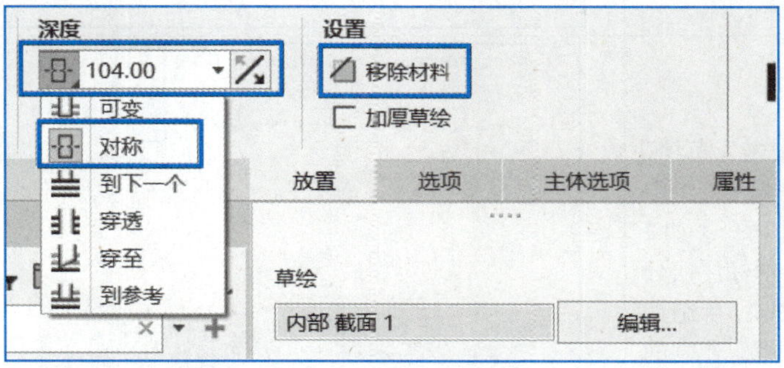	如果【移除材料】命令被选中，则需要再次单击【移除材料】命令，取消【移除材料】
9	**绘制上箱体两侧凸台部分：** （1）单击快捷菜单中的【显示样式】命令（如箭头 1 所示），选择【线框】模式（如箭头 2 所示）	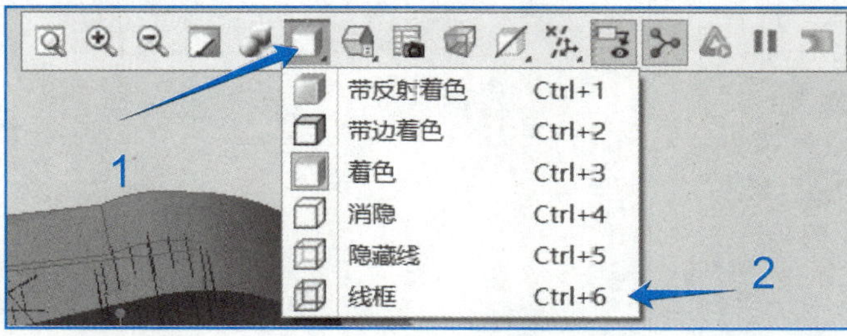	【线框】模式方便选择参考，避免选择到特殊的点、线、圆心等特征

续表

序号	步骤	图例	备注
9	（2）从模型树中单击 JS-00 齿轮减速器装配体的【TOP】面（如箭头 1 所示），单击【模型】选项卡下【形状】组中的【拉伸】命令	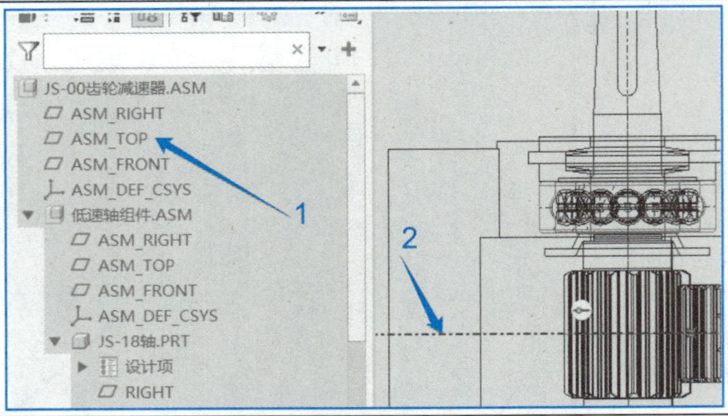	需要添加一条水平中心线（如箭头 2 所示），方便定位尺寸为 74 的标注
	（3）使用【草绘】选项卡下【草绘】组中的【线】与【弧】命令，绘制如右图所示的大概图形轮廓。绘图步骤略	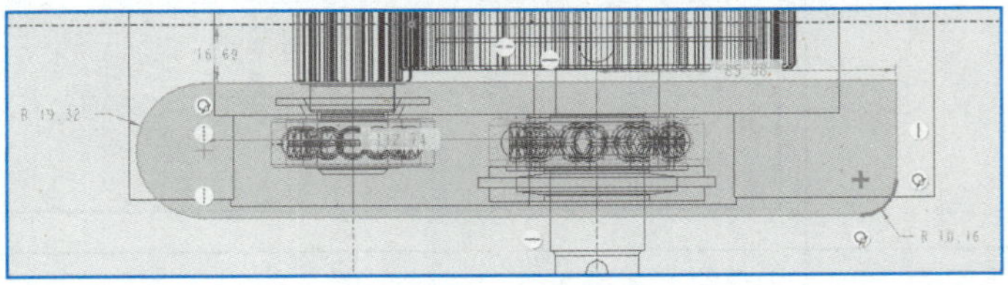	对于复杂的图形，可先绘制图形的大概轮廓，再进行约束，最后标注尺寸
	（4）单击【草绘】选项卡下【约束】组中的【水平】命令（如 1 所示），对半圆和四分之一圆弧对应的圆心进行水平约束（如箭头 2、3 所示）	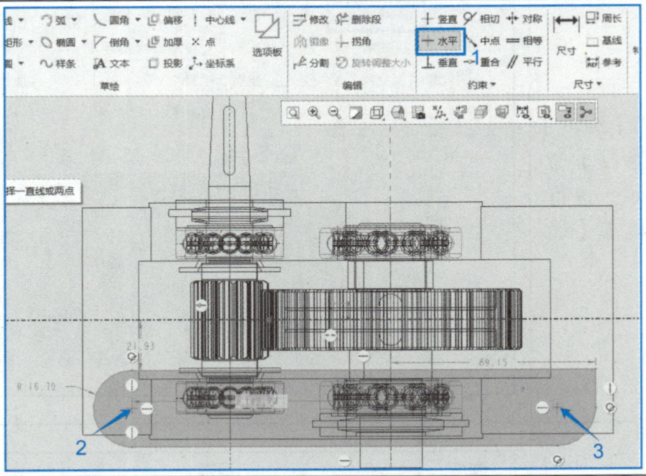	
	（5）单击【草绘】选项卡下【尺寸】组中的【尺寸】命令（如 1 所示），分别标注四分之一圆弧 $R13$，半圆和四分之一圆弧对应的圆心距为 158，低速轴轴线与四分之一圆弧对应的圆心距为 50，四分之一圆弧与对侧的距离为 74（如箭头 2、3、4、5 所示），单击【确定】按钮	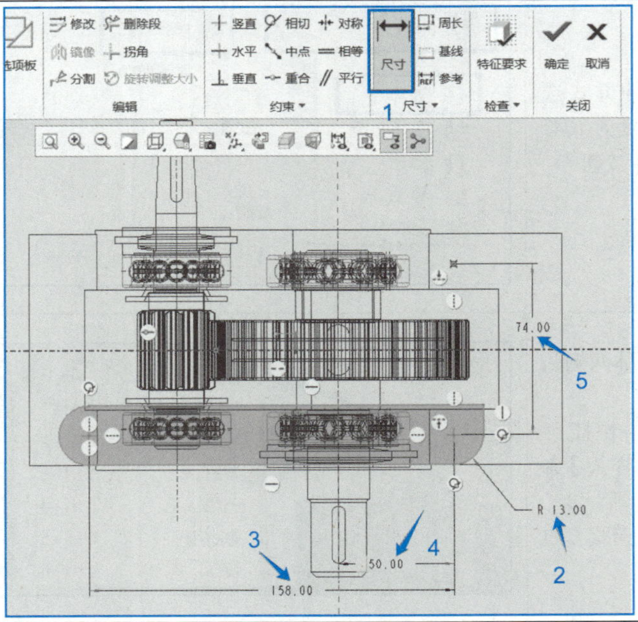	

续表

<table>
<tr><th>序号</th><th>步骤</th><th>图例</th><th>备注</th></tr>
<tr><td rowspan="2">9</td><td>（6）拉伸方式选择【可变】，深度为 28，单击【确定】按钮</td><td>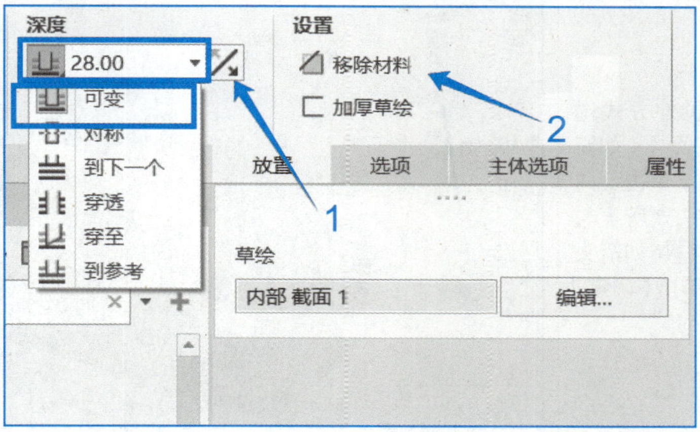
</td><td>若拉伸方向相反，则单击如箭头 1 所示的反向按钮；将“移除材料”恢复为“增加材料”（如箭头 2 所示）</td></tr>
<tr><td>（7）从模型树中单击【JS-06 机盖】下的【拉伸 4】选项（如箭头 1 所示），再单击【模型】选项卡下【编辑】组中的【镜像】命令，选择【DTM1】面为镜像平面（如箭头 2 所示），单击【确定】按钮</td><td>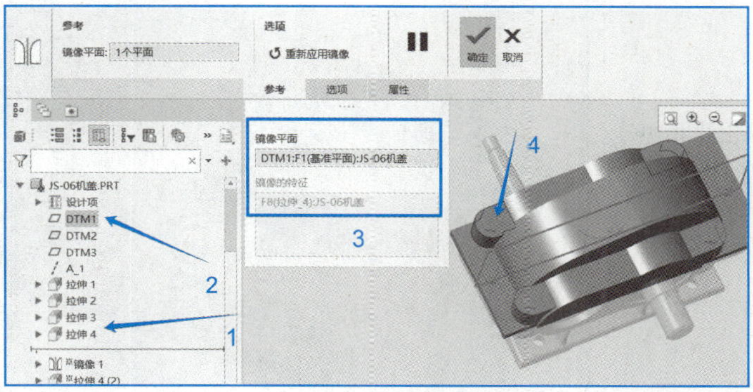
</td><td>此时，在如 3 所示的对话框中出现所选择的镜像平面与镜像特征，镜像特征显示在如箭头 4 所示的区域</td></tr>
<tr><td rowspan="2">10</td><td>两侧凸台上沉孔部分：
（1）从模型树中单击齿轮减速器装配体【TOP】面（如箭头 1 所示），单击【模型】选项卡下【形状】组中的【拉伸】命令，单击快捷菜单中的【显示样式】命令，选择【带边着色】模式（如箭头 2、3 所示）</td><td>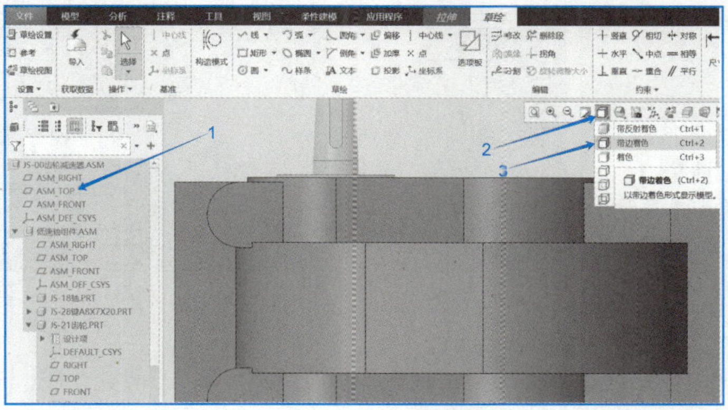
</td><td>提示：【带边着色】模式有助于选择到特殊的点、线、圆心、圆弧等特征作为参考</td></tr>
<tr><td>（2）单击选择上一步的半圆与四分之一圆弧为参考（如箭头 1、2 所示圆心），单击【草绘】选项卡下【草绘】组中的【圆】命令，分别以两个圆心为圆心，绘制 $\phi 9$ 的圆，单击【确定】按钮</td><td>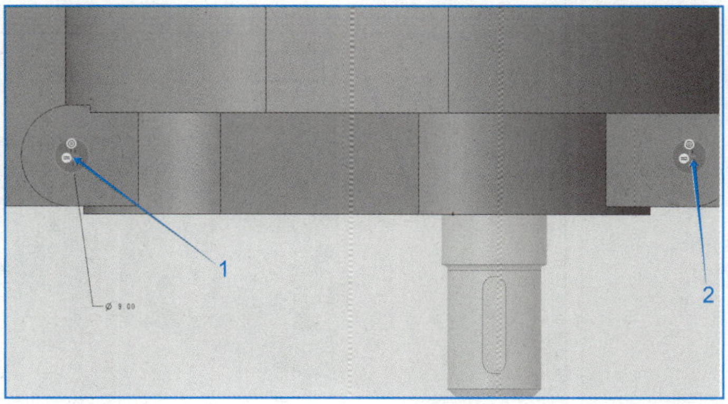
</td><td></td></tr>
</table>

续表

序号	步骤	图例	备注
10	（3）拉伸方式选择【到下一个】（如箭头 1 所示），单击反向按钮（如箭头 2 所示），设置移除材料（如箭头 3 所示），单击【确定】按钮	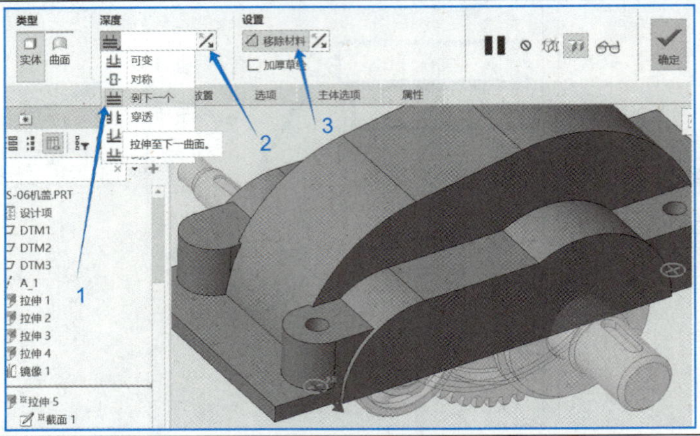	
	（4）单击【模型】选项卡下【形状】组中的【拉伸】命令，选择凸台上表面（如箭头 1 所示）	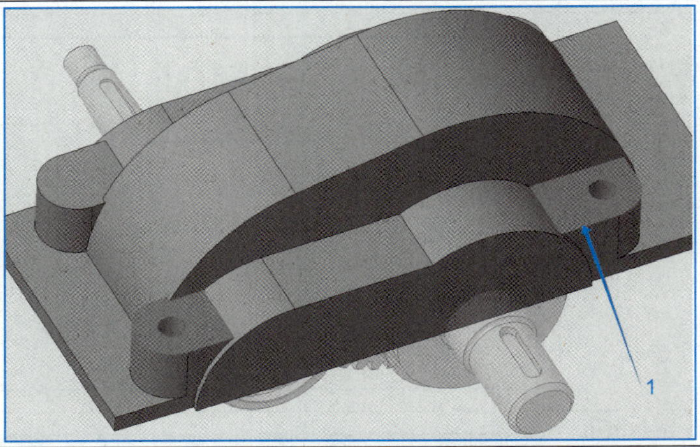	
	（5）以两个 $\phi 9$ 圆为圆心（如箭头 1、2 所示），单击【草绘】选项卡下【草绘】组中的【圆】命令，绘制 $\phi 17$ 的圆，单击【确定】按钮	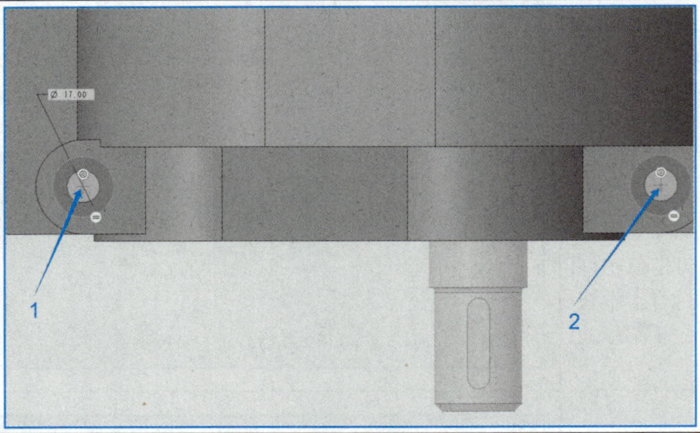	
	（6）拉伸方式选择【可变】，深度为 2，设置移除材料，单击【确定】按钮	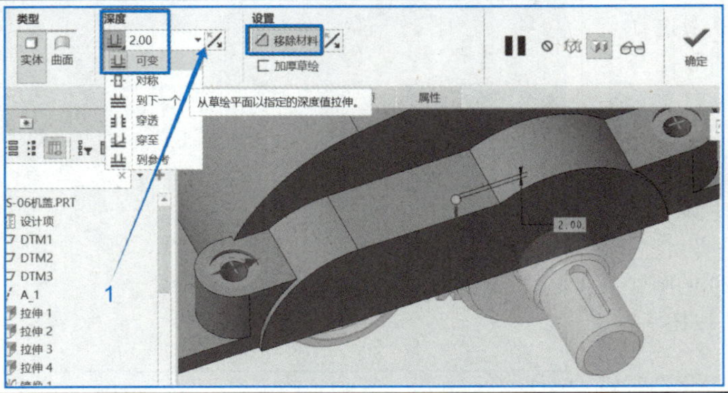	若未实现移除，则单击【深度】后侧箭头（如箭头 1 所示）

续表

序号	步骤	图例	备注
10	（7）从模型树中单击【JS-06 机盖】下的【拉伸 5】与【拉伸 6】（如箭头 1 所示），再单击【模型】选项卡下【编辑】组中的【镜像】命令，选择【DTM1】面为镜像平面（如箭头 2 所示），单击【确定】按钮	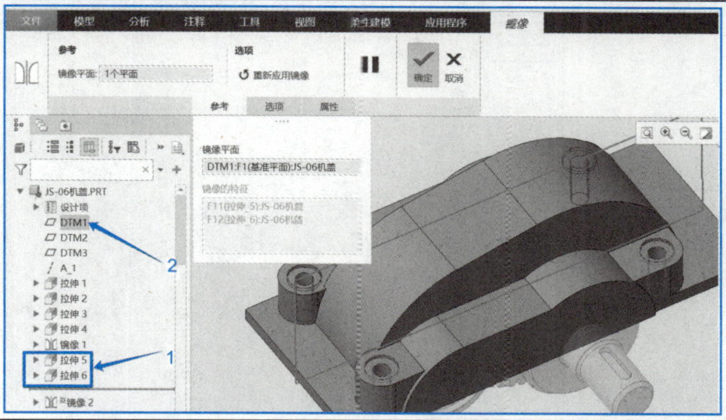	注意：同时选择【拉伸 5】与【拉伸 6】，需要按住键盘【Ctrl】键
11	**绘制上箱体空腔部分：** （1）从模型树中单击 JS-21 齿轮的【RIGHT】面，单击【模型】选项卡下【形状】组中的【拉伸】命令，单击选择上箱体外轮廓为参考（如箭头 1、2、3 所示）	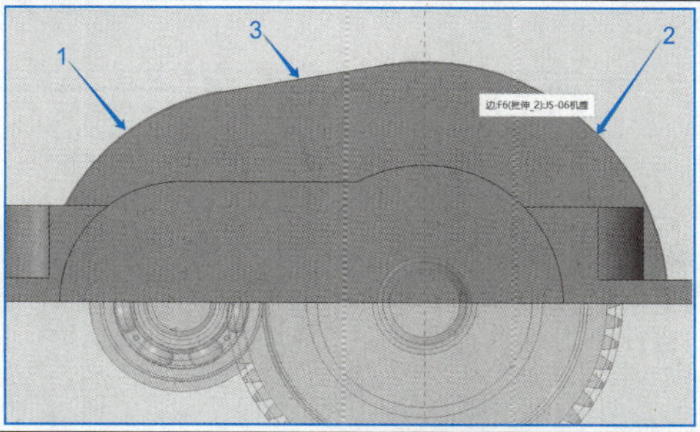	提示：选择上箱体外轮廓为参考，目的是快速找到需要绘制圆的圆心
	（2）单击【草绘】选项卡下【草绘】组中的【圆】命令，以 $R70$ 圆心（如箭头 1 所示）为圆心，绘制 $R64$ 圆（如箭头 2 所示）	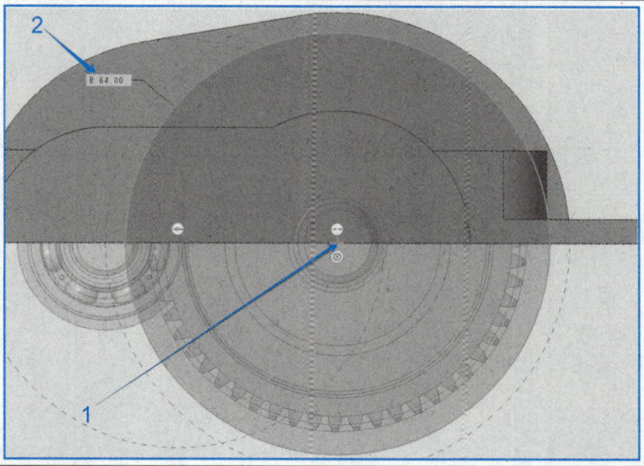	绘制 $R64$ 圆时，也可通过标注此圆弧与外轮廓圆弧相距为 6 进行
	（3）再单击【圆】命令，在中心线（如箭头 1 所示）上选择某处（非特殊点）为圆心，作 $R56$ 圆（如箭头 2 所示）。再单击【线】命令下拉菜单里的【直线相切】命令（如 3 所示），作两个圆的公切线（如箭头 4 所示），标注两个圆的圆心距为 48（如箭头 5 所示）	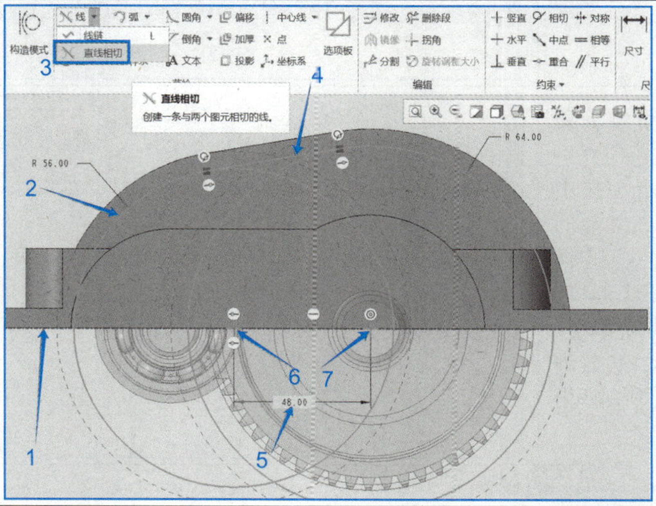	两个圆的圆心水平（如箭头 6、7 所示）；箭头 4 处公切线与最上部外轮廓公切线平行，相距为 6

续表

序号	步骤	图例	备注
	（4）单击【线】命令下拉菜单里的【线链】命令（如 1 所示），作如箭头 2 所示的直线	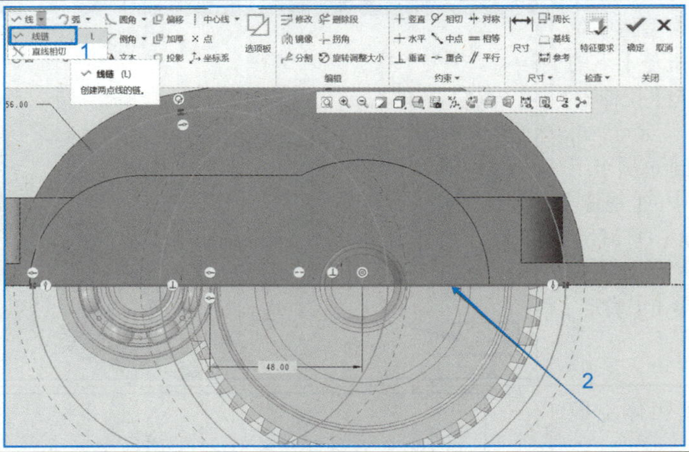	
11	（5）单击【编辑】组中的【删除段】命令（如 1 所示）进行图形修剪，单击【确定】按钮	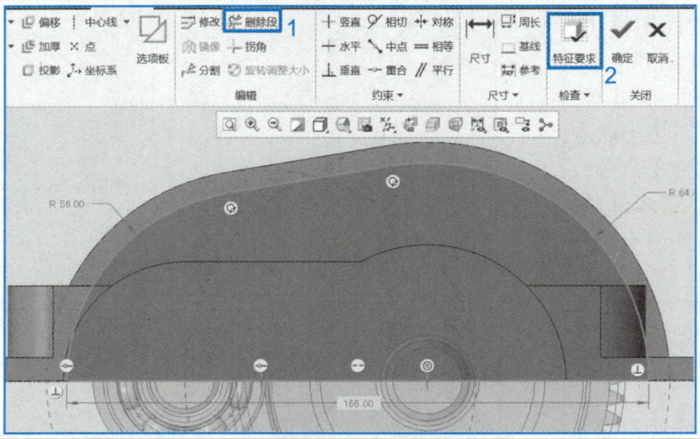	修剪后单击【检查】组中的【特征要求】命令（如 2 所示）进行闭合检查
	（6）拉伸方式选择【对称】，深度为 40，设置移除材料，单击【确定】按钮	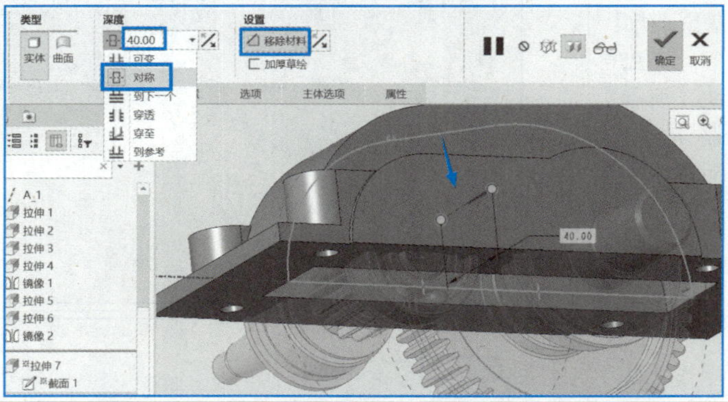	
12	**绘制上箱体端盖空腔部分：** （1）从模型树中单击 JS-21 齿轮的【RIGHT】面，单击【模型】选项卡下【形状】组中的【拉伸】命令，单击选择 JS-21 齿轮圆弧（如箭头 1 所示）为参考	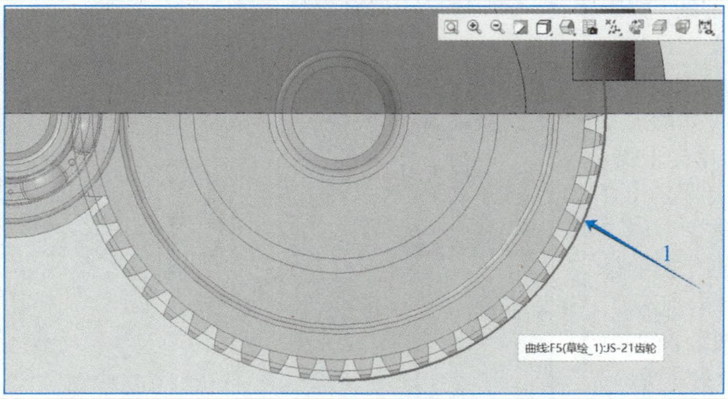	

续表

序号	步骤	图例	备注
12	（2）单击【草绘】选项卡下【草绘】组中的【圆】命令，以 JS-21 齿轮圆心（如箭头 1 所示）为圆心，绘制 ϕ62 的半圆（如箭头 2 所示）。再单击【线】命令，作如箭头 3 所示的直线	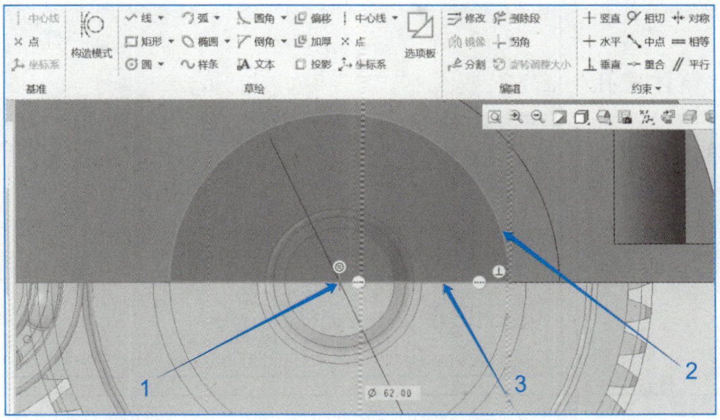	绘制 ϕ62 的半圆，可先做圆，再使用【编辑】组的【删除段】命令进行创建。箭头 3 所示的直线过箭头 1 所示的圆心
	（3）单击【设置】组中的【参考】命令（如 1 所示），接着单击选择 JS-06 机盖（如箭头 2 所示）为参考	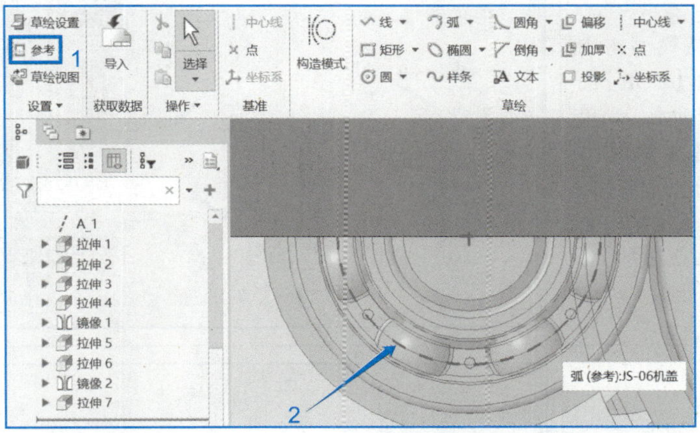	
	（4）单击【草绘】选项卡下【草绘】组中的【圆】命令，以 JS-17 齿轮圆心（如箭头 1 所示）为圆心，绘制 ϕ47 的半圆（如箭头 2 所示），再单击【线】命令，作如箭头 3 所示的直线，单击【确定】按钮	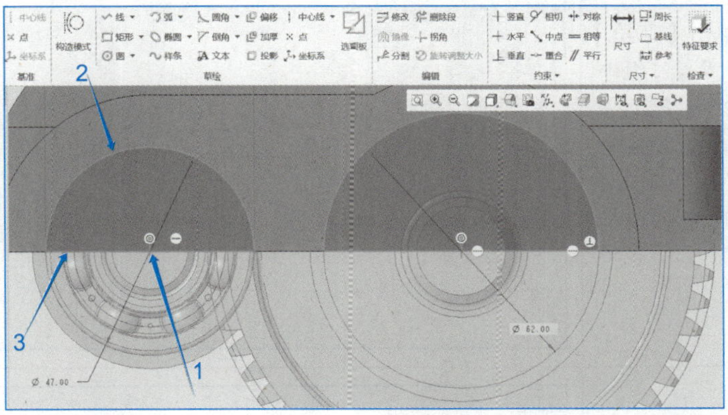	绘制 ϕ47 的半圆，可先做圆，再使用【编辑】组的【删除段】命令进行创建；箭头 3 所示的直线过箭头 1 所示的圆心
	（5）拉伸方式选择【对称】，深度为 104，设置移除材料，单击【确定】按钮	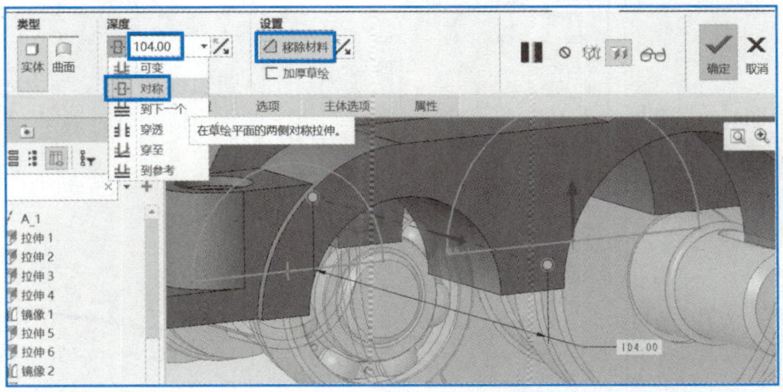	

续表

序号	步骤	图例	备注
13	**绘制上箱体通孔部分：** （1）单击快捷菜单中的【显示样式】命令（如箭头 1 所示），选择【线框】模式（如箭头 2 所示）	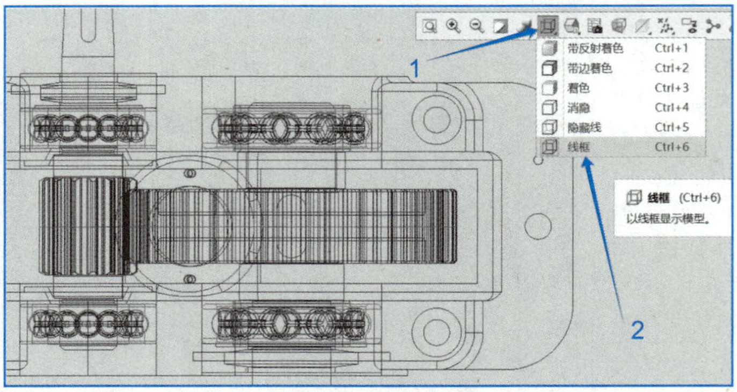	
	（2）从模型树中单击装配体【TOP】面（如箭头 1 所示），单击【模型】选项卡下【形状】组中的【拉伸】命令，绘制一条水平中心线（如箭头 2 所示）	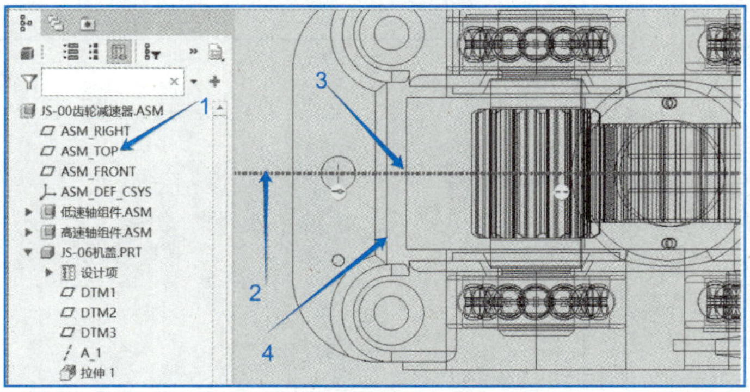	箭头 2 所示的水平中心线过箭头 3 所示的点，且此点是箭头 4 所示的边线中点
	（3）单击【草绘】选项卡下【草绘】组中的【圆】命令，以上一步所建中心线上某一点处为圆心（如箭头 1 所示），作 $\phi 9$ 的圆	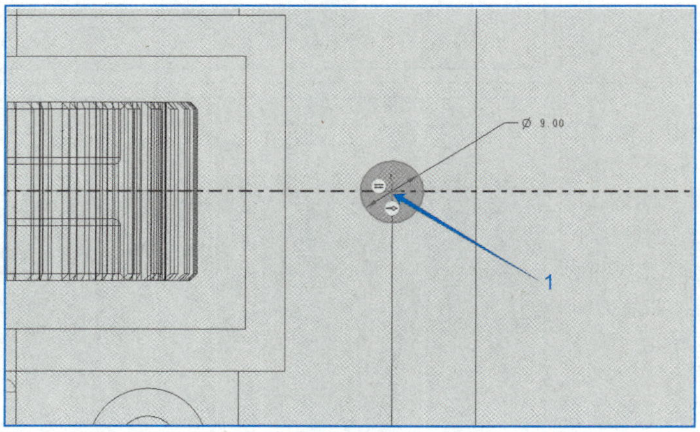	提示：通孔直径参考下箱体图纸（直径为 9）
	（4）单击【设置】组中的【参考】命令，接着单击选择箭头 1 所示的圆弧为参考	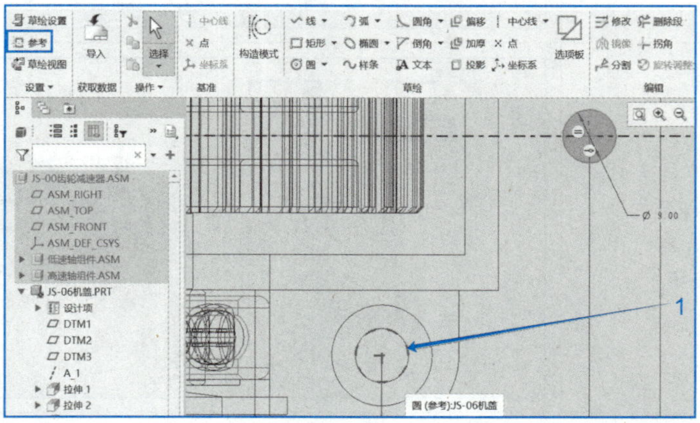	

续表

序号	步骤	图例	备注
13	（5）$\phi9$ 圆与箭头 1 所示的圆心相距标注为 35，再作另一个 $\phi9$ 圆于箭头 2 所示圆心位置，标注两个 $\phi9$ 圆心距为 207（如箭头 3 所示），单击【确定】按钮	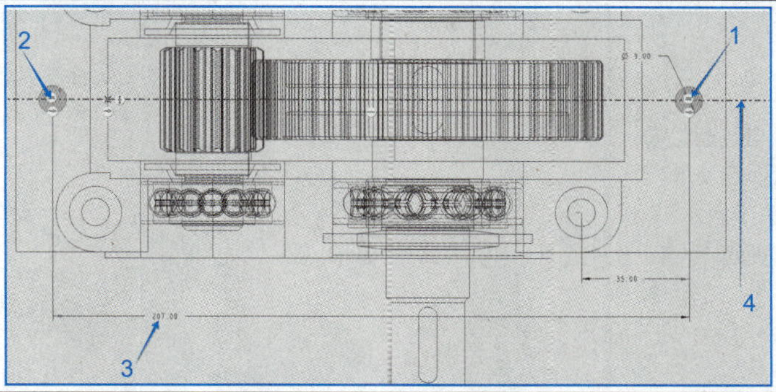	提示：另一个 $\phi9$ 圆心也在水平中心线上（如箭头 4 所示的水平中心线）
	（6）拉伸方式选择【到下一个】，设置移除材料，单击【确定】按钮	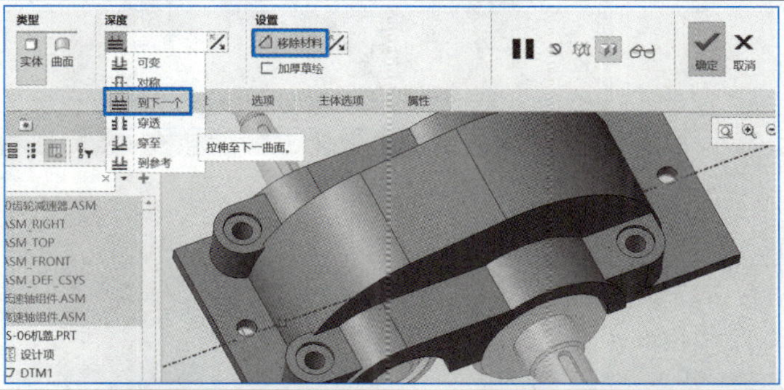	
14	**绘制上箱体锥销孔部分：** （1）单击【模型】选项卡下【工程】组中的【孔】命令	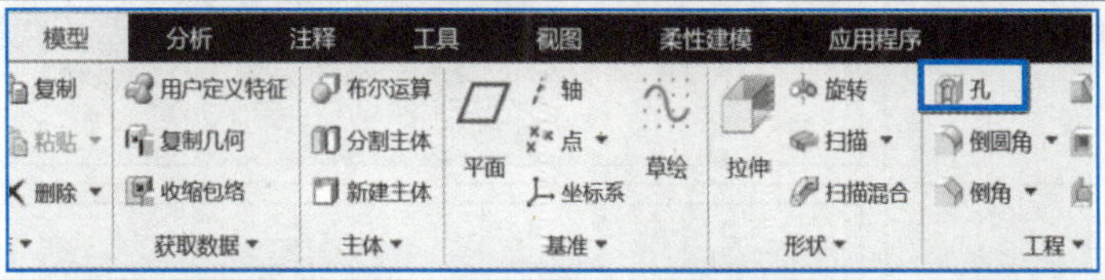	锥销孔锥度为 1∶50，因此，锥销孔的大径为 3.14
	（2）【类型】选择【简单】，【轮廓】选择【草绘】，在尺寸一栏选择【草绘】，如 1、2、3 所示	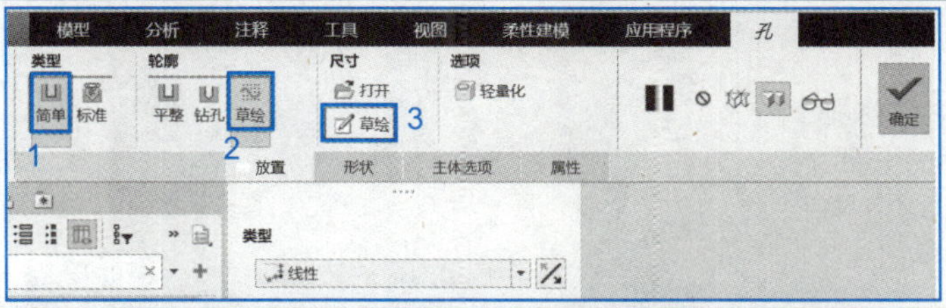	
	（3）在新弹出的【草绘】界面中，绘制如右图所示的锥销孔截面图形，标注锥销孔的大径为 3.14，小径为 3，高度为 7，单击【确定】按钮	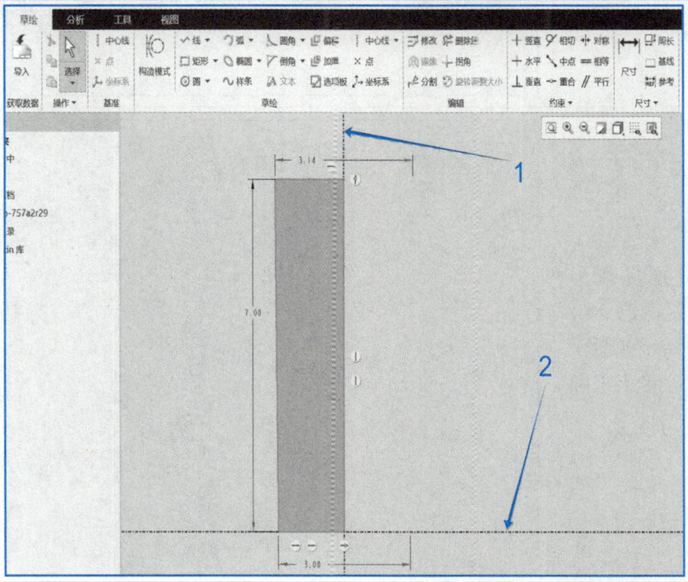	先绘制锥销孔截面，再绘制旋转轴（如箭头 1 所示）和垂直于旋转轴的中心线（如箭头 2 所示）

续表

序号	步骤	图例	备注
14	（4）单击快捷菜单中的【已保存方向】按钮（如箭头 1 所示），单击【视图法向】（如箭头 2 所示），接着单击如箭头 3 所示的平面	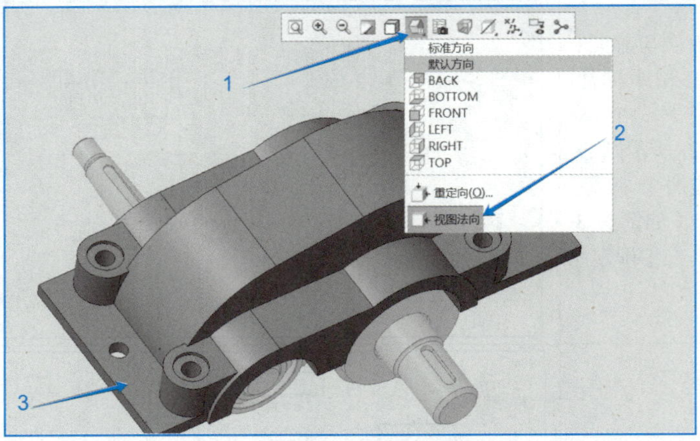	
	（5）单击【基准】命令（如 1 所示），接着单击【草绘】命令（如 2 所示）	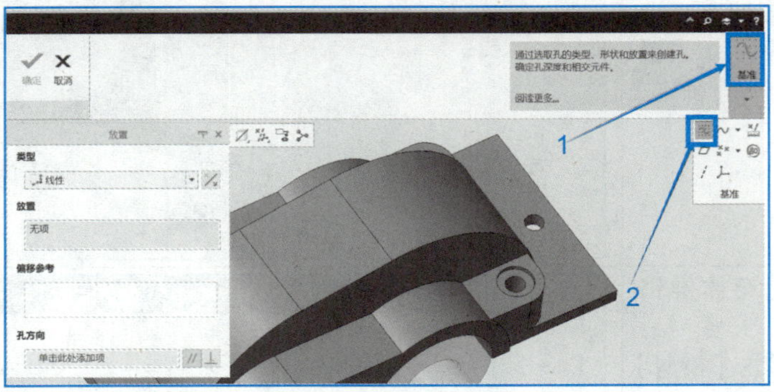	
	（6）继续选择如箭头 1 所示的平面为参考，单击【草绘】按钮，如 2 所示	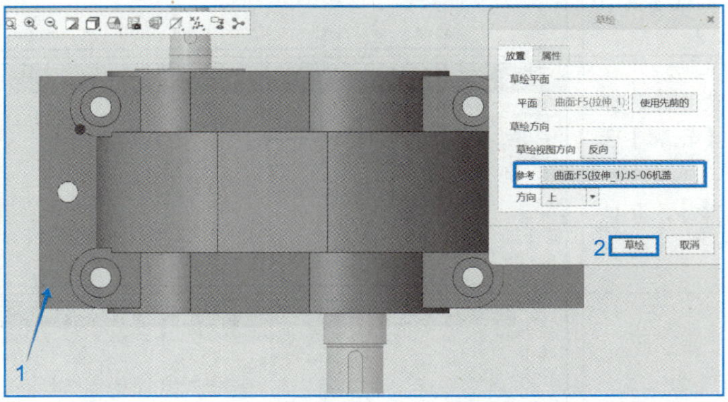	
	（7）分别过箭头 1、2、3 所示圆心，绘制两条中心线（如箭头 4、5 所示），单击【确定】按钮	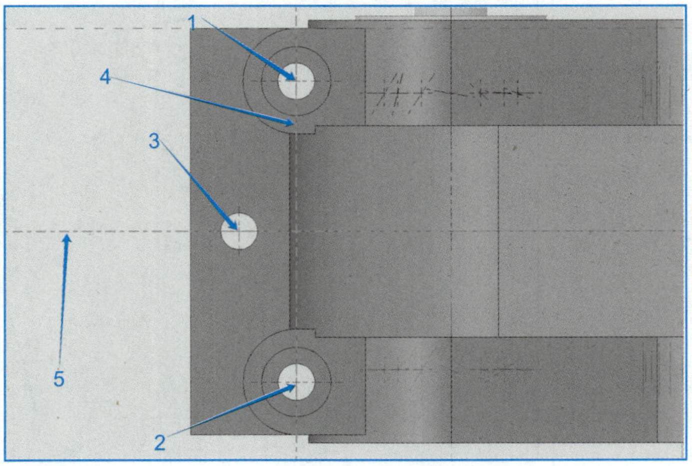	所作中心线分别是水平中心线与竖直中心线

续表

序号	步骤	图例	备注
	（8）单击【孔】对话框中的小三角▶（如 1、2 所示）		
	（9）在【放置】对话框中，【类型】选择【线性】，【放置】选择如箭头 1 所示的平面	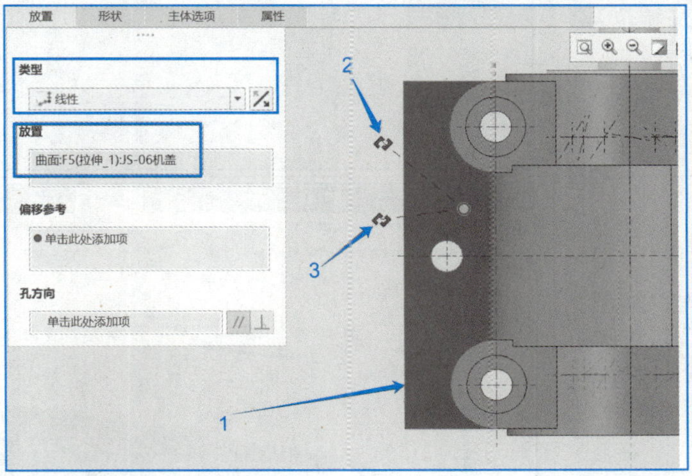	此时，标记图标出现，如箭头 2、3 所示
14	（10）将标记图标 1 拖动到箭头 2 所示的中心线上，将标记图标 3 拖动到箭头 4 所示的中心线上，【偏移参考】中输入 23 与 14，如 5 所示。单击【确定】按钮	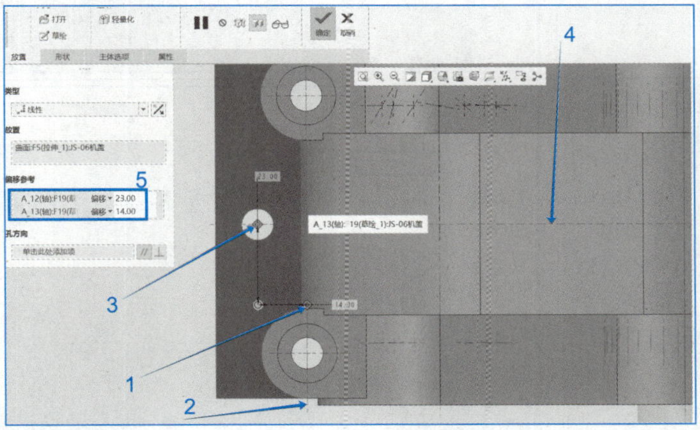	单击快捷菜单中【基准显示过滤器】，只保留【轴显示】
	（11）如上类似做法，在对角位置（如箭头 1 所示）绘制另一锥销孔（步骤略）	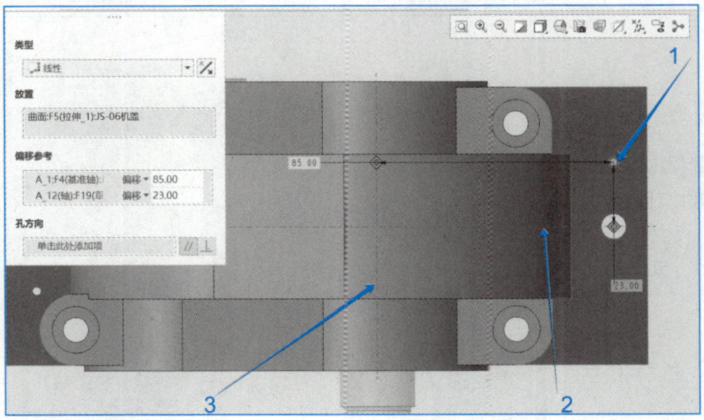	锥销孔【偏移参考】可选择水平中心线与低速轴轴线（如箭头 2、3 所示）

续表

序号	步骤	图例	备注
15	**绘制上箱体观察窗部分：** （1）从模型树中单击 JS-21 齿轮的【RIGHT】面，单击【模型】选项卡下【形状】组中的【旋转】命令（如 1 所示）	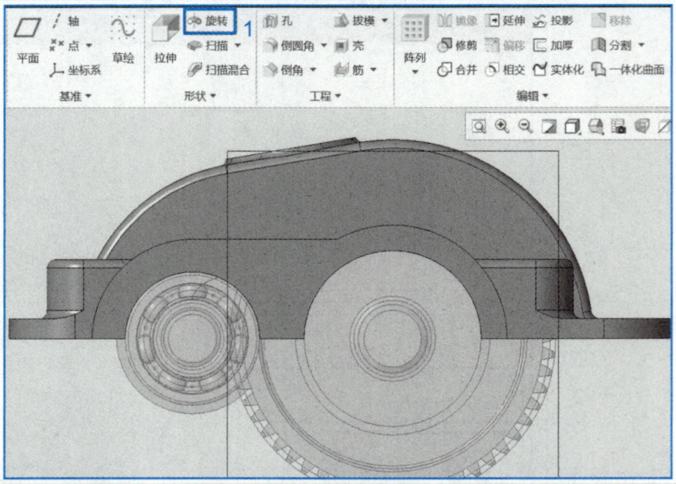	
	（2）作一垂直于机盖顶部公切线所在直线（如箭头 1 所示）的中心线（如箭头 2 所示）	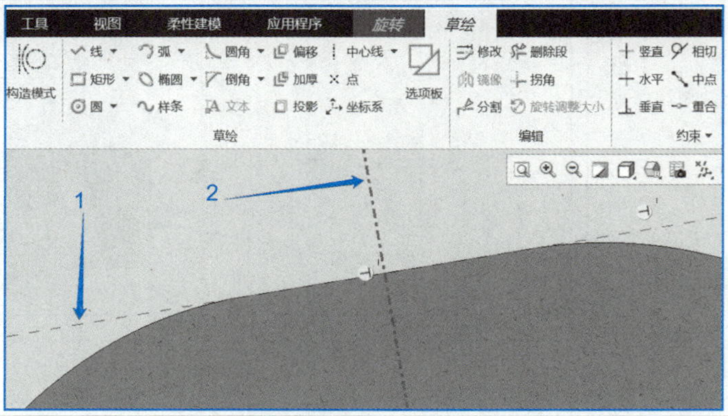	
	（3）单击【草绘】选项卡下【草绘】组中的【矩形】下拉菜单里的【斜矩形】命令，以箭头 1 所示的点为顶点，绘制长 23、宽 2 的矩形	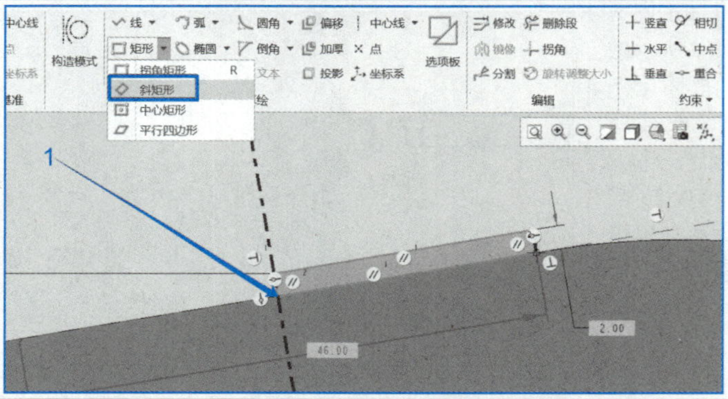	
	（4）继续标注箭头 1 所示的点距离上箱体底边（如箭头 2 所示）为 67，单击【确定】按钮	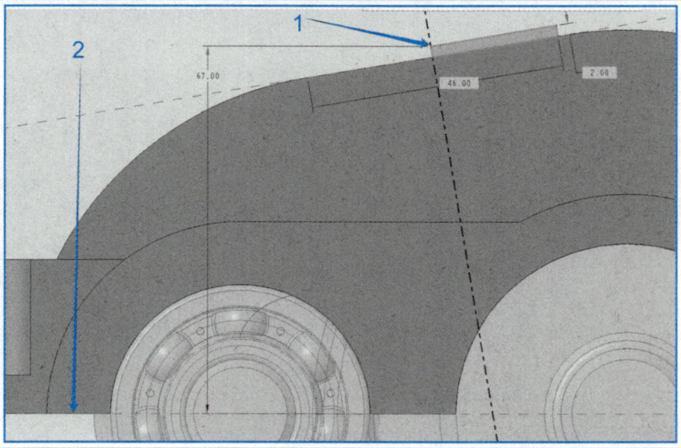	箭头 1 所示的点是所绘制矩形左边与上边的交点

续表

序号	步骤	图例	备注
15	（5）在【旋转】命令下，单击【确定】按钮（如箭头 1 所示）	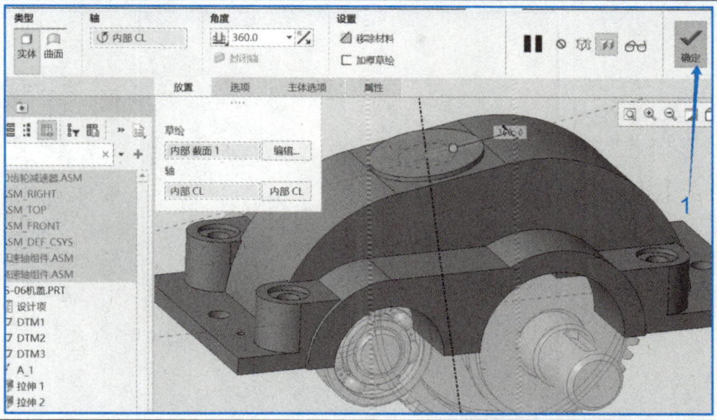	
	（6）单击选择箭头 1 所示观察窗顶面，单击【模型】选项卡下【形状】组中的【拉伸】命令	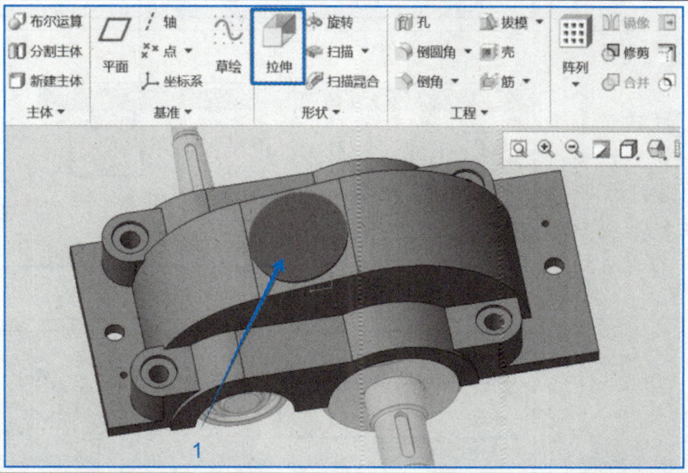	
	（7）单击【草绘】选项卡下【草绘】组中的【圆】命令，以观察窗顶面圆心为圆心（如箭头 1 所示），绘制 $\phi28$ 的圆，单击【确定】按钮	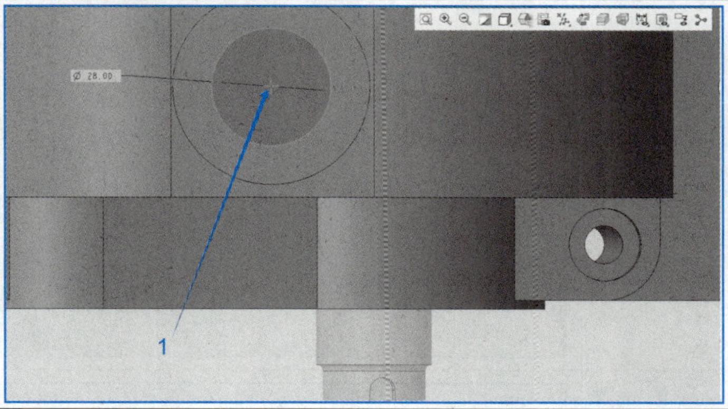	
	（8）拉伸方式选择【到下一个】，设置移除材料，单击【确定】按钮	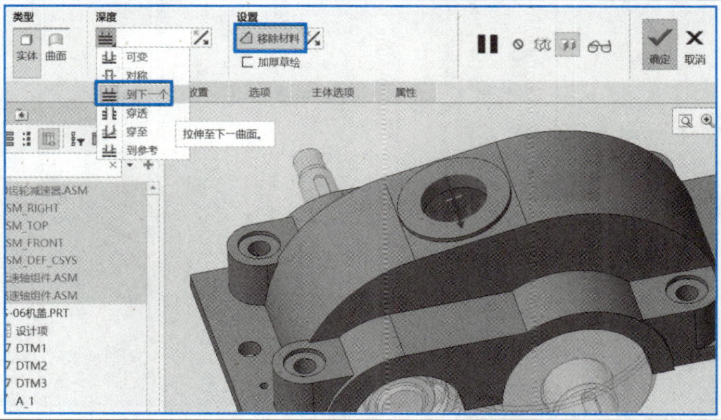	

续表

序号	步骤	图例	备注
16	**绘制观察窗螺纹孔：** （1）单击【模型】选项卡下【工程】组中的【孔】命令，单击箭头 1 所示的观察窗顶面	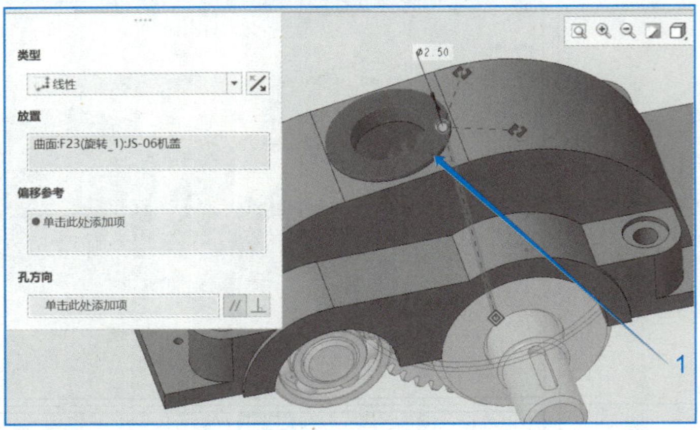	
	（2）【类型】选择【标准】，【轮廓】选择【直孔】【攻丝】，【螺纹类型】选择【ISO】，【螺钉尺寸】选择【M3x.5】，【深度】选择【穿透】，如 1～5 所示	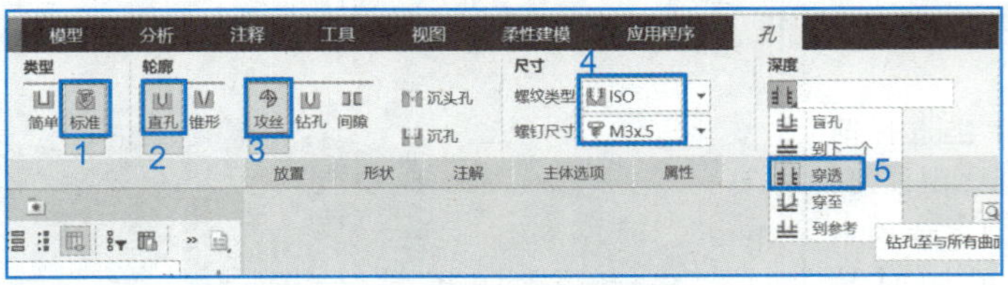	
	（3）单击【放置】命令，在弹出的对话框中，【类型】选择【直径】，【偏移参考】分别选择观察窗中心轴线与【DTM1】平面（如箭头 1、2 所示）	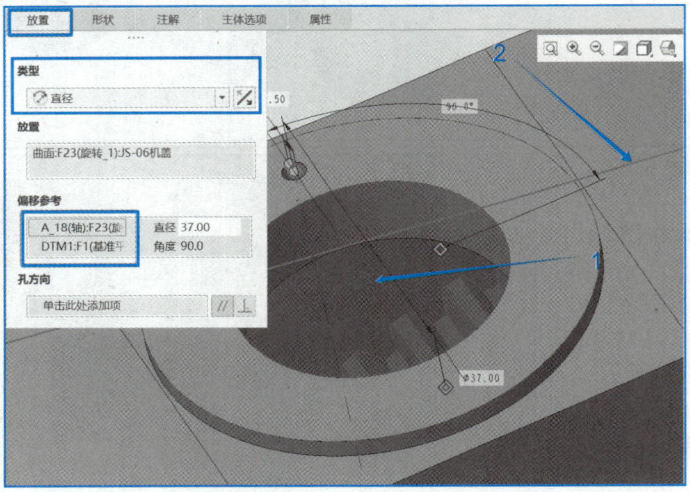	在【基准显示过滤器】的【轴显示】与【平面显示】中进行轴与面的选择：先选择轴，后按【Ctrl】键选择平面
	（4）在【偏移参考】中，【直径】输入 37，【角度】输入 90，单击【确定】按钮	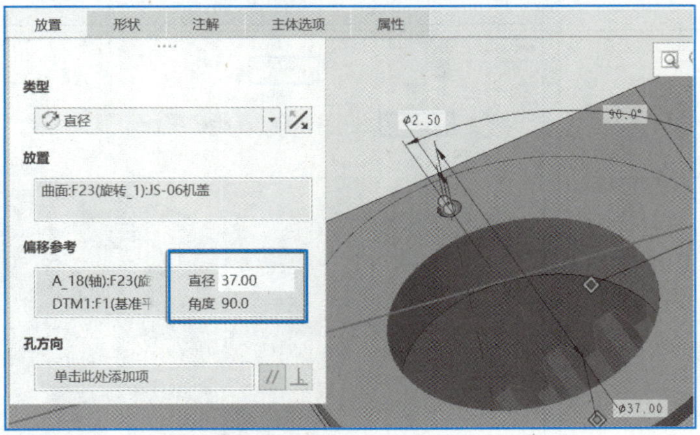	

续表

序号	步骤	图例	备注
16	（5）单击【模型】选项卡下【编辑】组中的【镜像】命令，选择【DTM1】面为镜像平面（如箭头 1 所示），单击【确定】按钮	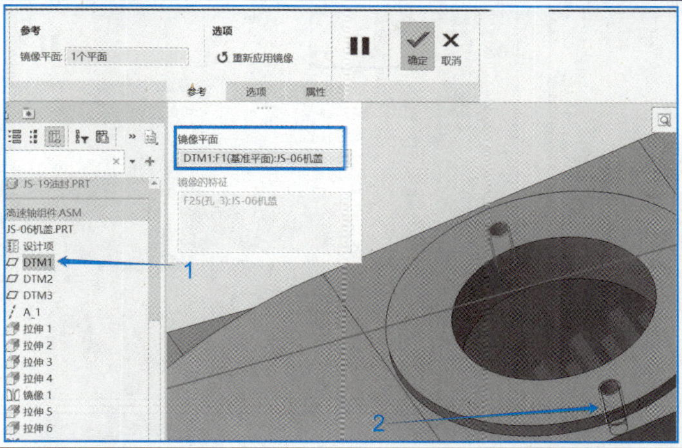	注意：此时，另一个螺纹孔出现（如箭头 2 所示）
17	绘制 JS-09 垫片： （1）从模型树中单击【JS-00 齿轮减速器】（如箭头 1 所示），再单击如箭头 2 所示的【激活】命令	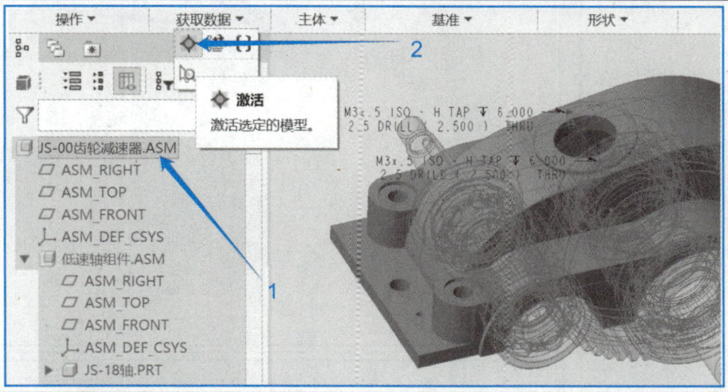	
	（2）按照前述步骤 5 所示，用类似方法，在装配环境下进入零件创建界面	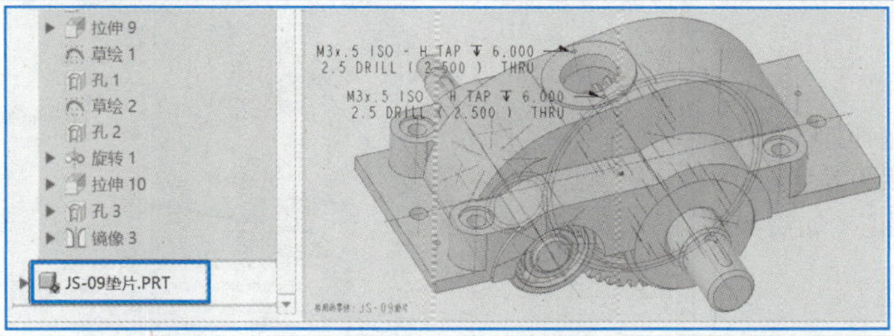	注意：此时，模型树【JS-09 垫片】显示为激活状态
	（3）从数模中单击箭头 1 所示的观察窗平面，单击【模型】选项卡下【形状】组中的【拉伸】命令	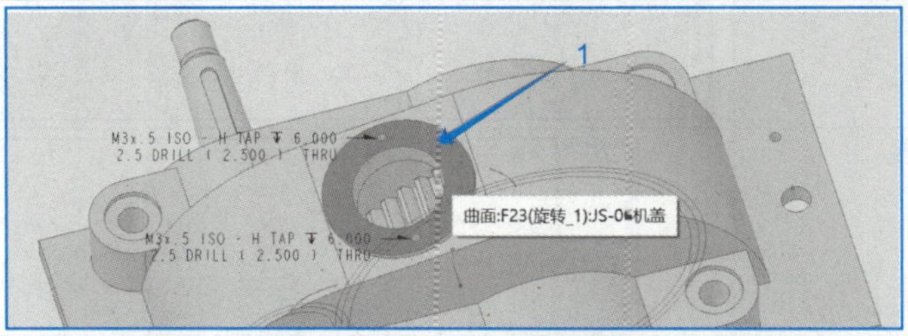	
	（4）单击选择箭头 1、2 所示的圆弧为参考，过箭头 3 所示的圆心作两个同心圆，直径分别为 28 和 46，单击【确定】按钮	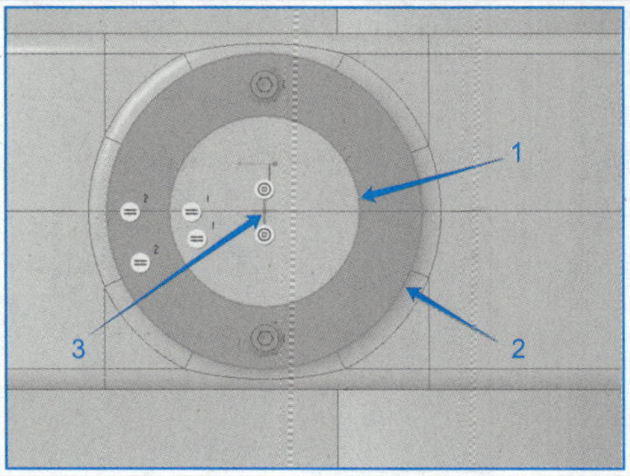	

续表

序号	步骤	图例	备注
17	（5）拉伸方式选择【可变】，深度为 2，单击【确定】按钮	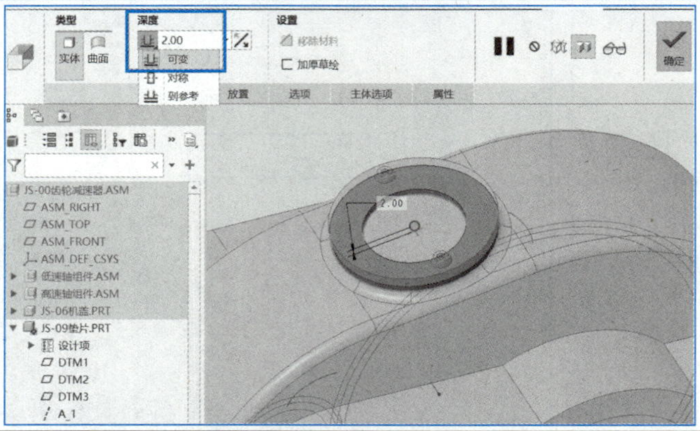	
	（6）从数模中单击箭头 1 所示的观察窗平面，单击【模型】选项卡下【形状】组中的【拉伸】命令	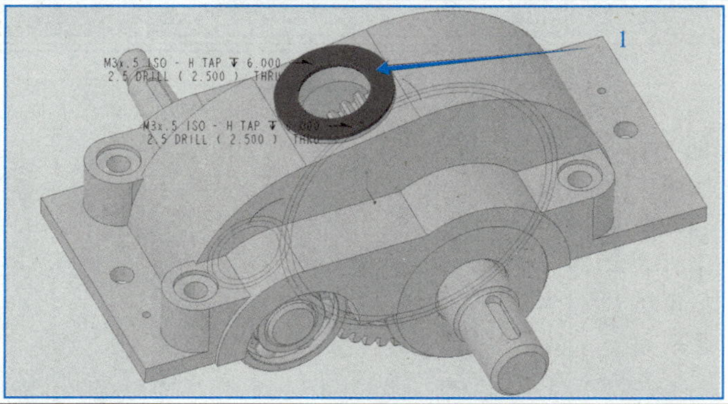	
	（7）选择如箭头 1 所示的圆弧为参考。此时，出现圆心（如箭头 2 所示）	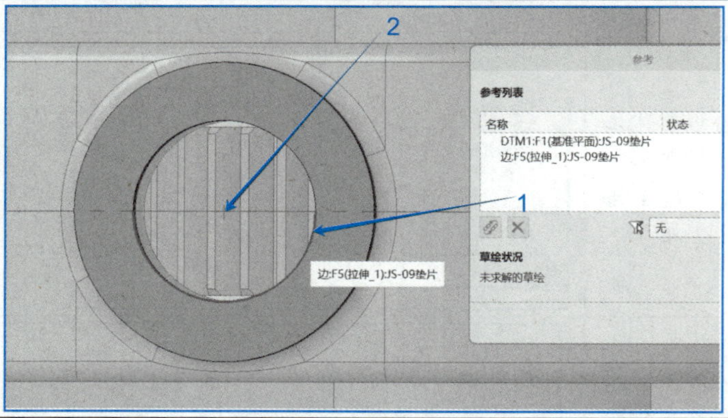	
	（8）单击【草绘】选项卡下【草绘】组中的【构造模式】命令（如 1 所示），以箭头 2 所示的点为圆心，作 $\phi 37$ 的圆	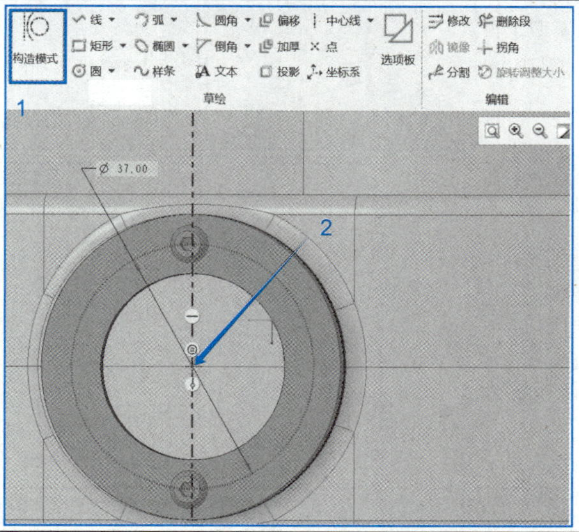	【构造模式】绘制的图形为虚线，此图的虚线圆弧作为参考圆弧使用

续表

序号	步骤	图例	备注
17	（9）过箭头 1 所示的圆心，作竖直中心线（如箭头 2 所示）。再单击【构造模式】命令，过箭头 3、4 所示的点，作两个 $\phi3.5$ 的圆，单击【确定】按钮	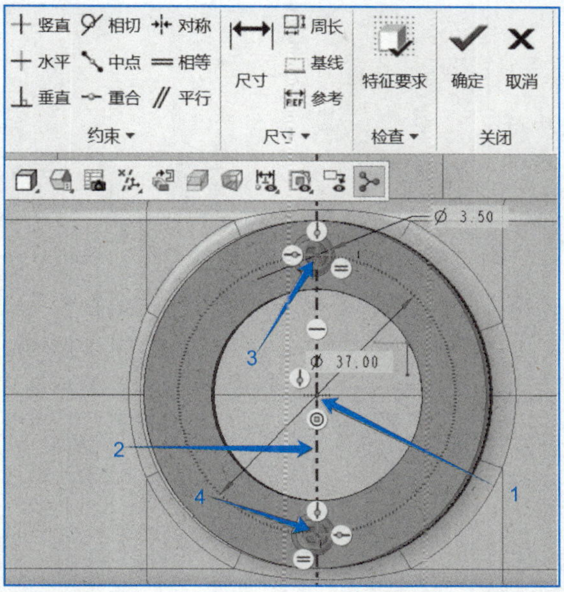	再单击【构造模式】命令，是为了取消【构造模式】
	（10）拉伸方式选择【可变】，深度为 2，设置移除材料，单击【确定】按钮	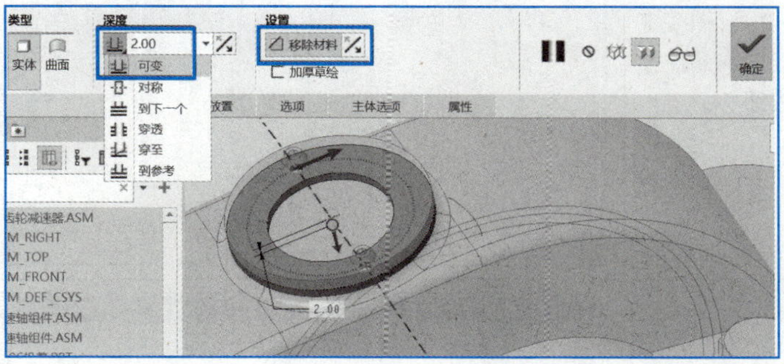	
18	**绘制 JS-08 视孔盖：** （1）从模型树中单击【JS-00 齿轮减速器】（如箭头 1 所示），再单击如箭头 2 所示的【激活】命令	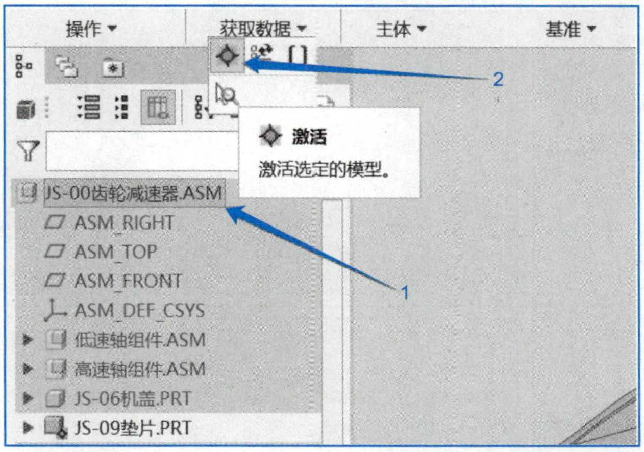	
	（2）按照前述步骤 5 所示，用类似方法，在装配环境下进入零件创建界面	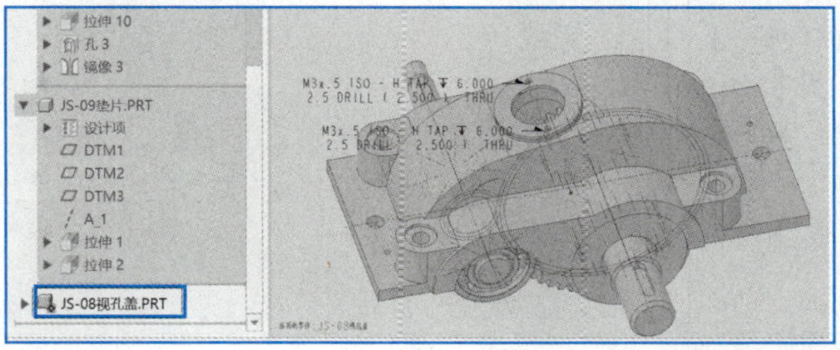	此时，模型树【JS-08 视孔盖】显示为激活状态

续表

序号	步骤	图例	备注
18	（3）从数模中单击箭头 1 所示的 JS-09 垫片平面，单击【模型】选项卡下【形状】组中的【拉伸】命令	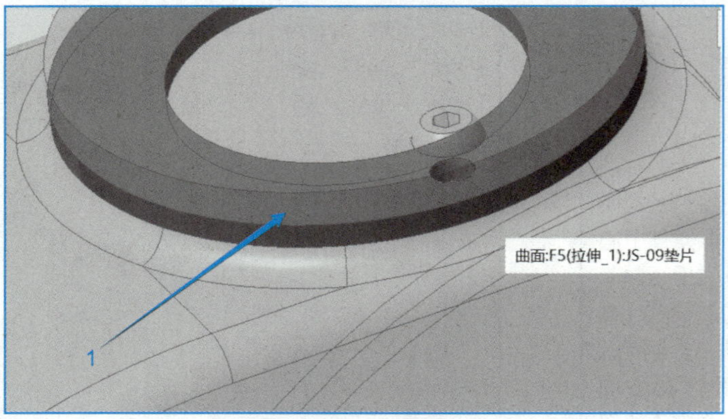	
	（4）单击选择箭头 1 所示的圆弧为参考，过箭头 2 所示的圆心作 $\phi46$ 的圆，单击【确定】按钮	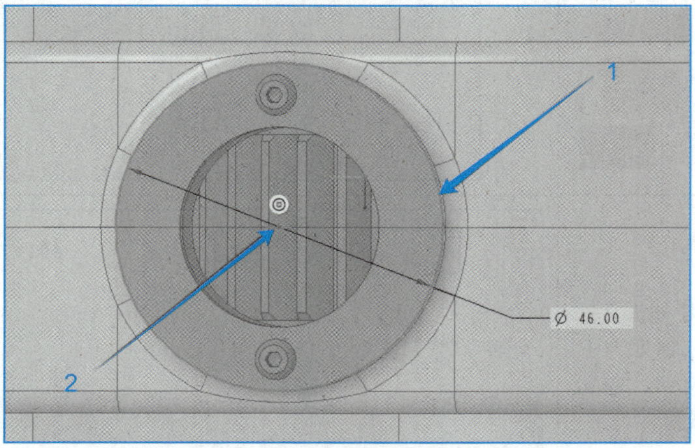	
	（5）拉伸方式选择【可变】，深度为 3，单击【确定】按钮	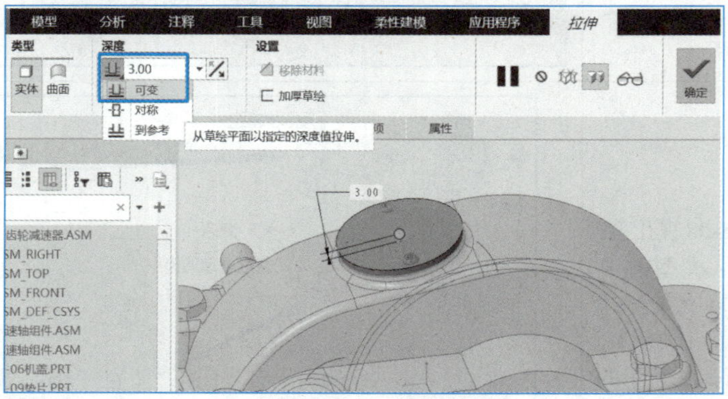	
19	**绘制 JS-08 视孔盖上的螺纹孔：** （1）单击【模型】选项卡下【工程】组中的【孔】命令，单击箭头 1 所示的视孔盖顶面	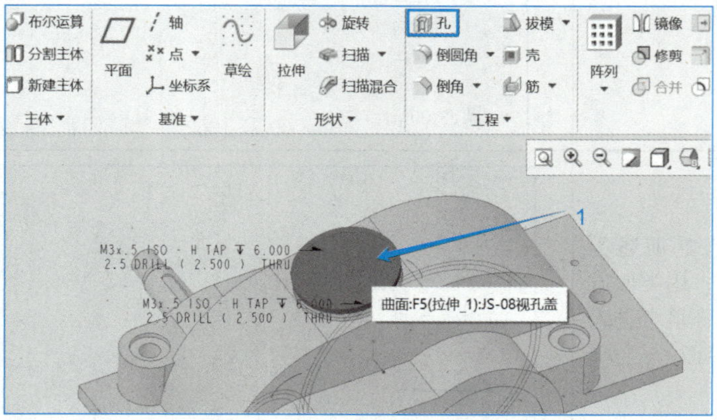	

续表

序号	步骤	图例	备注
19	（2）【类型】选择【标准】，【轮廓】选择【直孔】【攻丝】。【螺纹类型】选择【ISO】，【螺钉尺寸】选择【M3x.5】。【深度】选择【盲孔】，输入 7.5，如 1、2、3、4、5、6 所示	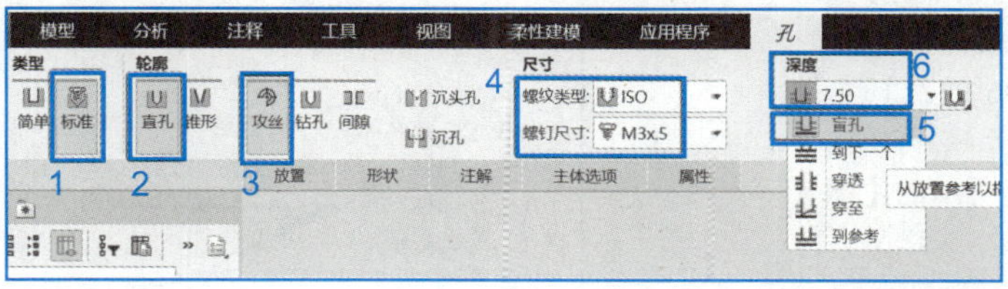	
	（3）单击【放置】按钮，在弹出的对话框中，【类型】选择【直径】，【偏移参考】分别选择视孔盖中心轴线与【DTM1】平面（如箭头 1、2 所示）	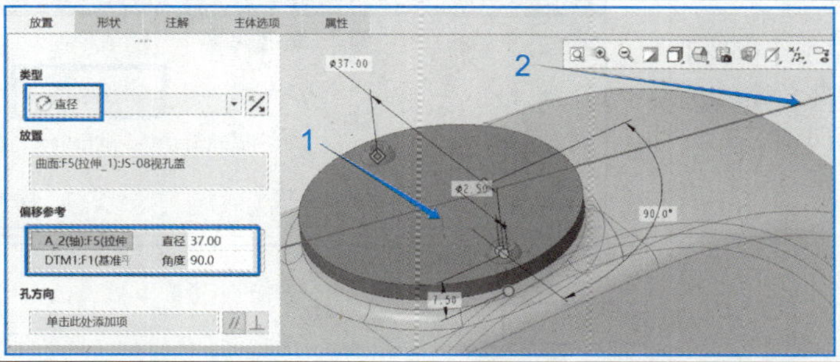	
	（4）在【偏移参考】中，【直径】输入 37，【角度】输入 90，单击【确定】按钮	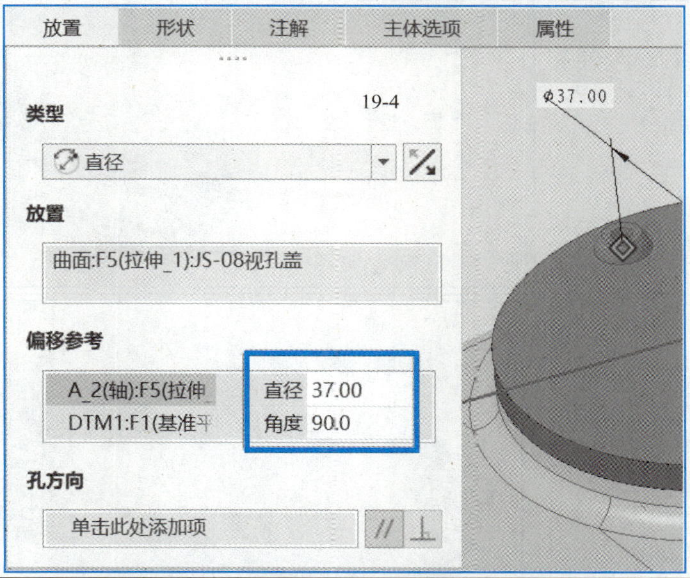	
	（5）单击【模型】选项卡下【编辑】组中的【镜像】命令，选择【DTM1】面为镜像平面（如箭头 1 所示），单击【确定】按钮	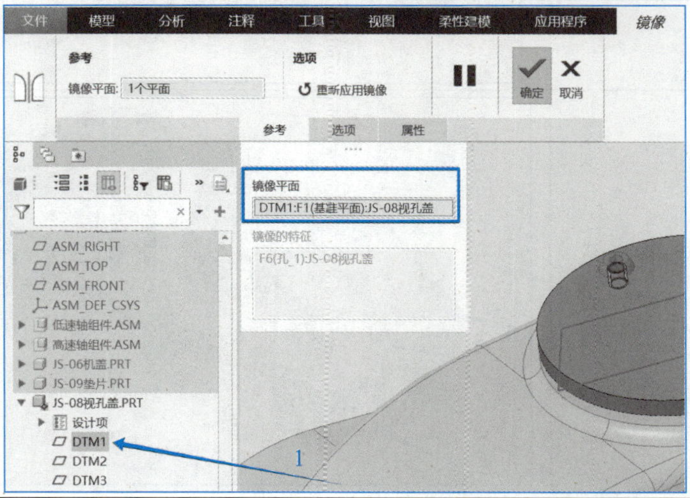	

续表

序号	步骤	图例	备注
20	**完成圆角部分：** （1）从模型树中单击【JS-06 机盖】（如箭头 1 所示），再单击如箭头 2 所示的【激活】命令	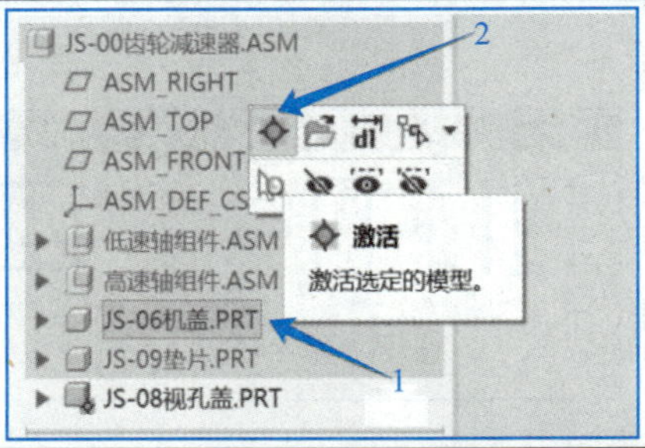	
	（2）单击【模型】选项卡下【工程】组中的【倒圆角】命令	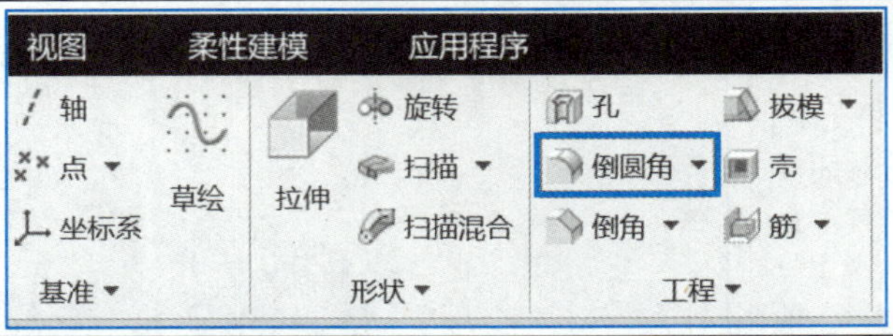	
	（3）在【尺寸标注】中的【半径】一栏输入 23（如 1 所示）	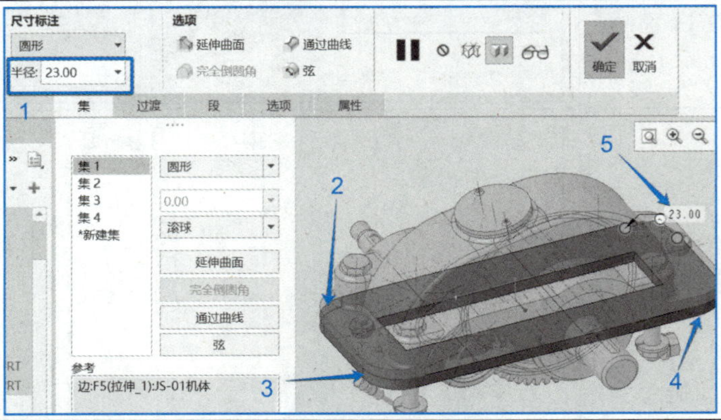	提示：下一步需要连续单击如箭头 2、3、4、5 所示的棱
	（4）在模型上连续单击选择需要倒圆角处（如上图箭头 2、3、4、5 所示），单击【确定】按钮		左图为生成圆角后的效果
	（5）用同样方法，完成如箭头 2、3、4、5、6 等所示部位的圆角	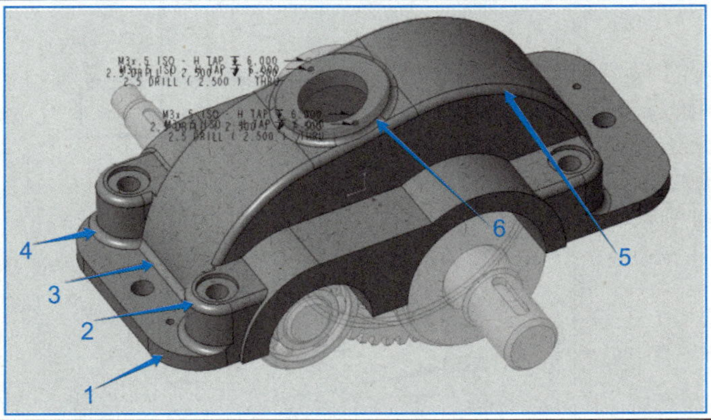	箭头 1 处圆角半径为 23，箭头 2、3、4、5、6 处圆角半径为 3

续表

序号	步骤	图例	备注
	装配标准件 JS-07 半圆头螺钉： （1）从模型树中激活【JS-00 齿轮减速器】	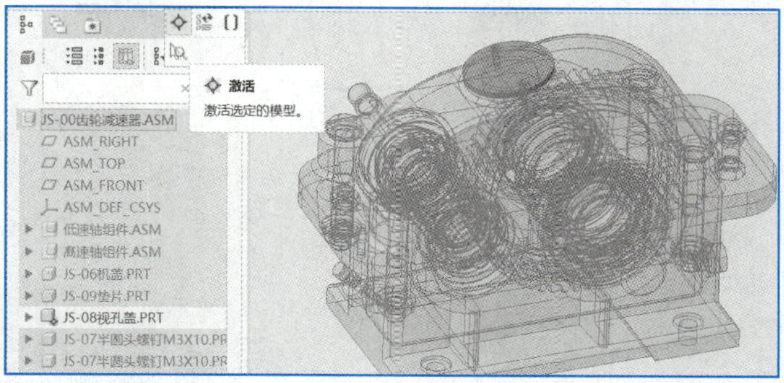	
21	（2）单击【模型】选项卡下【元件】组中的【组装】按钮（如 1 所示），在弹出的对话框中选中 JS-07 半圆头螺钉（如 2 所示），单击【打开】按钮（如 3 所示）	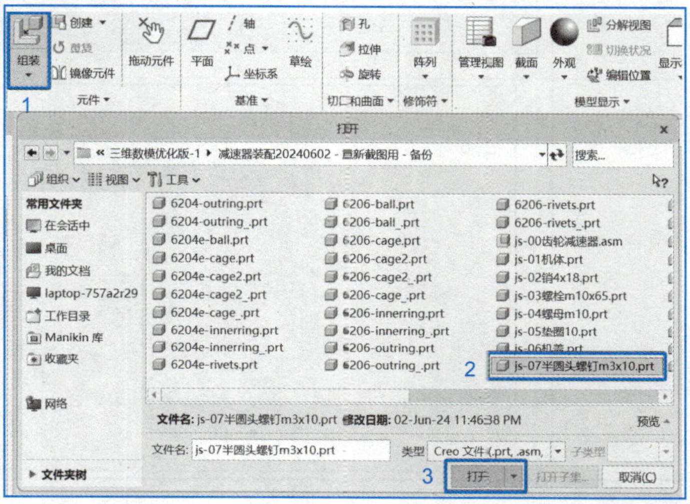	
	（3）鼠标移动到 3D 拖动器位置，将半圆头螺钉调整到合适位置处	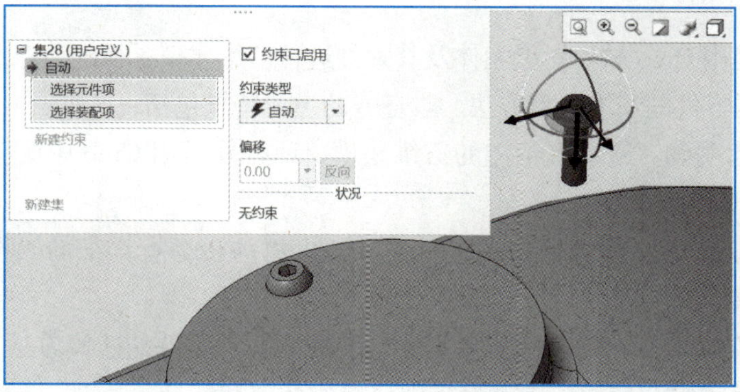	
	（4）选中【基准显示过滤器】里的【轴显示】，继续单击 JS-07 半圆头螺钉轴线（如箭头 1 所示）与 JS-08 视孔盖上的螺纹孔轴线（如箭头 2 所示）。在【约束类型】里选择【重合】约束（如 3 所示）	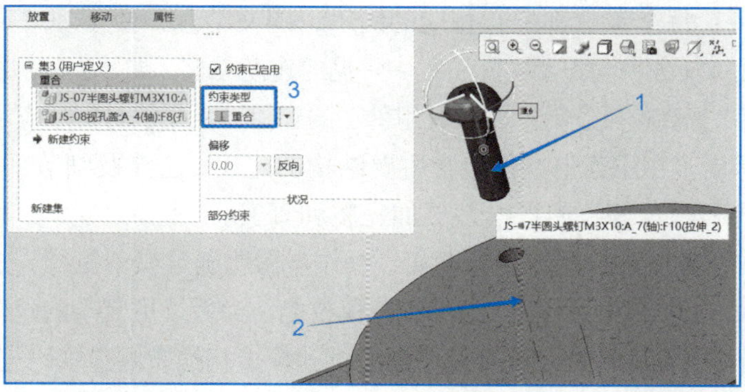	

续表

序号	步骤	图例	备注
21	（5）单击 JS-07 半圆头螺钉头底面（如箭头 1 所示）与 JS-08 视孔盖顶面（如箭头 2 所示）。在【约束类型】里选择【重合】约束（如 3 所示）	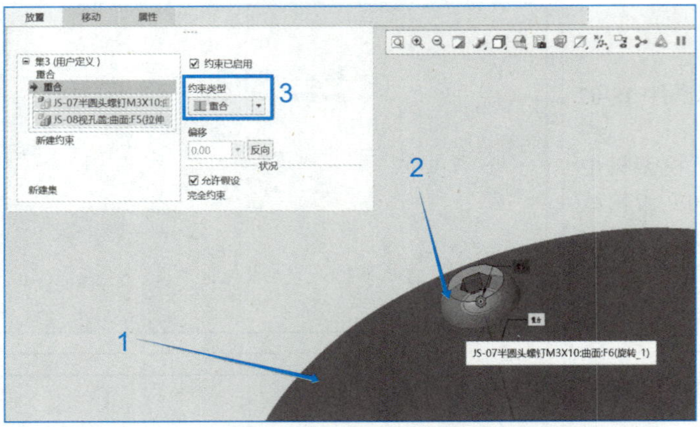	
	（6）用同样的方法装配另一个 JS-07 半圆头螺钉	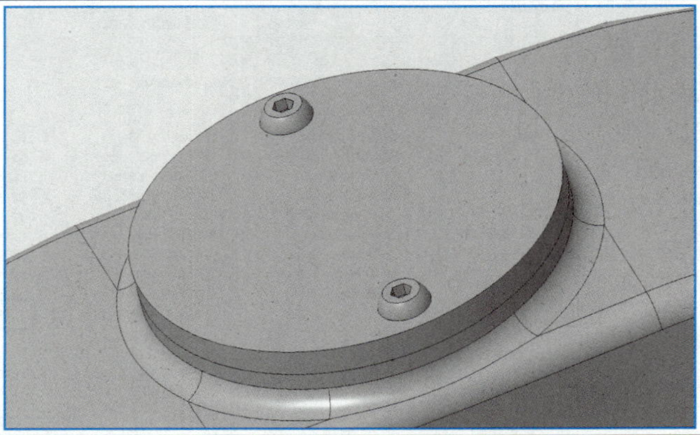	左图为装配完成后的效果

4. 任务评价

本任务通过使用 Creo 软件对上箱体及其附件进行三维建模，目的是熟悉 Creo 软件在装配环境中的操作，并掌握箱体类零件的三维造型方法。本任务的主要特点包括：

（1）任务目标明确：通过上箱体的三维建模，理解并运用 Creo 中的关键命令，如【草绘】【拉伸】【拉伸切除】【孔】等命令。

（2）步骤详细清晰：任务分为多个具体步骤，每一步都有详细的操作说明和图例，帮助使用者逐步完成模型的创建。

（3）技术要点突出：在任务中，特别强调装配环境中零件的建模方法，包括如何利用基准面和基准轴进行约束，以及在复杂装配体中进行零件位置的调整和配合。

（4）图文并茂：每个步骤都配有相应的图示，图文结合，便于理解和操作。

（5）实用性强：任务中涵盖了实际工程中常见的建模需求，如外壳的保护和支撑作用，通过具体零件（如高速轴、低速轴及其组件）的建模，强化了对实际应用的理解。

（6）细节考虑周全：任务中不仅包含主要结构的建模，还涉及细节部分的处理，如观察窗、螺纹孔和圆角等，使得模型更加完整和真实。

总体来说，本任务设计合理，内容翔实，操作步骤明确且易于执行，能够有效地帮助读者掌握 Creo 软件在装配环境中的三维建模技能，为后续更复杂的建模任务打下坚实的基础。下箱体及其附件在装配环境中的三维建模可扫描右侧二维码进行学习。

知识拓展

下箱体及其附件在装配环境中的三维建模

模块5 一级直齿圆柱齿轮减速器的装配、全局干涉检查及爆炸图建立

【素养园地】

社会主义核心价值观之爱国、敬业

钱学森是中国航天事业的奠基人，他的一生充满了对祖国和科学的无限热爱。

1932 年日军发动“一·二八”事变，原本在上海交通大学铁道机械工程专业学习的钱学森在目睹日军飞机的狂轰滥炸后，决定改学航空工程，并且考取了清华大学留美公费生，赴美国学习，取得了优异的成绩。1949 年，新中国成立的消息传来，钱学森决定回到祖国，为祖国贡献力量。1955 年，钱学森历经艰险终于回到祖国。回国后，钱学森一心扑在事业上，以国家的需要作为自己工作的选择，义无反顾地将毕生的精力贡献给了中国航天事业，为我国导弹和航天事业做出了许多具有里程碑意义的贡献。

素养启迪：

爱国与敬业，是我们每个中国人骨子里的情感与责任。钱学森院士的一生，就是最好的注脚。他放弃国外优厚待遇，毅然回国投身于航天事业，以实际行动践行了爱国主义精神。钱学森又堪称知识分子的典范，他聪明勤奋，是品学兼优的优等生，对待自己所学的专业有着无比投入的敬业情怀。

钱学森的故事不仅是一个科学家对事业的执着追求，更是一个爱国者对祖国的深情奉献。他的故事将激励我们学好本领，不断逐梦，为祖国的发展贡献力量。

任务 5.1　一级直齿圆柱齿轮减速器的装配

本任务是利用 Creo 装配环境，将模块 3 中已完成的一级直齿圆柱齿轮减速器的高速轴和低速轴的组装件，安装到减速器上、机体内。通过本任务的学习，读者可以进一步熟悉一级直齿圆柱齿轮减速器的结构组成，也可以掌握一级直齿圆柱齿轮减速器的安装工艺，为将来步入工作岗位能够快速入手打下坚实的基础。

1. 任务目标

图 5-1 所示（无图框和标题栏）是常用一级直齿圆柱齿轮减速器的总装图，清晰地表达了一级直齿圆柱齿轮的外形与内部结构组成。本任务按图 5-1 所示，利用 Creo 软件，在数字装配环境下进行该减速器的组装。

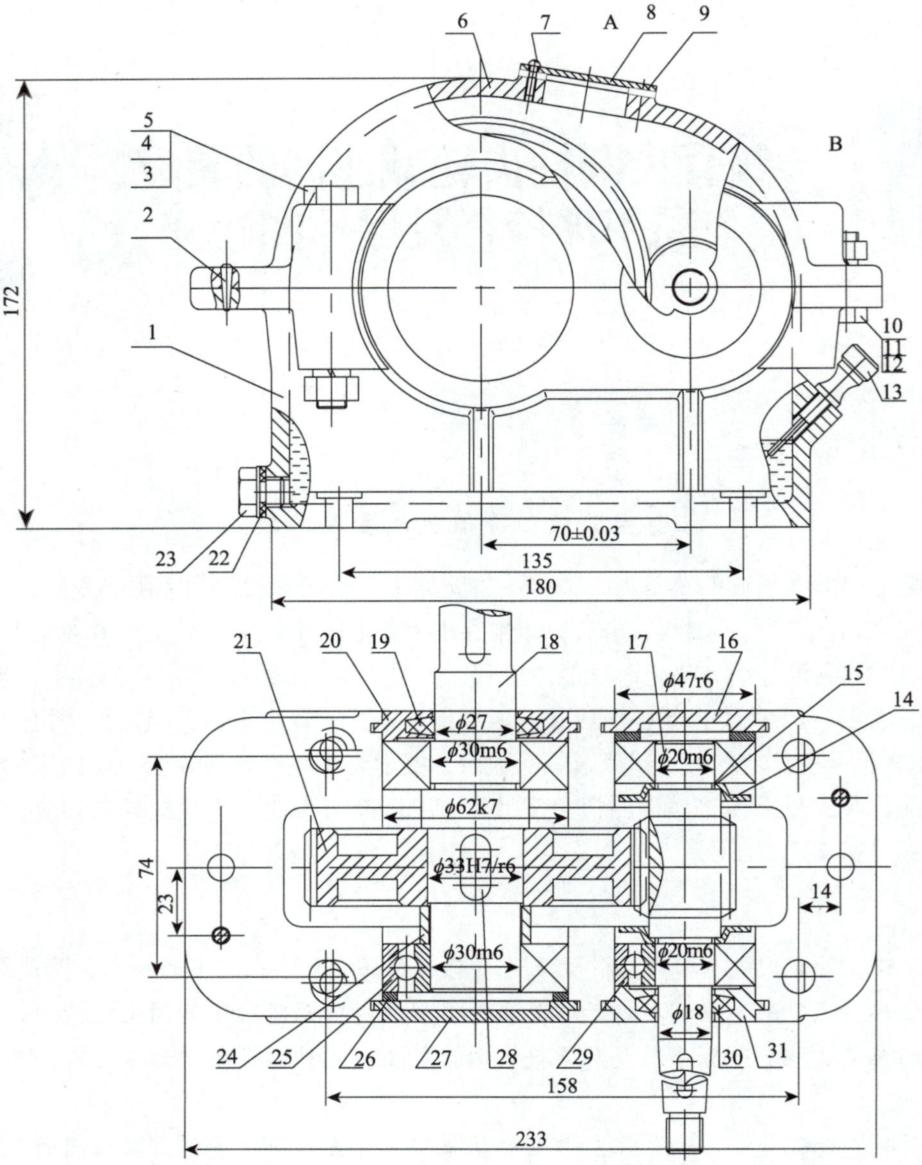

1—机体；2—销 4×18；3—螺栓 M10×68；4—螺母 M10；5—垫圈 10；6—机盖；7—半圆头螺钉 M3×10；8—视孔盖；9—垫片；10—螺栓 M8×25；11—螺母 M8；12—垫圈 8；13—油尺；14—挡油环；15—调整环；16—端盖；17—齿轮轴；18—轴；19—油封；20—可通端盖；21—齿轮；22—垫圈；23—螺塞；24—支撑环；25—滚动轴承 206；26—调整环；27—端盖；28—键 A8×7×20；29—滚动轴承 204；30—油封；31—可通端盖

图 5-1　一级直齿圆柱齿轮减速器总装图

2. 任务分析

图 5-1 中，一级直齿圆柱齿轮减速器主要由机体、JS-06 机盖（盖）、高速轴总成、低速轴组件、端盖等零部件组成。由于高速轴总成和低速轴组件均在机体中放置，因此在装配过程中，先将机体作为第一个模型调入装配环境中，然后将模块 3 中已经完成的高、低速轴组件逐一装配到图 5-1 所示的位置。

完成一级直齿圆柱齿轮减速器的模型装配，需要用到【组装】、【新建约束】及【约束类型】的选择等命令，主要创建流程见表 5-1。

微课视频

一级直齿圆柱齿轮减速器装配

3. 任务实施

表 5-1 描述了图 5-1 所示的一级直齿圆柱齿轮减速器装配步骤及说明。

表 5-1　一级直齿圆柱齿轮减速器装配步骤及说明

序号	步骤	图例	备注
1	**新建装配文件：** 打开 Creo 软件，新建一个装配类文件，命名为“JS01 一级直齿圆柱齿轮减速器”，选择公制模板【mmns_asm_design_rel】	（略）	
2	**JS-01 机体装配：** （1）选取【模型】工具，单击【组装】按钮，如右图所示	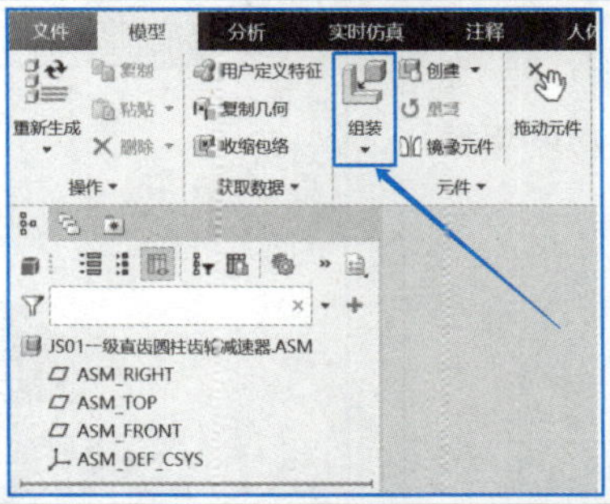	
	（2）右图中，按步骤 1 选择 JS-01 机体模型存放路径。 按步骤 2 在三维模型存放文件夹中选择所要装配的零件模型“js-01 机体.prt”。 按步骤 3 单击【打开】按钮	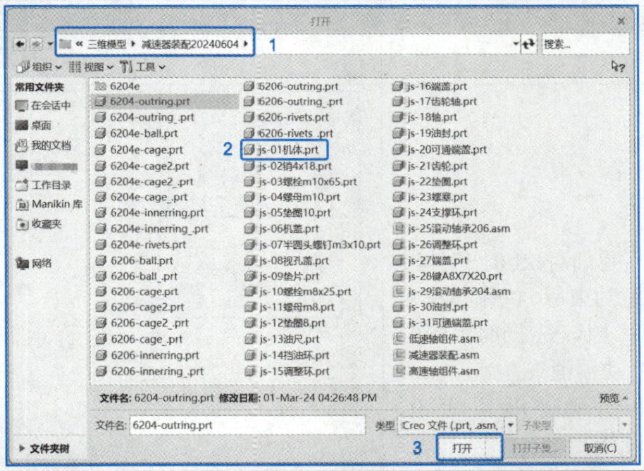	
	（3）调入 JS-01 机体零件模型后，如右图中显示很多基准平面、轴等基准元素。 （4）如右图中步骤 1 所示，单击基准开关[icon]。 （5）选择基准的显示与隐藏（在基准对话框左侧小方框中勾选即可）	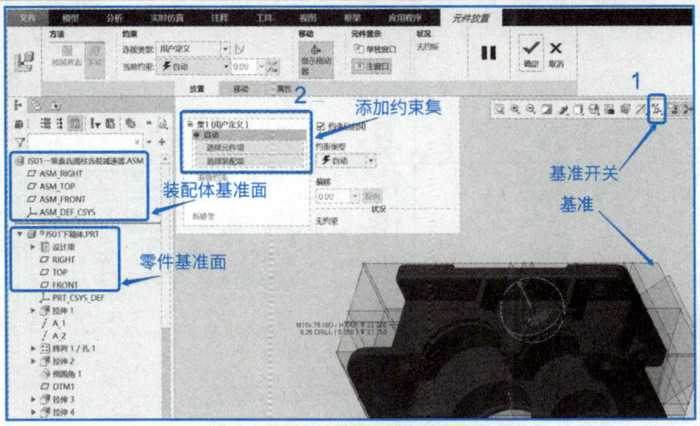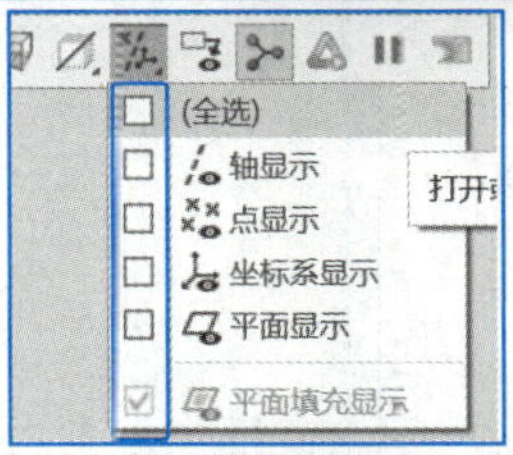	在图中步骤 2 所示区域，对 JS-01 机体零件的放置位置进行【约束】

续表

序号	步骤	图例	备注
2	（6）建立约束。如右图所示，在最左侧【模型树】栏中，分别选择装配体【FRONT】和 JS-01 机体【TOP】基准面。 （7）如图所示，【约束类型】为【重合】	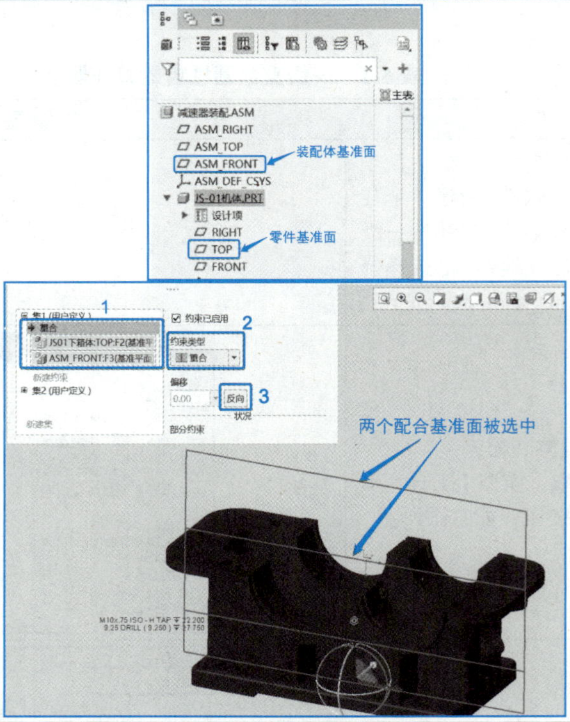	也可以选择机体底面与装配体【FRONT】平面配合。 图中 3 所示的【反向】按钮，可自行单击看一下效果有何不同
	（8）当我们对 JS-01 机体零件完成 3 组约束后，机体零件为【完全约束】状态，同时上图中所示 3D 拖动器消失。 （9）单击【确定】按钮，JS-01 机体放置完毕	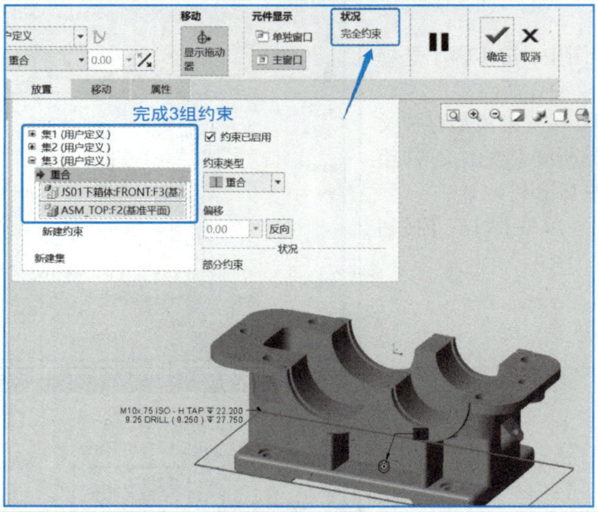	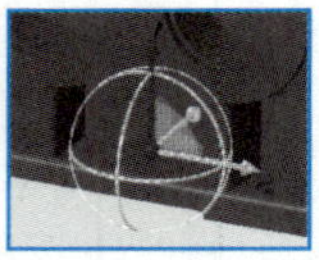3D 拖动器的含义为：零部件自由度。消失即为零部件完全约束
3	**调入低速轴组件：** （1）单击【组装】按钮，按图中 1、2、3 的顺序，首先选择低速轴组件所在路径的文件夹，然后选择“低速轴组件.asm”文件，最后单击【打开】按钮	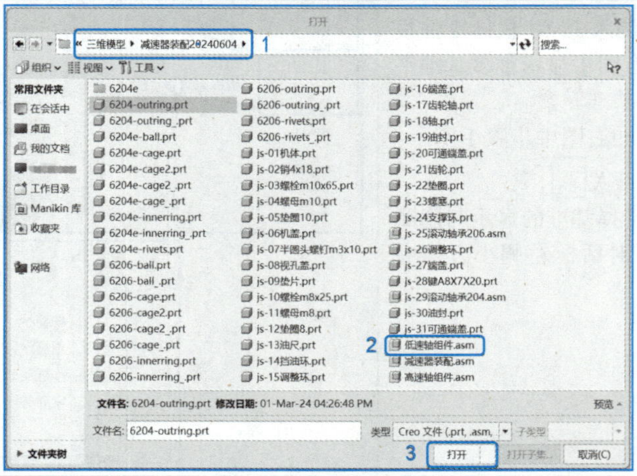	

续表

序号	步骤	图例	备注
		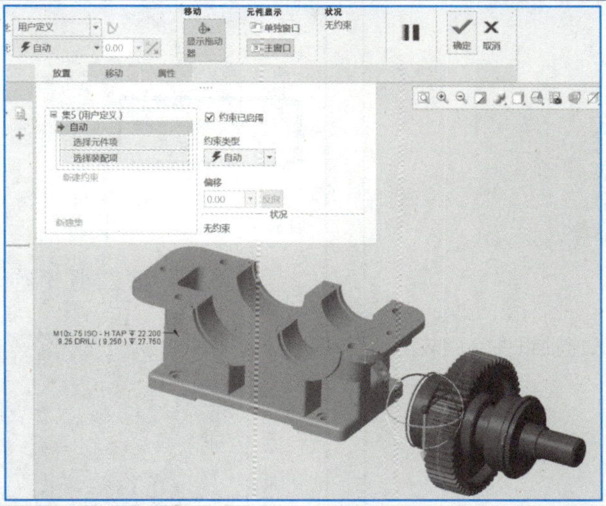	低速轴组件调入后如左图所示，接下来需要通过【约束】命令对低速轴进行放置
3	（2）第一组【约束】建立，选择低速轴与机体左半圆孔【重合】。此时低速轴朝向与图 5-1 所示的方向相反，因此需要单击图中【反向】按钮进行换向	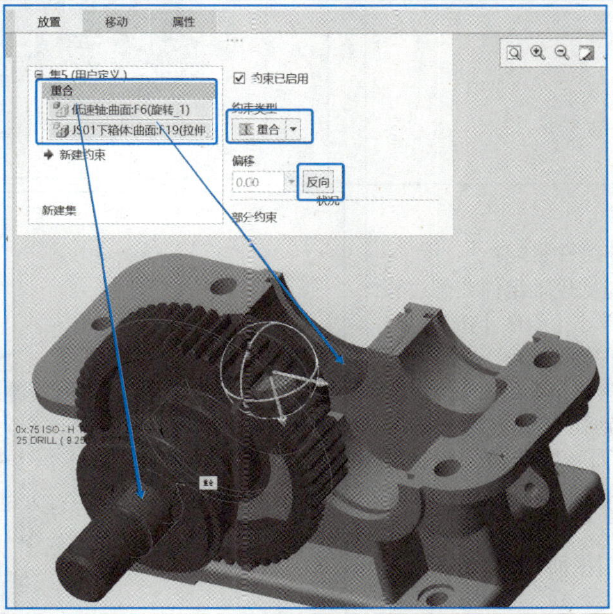	
	（3）第二组【约束】可以选择端盖与机体轴孔槽重合	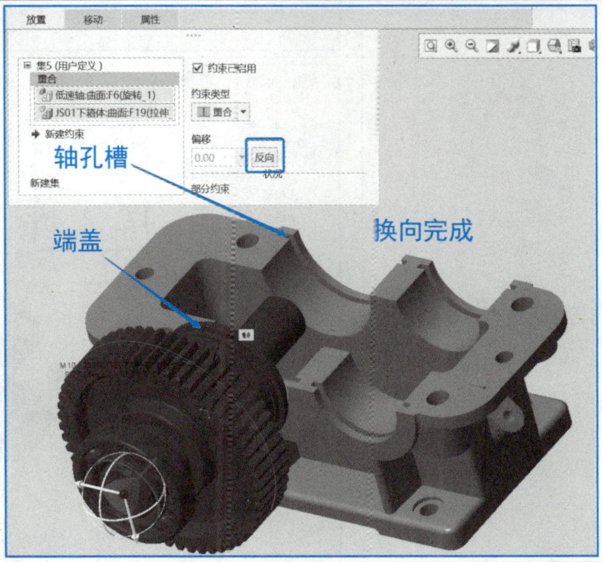	备注：也可以选择齿轮的中心面与机体中心面重合

续表

<table>
<tr><th>序号</th><th>步骤</th><th>图例</th><th>备注</th></tr>
<tr><td>3</td><td>（4）低速轴组件完成装配</td><td>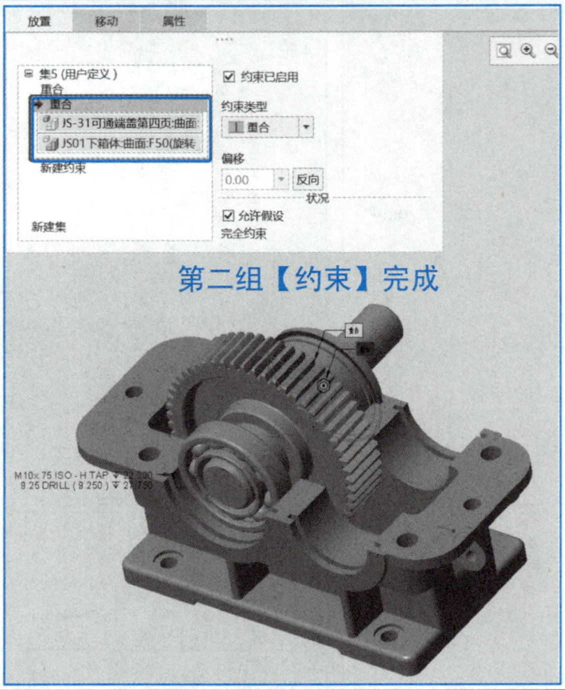
</td><td></td></tr>
<tr><td rowspan="2">4</td><td>**高速轴组件装配：**
（1）与低速轴组件装配过程相同，先单击【组装】按钮，将高速轴组件模型调入。
（2）第一组【约束】为高速轴与机体轴孔【重合】。
（3）如右图所示，此时可选择图中箭头所指小齿轮【RIGHT】平面和装配体【FRONT】平面作为第二组【约束】</td><td>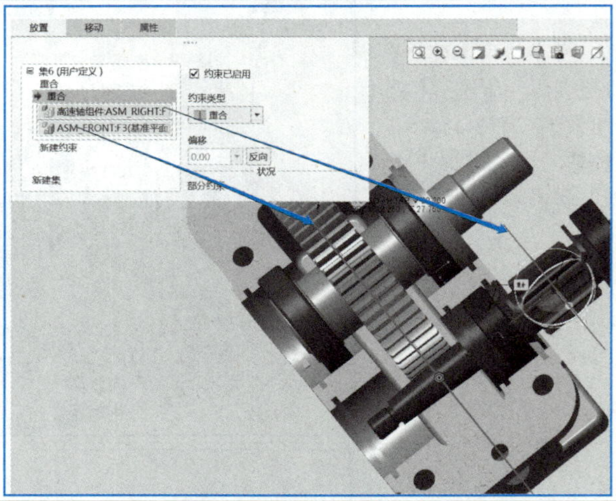
</td><td></td></tr>
<tr><td>（4）高速轴组件完成装配</td><td>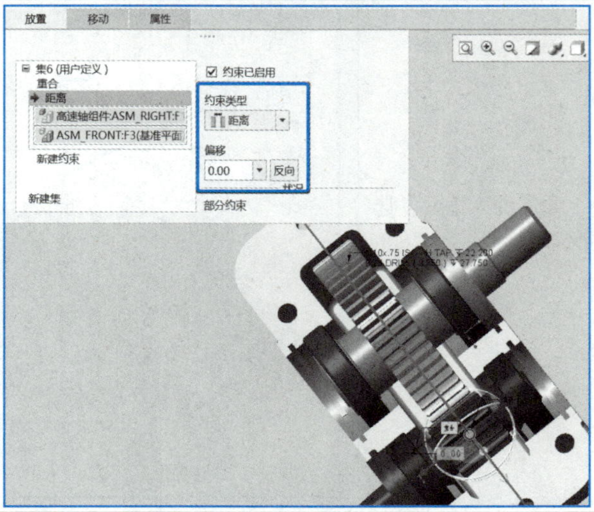
</td><td>如果【约束类型】为【距离】，则将下方【偏移】量改为 0.00，和【重合】效果一样</td></tr>
</table>

续表

序号	步骤	图例	备注
5	以低速轴组件用的 **JS-27** 端盖为例进行放置：	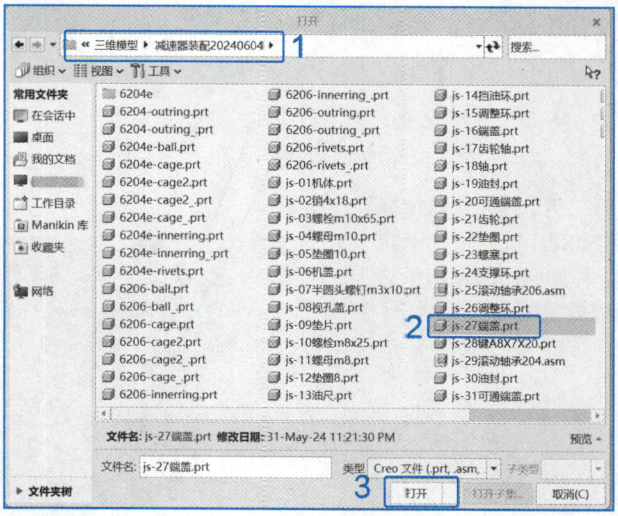	
	（1）调入“低速轴 js-27 端盖.prt”文件，并完成第一组【约束】的创建，如右图所示。 （2）此时可用鼠标按住 3D 拖动器中的橙色箭头，将 JS-27 低速轴端盖拖动到合适位置	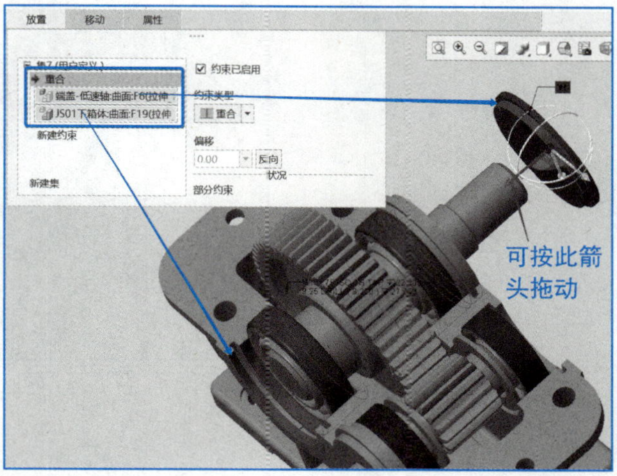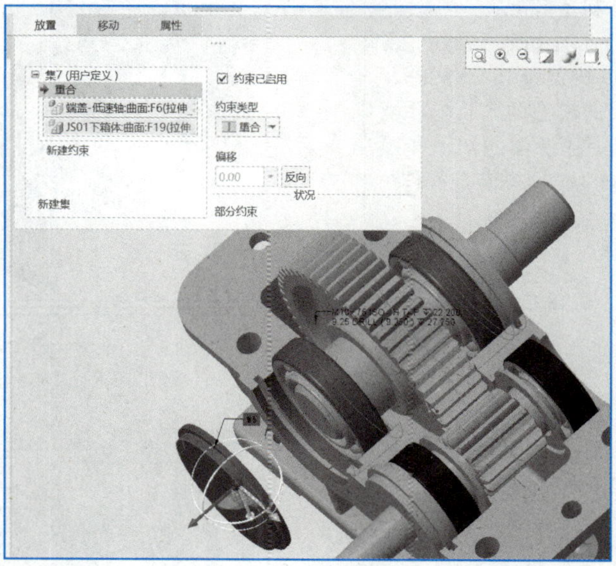	

续表

序号	步骤	图例	备注
5	（3）第二组【约束】选择端盖外环面与 JS-01 机体轴孔里的槽面【重合】，如右图所示。JS-27 低速轴端盖放置完成	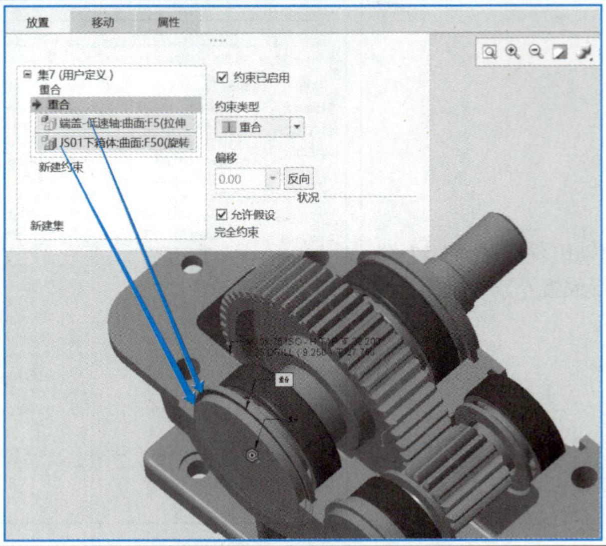	
	（4）高速轴组件用的 JS-16 端盖放置过程与上述过程相同	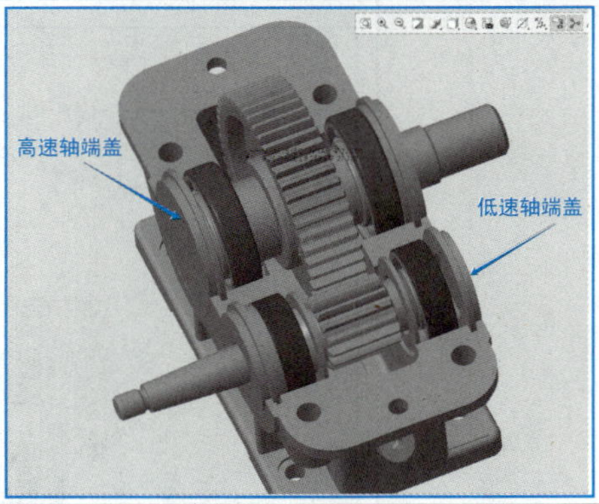	
6	**JS-06 机盖装配：** （1）通过【组装】按钮，逐一将 JS-06 机盖和 JS-23 螺塞、JS13-油尺的模型调入装配环境中，利用上述所学的知识和操作，进行 JS-06 机盖装配操作	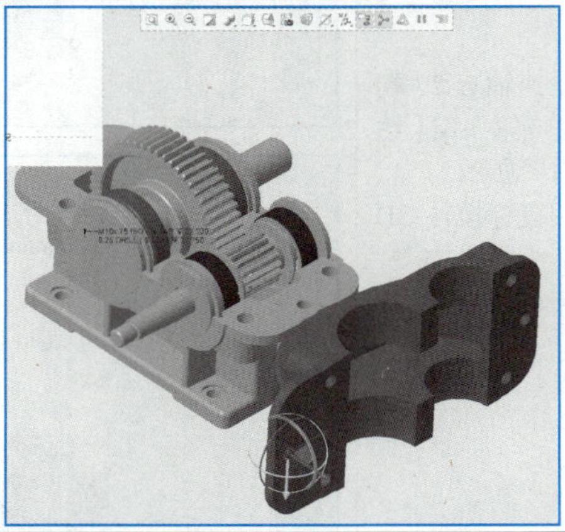	
	（2）JS-06 机盖和 JS-23 螺塞、JS-13 油尺装配完成	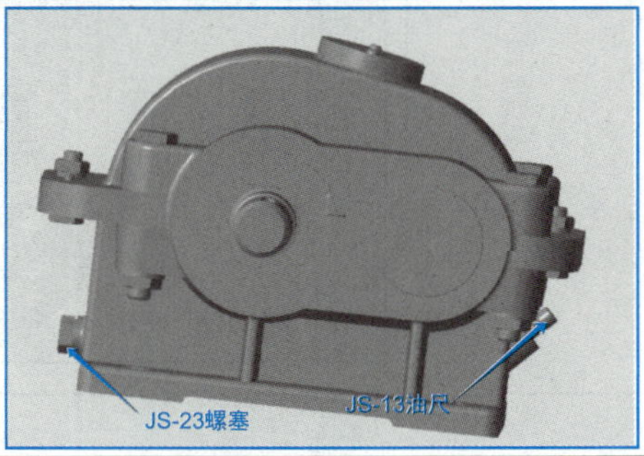	

4. 任务评价

图 5-1 所示的一级直齿圆柱齿轮减速器在装配过程中用到的命令比较简单，主要考查的是读者对总装图的识图能力和对每一个零件位置的判定与放置，确定选择哪些面作为【约束】的选项。

通过本任务的练习，读者对一级直齿圆柱齿轮减速器的结构已经十分熟悉，并且在工程图的识读能力上也有了一定的提高。后续在其他任务中，应继续提高识图能力和三维模型的操作熟练度。

任务 5.2　一级直齿圆柱齿轮减速器的全局干涉检查

1. 任务目标

图 5-2 所示为一级直齿圆柱齿轮减速器三维装配模型，其中 JS-06 机盖为透明状态。

本任务的目标是确保一级直齿圆柱齿轮减速器各构件之间的相互兼容性和协调性。通过干涉检查，我们可以及时发现并解决构件之间的干涉问题，避免在装配或运行过程中发生事故或故障。同时，干涉检查也可以提前预防和纠正设计或制造过程中的错误，提高项目的质量和效率。

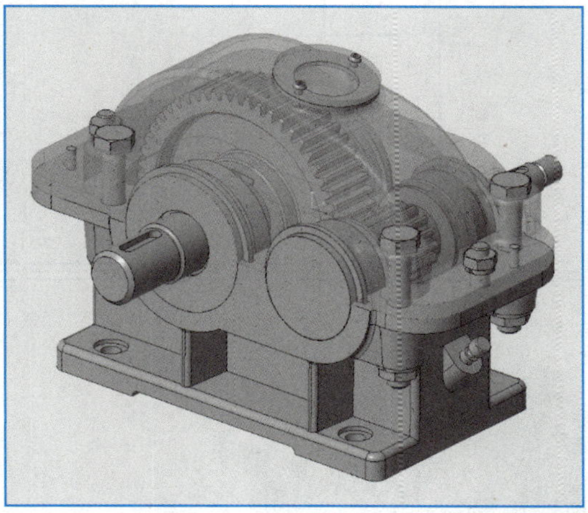

图 5-2　一级直齿圆柱齿轮减速器

2. 任务分析

对于干涉检查，我们首先需要了解什么是干涉。所谓干涉，通常指的是两个或多个构件在装配或运行过程中发生碰撞或相互干扰的情况。干涉可能导致构件的损坏、功能失效以及整个项目的延误。因此，在目前数字化设计过程中，我们可以利用计算机软件对所设计的三维模型进行干涉检查，这样能有效地预防设计过程中被忽视的错误而进入加工环节，从而避免加工过程中不必要的浪费。

我们主要通过三维模型进行干涉检查。使用计算机辅助设计（CAD）软件，如本课程所采用的 Creo 软件，将各个构件的三维模型进行组装，并进行干涉检查。这种方法可以直观地显示出构件之间的干涉情况，方便用户进行必要的调整和修正。

完成该零件的建模需要用到【全局干涉】【仅零件】【仅子装配】【预览】等特征命令，主要创建流程见表 5-2。

3. 任务实施

一级直齿圆柱齿轮减速器全局干涉检查步骤及说明见表 5-2。

表 5-2 一级直齿圆柱齿轮减速器全局干涉检查步骤及说明

序号	步骤	图例	备注
	【全局干涉】分析： （1）打开装配完成的模型。 （2）按图中 1、2 步骤，单击工具栏上的【分析】选项卡，并单击 全局干涉	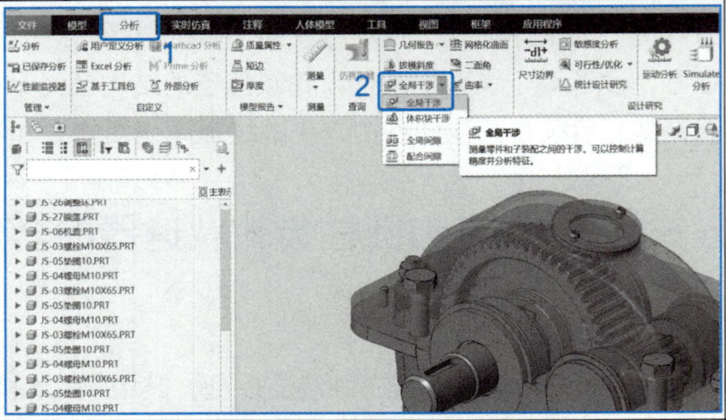	
	（3）在随后弹出的对话框中，需要对分析对象进行设置，如右图所示。 以【仅零件】为例，最后单击【预览】按钮	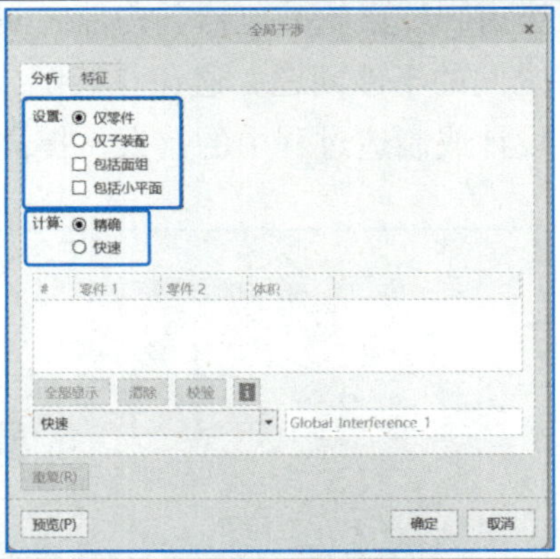	【仅零件】以单个零件为单位给出结果；【仅子装配】以总装中的子装配为单位检查；【包括面组】在全局干涉分析中包括面组；【包括小平面】在全局干涉分析中包括小平面
1	（4）单击【预览】按钮后，所有单个零件之间的干涉检查结果出现在【全局干涉】对话框中。 利用上述方法，可逐一对每条干涉项目进行查看	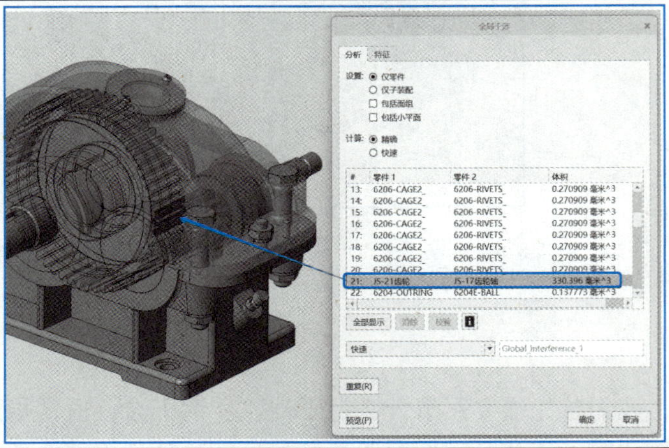	用鼠标左键单击左图方框位置，能看到箭头所示齿轮和齿轮轴干涉情况
		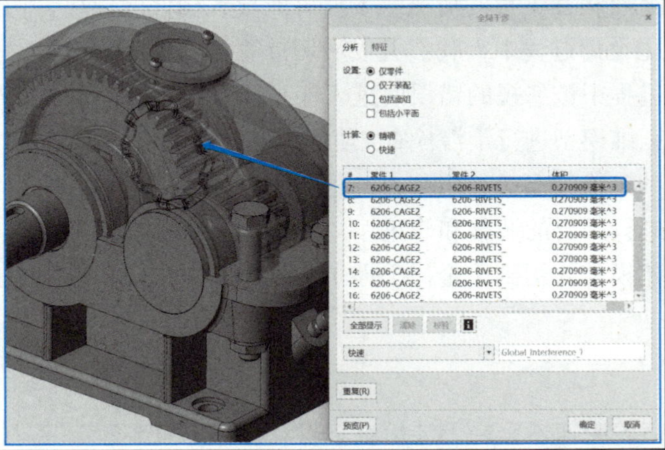	有些（如左图中）轴承的干涉，是模型不够精确、装配不精准而产生的；轴承、螺钉等的配合干涉可不计

续表

序号	步骤	图例	备注
1	（5）除了对干涉点逐条查看外，也可单击右图中【全部显示】按钮，将整个设备中所有干涉点同时显示	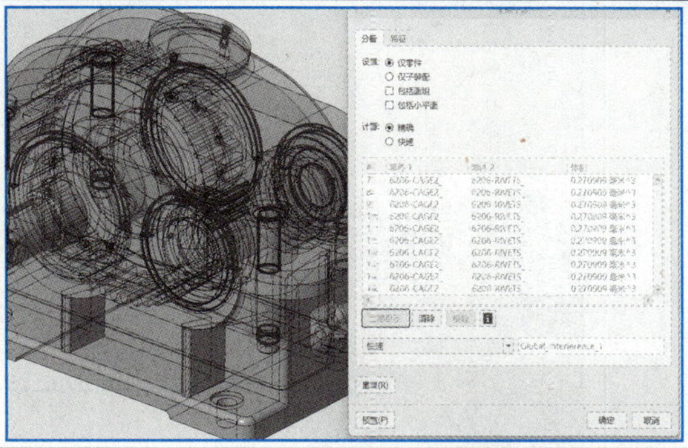	
	两两零部件间【干涉】检查： 以上是对一级直齿圆柱齿轮整体情况的【全局干涉】，当然也可以对其中的某两个部件或零件进行单独的【干涉】检查。 （1）首先，单击【视图管理器】按钮，弹出如右图所示的对话框。 （2）然后，选择【简化表示】【新建】，在框 4 处输入自定义的名称，最后按【Enter】键确定	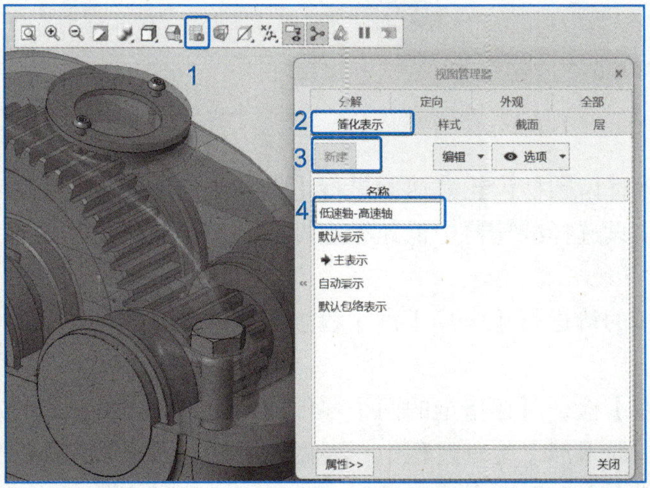	
2	（3）在右图所示的对话框中，可直接在左侧【模型树】中选择需要保留下来进行【干涉】检查的任意两个零部件，直接在前面小方框中打钩即可。然后单击【打开】按钮	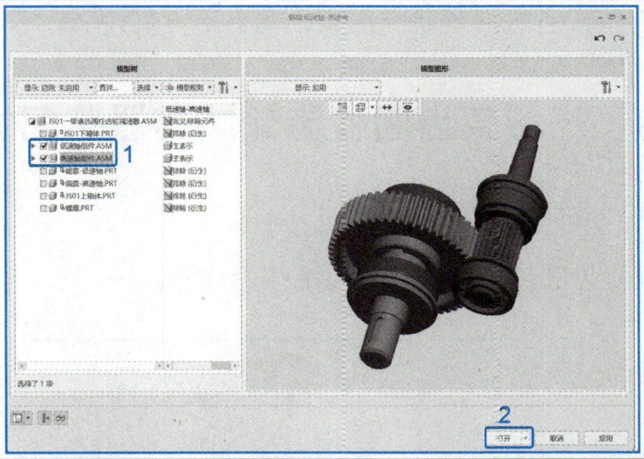	
	（4）单击右下角方框中的【关闭】按钮，再进行【全局干涉】检查	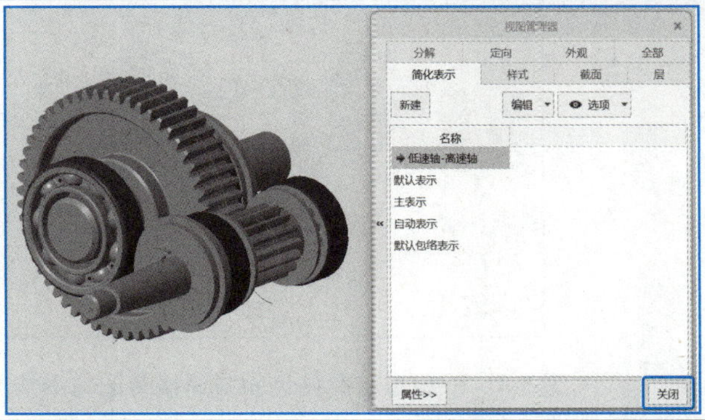	

续表

序号	步骤	图例	备注
2		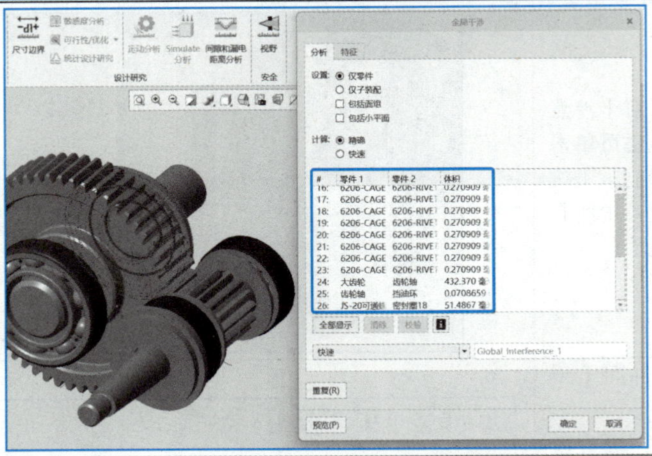	【全局干涉】检查结果仅是低速轴组件和高速轴组件间零部件的干涉情况，比减速器整体中零部件间干涉数量少

4. 任务评价

本任务是对一级直齿圆柱齿轮减速器进行【全局干涉】的操作练习。通过对减速器整体零部件的【全局干涉】检查和只选择减速器中低速轴组件与高速轴组件之间零部件的【全局干涉】检查操作，可得出以下结论：

（1）如果所选择的待进行【全局干涉】检查零部件数量不同，那么所得到的干涉结果项数也是不同的；

（2）【全局干涉】检查可在指定的两个零件或多个零件之间进行操作；

（3）在进行【全局干涉】检查过程中，要做到心中有数，知道哪些干涉是可忽略不计的。

针对三维模型的【全局干涉】检查操作，除本书中所提到的两种干涉检查操作外，还可以进行更多方式的干涉检查，有待读者进一步研究探索，本书不再赘述。

任务 5.3 一级直齿圆柱齿轮减速器装配体爆炸图的建立

1. 任务目标

图 5-3 所示为一级直齿圆柱齿轮减速器装配体爆炸图。

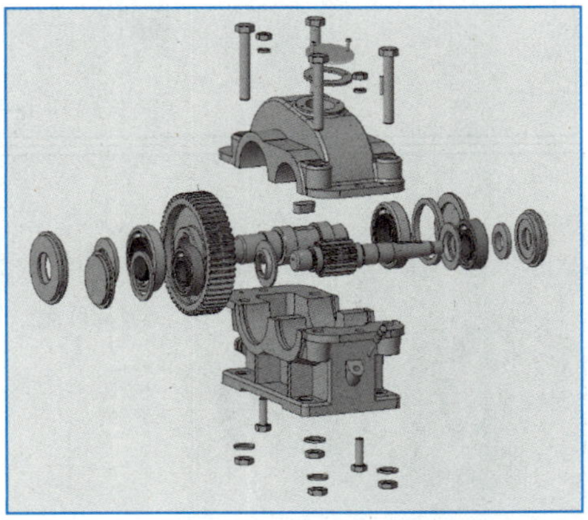

图 5-3 一级直齿圆柱齿轮减速器装配体爆炸图

本任务的目标是让各位读者学习并了解 Creo 软件中针对组件、部件或整机等装配体的爆炸效果图制作，也让大家进一步清晰地了解一级直齿圆柱齿轮减速器各零部件之间的相互位置和安装顺序。

2. 任务分析

在数字化设计时代的工作过程中，无论在产品设计阶段还是向客户展示过程中，装配体爆炸图都可以清晰地展示出整个结构中各部分之间的关系和连接方式，帮助人们更好地理解结构和功能；帮助客户更直观地了解产品的内部结构和工作原理，提升客户对产品的认可度；也可以帮助维修人员更快速、准确地找到需要维修的部件，并指导他们按照正确的顺序进行拆卸、更换或维护工作。

因此，本任务有关 Creo 软件的爆炸图操作内容，将带领各位读者共同探讨爆炸图的制作过程，领略装配体爆炸图的魅力。

微课视频

爆炸图分解操作

完成一级直齿圆柱齿轮减速器装配体爆炸图建立的过程，需要用到【视图管理器】【定向】【新建】【分解】【编辑位置】等命令，主要创建流程见表 5-3。

3. 任务实施

一级直齿圆柱齿轮减速器装配体爆炸图建立步骤及说明见表 5-3。

表 5-3　一级直齿圆柱齿轮减速器装配本爆炸图建立步骤及说明

序号	步骤	图例	备注
1	**视图管理器操作：** （1）在 Creo 软件中打开将要进行爆炸的模型，如图中方框所圈位置，找到【视图管理器】命令按钮，单击打开【视图管理器】对话框	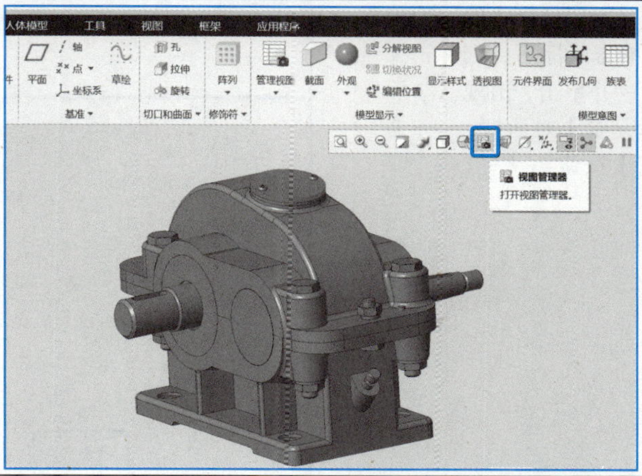	
	（2）在弹出的【视图管理器】对话框中，按图中 1、2、3 的顺序先选择【定向】，再单击【新建】命令，在 3 的位置会出现一个新的视图名称，此处改为“爆炸定向”，方便自己后续查找	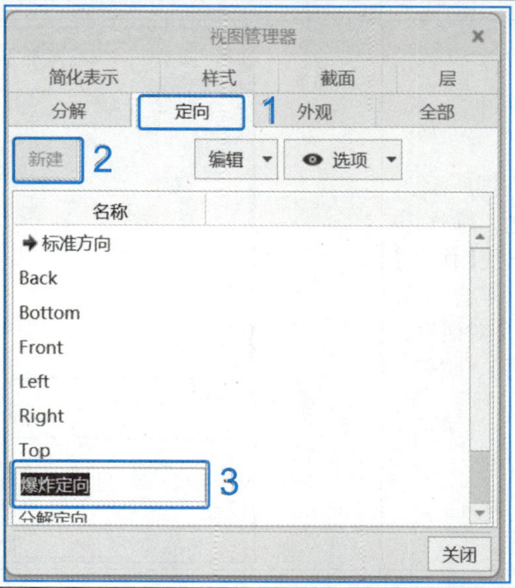	

续表

序号	步骤	图例	备注
	（3）为新建视图输入名称后单击【Enter】键，再将三维模型的视角转到自己认为的合适方向，此时【视图管理器】对话框中“爆炸定向”名称后出现一个“+”号，说明这个新建视图还没有被保存	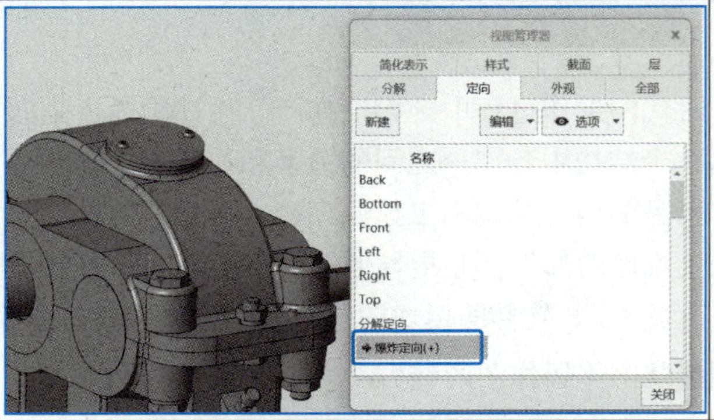	注意：在新建视图还没有被保存（“+”号未消失前）的情况下，如果单击【视图管理器】对话框中的【关闭】按钮，那么刚刚新建的视图也将丢失
1	（4）采用以下两种方法对新建视图进行保存。 方法一：在图中找到【编辑】按钮，单击鼠标后找到【保存】命令并单击，出现【保存显示元素】对话框，单击【确定】按钮，“+”号消失	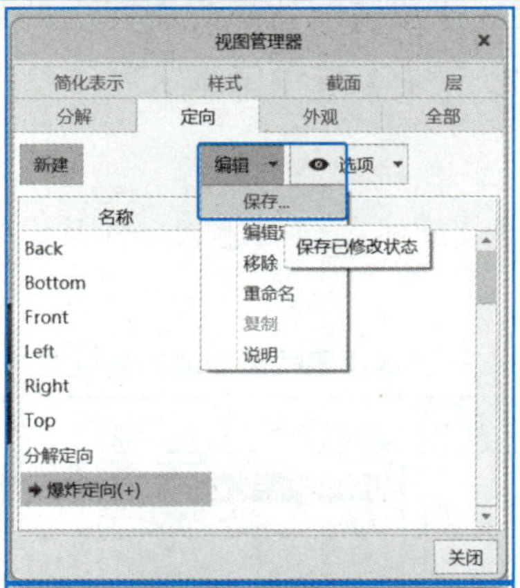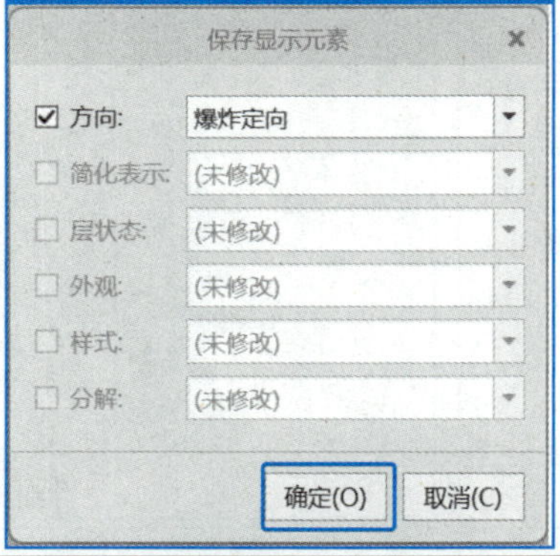	
	方法二：如右图所示，用鼠标选中新建“爆炸定向”视图，右击出现【保存】命令并单击，同样会出现【保存显示元素】对话框，单击【确定】按钮，“+”号消失		

续表

序号	步骤	图例	备注
1	（5）在【定向】命令中，完成【新建视图】这一过程后，首先按右图中步骤 1、2 的顺序进行【分解】【新建】操作，然后在第 3 步输入自己所要定义的爆炸图名称，此处以“减速器爆炸图”为例，最后单击【Enter】键确定	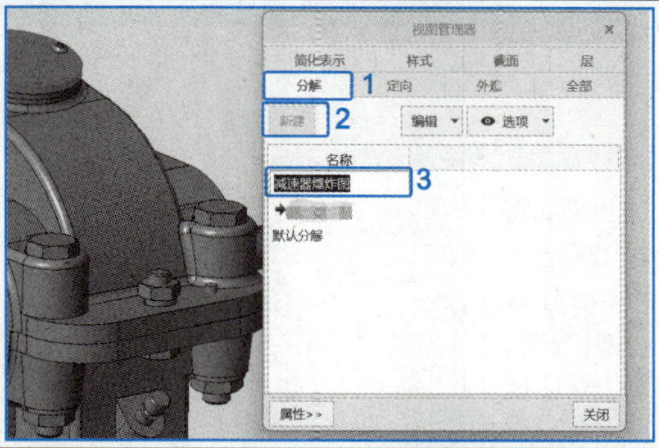	
	（6）接下来将进行三维模型的分解操作过程。 方法一：如右图所示，单击【编辑】下拉菜单找到【编辑位置】命令，即可进入模型零部件位置移动环境	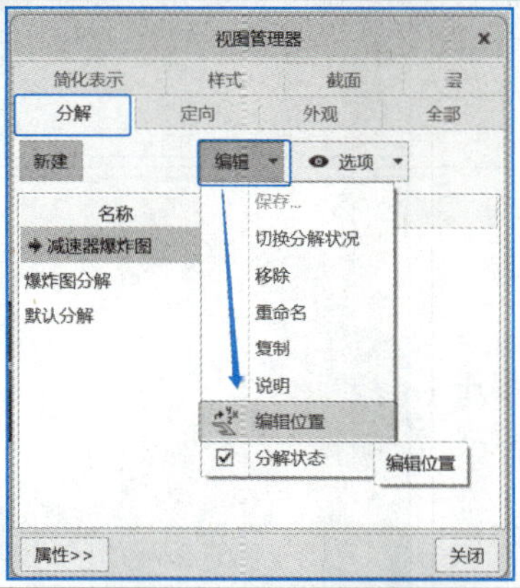	
	方法二：如右图所示，用鼠标选中“减速器爆料图”，右击显示【编辑位置】，再单击确定，即可进入模型零部件位置移动环境	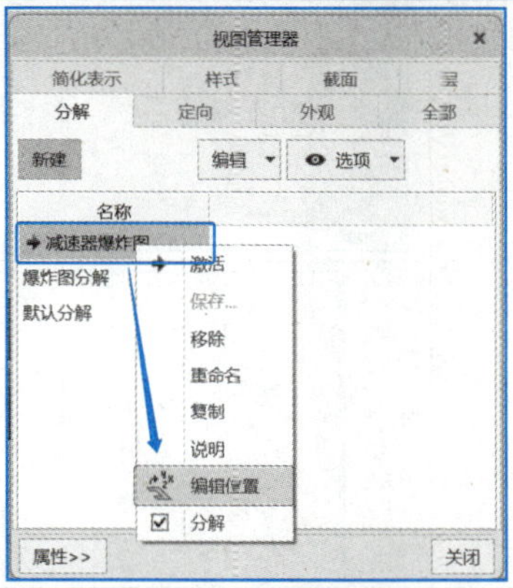	
2	**模型分解：** 进入模型分解界面后，用鼠标左键选择想要移动的零部件。 （1）如图中步骤所示，在步骤 4 处可直接用鼠标拖动 3 个坐标轴对零件进行移动。在步骤 1 处，三个按钮从左至右分别表示：【直线移动】，即沿某一轴或特定直线移动；【旋转】，沿系统默认轴或自行选择轴线旋转；【平面视图】，即所选零部件在视图空间内任意位置移动	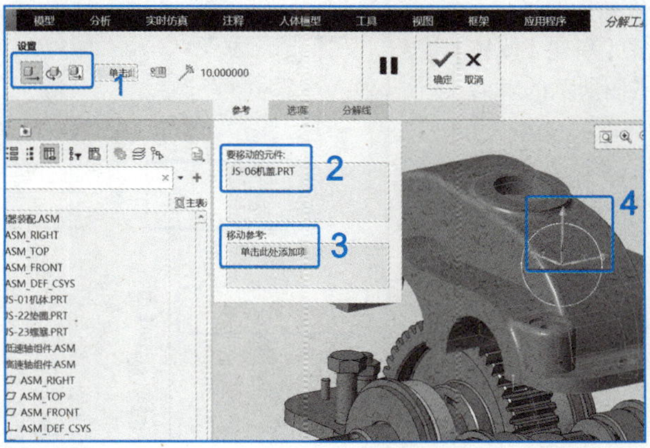	注意：步骤 2 处为【要移动的元件】，显示的是当前所选中的零部件。 步骤 3 处为【移动参考】，显示的是操作者自行选择的零件上的直线

续表

<table>
<tr><th>序号</th><th>步骤</th><th>图例</th><th>备注</th></tr>
<tr><td rowspan="2">2</td><td>（2）按照上述步骤，将一级直齿圆柱齿轮减速器的每一个零部件移动分解后，单击上方【确定】按钮，返回【视图管理器】对话框</td><td>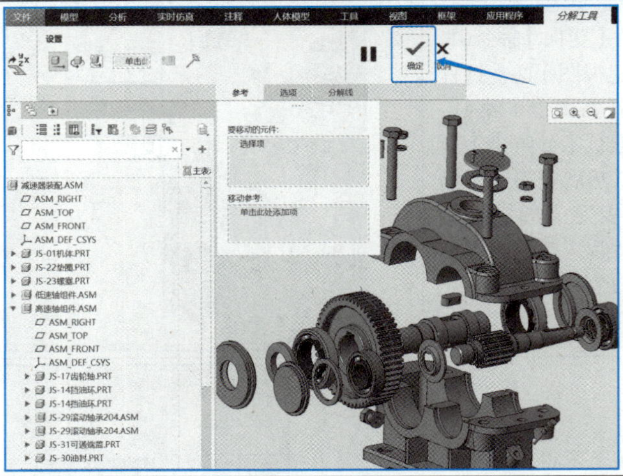</td><td></td></tr>
<tr><td>（3）此时“减速器爆炸图”后带有“+”号，表示当前分解视频尚未保存。
利用【定向】中新建视图保存的方法，将当前【分解】中的爆炸图进行保存</td><td>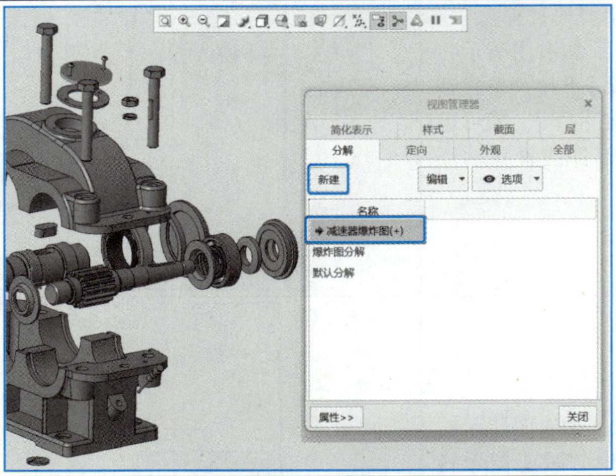</td><td></td></tr>
<tr><td>3</td><td>制作二维爆炸图纸：
（1）单击【新建】按钮 ，弹出如右图所示的对话框。按图中 1、2、3、4 步骤进行操作</td><td>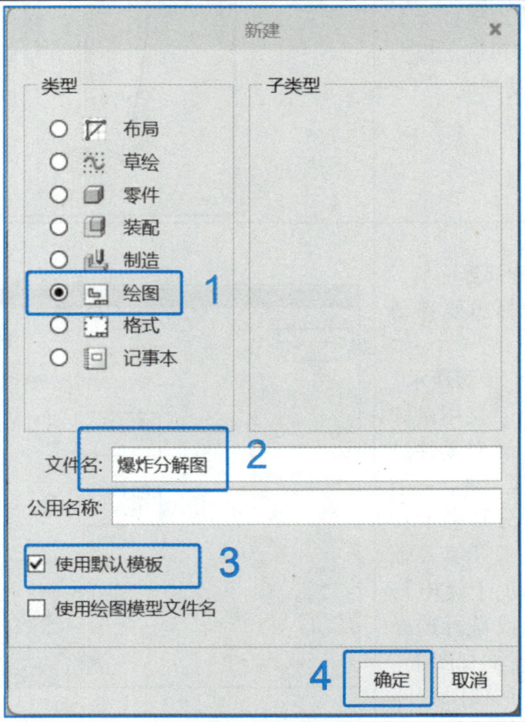
</td><td>步骤 3 为选择图纸模板，若自己没有图纸模板，则此处可打钩，选用 Creo 系统内自有模板。反之，步骤 3 左侧小方框中不打钩，选用自有模板</td></tr>
</table>

续表

序号	步骤	图例	备注
	（2）在【新建绘图】对话框中，按步骤 1、2、3 的顺序选择模板。 （3）本例中，【指定模板】选择为【空】，【方向】选择为【横向】，图幅【大小】选择为 A2 图幅，然后单击【确定】按钮进入图纸界面	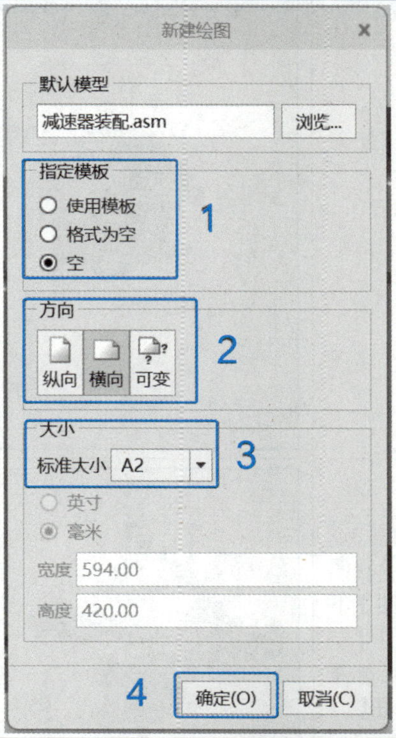	
3	（4）在窗口空白处右击，选择【普通视图】命令。 （5）随后在弹出的【选择组合状态】对话框中，在步骤 1 所示的两种状态中任选其一，然后单击【确定】按钮	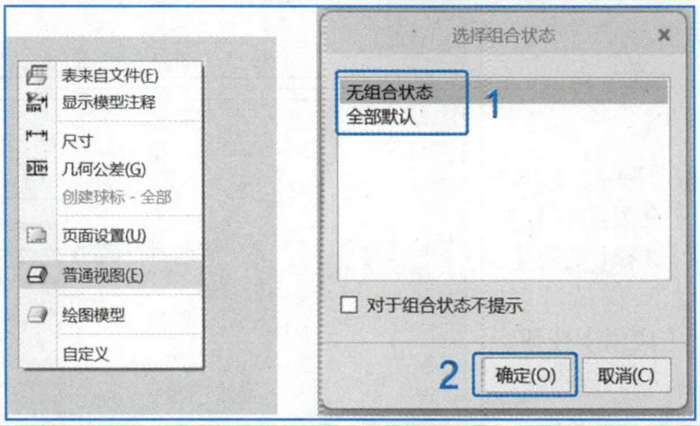	
	（6）在图框空白区域的任意位置单击鼠标左键，将爆炸分解后的模型调入图纸。 （7）按步骤 1、2、3、4 的顺序，首先选择【视图类型】，在下方找到模型分解前新建的【爆炸分解】视图，然后单击【应用】按钮，减速器模型自动变成【定向】视图，最后进行【比例】设置	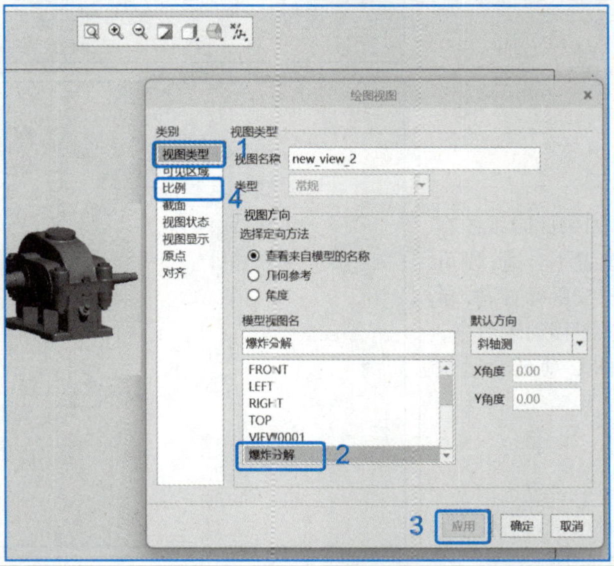	

续表

序号	步骤	图例	备注
3	（8）按右图中步骤 1、2、3 的顺序重设图纸比例	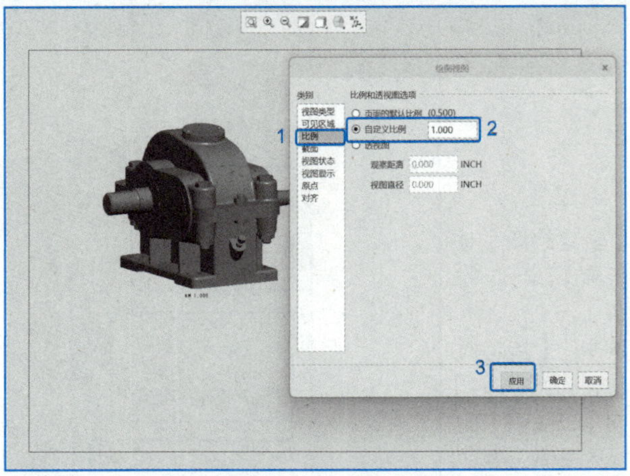	比例大小根据模型在图框中的大小自行决定（符合工程制图中国家标准规定的比例值即可）
	（9）按步骤 1、2、3、4 的顺序，首先选择【视图状态】，在【分解视图】下面【视图中的分解元件】左侧方框中打钩，然后选择【爆炸分解】，最后单击【应用】按钮	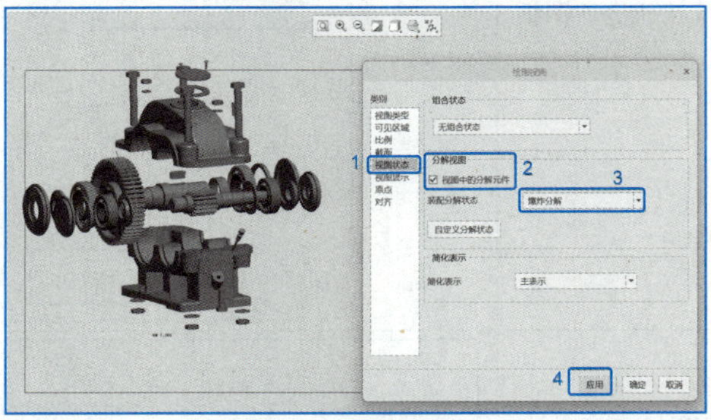	
	（10）按步骤 1、2、3、4 的顺序，【视图显示】中【显示样式】选择【消隐】、【相切边显示样式】为 无，单击【应用】按钮，最后单击【确定】按钮退出对话框	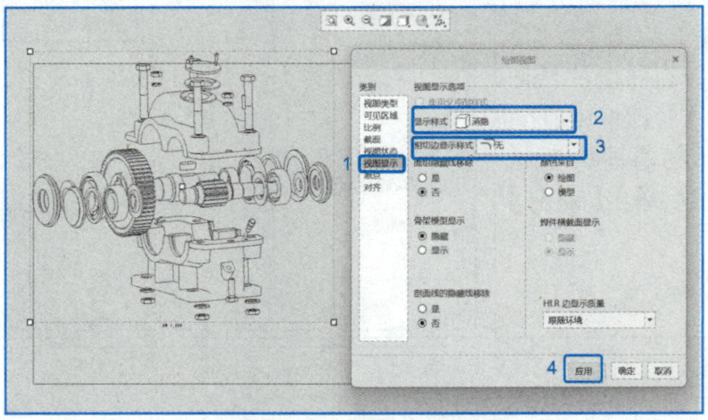	
	（11）如果此时视图在图框中的位置不合适，则可在视图中长按鼠标右键，单击【锁定视图移动】命令，即可将视图移动至合适位置	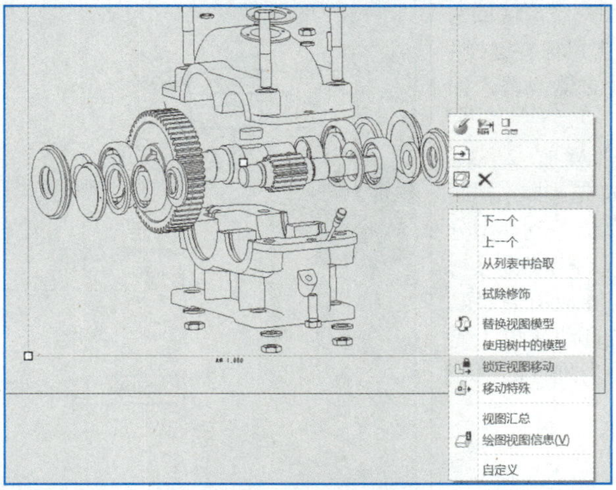	此类图纸可以用于产品使用说明书、装配工艺文件等场合

4. 任务评价

本任务是对一级直齿圆柱齿轮减速器进行爆炸分解的操作练习。通过对减速器整体零部件的分解，读者不仅学习了使用 Creo 软件进行模型爆炸分解的操作过程，而且能够进一步了解一级直齿圆柱齿轮减速器各零部件之间的相互位置和安装顺序。

模块6 一级直齿圆柱齿轮减速器运动仿真

【素养园地】

社会主义核心价值观之诚信、友善

陈嘉庚是中国近现代史上著名的爱国华侨、企业家、教育家、慈善家、社会活动家，以诚信、勤俭、乐善著称。早年的陈嘉庚随父亲去新加坡学习经商。1904 年，陈嘉庚父亲在新加坡的企业破产，按照当地法律，儿子不必承担父亲债务。但陈嘉庚决定代父还债，从经营米店、罐头厂干起，历经几年，连本带利地还清了父亲所欠的全部债务，并在日后凭借诚信的声誉和勤俭的美德，逐渐成为东南亚的大实业家。1913 年陈嘉庚回家乡集美，先后创办了集美小学、集美中学和师范、集美学校水产科、集美高级商业学校等，后来又创建了厦门大学。陈嘉庚长期承担了各所学校庞大的教育支出，哪怕在 1929 年爆发世界经济危机时，他宁愿抵押自己的住宅，后致易主，也坚决不停办学校，相当于用尽全部身家来办家乡的教育、造福一方百姓。时至今日，人们依然感念陈嘉庚先生的诚信、友善，不忘他“诚以待人，毅以处事”的精神。

素养启迪：

陈嘉庚先生的诚信与友善，不仅体现在他的商业实践中，更延伸至他的公益事业中。他的慷慨捐赠，体现了企业家的责任感与社会担当，树立了良好的道德榜样。在当代社会，诚信已成为企业和个人立身之本，友善则是人际交往的基本准则。陈嘉庚的故事提醒我们，在任何时候都要坚守诚信，以诚待人，以德交友。

任务　一级直齿圆柱齿轮减速器运动仿真

机构运动仿真功能是 Creo 的重要特性之一，该功能能够帮助设计者在设计阶段就对产品的运动学特性进行详细的模拟和验证。

本任务以一级直齿圆柱齿轮减速器为载体，进行减速器的仿真，熟悉 Creo 的仿真流程。

1. 任务目标

本任务按图 6-1 所示完成一级直齿圆柱齿轮减速器的运动仿真。

2. 任务分析

图 6-1 所示为一级直齿圆柱齿轮减速器的装配体。本任务是在原有装配体的基础上进行运动仿真，可将低速轴组件中的 JS-18 轴.prt、JS-28 键 A8×7×20.prt、JS-21 齿轮.prt 这三个零件以及高速轴组件

中的 JS-17 齿轮轴.prt 这一个零件隐藏，保持原有的其他装配关系不变，再添加这 4 个零件，改变装配特征，满足运动仿真条件，实现运动仿真。

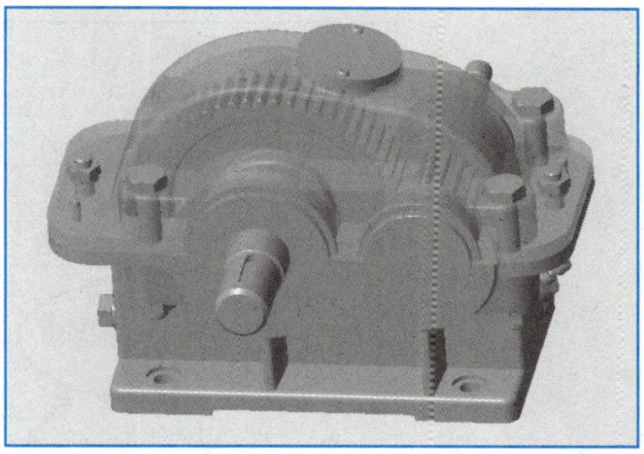

图 6-1　一级直齿圆柱齿轮减速器的装配体

完成运动仿真需要用到连接类型【销】、约束中的【重合】命令、应用程序【机构】中的【齿轮】【伺服电机】【机构分析】等命令，主要创建流程见表 6-1。

3. 任务实施

表 6-1 详细描述了一级直齿圆柱齿轮减速器运动仿真的步骤及说明。

表 6-1　一级直齿圆柱齿轮减速器运动仿真的步骤及说明

序号	步骤	图例	备注
1	**打开装配体文件：** 在工具栏中单击 或单击菜单【文件】→【打开】命令，找到装配体所在文件夹，找到装配体文件“减速器装配.asm”，单击【打开】按钮	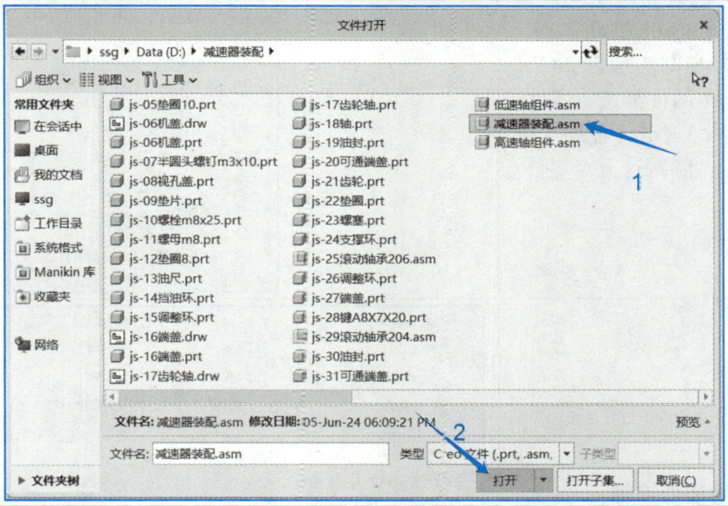	
2	**隐藏零件和装配的基准轴、基准点、基准平面和注释等：** 单击快捷菜单中的【基准显示过滤器】（如箭头 1 所示），单击【（全选）】前的 （如箭头 2 所示），取消基准显示，单击【注释显示】按钮 （如箭头 3 所示），取消注释显示	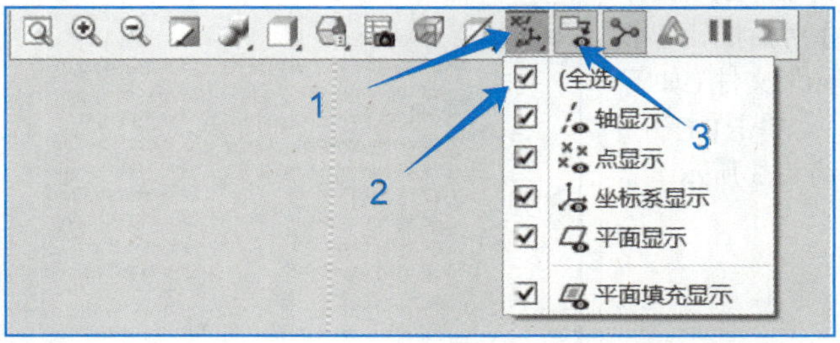	装配体中显示零件基准、装配基准和零件注释，造成显示比较杂乱，故在装配前取消基准显示和注释显示

续表

序号	步骤	图例	备注
3	**隐藏指定零件：** （1）单击左侧模型树中的低速轴组件前面的按钮▶，展开低速轴组件（如箭头 1 所示）； （2）按住【Crtl】键，单击选择三个零件（如箭头 2 所示）； （3）单击[隐藏按钮]（如箭头 3 所示），隐藏零件； （4）同理，隐藏高速轴组件中的 JS-17 齿轮轴.prt 零件	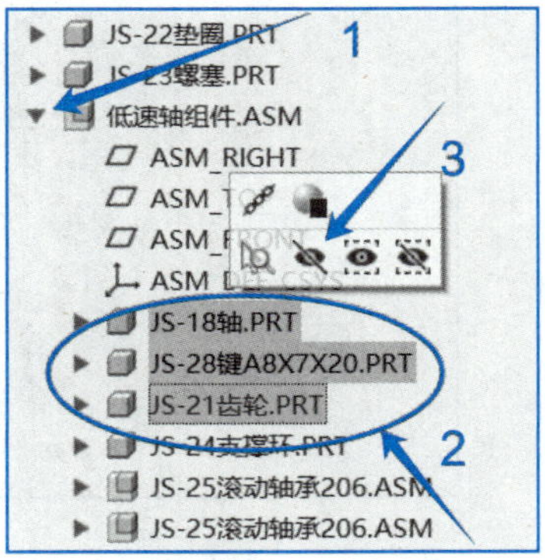	将要仿真的组件进行隐藏，不影响其他件的装配关系，重新添加该组件，按照运动仿真关系进行装配
4	**隐藏 JS-06 机盖.prt、JS-09 垫片.prt、JS-08 视孔盖.prt、JS-07 半圆头螺钉 M3×10.prt 零件：** （1）按住【Crtl】键，单击左侧模型树中的 js-06 机盖.prt、JS-09 垫片.prt、JS-08 视孔盖.prt、JS-07 半圆头螺钉 M3×10.prt（两件都选）零件； （2）单击【隐藏】按钮[隐藏按钮]，隐藏这五个零件	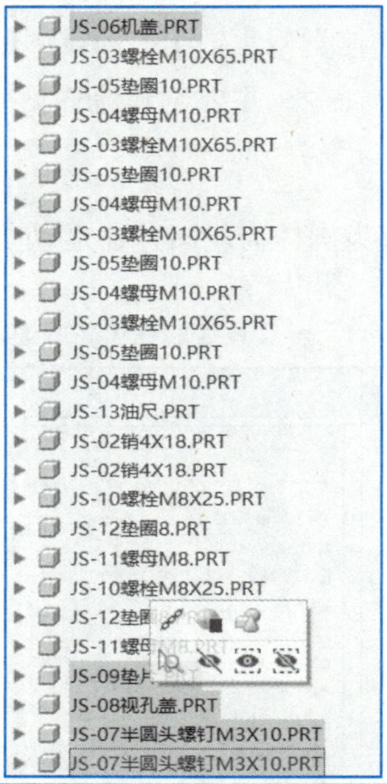	隐藏这几个零件是为了装配仿真的时候，能更好地显示运动仿真的效果
5	**组装低速轴：** （1）单击【组装】按钮（如箭头 1 所示），弹出【打开】对话框，选中“js-18 轴.prt”文件（如箭头 2 所示），单击【打开】按钮（如箭头 3 所示）	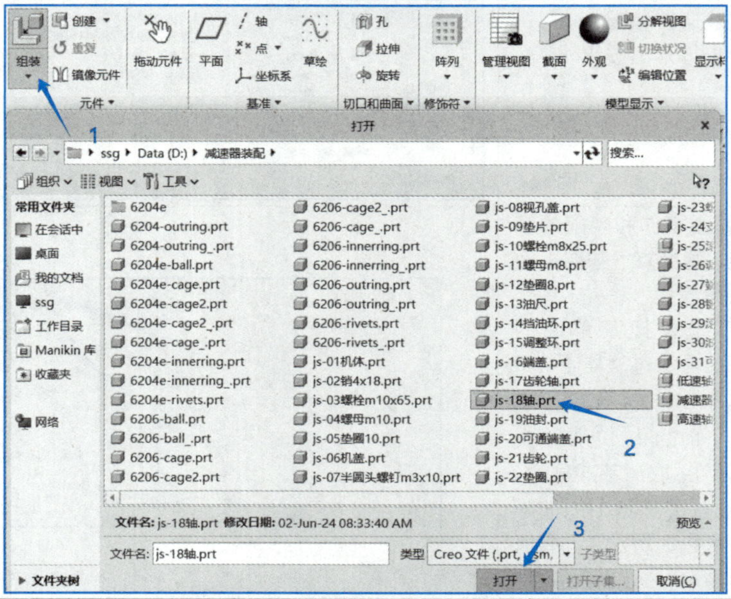	

续表

序号	步骤	图例	备注
5	（2）单击左上角【连接类型】右侧按钮▾（如箭头 1 所示），选择【销】（如箭头 2 所示）	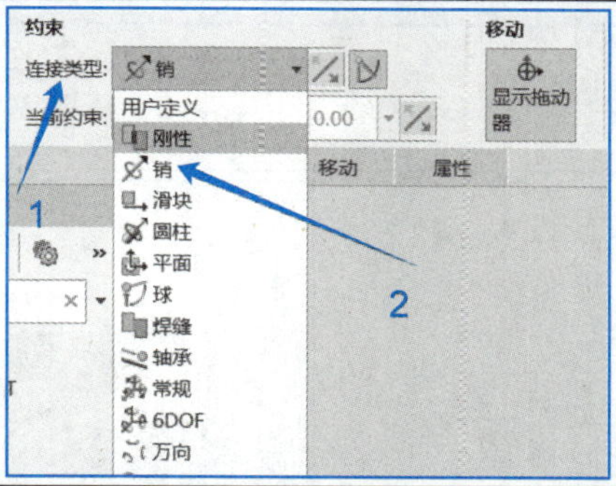	
	（3）将鼠标移动到 3D 拖动器位置（如箭头 1 或者 2、3、4 所示），按住鼠标左键，可对零件移动或转动，将零件调整到合适的位置处	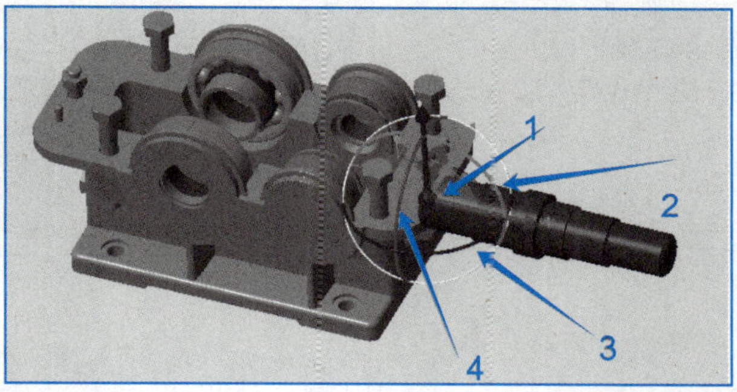	箭头 1：按住鼠标左键，拖动零件；箭头 2、3、4：按住鼠标左键，转动零件
	（4）用鼠标单击箭头 1 和箭头 2 所示的位置，在【放置】【轴对齐】中自动添加如箭头 3 所示的平面（箭头 1 和箭头 2 所选特征），箭头 4 所示的约束类型中若不是【重合】约束，则单击右侧按钮▾，选择【重合】约束，偏移距离（如箭头 5 所示）若不是 0.00，则改成 0.00	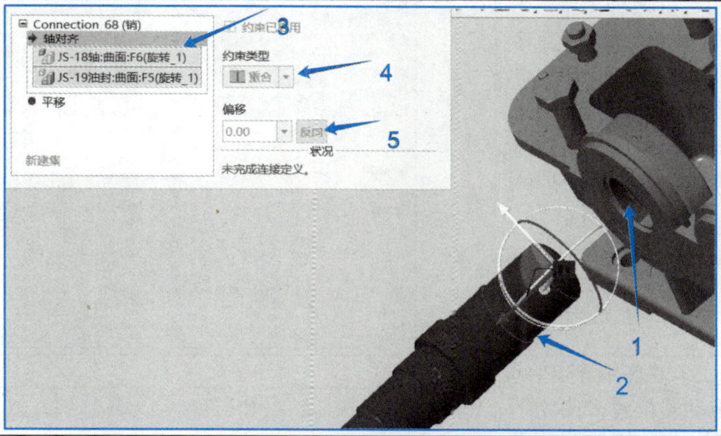	【轴对齐】：可选择零件和组件曲面（轴线）重合
	（5）按住鼠标滚轮（中键），转动视角，选中 JS-18 轴上箭头所指端面		
	（6）同理选中 JS-24 支撑环上箭头所指端面，完成【放置】【平移】装配		

续表

序号	步骤	图例	备注
5	（7）单击【确定】按钮，完成 JS-18 轴的【销】的定义与安装	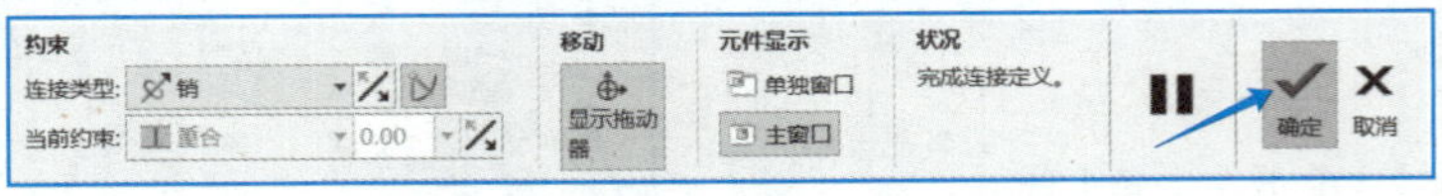	
6	**拖动原件：** 单击拖动原件（如箭头 1 所示）按钮，单击箭头 2 所示的曲面，移动鼠标，将 JS-18 轴键槽转到箭头 3 所示的位置	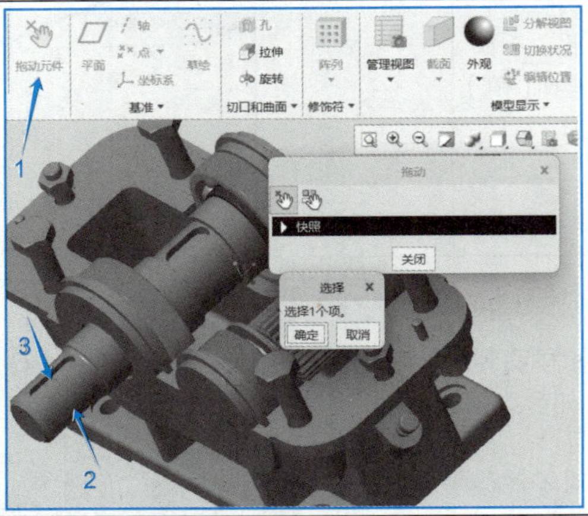	
7	**组装低速轴齿轮：** （1）单击【组装】按钮（如箭头 1 所示），弹出【打开】对话框，选中“js-18 轴.prt”文件（如箭头 2 所示），单击【打开】按钮（如箭头 3 所示）	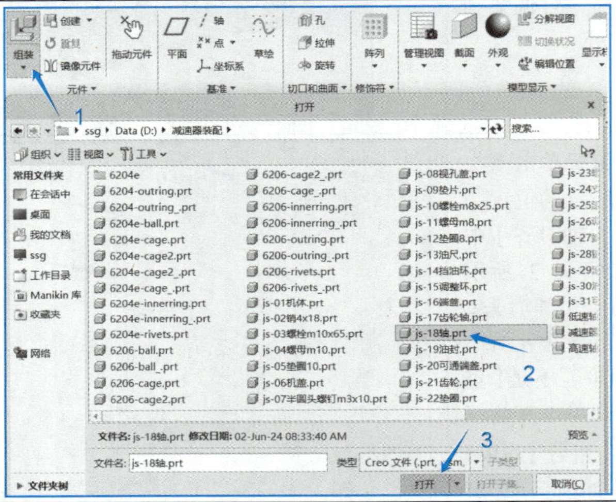	
	（2）将鼠标移动到 3D 拖动器位置，按住鼠标左键，可将零件移动或转动，将零件调整到合适的位置处。 （3）单击鼠标将约束类型选为【重合】（如箭头 1 所示），选中箭头 2、箭头 3 所示的曲面，完成【重合】约束	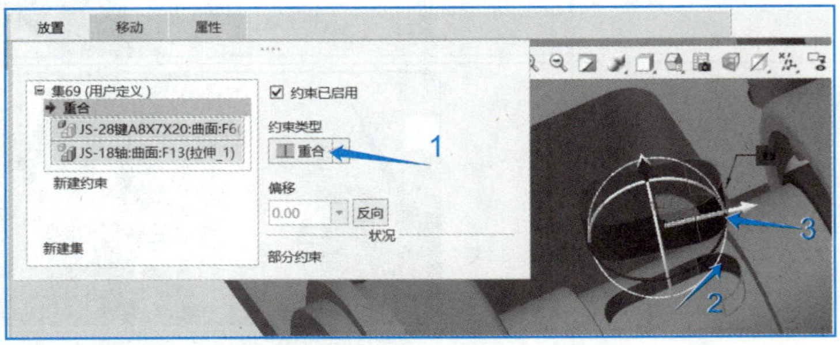	
	（4）单击鼠标将约束类型选为【重合】（如箭头 1 所示），选中箭头 2、箭头 3 所示的曲面，完成【重合】约束	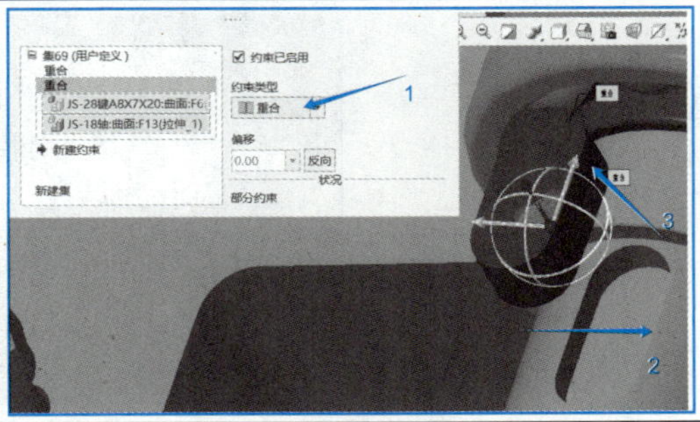	

续表

序号	步骤	图例	备注
7	（5）单击鼠标将约束类型选为【重合】（如箭头 1 所示），选中箭头 2、箭头 3 所示的曲面，完成【重合】约束	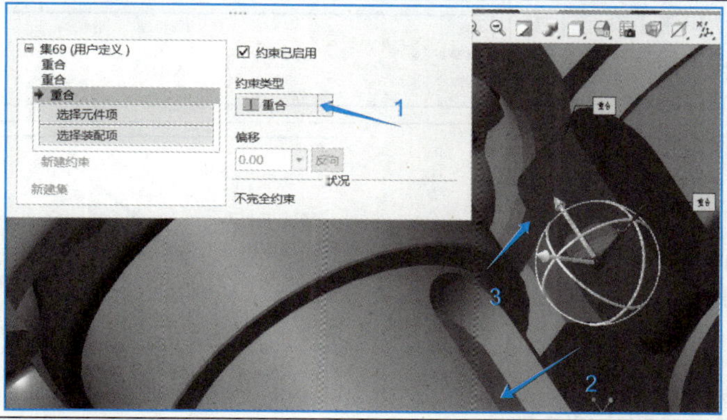	
	（6）单击【确定】按钮（如箭头所示），完成 JS-28 键 A8×7×20 零件的装配	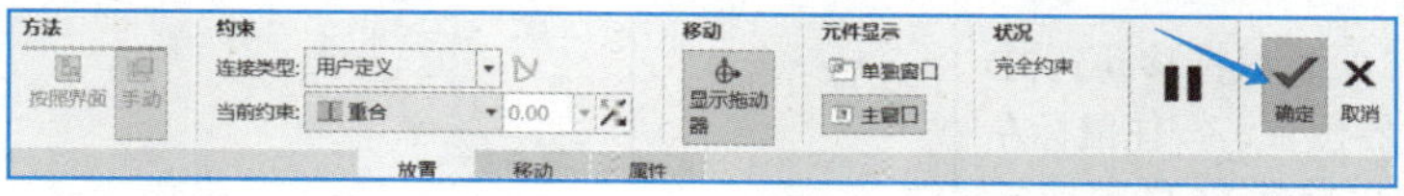	
8	**安装低速轴齿轮：** （1）单击【组装】按钮，弹出【打开】对话框，选中“js-21 齿轮.prt”文件，单击【打开】按钮； （2）将鼠标移动到 3D 拖动器，按住鼠标左键，将零件移动或转动到合适位置处； （3）选中如箭头 1、2 所示的曲面，完成【重合】约束。约束类型选为【重合】，如箭头 3 所示	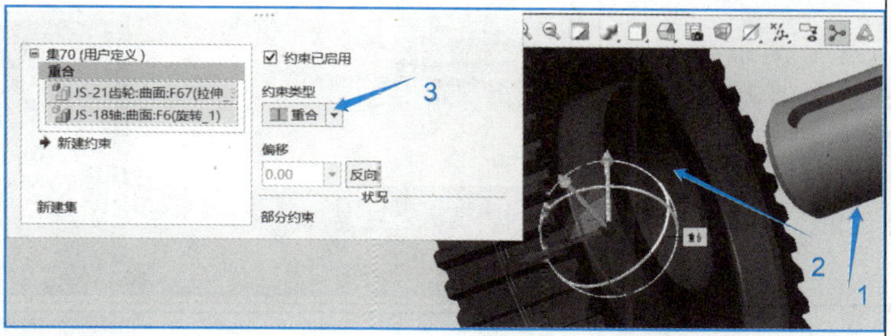	
	（4）选中箭头 1（键槽直端面）、箭头 2（键的直端面）所示的曲面，完成【重合】约束。如果箭头 3 所示的约束类型不是重合，则选为【重合】	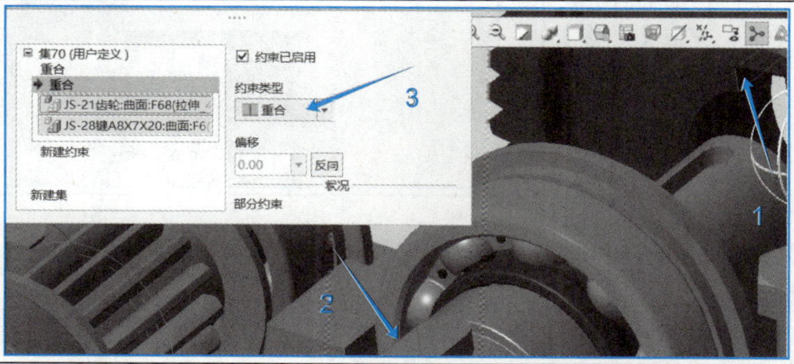	
	（5）选中箭头 1（齿轮端面）、箭头 2（支撑环端面）所示的平面，完成【重合】约束。如果箭头 3 所示的约束类型不是重合，则选为【重合】	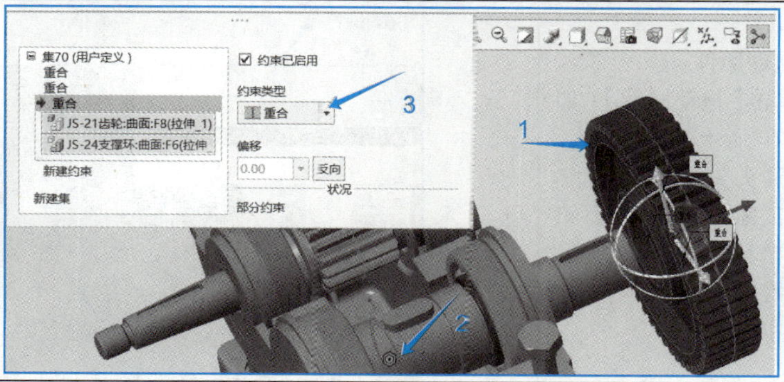	

续表

序号	步骤	图例	备注
8	（6）单击【确定】按钮（如箭头所示），完成JS-21齿轮零件的装配	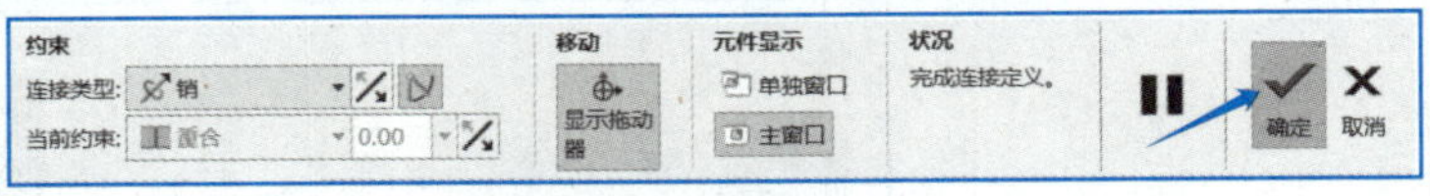	
9	**安装齿轮轴：** （1）单击【组装】按钮，弹出【打开】对话框，选中“js-17 齿轮轴.prt”文件，单击【打开】按钮。 （2）单击左上角【连接类型】右侧按钮▾，选择【销】，单击【确定】按钮。 （3）将鼠标移动到3D拖动器位置，按住鼠标左键，可将零件移动或转动，将零件调整到合适的位置处	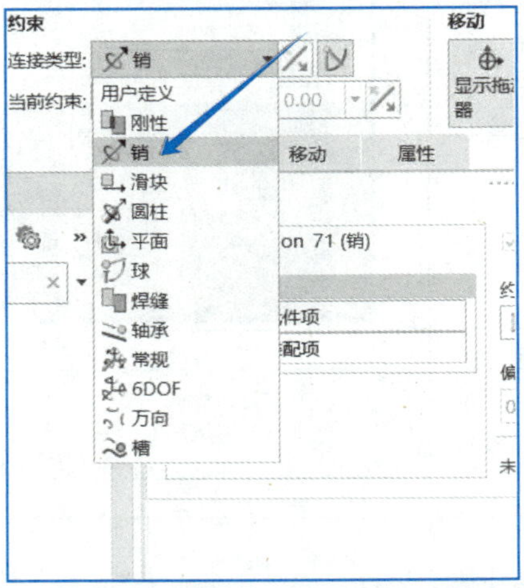	
	（4）选中箭头1（JS-31 油封内孔）、箭头2（JS-17 齿轮轴外径）所示的曲面，完成【轴对齐】约束	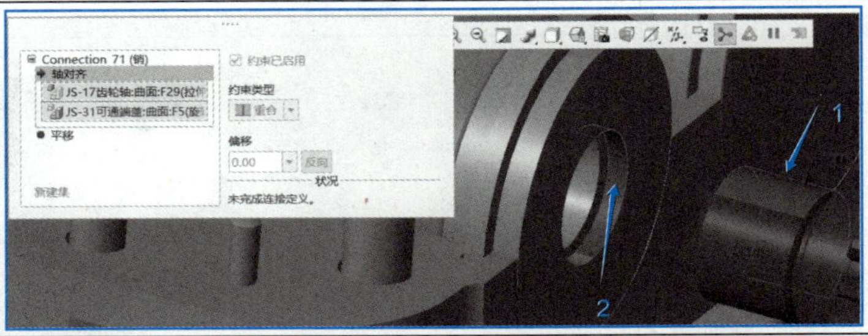	
	（5）选中箭头1（JS-14 内端面）、箭头2（JS-17 齿轮轴轴肩）所示的平面，完成【平移】约束。如果箭头3所示的约束类型不是重合，则选为【重合】	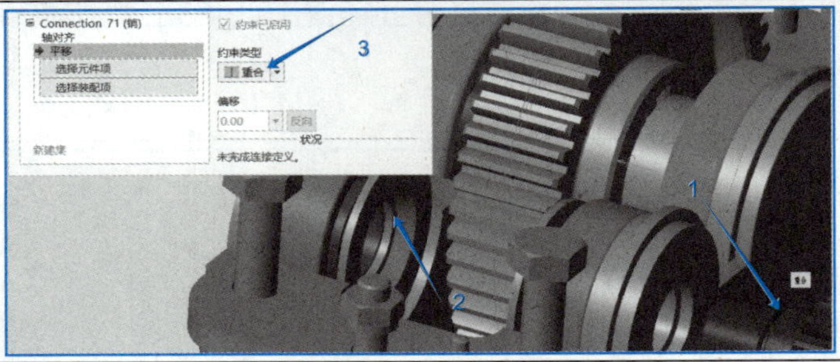	
	（6）单击【确定】按钮，完成JS-17齿轮轴零件的装配	（略）	
10	**拖动原件：** 单击【拖动原件】（如箭头1所示）按钮，单击箭头3所示的曲面，移动鼠标，将JS-17齿轮轴键槽转到箭头2所示的位置	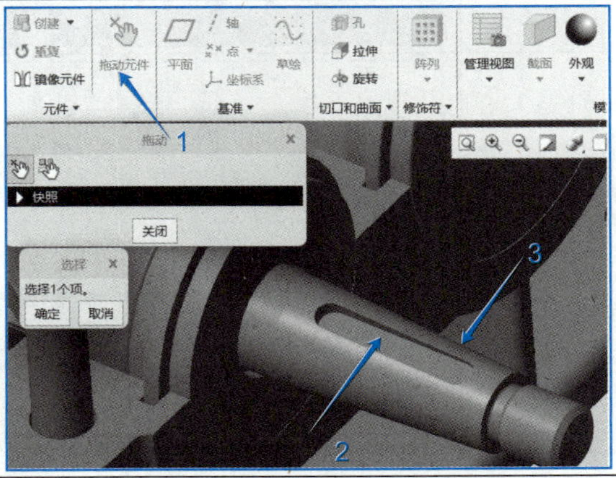	

续表

序号	步骤	图例	备注
11	**齿轮副定义：** （1）单击【应用程序】（如箭头 1 所示），单击【机构】按钮（如箭头 2 所示）。 （2）单击【齿轮】按钮（如箭头 3 所示）	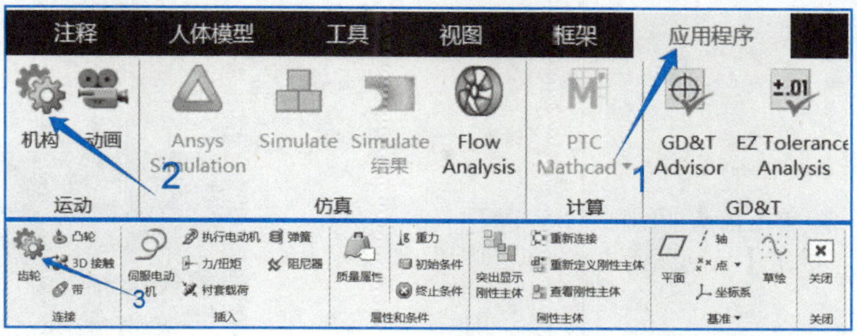	
	（3）出现【齿轮副定义】对话框（如箭头 1 所示），单击箭头 2 所示的箭头，确定运动轴，在箭头 3 所示的位置处输入节圆直径“110”	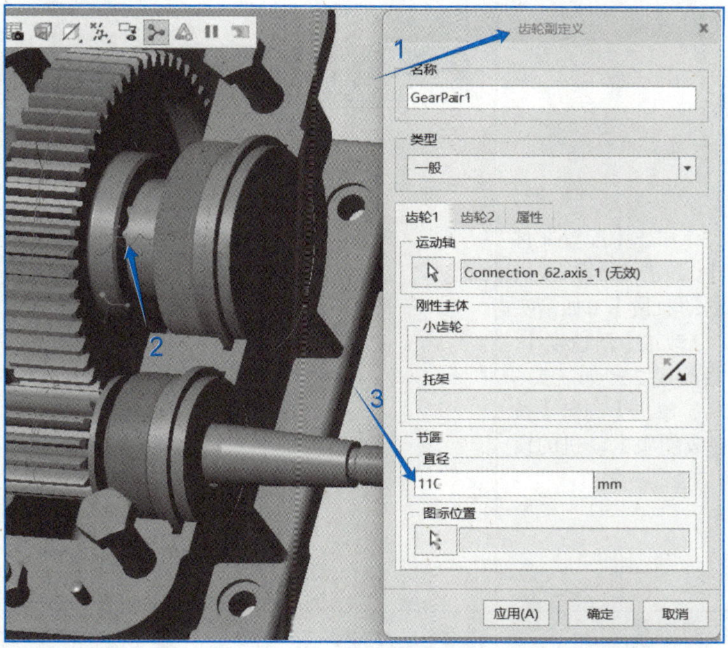	箭头 2：齿轮 1 的运动轴。 箭头 3：确定节圆直径，节圆直径=模数×齿数。 大齿轮的模数为 2，齿数为 55
	（4）单击【齿轮 2】选项（如箭头 1 所示），单击箭头 2 所示的箭头，确定运动轴，在箭头 3 所示的位置处输入节圆直径“30”，单击【确定】按钮（如箭头 4 所示），完成齿轮副定义	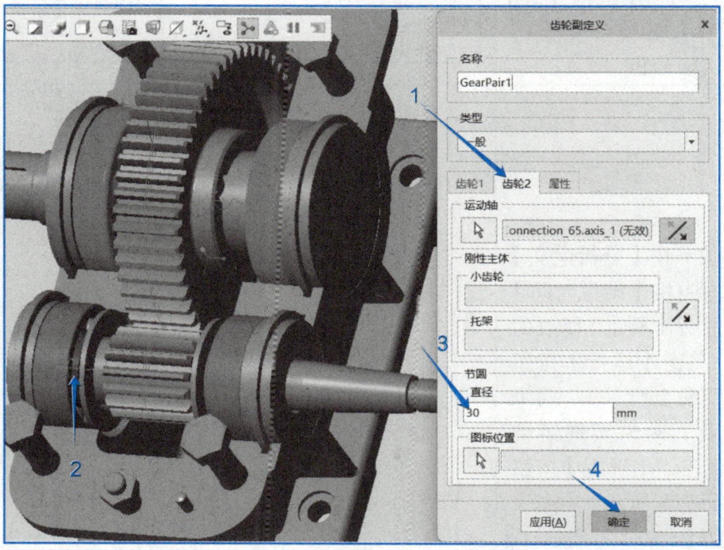	箭头 2：齿轮 2 的运动轴。 箭头 3：确定节圆直径，节圆直径 = 模数×齿数。 小齿轮的模数为 2，齿数为 15
12	**伺服电机设置：** （1）单击箭头所示的【伺服电动机】按钮	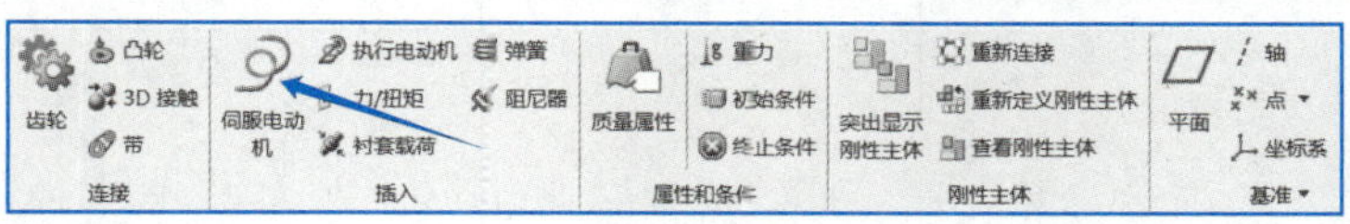	设置动力机构

续表

<table>
<tr><th>序号</th><th>步骤</th><th>图例</th><th>备注</th></tr>
<tr><td rowspan="2">12</td><td>（2）单击箭头所示的箭头，确定【从动图元】</td><td>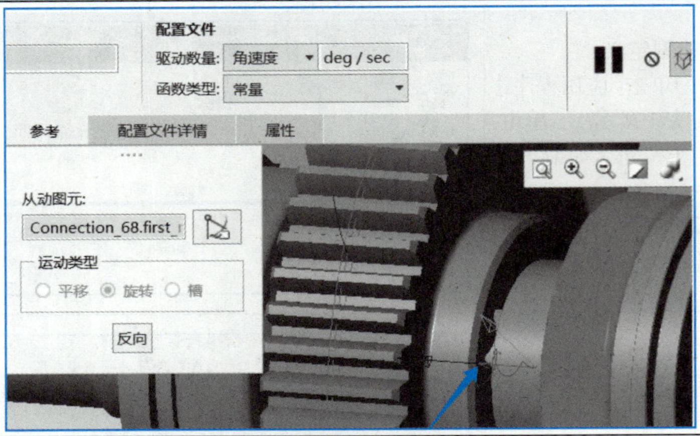
</td><td>设置伺服电机的运动轴</td></tr>
<tr><td>（3）单击【配置文件详情】（如箭头 1 所示），将【驱动数量】（如箭头 2 所示）改成【角速度】，将系数改成 20（如箭头 3 所示），单击【确定】按钮，完成伺服电动机的设置</td><td>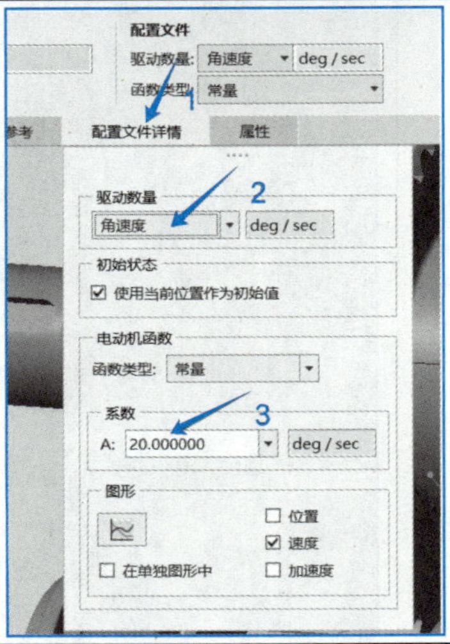
</td><td></td></tr>
<tr><td rowspan="2">13</td><td>**运动仿真：**
（1）单击【机构分析】按钮（如箭头所示），启动机构分析</td><td>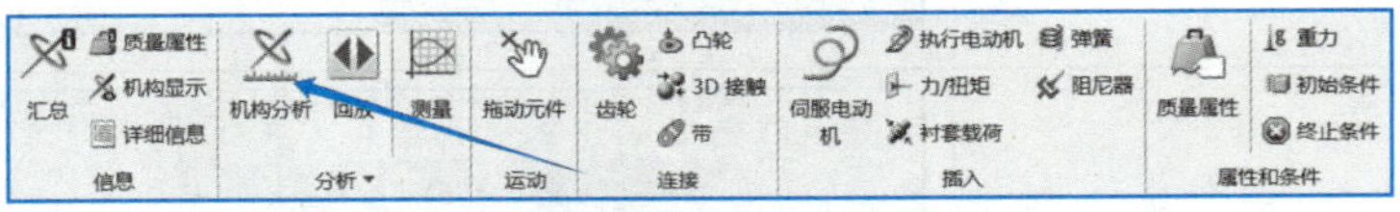
</td><td></td></tr>
<tr><td>（2）在【分析定义】对话框中将【结束时间】（如箭头 1 所示）修改为 100，单击【运行】按钮（如箭头 2 所示），两个齿轮及其附件实现运动仿真。单击【确定】按钮（如箭头 3 所示），完成运动仿真</td><td>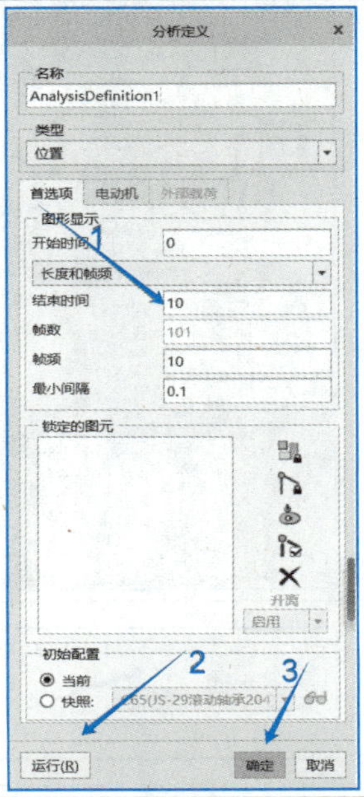
</td><td></td></tr>
</table>

续表

序号	步骤	图例	备注
	回放功能： （1）单击【回放】按钮（如箭头所示），启用回放功能		
14	（2）弹出【回放】对话框，单击【结果集】按钮（如箭头所示）	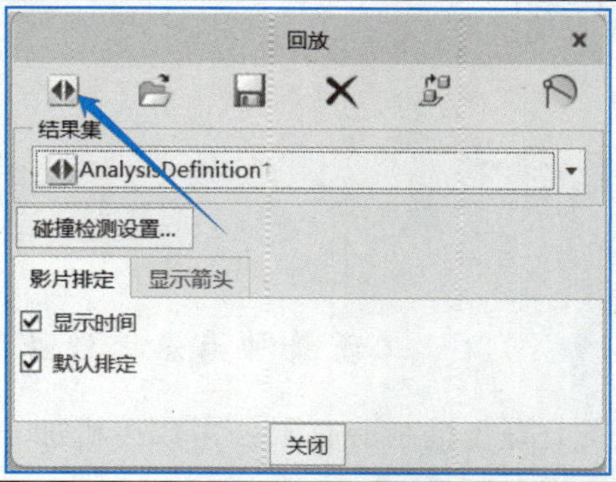	
	（3）弹出【动画】对话框，单击播放按钮（如箭头 1 所示），单击【捕获...】按钮（如箭头 2 所示），可将播放动画生成视频文件，保存到指定位置，可观看运动仿真回放	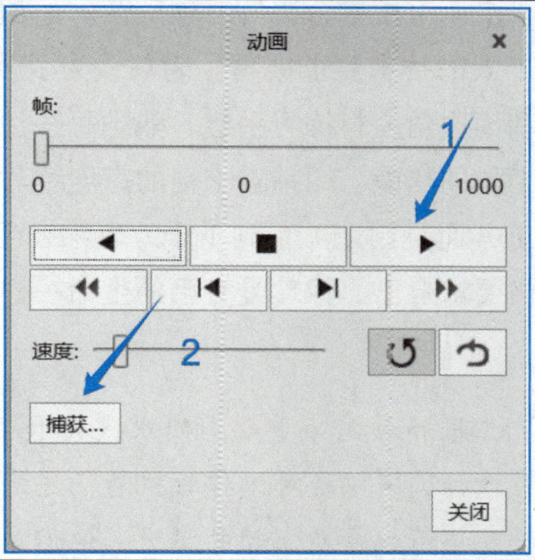	

4. 任务评价

本任务介绍了一级直齿圆柱齿轮减速器齿轮运动仿真，通过【销】连接方式，设置齿轮副和伺服电动机及相关参数，实现运动仿真，虽然只是销连接的方式，但涵盖了仿真的全过程。

通过对本任务的介绍，读者应该熟悉了运动仿真过程，并对运动仿真有了一个初步的了解。其他运动仿真可以通过本任务的介绍举一反三，反复训练，进而达到掌握其他运动仿真操作的目的。

模块7 一级直齿圆柱齿轮减速器工程图的绘制

【素养园地】

工匠精神内涵之敬业、精益

胡双钱，中国商飞上海飞机制造有限公司数控机加车间钳工组组长，曾获全国劳动模范、全国“五一”劳动奖章、上海市质量金奖等多项殊荣。他加工的零部件中，最大的将近 5 米，最小的比曲别针还小，对工人的技术要求极高。胡双钱为了苦练技术，常常一周有六天把自己关在数控机床加工车间里，利用边角废料练习手感，熟悉每一件工具设备。30 多年里，他用实际行动诠释了一名技术工人对工作的热爱，用精益求精的态度续写着无差错的传奇。他曾说：“自身的工作并不是简单的零件加工，而是制造关系到千千万万乘客生命安全的航空产品。平时工作中，每每想到此，就必然会严格要求自己，像珍爱自己的生命一样对待产品质量。”

素养启迪：

在现代化进程中，工匠精神尤为重要。胡双钱数十年如一日，潜心钻研，力求精进，他的敬业精神让人钦佩。这种精神，不仅是对工作的执着，更是对技艺无止境追求的写照。在当今社会，各行各业都需要这样一丝不苟、精益求精的工匠，他们是推动社会进步的隐形英雄。

任务 7.1　一级直齿圆柱齿轮减速器零件工程图的绘制

本任务的目标是根据轴类、盘类和箱体类零件的三维数模，完成其工程图的创建。具体任务包括制作工程图模板，设置图纸方向和格式、设置字体大小、设置箭头格式与大小等，创建主视图、侧视图、俯视图、剖视图及辅助视图等，添加尺寸标注和公差，并确保符合工程制图标准和规范。

学生将学习如何使用 Creo 软件创建和标注不同类型零件的工程图，包括标注表面粗糙度符号及技术要求，以及在标题栏中输入相关信息，最终确保工程图符合设计要求。

7.1.1　JS-18 轴的工程图创建

1. 任务目标

本任务按 JS-18 轴的三维数模（如图 7-1 所示）完成工程图的创建。

图 7-1　JS-18 轴的三维数模

2. 任务分析

任务开始时，首先新建一个工程图模板文件，并设置其方向和标准大小。接着，在模板文件中制作标题栏并输入相关信息。然后，新建 JS-18 轴的工程图文件，设置其为第一视角。创建工程图的主视图和剖视图时，需要依据三维数模生成截面图。标注工程图的尺寸和公差是一个重要环节，需要准确地显示零件的各个尺寸、中心线及表面粗糙度等信息。最后，对图纸进行适当的编辑和调整，以确保其符合工程制图标准和规范。主要创建流程见表 7-1。

微课视频

JS-18 轴的工程图创建

3. 任务实施

表 7-1 详细描述了图 7-1 所示的工程图创建步骤及说明。

表 7-1　JS-18 轴的工程图创建步骤及说明

序号	步骤	图例	备注
1	新建工程图模板文件： （1）在工具栏中单击【新建】按钮（如 1 所示）或者单击菜单栏【文件】→【新建】命令，在弹出的【新建】对话框中，【类型】选择【格式】（如 2 所示），单击【确定】按钮（如 4 所示）	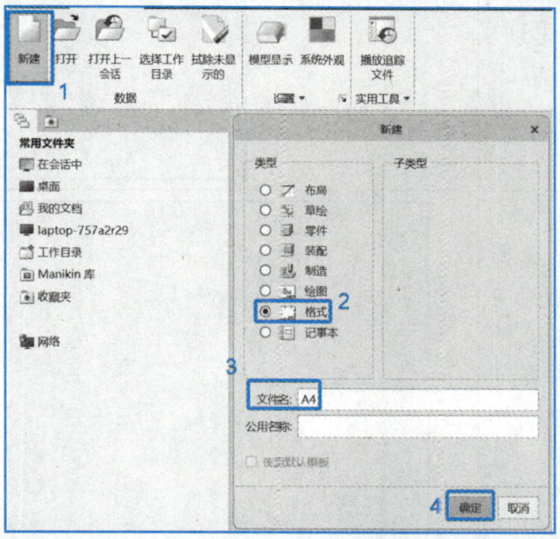	提示：文件名可以在此修改，这里命名为 A4（如 3 所示）
	（2）在弹出的【新格式】对话框中，【指定模板】选择【空】（如 1 所示），【方向】选择【横向】（如 2 所示），【标准大小】选择 A4（如 3 所示），单击【确定】按钮	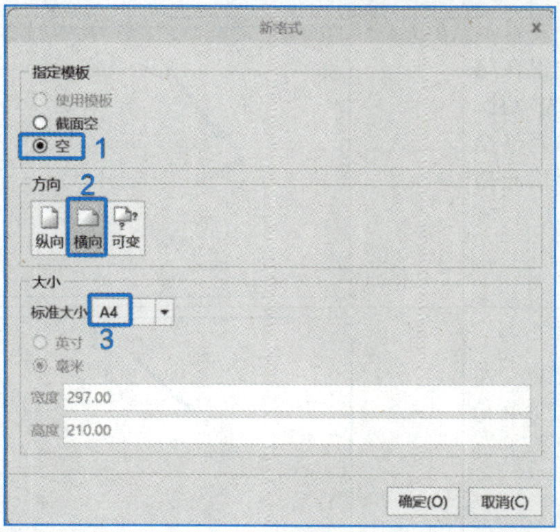	

续表

序号	步骤	图例	备注
2	**制作工程图模板标题栏：** （1）单击【表】选项卡下【表】组中的【表】命令下拉菜单里的【插入表】（如 1 所示）命令	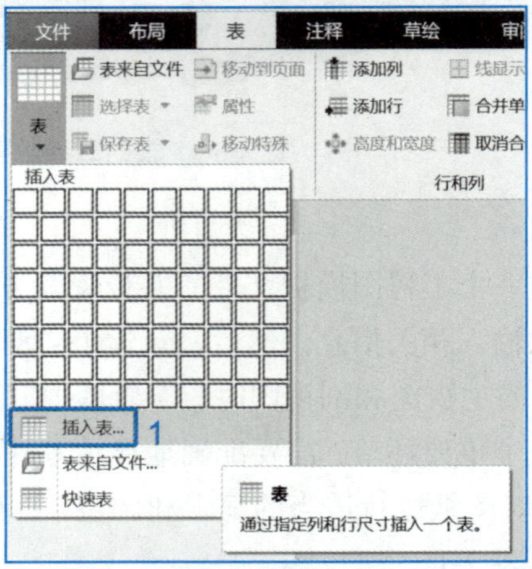	简化标题栏，其尺寸为 140 × 32，详细尺寸如下：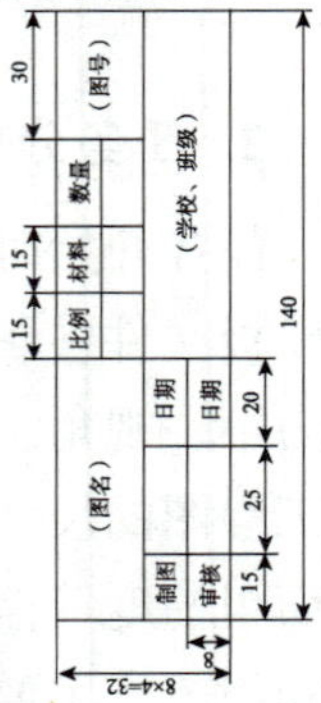
	（2）在弹出的【插入表】对话框【表尺寸】中，【列数】输入 7（如 1 所示），【行数】输入 4（如 2 所示）。取消勾选【自动高度调节】（如 3 所示）。 【行】的【高度（MM）】输入 8（如 4 所示），【列】的【宽度（MM）】输入 15（如 5 所示），单击【确定】按钮	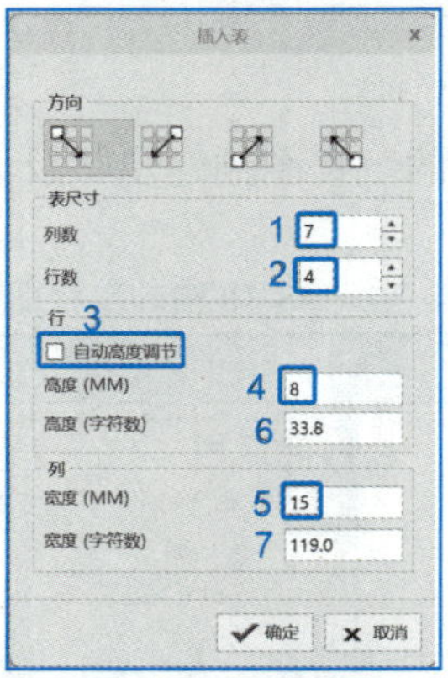	提示： 【行】的【高度（MM）】输入 8，【列】的【宽度（MM）】输入 15 后，系统会自动得到【行】的【高度（字符数）】和【列】的【宽度（字符数）】的值（如 6、7 所示）
	（3）在弹出的【选择点】对话框中，选择如 1 所示的选项，单击图纸任意位置，移动生成的表到图纸右下角处，与图纸外框（如箭头 2、3 所示）重合	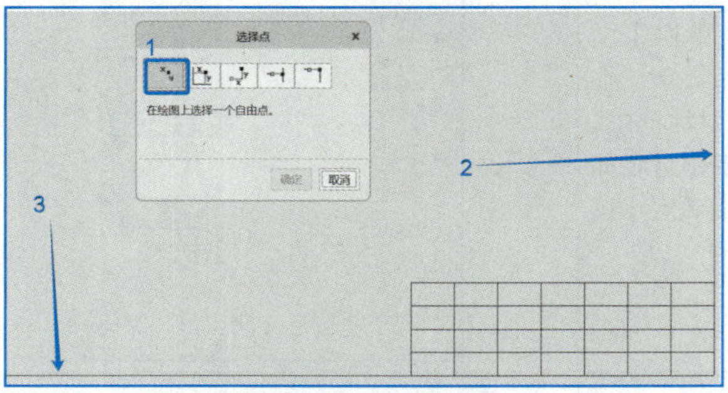	
	（4）将鼠标放置在第二个单元格里，右击两次鼠标，使第二列单元格全选中，此时第二列单元格全部呈橘色（如箭头 1 所示）	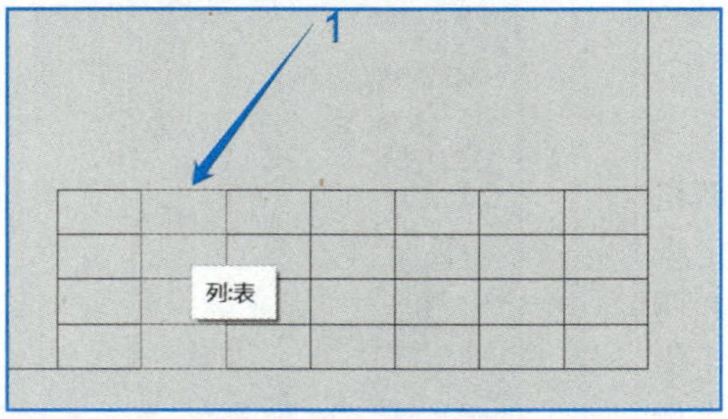	
	（5）接着单击第二列单元格，此时第二列单元格全部呈绿色（如箭头 1 所示）	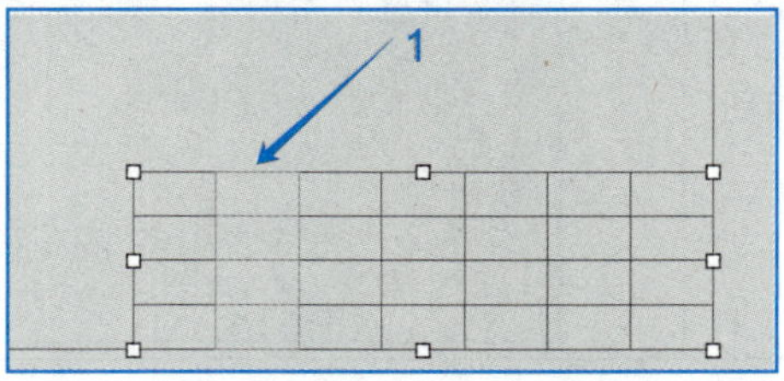	

续表

序号	步骤	图例	备注
2	（6）接着长按鼠标右键，选择【宽度】命令（如箭头 1 所示）	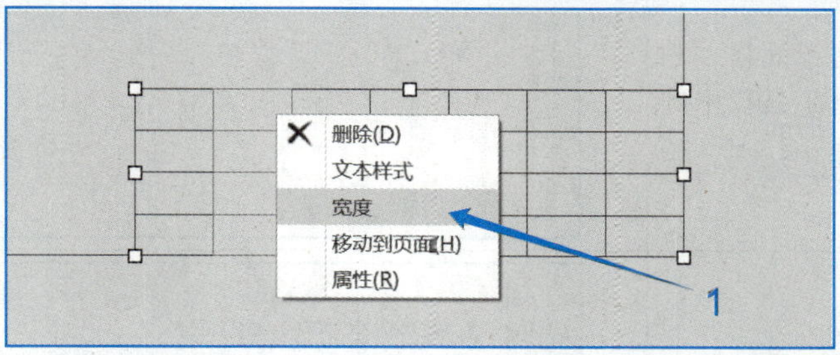	
	（7）在弹出的【高度和宽度】对话框中，修改【列】中的【宽度（绘图单位）】为 25（如箭头 1 所示），单击【确定】按钮	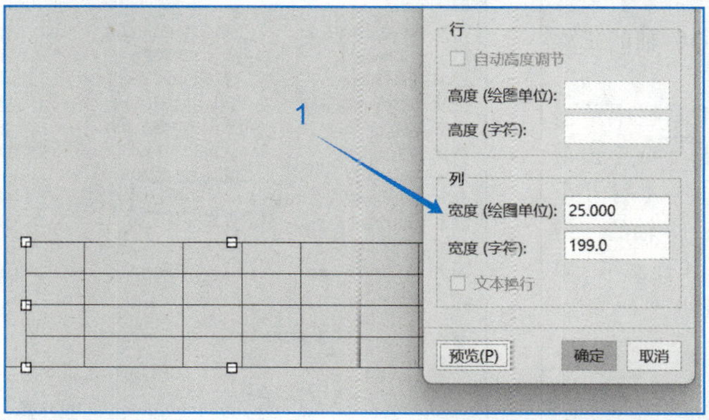	
	（8）按照上述方法依次修改第 3、6、7 列单元格宽度，分别为 20、20、30，再移动标题栏到图纸右下角处，与图纸外框重合	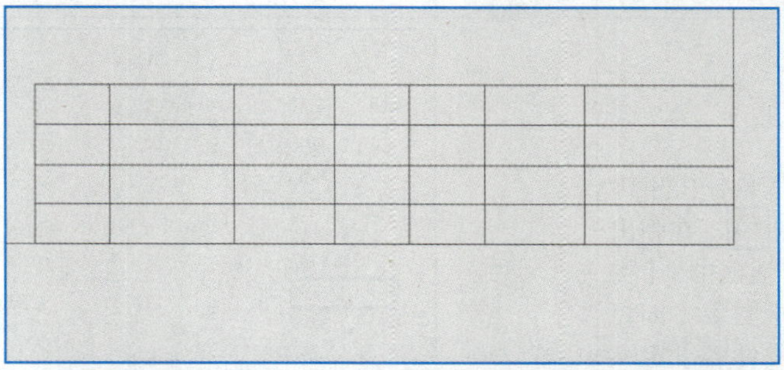	
	（9）单击【表】选项卡，按住【Ctrl】键，依次单击选择需要合并的单元格，单击【行和列】组中的【合并单元格】命令（如 1 所示）	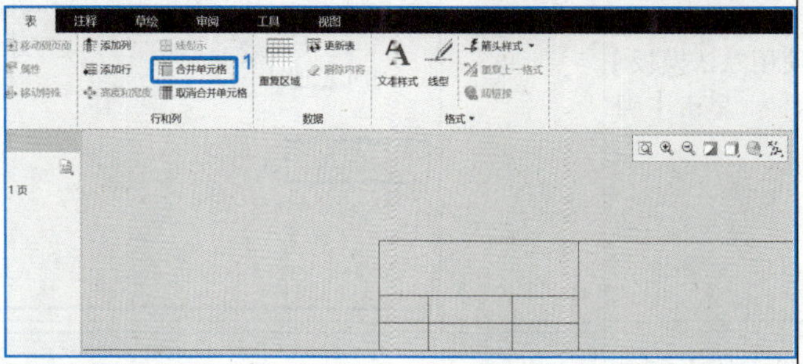	
3	**制作工程图模板标题栏文字内容：** （1）在图纸空白处单击鼠标左键，移动鼠标全选标题栏。接着双击标题栏任意位置，单击【格式】选项卡下【样式】组中的【高度】命令，输入 3.5（如 1 所示）。单击选择【居中】和【中间对齐】命令（如 2 所示）	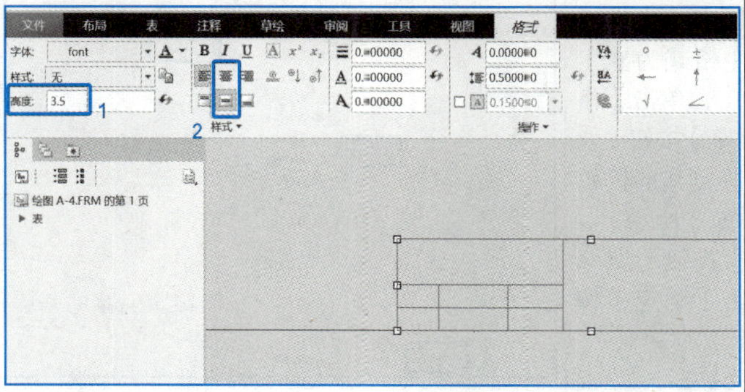	

续表

序号	步骤	图例	备注
3	（2）双击单元格，输入文字。单击工具栏中的【保存】按钮	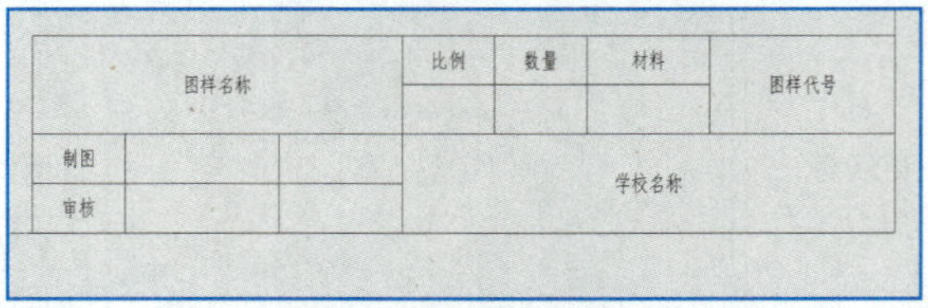	若文字大小和格式未更改，则可单击单个单元格，单击【格式】选项卡，再次进行修改
4	**新建 JS-18 轴的工程图文件：** （1）在工具栏中单击【打开】按钮或单击菜单栏【文件】→【打开】命令，单击 JS-18 轴的三维数模文件（如 1 所示），单击【打开】按钮	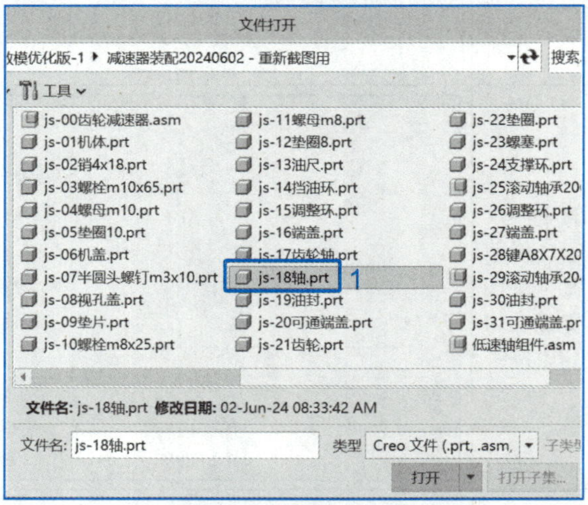	
	（2）在工具栏中单击【新建】按钮。在弹出的【新建】对话框中，【类型】选择【绘图】（如 1 所示），【文件名】定义为【JS-18 轴】（如 2 所示），取消勾选【使用默认模板】（如 3 所示），单击【确定】按钮	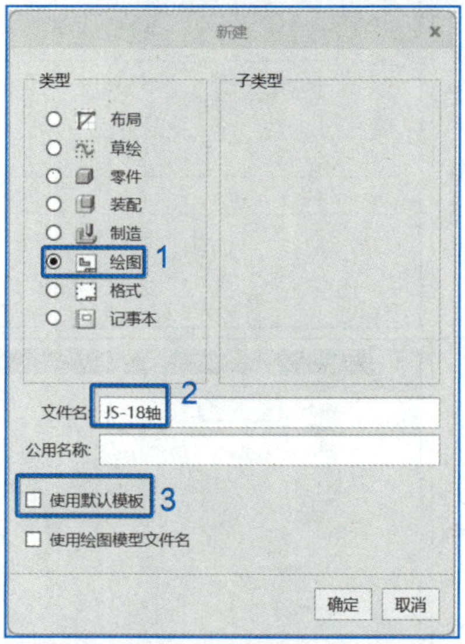	
	（3）在弹出的【新建绘图】对话框中，【指定模板】选择【格式为空】（如 1 所示），单击【格式】中的【浏览】按钮（如 2 所示），选择创建的模板【a4.frm】（如 3 所示），单击【打开】按钮（如 4 所示），单击【确定】按钮（如 5 所示）	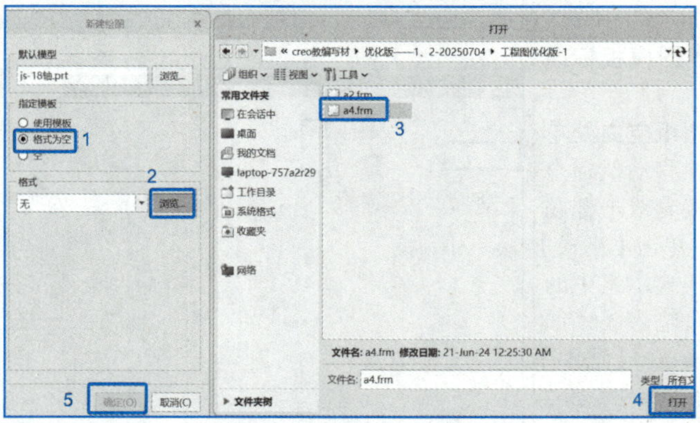	

续表

<table>
<tr><th>序号</th><th>步骤</th><th>图例</th><th>备注</th></tr>
<tr><td rowspan="3">5</td><td>设置工程图为第一视角：
（1）单击菜单栏【文件】→【准备】→【绘图属性】命令，在弹出的【绘图属性】对话框中，单击【细节选项】的【更改】命令（如箭头 1 所示）</td><td>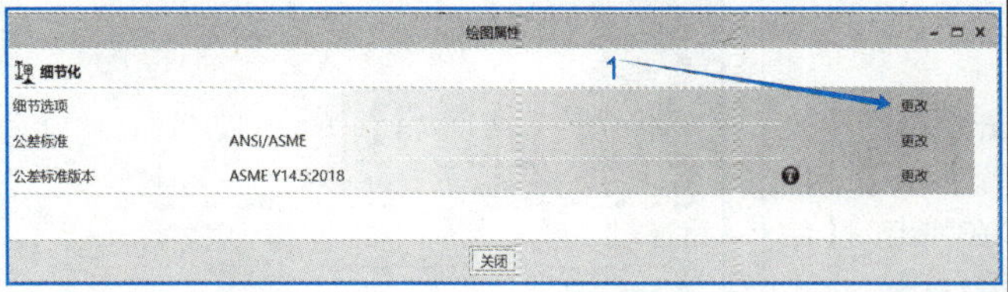
</td><td></td></tr>
<tr><td>（2）在弹出的【选项】对话框【选项】中，输入 projection_type，单击【查找】按钮（如 1、2 所示）</td><td>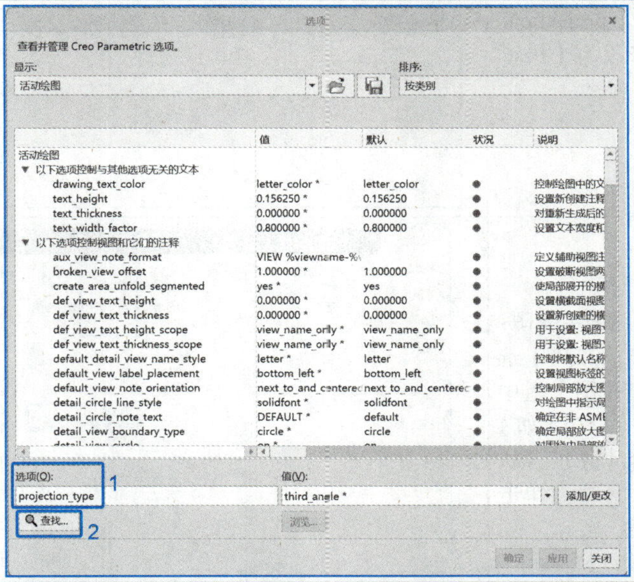
</td><td></td></tr>
<tr><td>（3）在弹出的【查找选项】对话框中，单击【3. 设置值】的下拉菜单，选择【first_angle】，单击【添加/更改】按钮，单击【关闭】按钮，在【选项】对话框中单击【确定】按钮</td><td>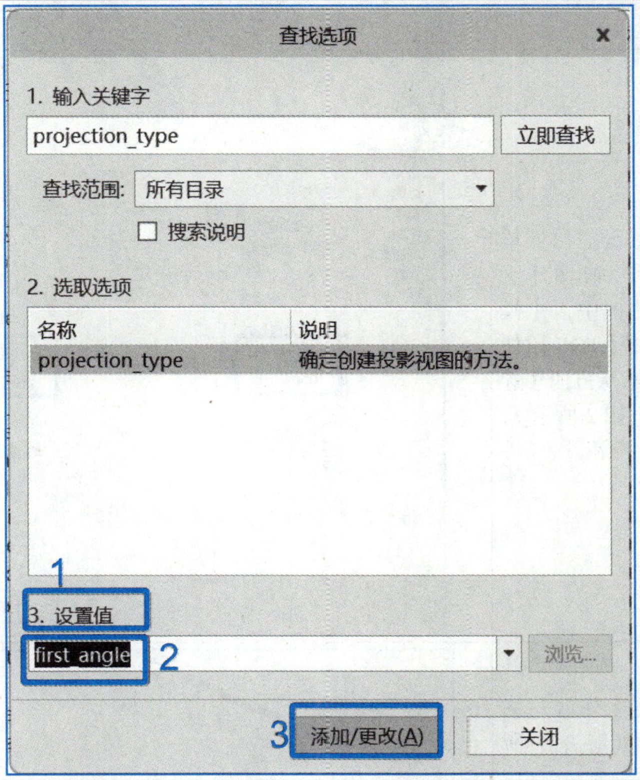
</td><td></td></tr>
</table>

续表

序号	步骤	图例	备注
5	（4）单击菜单栏【文件】→【准备】→【绘图属性】命令，在弹出的【绘图属性】对话框中，单击【细节选项】的【更改】命令，检查【projection_type】已经修改为【first_angle】（如1所示）	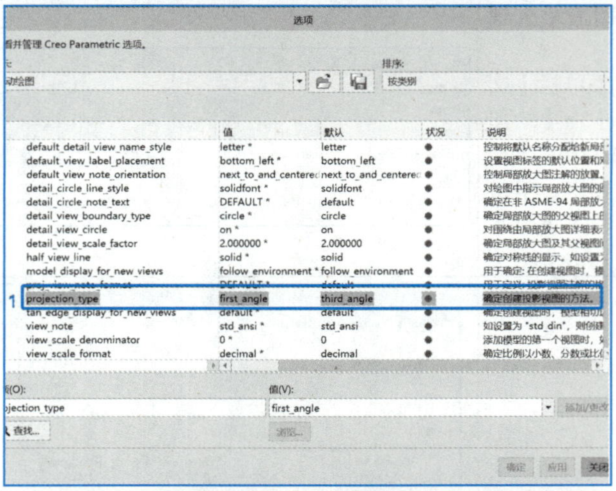	
6	**制作工程图的主视图：** （1）单击【布局】选项卡下【模型视图】组中的【普通视图】命令（如1所示），选择【无组合状态】（如2所示），单击【确定】按钮	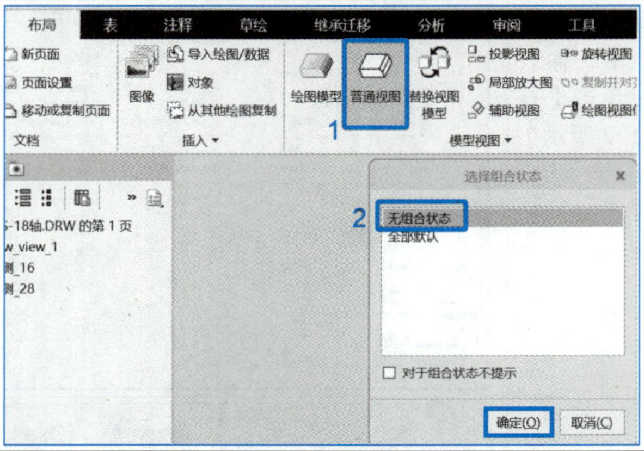	
	（2）在图纸空白处单击鼠标左键，在弹出的【绘图视图】对话框中，【模型视图名】选择【TOP】（如1所示），【默认方向】选择【斜轴测】（如2所示），单击【确定】按钮	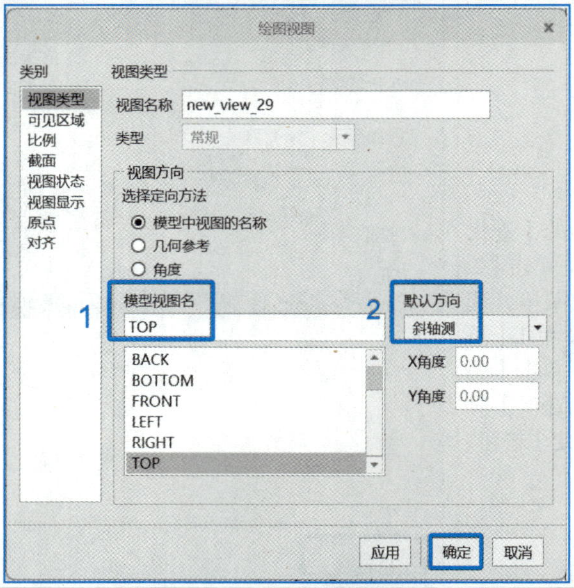	注意：在弹出的【绘图视图】对话框中可设置其他视图方向
	（3）双击工作区左下角【比例】（如箭头1所示）	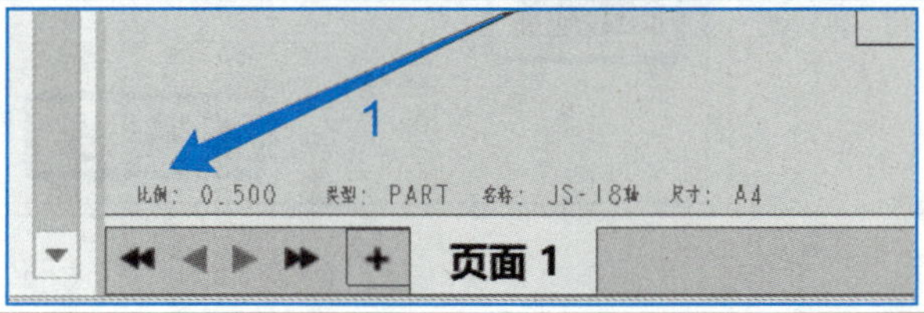	

续表

序号	步骤	图例	备注
	（4）在如 1 所示的位置处输入比例 1.5，单击 2 所示的对钩	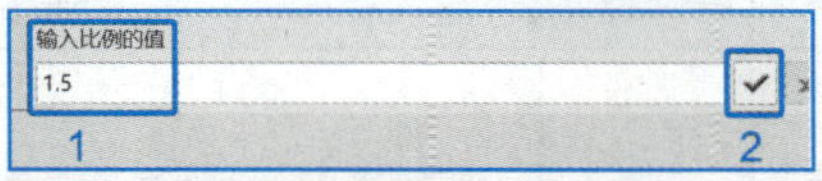	提示：输入比例 1.5 即按照 3：2 比例
	（5）单击选择零件视图，单击【布局】选项卡下【文档】组中的【锁定视图移动】命令（如 1 所示），移动零件视图	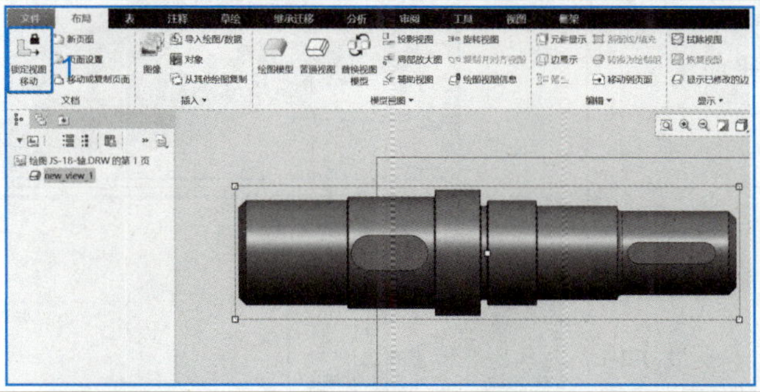	
6	（6）双击零件视图，在弹出的【绘图视图】对话框的【视图显示】中，【显示样式】选择【消隐】、【相切边显示样式】选择【无】，单击【确定】按钮（如 1、2、3、4 所示）	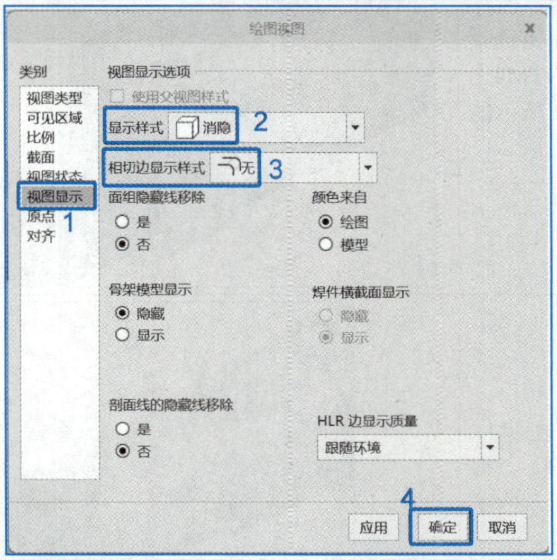	
	（7）取消勾选【基准显示过滤器】的【（全选）】命令（如箭头 1 所示）	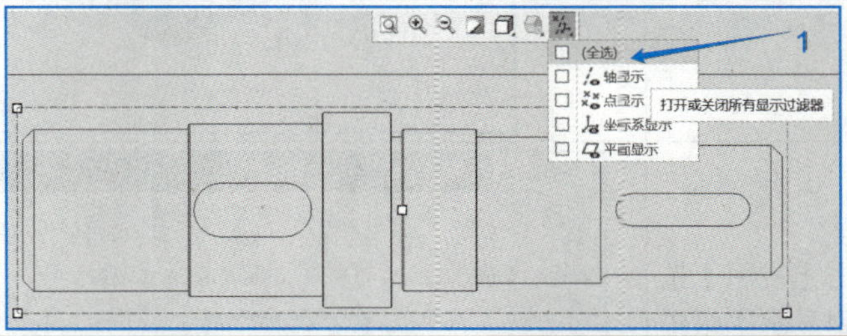	
7	**制作工程图的剖面图：** （1）回到 JS-18 轴的三维数模工作区。单击【模型】选项卡下【基准】组中的【平面】命令，按住【Ctrl】键，依次单击选择箭头 1 所示的轴和箭头 2 所示的线段，分别选择【法向】和【穿过】（如 3 所示），得到【DTM3】面（如箭头 4 所示）	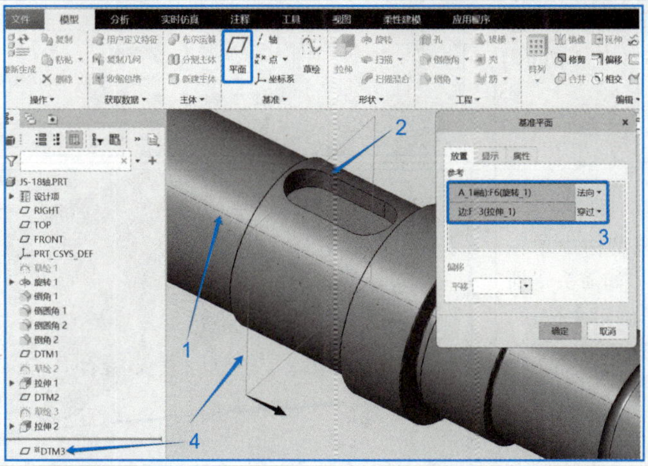	

续表

序号	步骤	图例	备注
	（2）用同样的方法作箭头 1 所示的平面	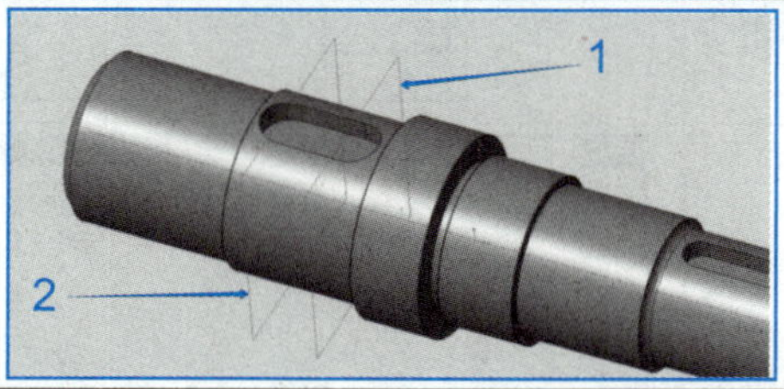	注意：箭头 2 所示的平面是【DTM3】，箭头 1 所示的平面系统默认命名为【DTM4】
	（3）单击【基准】组中的【平面】命令，按住【Ctrl】键，依次单击选择【DTM3】面和【DTM4】面，得到如箭头 1 所示的平面	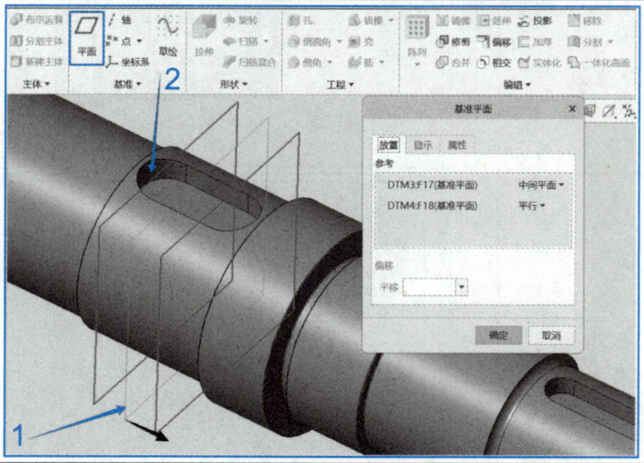	注意：箭头 1 所示的平面系统默认命名为【DTM5】，为箭头 2 所示槽的中心截面
7	（4）参考上述步骤（1）、（2）、（3），得到箭头 1、2、3 所示的平面	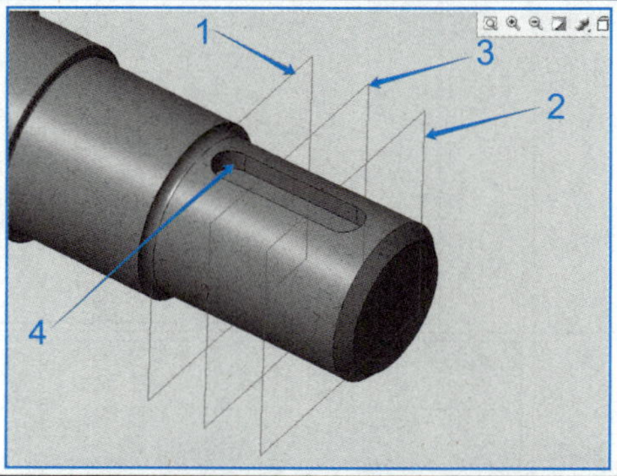	注意：箭头 3 所示的平面系统默认命名为【DTM8】，为箭头 4 所示槽的中心截面
	（5）单击【视图】选项卡下【模型显示】组中的【截面】下拉菜单里的【平面】命令（如 1 所示）	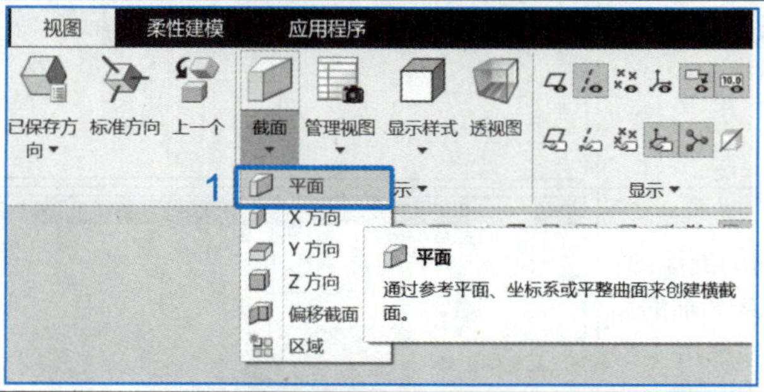	
	（6）从模型树中单击【DTM5】面（如箭头 1 所示），单击【确定】按钮，得到截面 XSEC0001（如箭头 2 所示）	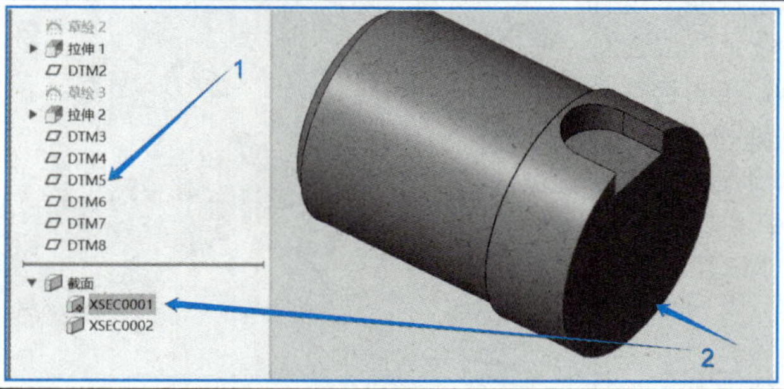	

续表

序号	步骤	图例	备注
7	（7）取消激活截面 XSEC0001，重复上述步骤（5），从模型树中单击【DTM8】面（如箭头 1 所示），单击【确定】按钮，得到截面 XSEC0002（如箭头 2 所示）		
	（8）取消激活截面 XSEC0002	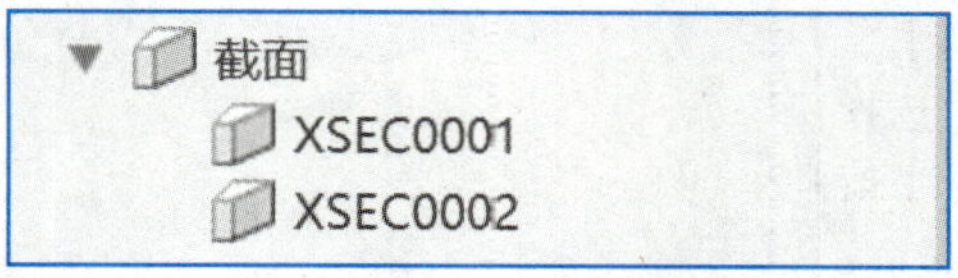	注意：截面 XSEC0001 也处于取消激活状态
	（9）回到 JS-18 轴的工程图绘图区，单击【布局】选项卡下【模型视图】组中的【投影视图】命令（如 1 所示）。移动鼠标置于主视图右侧区域，单击鼠标左键固定视图位置	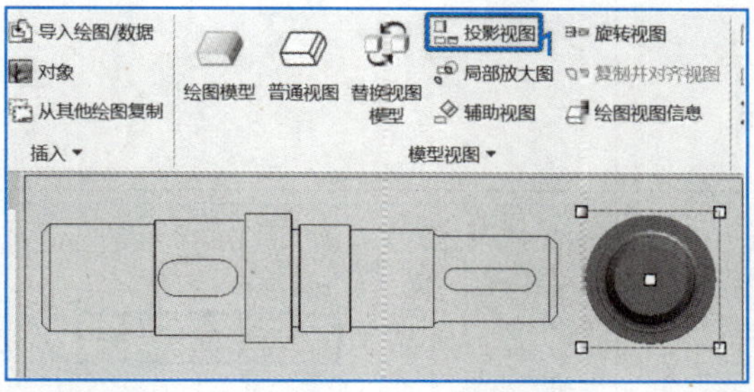	
	（10）双击侧视图，在弹出的【绘图视图】对话框【截面】中，选择【2D 横截面】命令（如 1 所示），【模型边可见性】选择【区域】（如 2 所示）	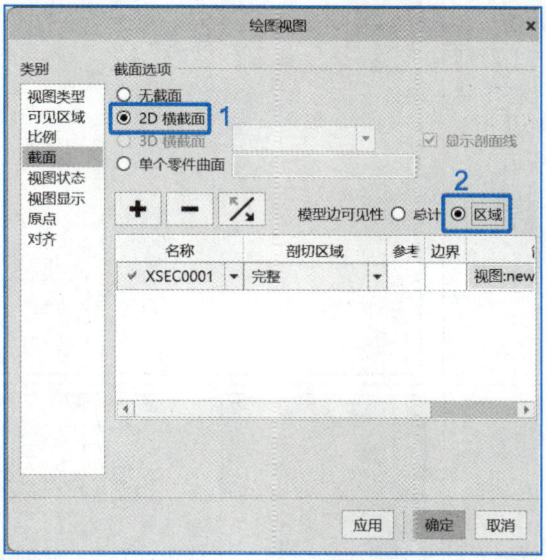	
	（11）单击“+”号（如 1 所示），【名称】选择【XSEC0001】（如 2 所示），【剖切区域】选择【完整】（如 3 所示），【箭头显示】选择导航树中的【new_view_1】（如 4 所示），单击【确定】按钮	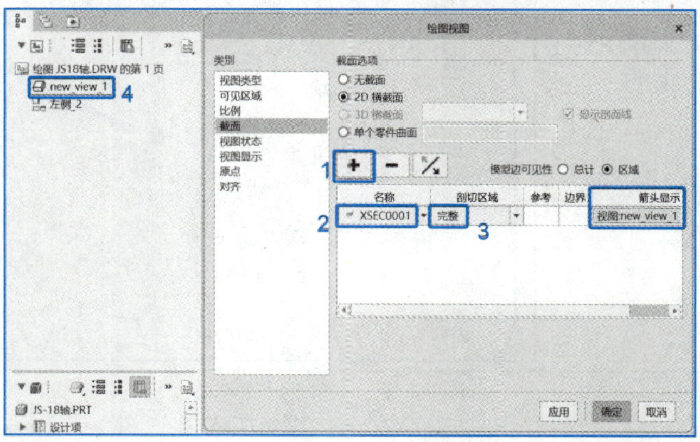	

续表

序号	步骤	图例	备注
	（12）双击侧视图，在弹出的【绘图视图】对话框的【视图显示】中，【显示样式】选择【消隐】、【相切边显示样式】选择【无】，单击【确定】按钮	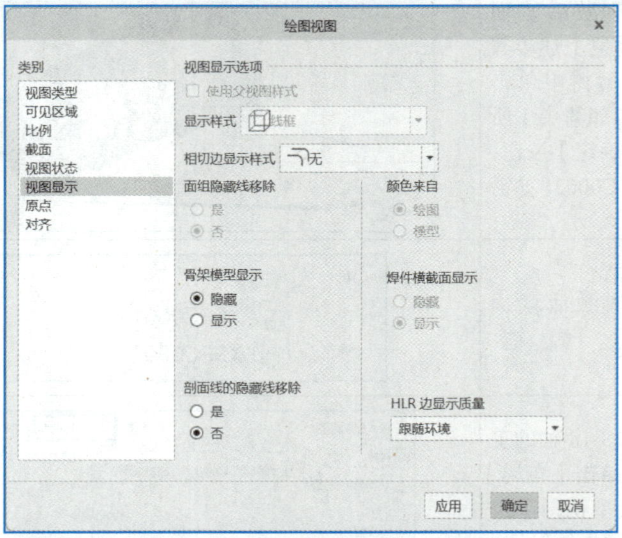	注意：若【显示样式】默认为【线框】状态，则只需要【相切边显示样式】选择【无】即可
7	（13）双击侧视图，在弹出的【绘图视图】对话框的【对齐】中，将【将此视图与其他视图对齐】取消勾选（如 1 所示），单击【确定】按钮	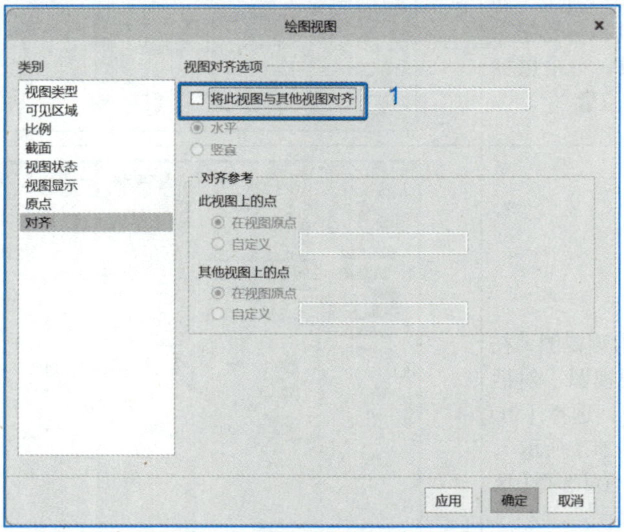	
	（14）移动该视图到主视图的下方（如箭头 1 所示）	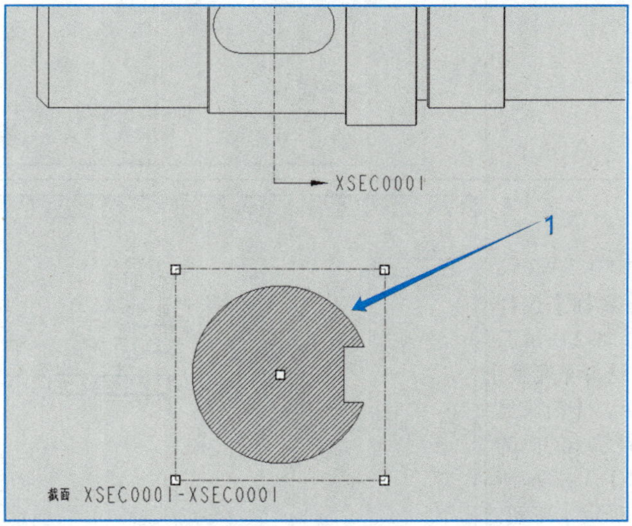	

续表

序号	步骤	图例	备注
7	（15）单击剖视图，在【编辑剖面线】选项卡下【编辑】组中的【比例】命令中输入 100（如 1 所示），效果如箭头 2 所示	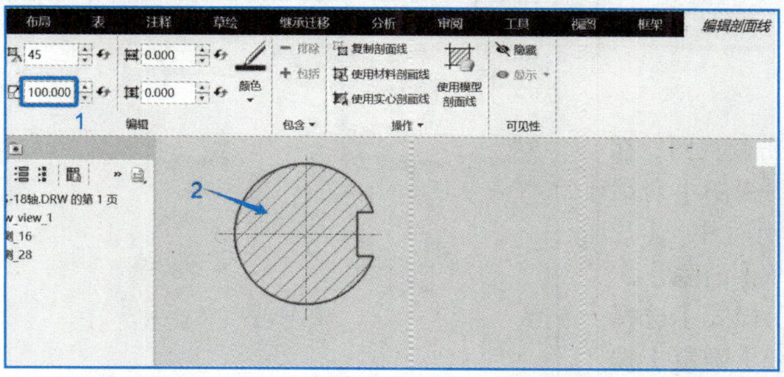	注意：【比例】中输入的数值越小，剖切线越密集，反之越稀疏
	（16）单击【布局】选项卡下【模型视图】组中的【投影视图】命令。移动鼠标置于主视图右侧区域，单击鼠标左键固定视图位置	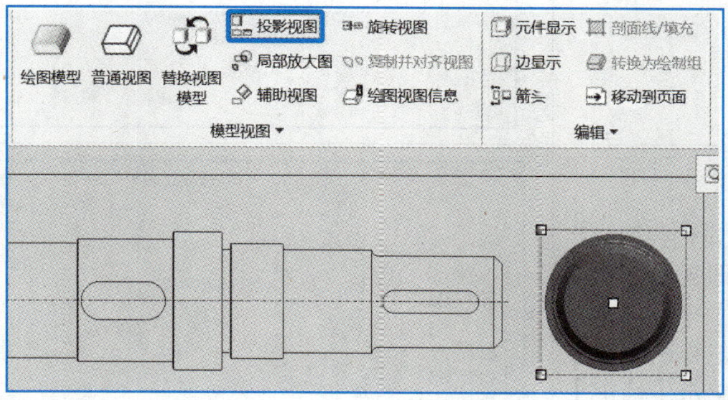	
	（17）双击侧视图，在弹出的【绘图视图】对话框的【截面】中，选择【2D 横截面】命令，【模型边可见性】选择【区域】	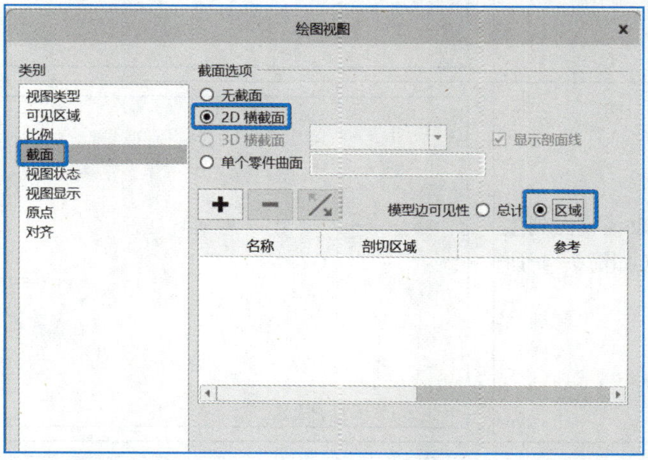	
	（18）单击“+”号，【名称】选择【XSEC0002】，【剖切区域】选择【完整】，【箭头显示】选择导航树中的【new_view_1】，单击【确定】按钮	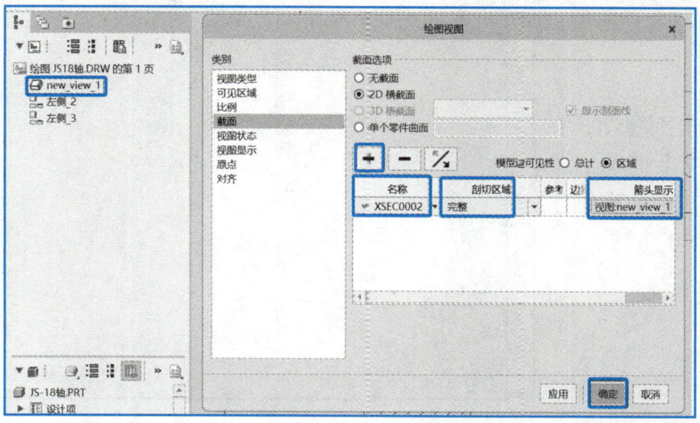	

续表

序号	步骤	图例	备注
7	（19）双击侧视图，在弹出的【绘图视图】对话框的【视图显示】中，【显示样式】选择【消隐】、【相切边显示样式】选择【无】，单击【确定】按钮	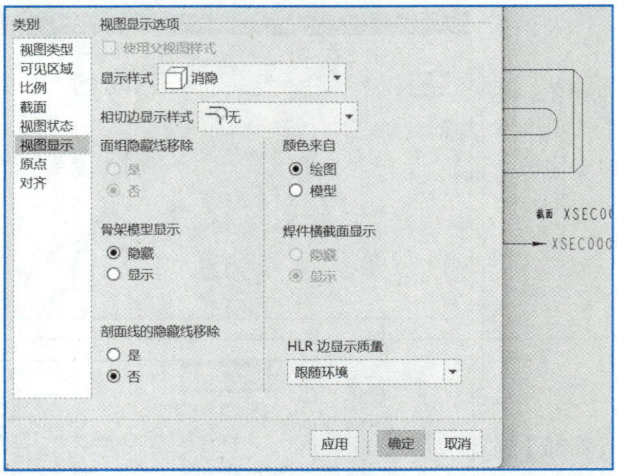	
	（20）双击侧视图，在弹出的【绘图视图】对话框的【对齐】中，将【将此视图与其他视图对齐】取消勾选，单击【确定】按钮	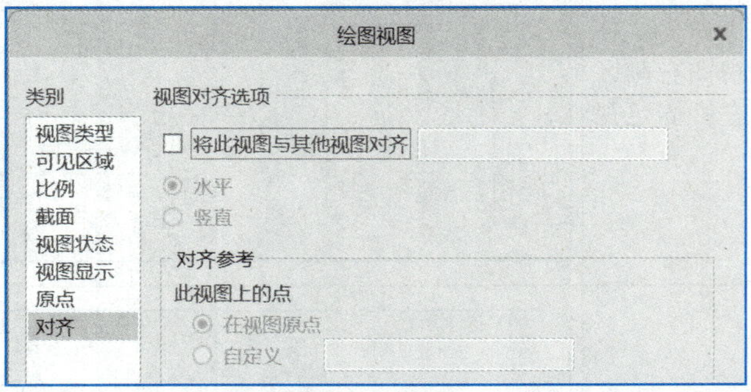	
	（21）移动该视图到主视图的下方（如箭头 1 所示）	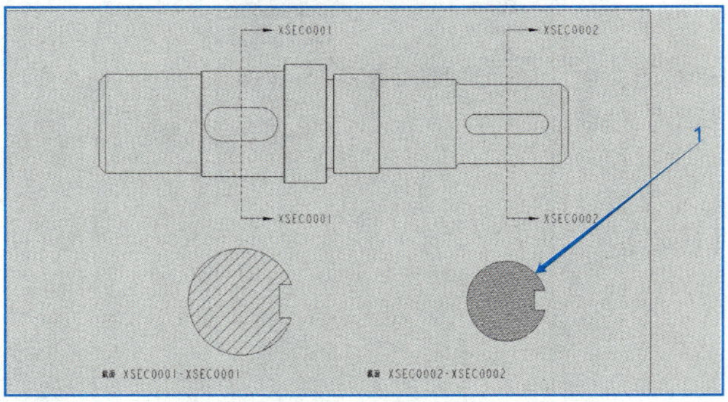	
	（22）单击剖视图，在【编辑剖面线】选项卡下【编辑】组中的【比例】命令中输入 100	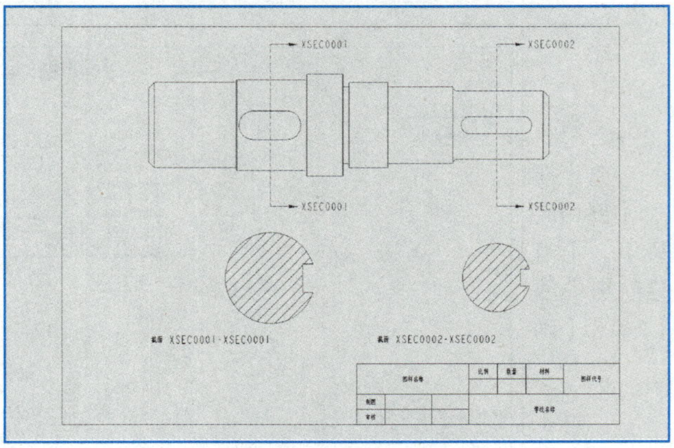	注意：【比例】中输入的数值越小，剖切线越密集，反之越稀疏

续表

序号	步骤	图例	备注
7	（23）回到 JS-18 轴的三维数模工作区，从模型树中分别双击截面【XSEC0001】和【XSEC0002】，分别重命名为【A】和【B】，再回到 JS-18 轴的工程图绘图区（如箭头 1、2、3、4 所示）	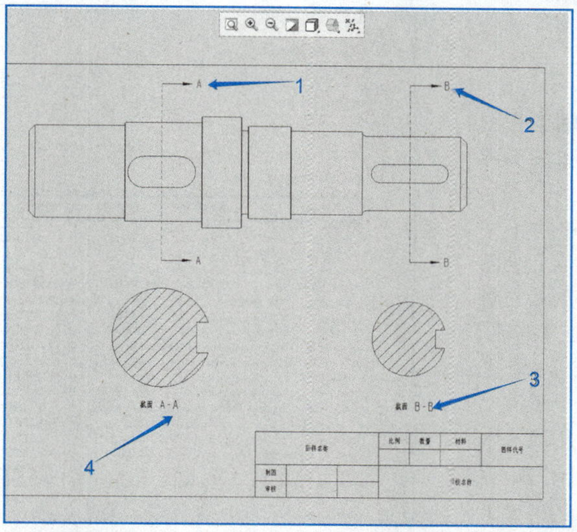	
8	**标注 JS-18 轴工程图的尺寸：** （1）单击【注释】选项卡下【注释】组中的【尺寸】命令（如 1 所示），按住【Ctrl】键，单击箭头 2 所示的顶点，接着单击箭头 3 所示的顶点（或者先单击箭头 4 所示的线段，再单击箭头 5 所示的线段）	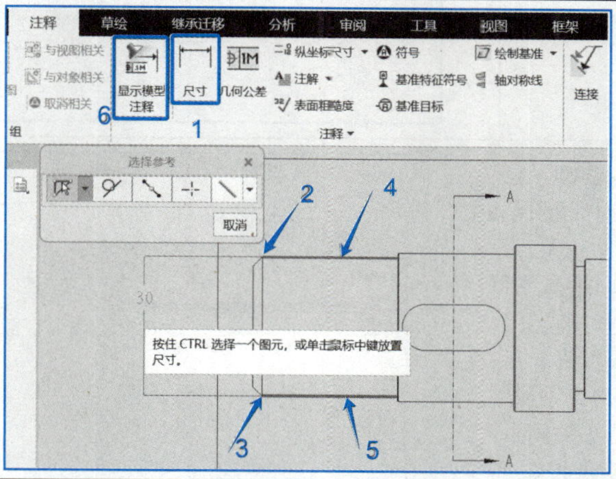	（1）也可单击【注释】→【注释】→【显示模型注释】命令（如 6 所示），在弹出的对话框中选择显示模型尺寸。单击工程图中的视图，在弹出的对话框中勾选【显示】，此时系统自动显示全部尺寸，再调整尺寸位置。 （2）多数情况下，两种方法可配合使用
	（2）拖动鼠标，将尺寸数字（如箭头 1 所示）放置到合适位置，按鼠标滚轮确定	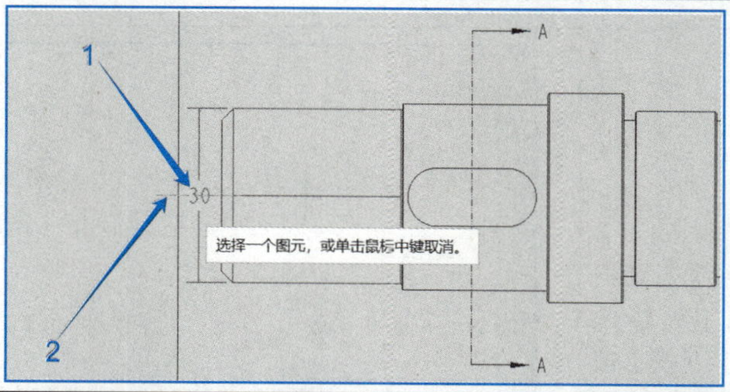	注意：当出现箭头 2 所示的虚线时，表示尺寸数字位于水平中心线位置
	（3）单击【尺寸】选项卡下【尺寸文本】组中的【尺寸文本】命令（如 1 所示），在弹出的【尺寸文本】对话框中，前缀选择符号 φ，后缀输入 js6（如 2 所示）	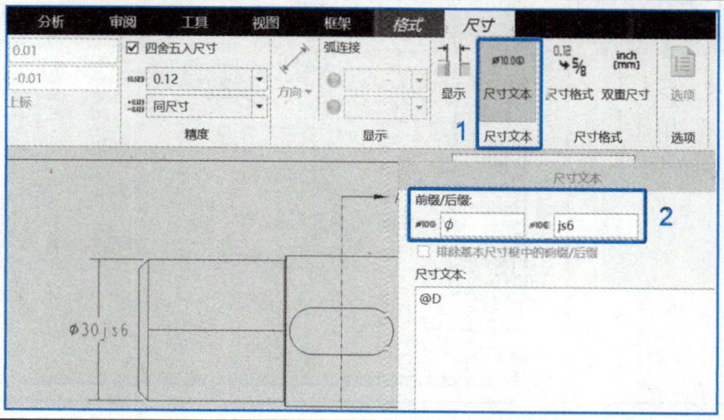	注意：若没有出现【尺寸】选项卡，则可单击尺寸 30,【尺寸】选项卡即可出现

续表

序号	步骤	图例	备注
	设置 JS-18 轴工程图的尺寸文本参数和箭头参数： （1）单击菜单栏【文件】→【准备】→【绘图属性】命令，在弹出的对话框中，单击【细节选项】的【更改】命令，单击【text_height】(如 1 所示)，在【值】（如 2 所示）中修改参数，单击【添加/更改】按钮，单击【确定】按钮	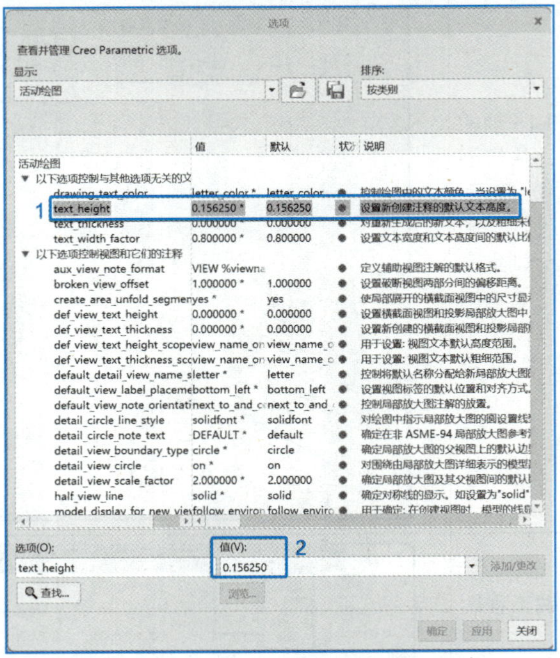	注意： （1）若要更改尺寸文本字体大小，则需要进行此步。这里，选择系统默认数值。 （2）单击【确定】按钮，回到工程图绘图区，滚动鼠标滚轮即可看到修改字体大小后的效果
9	（2）参考上一步骤（1），在弹出的【选项】对话框中，在【选项】处输入“arrow_style”。单击【查找】按钮，在弹出的【查找选项】对话框中，【3. 设置值】选择【closed】，单击【添加/更改】按钮，单击【关闭】按钮，单击【确定】按钮	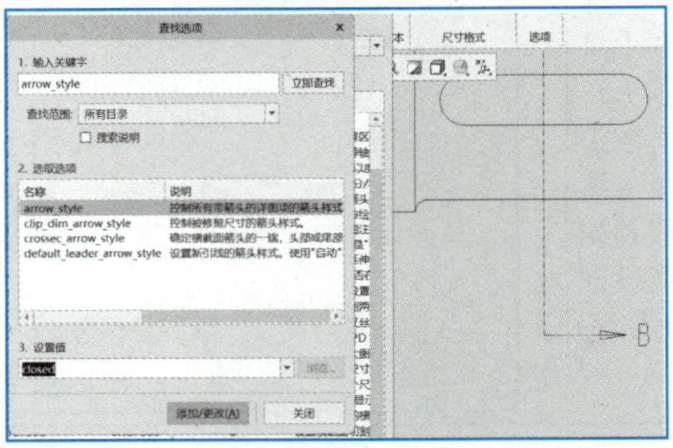	注意：此步骤更改尺寸箭头的样式为空心
	（3）参考步骤（1），在弹出的【选项】对话框中，在【选项】处输入“arrow”。单击【查找】按钮，在弹出的【查找选项】对话框中，单击【draw_arrow_length】，在【3.设置值】中输入 0.3，单击【添加/更改】按钮（如 1～5 所示）	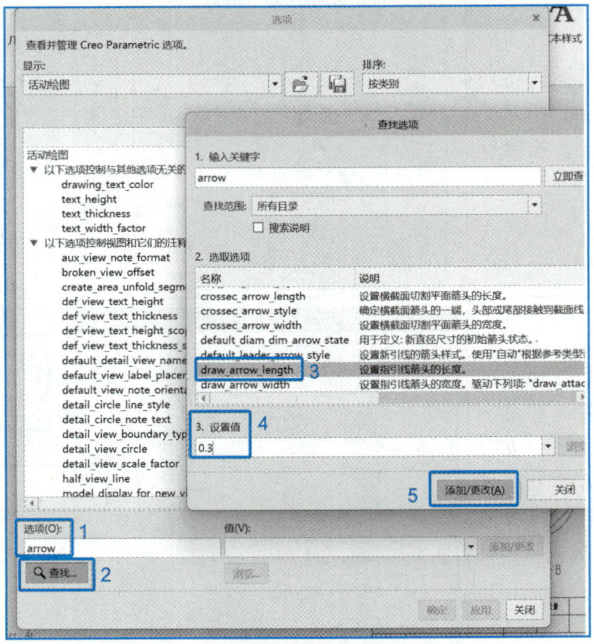	注意：根据图幅大小，这里，尺寸箭头长度设置为 0.3，则尺寸箭头宽度设置为 0.1

续表

<table>
<tr><th>序号</th><th>步骤</th><th>图例</th><th>备注</th></tr>
<tr><td>9</td><td>（4）单击【draw_arrow_width】，在【3.设置值】中输入 0.1，单击【添加/更改】按钮，单击【关闭】按钮，单击【确定】按钮（如 1～5 所示）</td><td>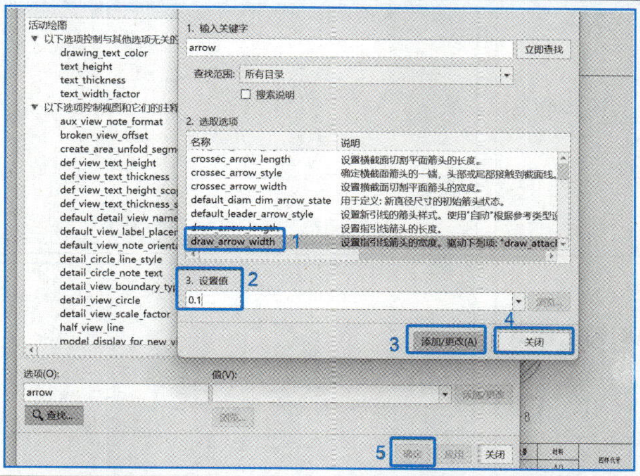
</td><td></td></tr>
<tr><td rowspan="2">10</td><td>设置 JS-18 轴工程图的尺寸文本位置：
（1）单击菜单栏【文件】→【准备】→【绘图属性】命令，在弹出的【绘图属性】对话框中，单击【细节选项】的【更改】命令，在弹出的【选项】对话框中，在【选项】处输入“default_lindim_text_orientation”（如 1 所示）</td><td>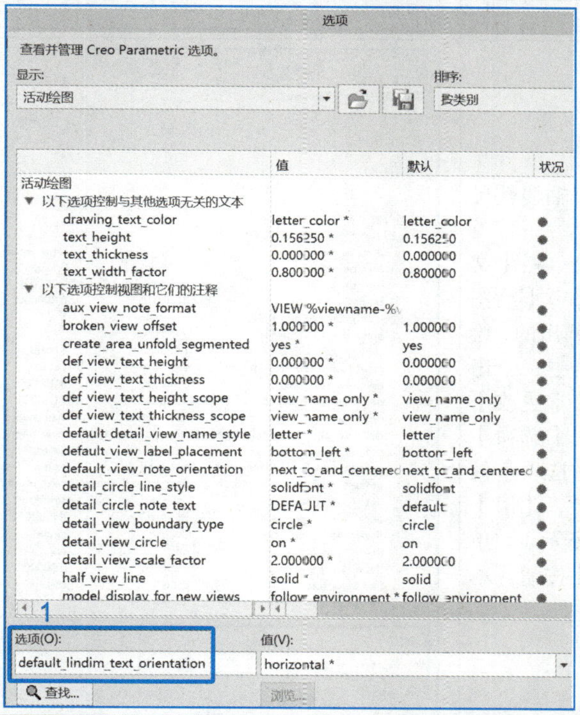
</td><td></td></tr>
<tr><td>（2）单击【查找】按钮，在弹出的对话框中，单击【3.设置值】的下拉菜单选择“parallel_to_and_above_leader”（如 1 所示）。单击【添加/更改】按钮，单击【关闭】按钮，单击【确定】按钮</td><td>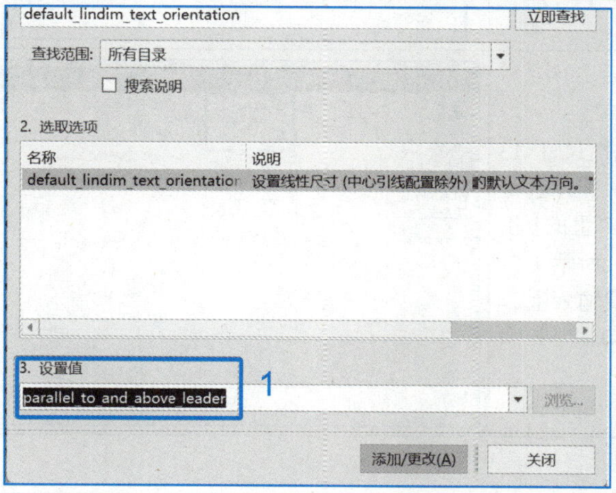
</td><td>注意：尺寸数字应放置到合适位置，一般来说，水平方向字头在尺寸线的上方，垂直方向字头朝左</td></tr>
</table>

续表

序号	步骤	图例	备注
10	（3）参考上述步骤标注其他轴径尺寸	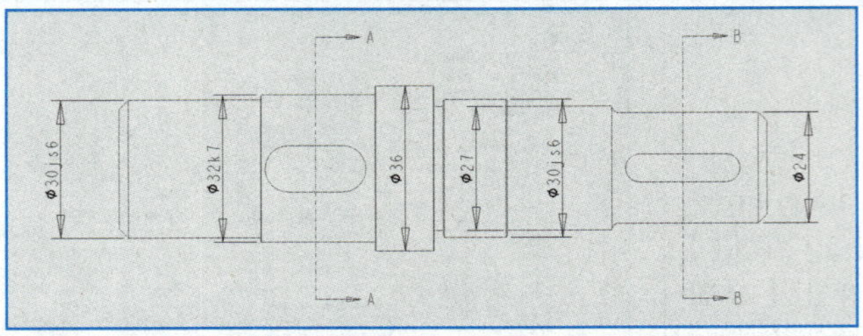	
11	**标注 JS-18 轴上的其他线性尺寸：** 参考步骤 8～10，步骤略	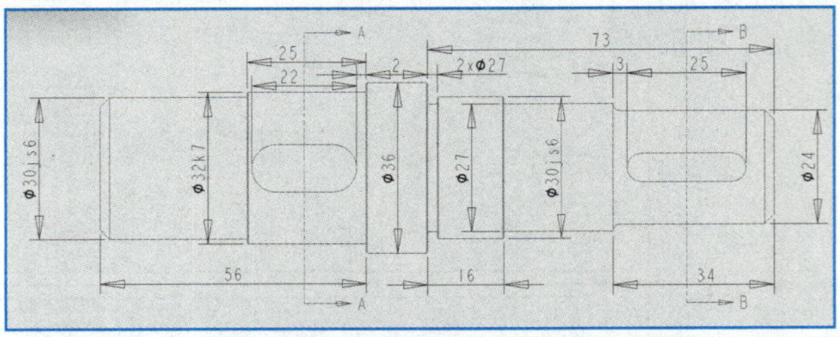	
12	**标注 JS-18 轴线性尺寸的公差：** （1）单击菜单栏【文件】→【准备】→【绘图属性】命令，在弹出的【绘图属性】对话框中，单击【细节选项】的【更改】命令，在弹出的【选项】对话框中，在【选项】处输入“tol_display”，【值】改为 yes（如 1 所示），单击【添加/更改】按钮，单击【确定】按钮	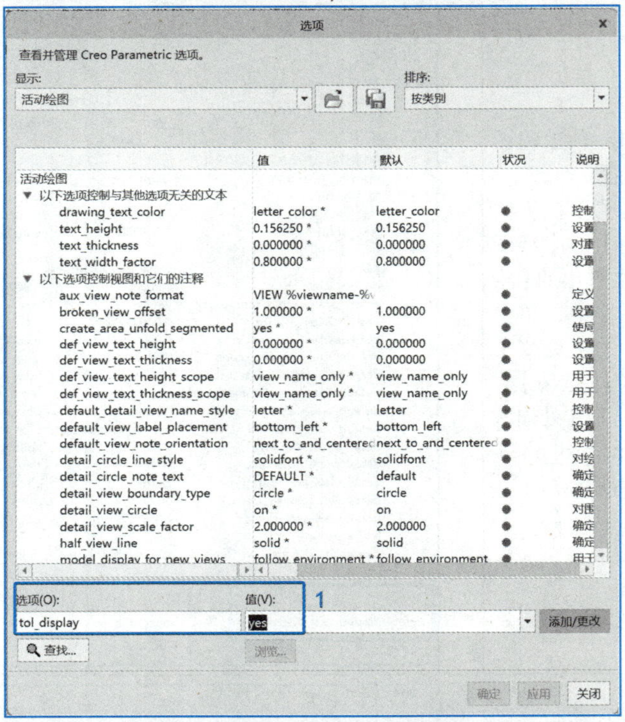	
	（2）单击线性尺寸 13（如箭头 1 所示），选择【公差】下拉菜单里的【正负】命令（如 2 所示），在 3 所示的位置输入上、下偏差为 0 和 −0.17	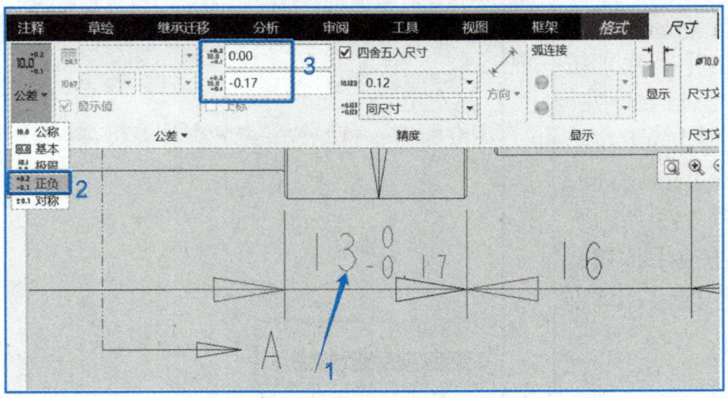	

续表

<table>
<tr><th>序号</th><th>步骤</th><th>图例</th><th>备注</th></tr>
<tr><td>13</td><td>标注 JS-18 轴的剖面图上的尺寸：
参考步骤 8～10，步骤略</td><td>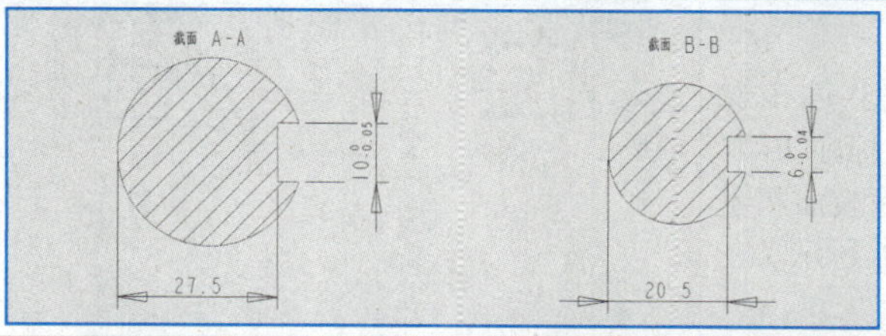
</td><td></td></tr>
<tr><td rowspan="4">14</td><td>标注 JS-18 轴工程图主视图的表面粗糙度：
（1）单击【注释】选项卡下【注释】组中的【表面粗糙度】命令（如 1 所示）</td><td>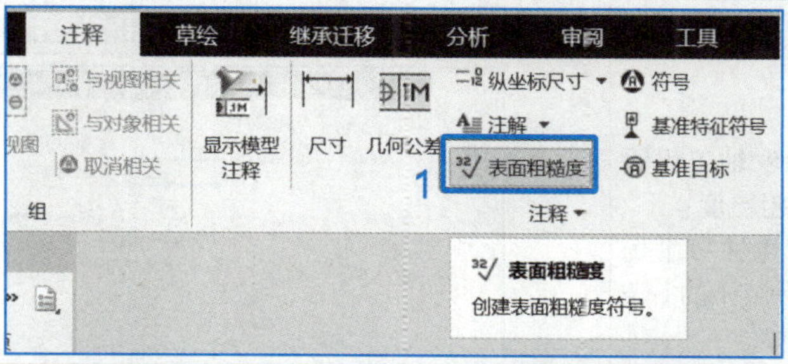
</td><td></td></tr>
<tr><td>（2）在弹出的【表面粗糙度】选项卡中，单击【浏览表面粗糙度符号】命令（如 1 所示），在弹出的【打开】对话框中一般选择【machined】→standard1. sym（如 2、3 所示），单击【打开】按钮</td><td>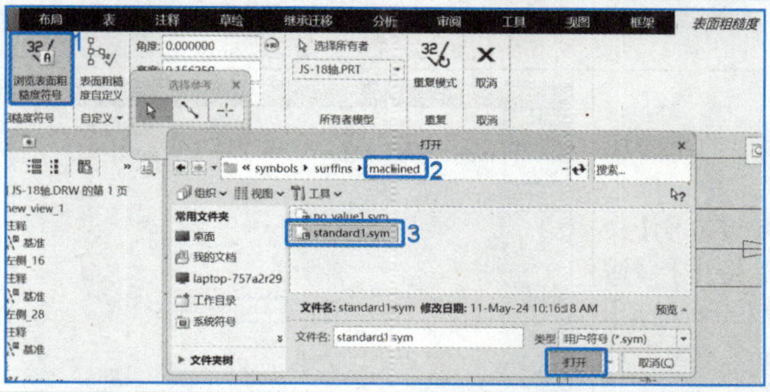
</td><td></td></tr>
<tr><td>（3）单击箭头 1 所示的线段，接着长按鼠标右键。然后单击【图元上】命令（如箭头 2 所示），再单击箭头 1 所示的线段，放置表面粗糙度符号</td><td>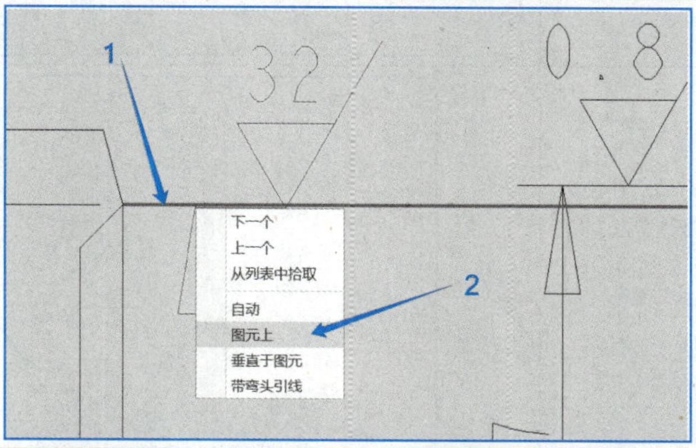
</td><td></td></tr>
<tr><td>（4）先单击表面粗糙度符号，在出现【表面粗糙度】选项卡后，再双击表面粗糙度符号，在弹出的对话框中输入 0.8（如 1 所示），单击对钩（如 2 所示）</td><td>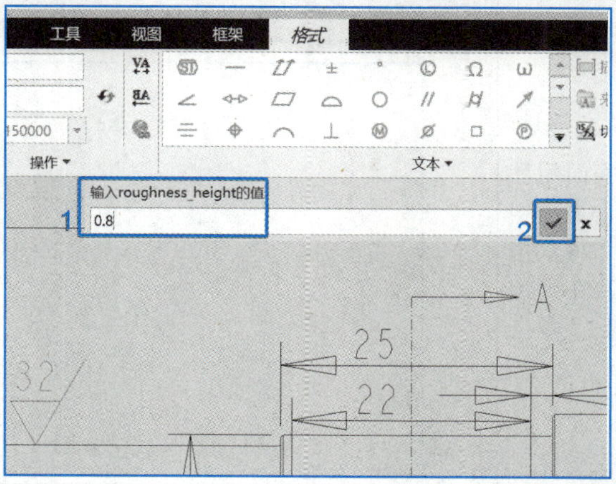
</td><td></td></tr>
</table>

续表

序号	步骤	图例	备注
14	（5）参考上述步骤（1）～（4），标注 JS-18 轴主视图的其他表面粗糙度（如 1、2、3 所示），步骤略	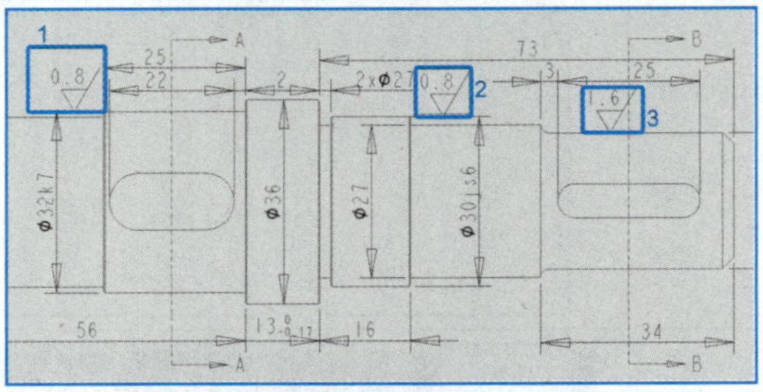	
15	**标注 JS-18 轴工程图剖面图的表面粗糙度：** （1）单击【注释】选项卡下【注释】组中的【表面粗糙度】命令	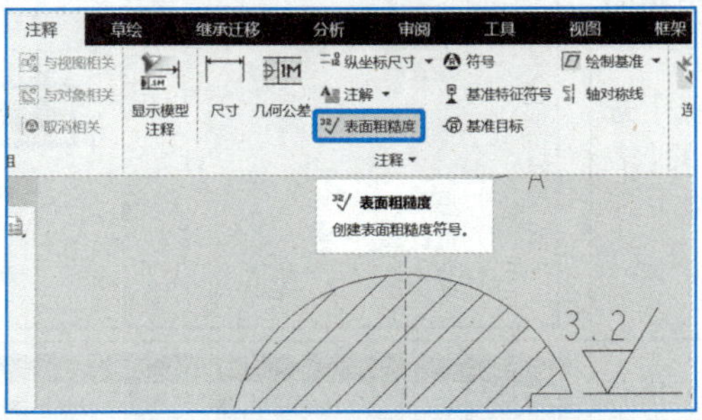	
	（2）在弹出的【表面粗糙度】选项卡中，单击【浏览表面粗糙度符号】命令，在弹出的【打开】对话框中一般选择【machined】→standard1.sym，单击【打开】按钮	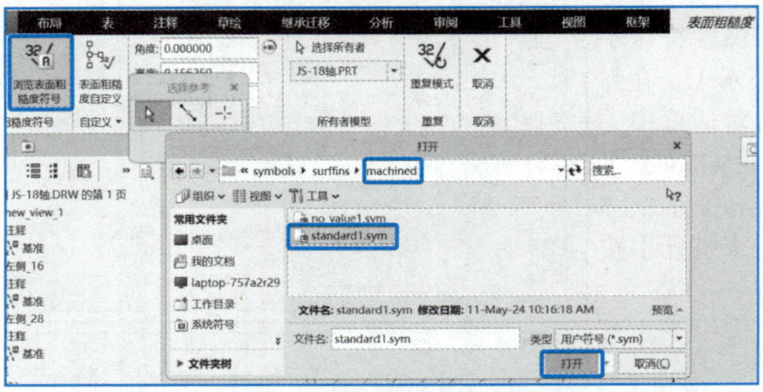	
	（3）单击箭头 1 所示的线段，接着长按鼠标右键。然后单击【图元上】命令（如箭头 2 所示），再单击箭头 1 所示的线段，放置表面粗糙度符号	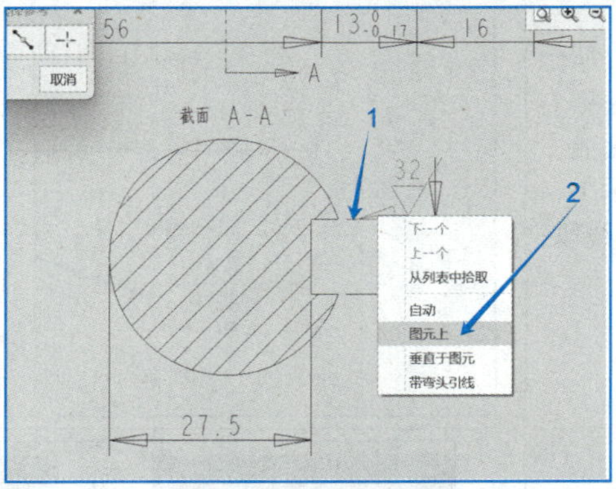	
	（4）先单击表面粗糙度符号，在出现【表面粗糙度】选项卡后，再双击表面粗糙度符号，在弹出的对话框中输入 3.2，单击对钩	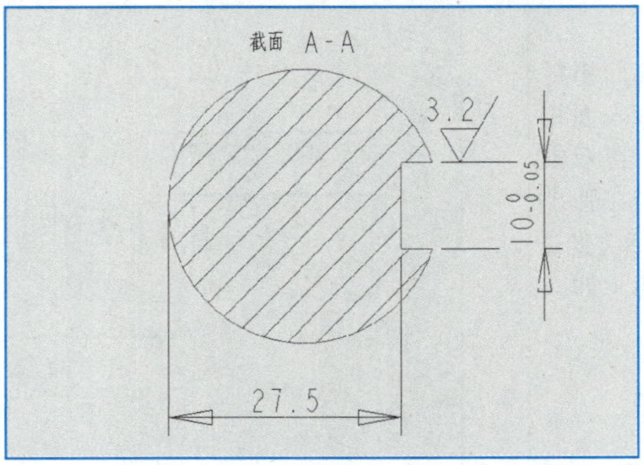	

续表

<table>
<tr><th>序号</th><th>步骤</th><th>图例</th><th>备注</th></tr>
<tr><td rowspan="2">15</td><td>（5）参考上述步骤（1）～（4），标注剖面图的其他表面粗糙度（如1、2、3 所示），步骤略</td><td>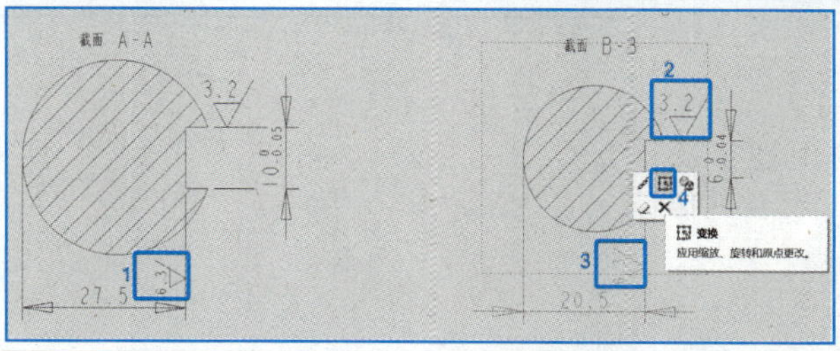
</td><td></td></tr>
<tr><td>（6）单击上一步（5）中 3 所示的表面粗糙度，接着单击 4 所示的按钮，然后按住右图箭头 1 所示的位置，对表面粗糙度符号进行旋转</td><td>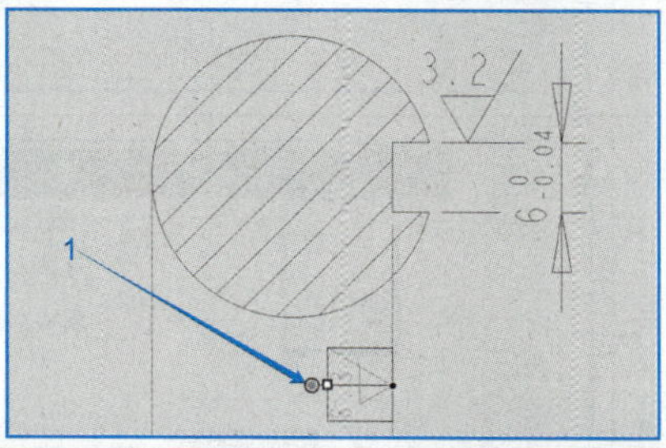
</td><td></td></tr>
<tr><td rowspan="4">16</td><td>标注 JS-18 轴工程图的倒角：
（1）单击【注释】选项卡下【注释】组中【注解】下拉菜单里的【引线注解】命令（如 1 所示）</td><td>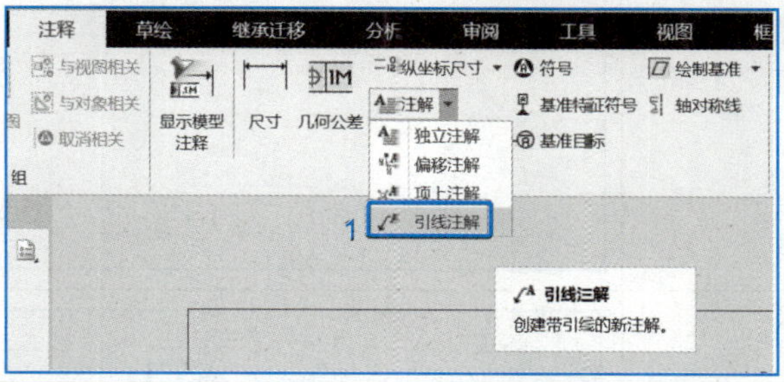
</td><td></td></tr>
<tr><td>（2）在弹出的【选择参考】对话框中选择第三个命令（如 1 所示），按住【Ctrl】键，依次单击选择箭头 2、3 所示的线段</td><td>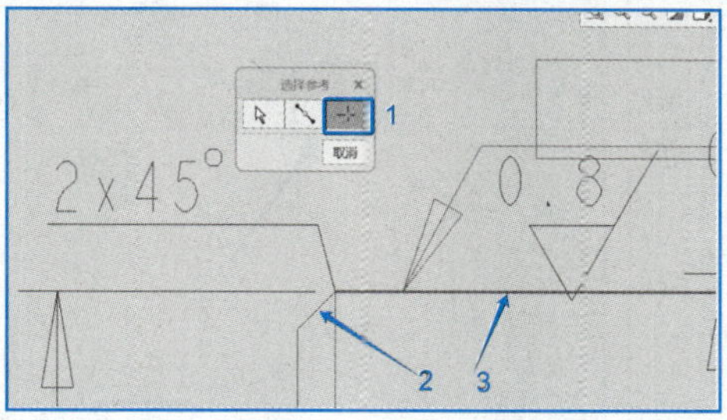
</td><td></td></tr>
<tr><td>（3）长按鼠标右键，在弹出的菜单中单击【无】命令（如 1 所示）</td><td>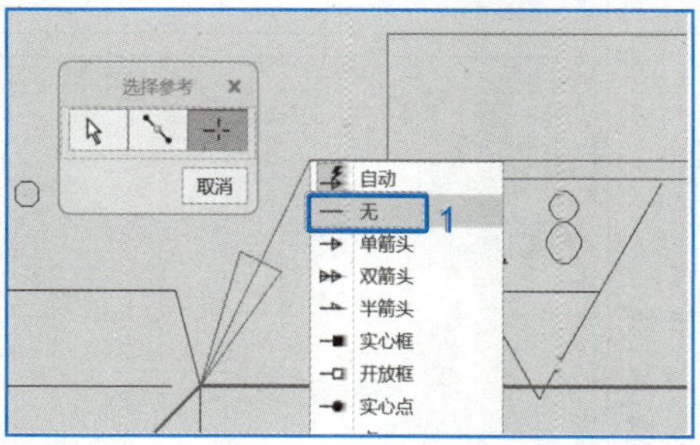
</td><td></td></tr>
<tr><td>（4）接着按鼠标滚轮确定，在方框中输入 2×45°（如箭头 1 所示），单击空白处</td><td>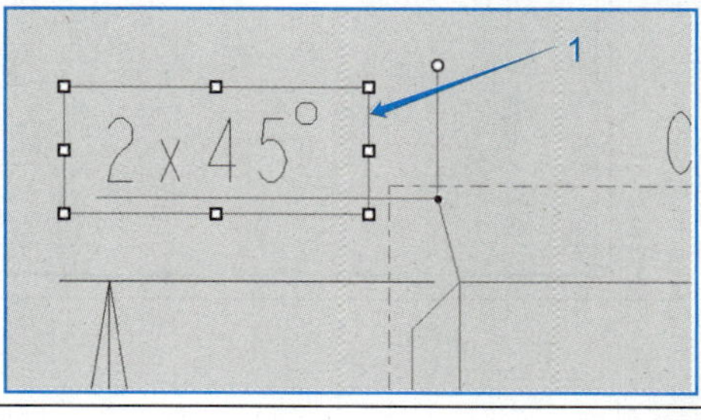
</td><td>提示：角度“°”符号，可从 2 所示的位置单击选择</td></tr>
</table>

续表

序号	步骤	图例	备注
16	（5）参考上述步骤（1）～（4），标注其他倒角（如箭头 1 所示），步骤略	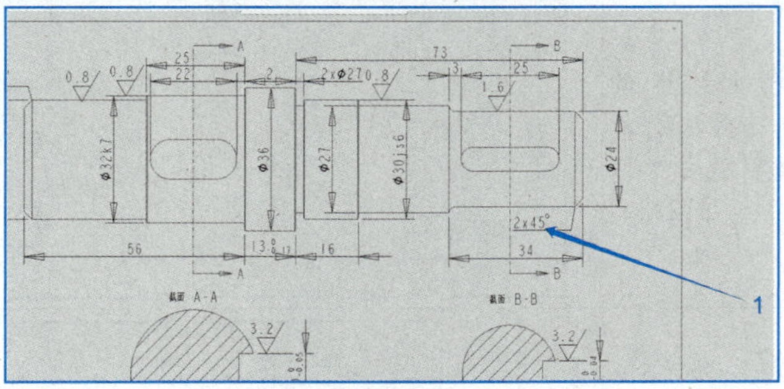	
17	**尺寸中心线的创建与显示：** （1）单击【注释】选项卡下【注释】组中的【显示模型注释】命令（如 1 所示）	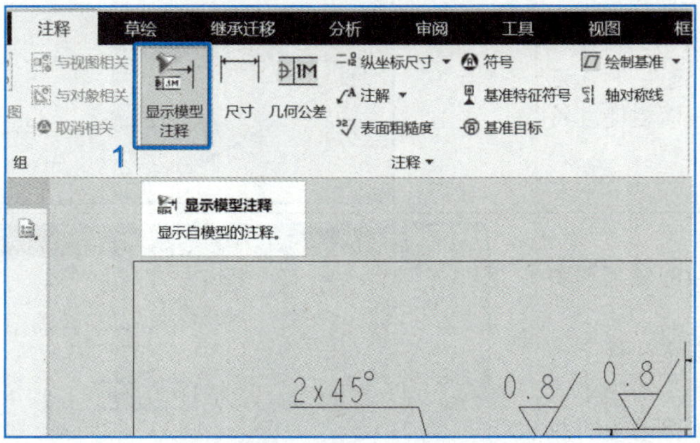	
	（2）在弹出的【显示模型注释】对话框中，单击最后一个按钮（如 1 所示），然后单击主视图，勾选箭头 2 所示的方框，单击【确定】按钮	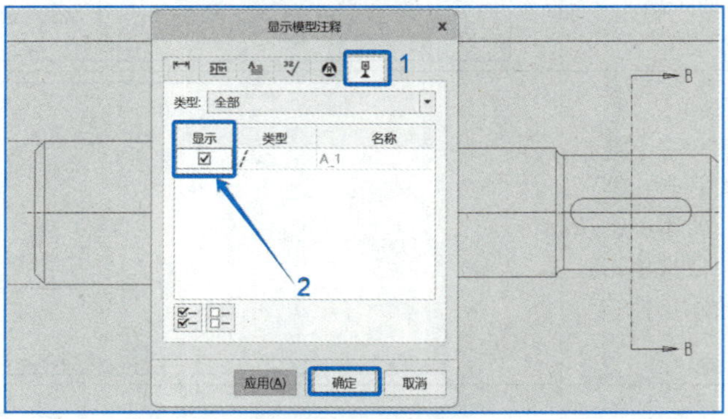	
	（3）参考上述步骤（1）、（2），创建与显示其他尺寸中心线，步骤略	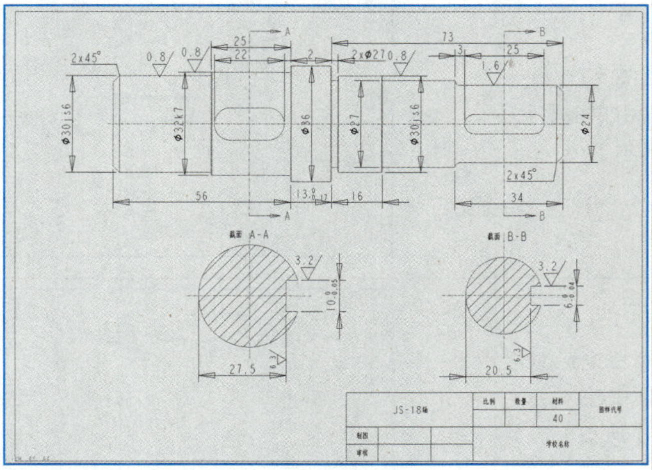	提示：若在弹出的【显示模型注释】对话框中，没有可选的对象，则需要在三维数模中先创建轴线，再在工程图中创建与显示尺寸中心线

续表

序号	步骤	图例	备注
18	**在标题栏中输入文字与信息：** 单击【表】选项卡，双击标题栏中的单元格，输入相关文字与信息（如箭头 1、2 所示）	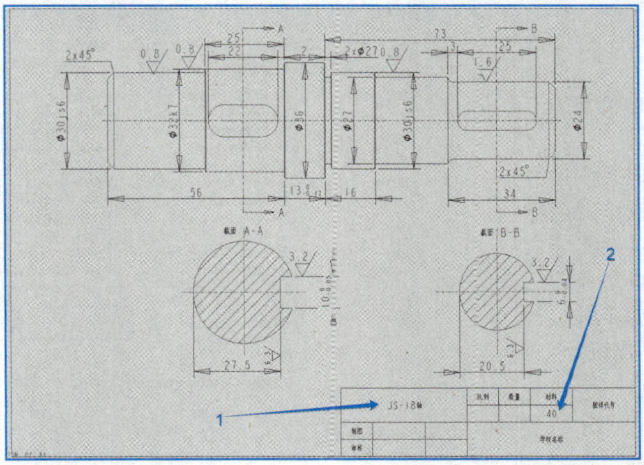	

4. 任务评价

通过此次任务的完成，学生能够熟练掌握使用工程图软件创建轴类零件工程图的基本技能。任务的完成不仅提升了学生的实际操作能力，还加强了他们对工程制图标准和规范的理解。在任务实施过程中，如果学生能够正确创建各个视图、准确标注尺寸和公差，并能根据需要进行合理的编辑调整，则任务评价为优秀。同时，学生能够有效解决遇到的问题，显示出对工具和制图流程的深刻理解，也是任务成功完成的关键。

JS-16 端盖的工程图创建可扫描二维码进行学习。

知识拓展

JS-16 端盖的工程图创建

7.1.2　JS-06 机盖的工程图创建

1. 任务目标

本任务按如图 7-2 所示的 JS-06 机盖的三维数模完成工程图的创建。

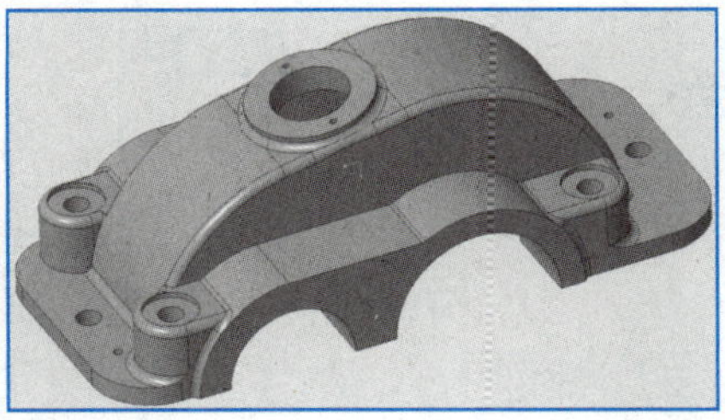

图 7-2　JS-06 机盖的三维数模

2. 任务分析

机盖是一个典型的箱体类零件，具有保护与支撑高速轴、低速轴及其轴系部件的功能。其三维数模的总长为 231 mm，总宽为 104 mm，顶部观察窗高度为 67 mm。创建过程中需要注意零件的尺寸、视角、标注及公差等细节设置，以确保工程图的精确性和规范性。主要创建流程见表 7-2。

3. 任务实施

表 7-2 详细描述了图 7-2 所示的工程图创建步骤及说明。

表 7-2 JS-06 机盖的工程图创建步骤及说明

序号	步骤	图例	备注
	新建 JS-06 机盖的工程图文件： （1）在工具栏中单击打开按钮或单击菜单栏【文件】→【打开】命令，单击 JS-06 机盖的三维数模文件（如 1 所示），单击【打开】按钮	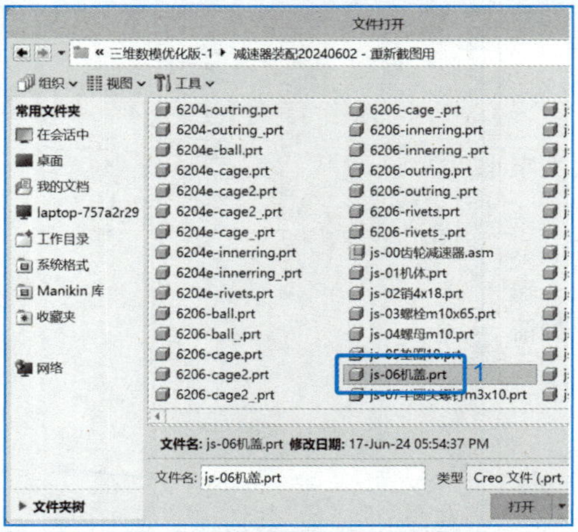	
1	（2）在工具栏中单击【新建】按钮。在弹出的对话框中，【类型】选择【绘图】（如 1 所示），【文件名】定义为【JS-06 机盖】（如 2 所示），取消勾选【使用默认模板】（如 3 所示），单击【确定】按钮	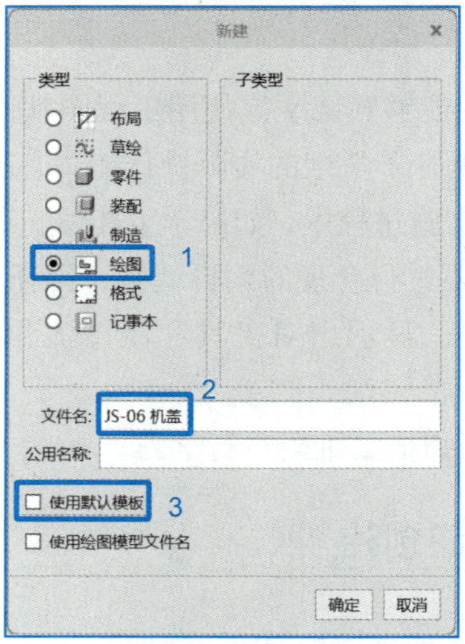	
	（3）在弹出的【新建绘图】对话框中，【指定模板】选择【格式为空】（如 1 所示），单击【格式】中的【浏览】按钮（如 2 所示），在弹出的【打开】对话框中选择模板【a4.frm】（如 3 所示），单击【打开】按钮（如 4 所示），单击【确定】按钮（如 5 所示）	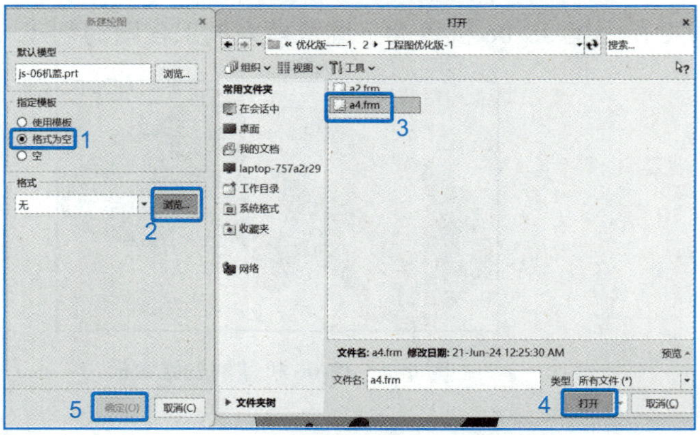	
2	**设置工程图为第一视角：** （1）单击【文件】→【准备】→【绘图属性】命令，在弹出的【绘图属性】对话框中，单击【细节选项】的【更改】命令（如箭头 1 所示）	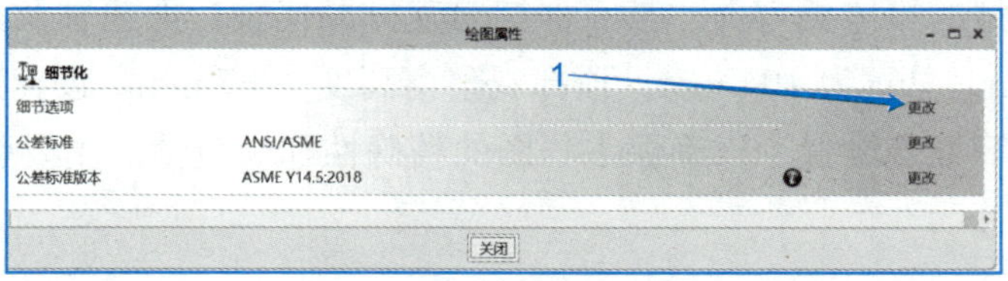	

续表

<table>
<tr><th>序号</th><th>步骤</th><th>图例</th><th>备注</th></tr>
<tr><td rowspan="2">2</td><td>（2）在弹出的【选项】对话框的【选项】中，输入【projection_type】（如 1 所示），单击【查找】按钮（如 2 所示）</td><td>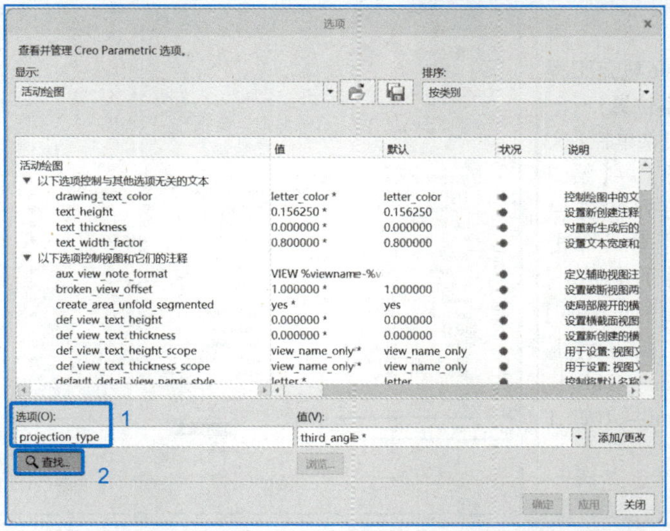
</td><td></td></tr>
<tr><td>（3）在弹出的【查找选项】对话框中，单击【3. 设置值】的下拉菜单，选择【first_angle】（如 1 所示），单击【添加/更改】按钮（如 2 所示），单击【关闭】按钮（如 3 所示），在【选项】对话框中单击【确定】按钮（如 4 所示）</td><td>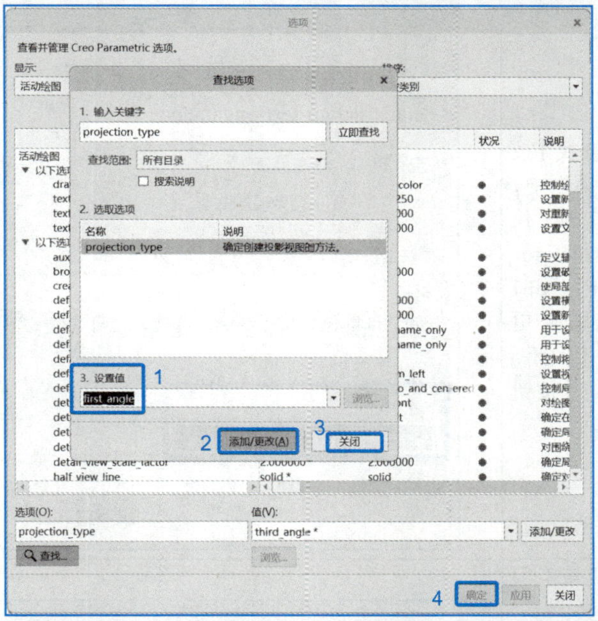
</td><td></td></tr>
<tr><td>3</td><td>设置 JS-06 机盖工程图的尺寸文本参数：
单击菜单栏【文件】→【准备】→【绘图属性】命令，在弹出的【绘图属性】对话框中，单击【细节选项】的【更改】命令，单击【text_height】（如 1 所示），在【值】中输入 0.08（如 2 所示），单击【添加/更改】按钮，单击【确定】按钮</td><td>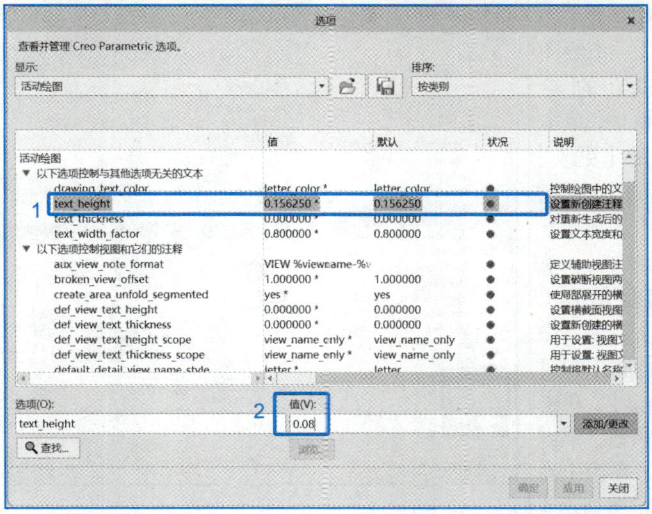
</td><td>注意：
（1）若要更改尺寸文本字体大小，则需要进行此步。这里输入 0.08。
（2）单击【确定】按钮，回到工程图绘图区，滚动鼠标滚轮即可看到修改字体大小后的效果</td></tr>
</table>

续表

<table>
<tr><th>序号</th><th>步骤</th><th>图例</th><th>备注</th></tr>
<tr><td rowspan="2">4</td><td>设置 JS-06 机盖工程图的尺寸文本位置：
（1）单击菜单栏【文件】→【准备】→【绘图属性】命令，在弹出的【绘图属性】对话框中，单击【细节选项】的【更改】命令，在弹出的【选项】对话框中，在【选项】下输入“default_lindim_text_orientation”（如 1 所示）</td><td>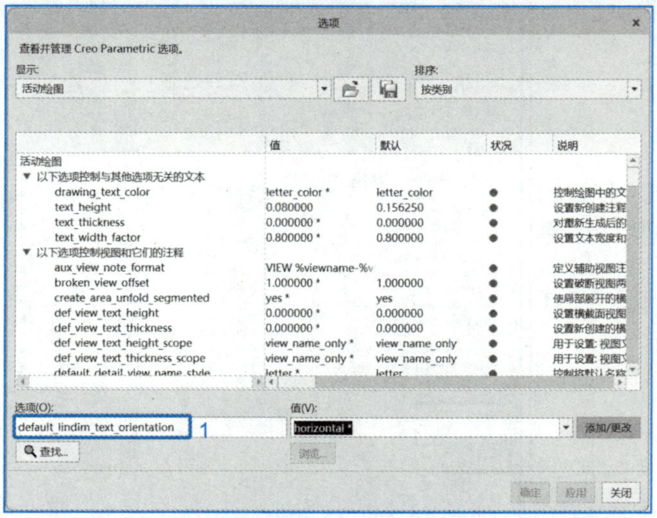
</td><td></td></tr>
<tr><td>（2）单击【查找】按钮，在弹出的对话框中，单击【3.设置值】的下拉菜单，选择【parallel_to_and_above_leader】（如 1 所示）。单击【添加/更改】按钮，单击【关闭】按钮，单击【确定】按钮</td><td>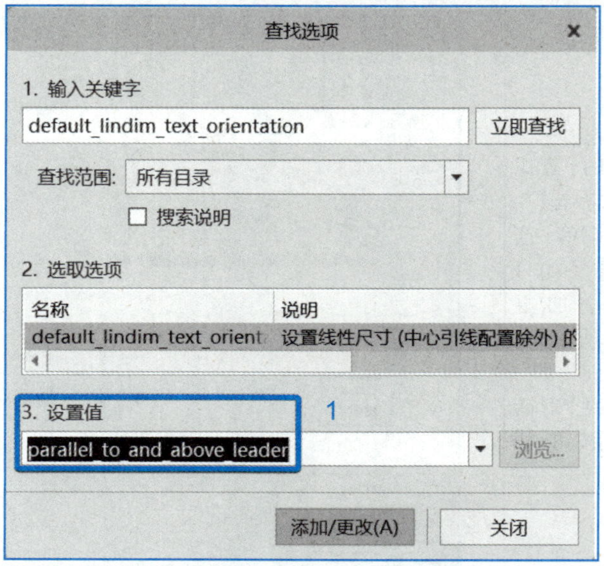
</td><td>注意：尺寸数字应放置到合适位置，一般来说，水平方向字头在尺寸线的上方，垂直方向字头朝左</td></tr>
<tr><td>5</td><td>设置 JS-06 机盖工程图的尺寸箭头参数：
（1）单击菜单栏【文件】→【准备】→【绘图属性】命令，在弹出的【绘图属性】对话框中，单击【细节选项】的【更改】命令，在弹出的【选项】对话框中，在【选项】下输入“arrow_style”。单击【查找】按钮，在弹出的【查找选项】对话框中单击【3.设置值】的下拉菜单，选择【closed】，单击【添加/更改】按钮，单击【关闭】按钮，单击【确定】按钮（如 1~6 所示）</td><td>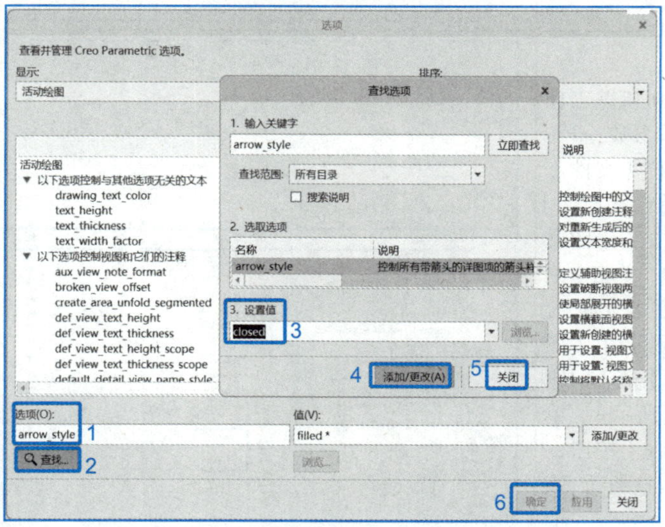
</td><td>注意：此步是设置尺寸箭头样式，更改尺寸箭头的样式为空心</td></tr>
</table>

续表

<table>
<tr><th>序号</th><th>步骤</th><th>图例</th><th>备注</th></tr>
<tr><td rowspan="2">5</td><td>（2）参考步骤（1），在弹出的【选项】对话框中，在【选项】下输入“arrow”。单击【查找】按钮，在弹出的【查找选项】对话框中，单击【draw_arrow_length】，在【3.设置值】中输入0.15，单击【添加/更改】按钮（如 1～5 所示）</td><td>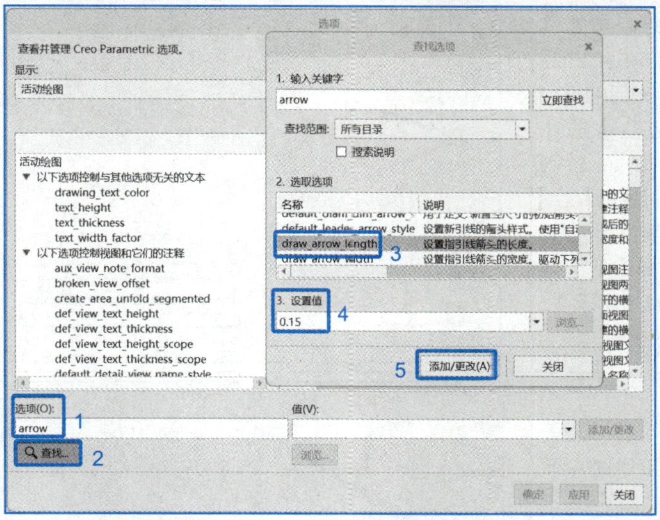
</td><td>注意：
（1）此步设置尺寸箭头长度；
（2）根据图幅大小，这里箭头长度设置为 0.15</td></tr>
<tr><td>（3）再单击【draw_arrow_width】，在【3.设置值】中输入 0.05，单击【添加/更改】按钮，单击【关闭】按钮，单击【确定】按钮（如 1～5 所示）</td><td>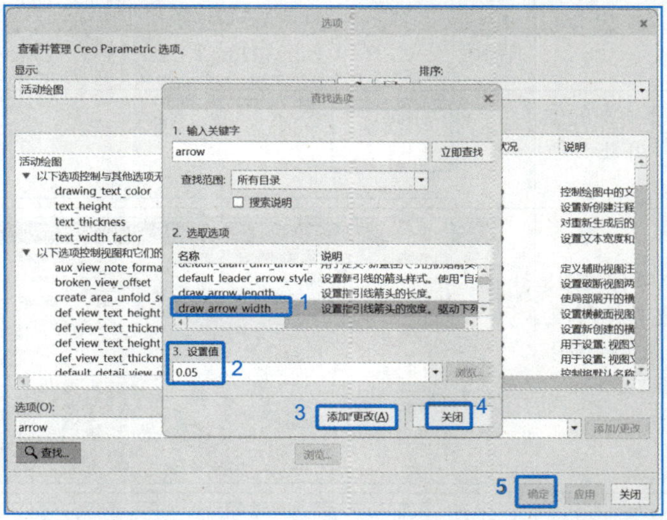
</td><td>注意：
（1）此步设置尺寸箭头宽度；
（2）根据图幅大小，这里箭头宽度设置为 0.05</td></tr>
<tr><td>6</td><td>制作工程图的主视图：
（1）单击【布局】选项卡下【模型视图】组中的【普通视图】命令（如 1 所示）。选择【无组合状态】（如 2 所示），单击【确定】按钮</td><td>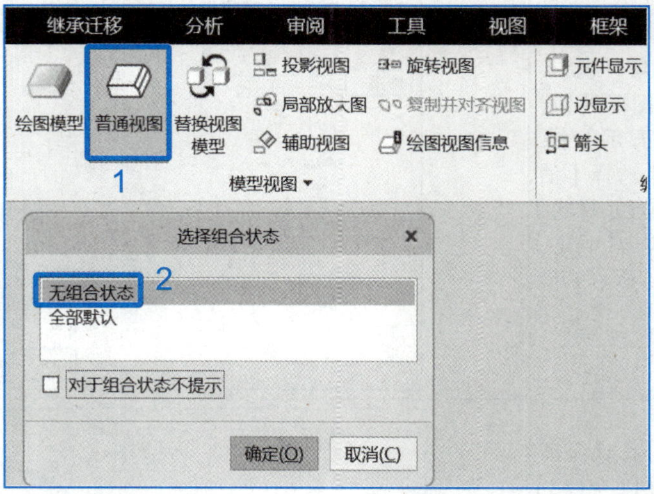
</td><td></td></tr>
</table>

续表

序号	步骤	图例	备注
	（2）在图纸空白处单击鼠标右键，在弹出的【绘图视图】对话框中，【选择定向方法】选择【几何参考】（如1所示），【参考1】选择【后】与【DTM1】（如2所示），【参考2】选择【下】与【DTM2】（如3所示），单击【确定】按钮	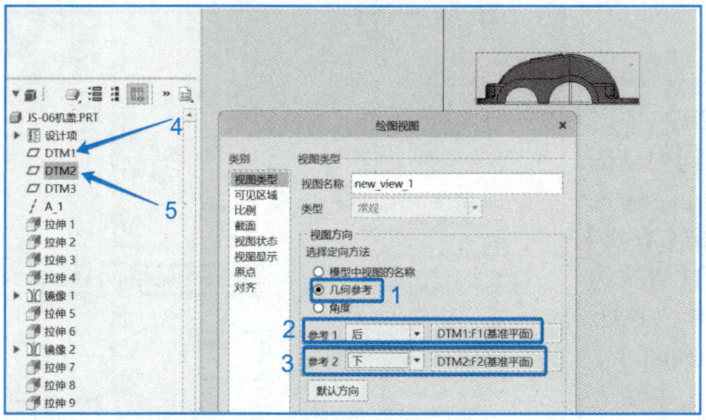	提示：【DTM1】和【DTM2】可从模型树中单击选择（如箭头4、5所示）
	（3）双击工作区左下角【比例】（如箭头1所示）	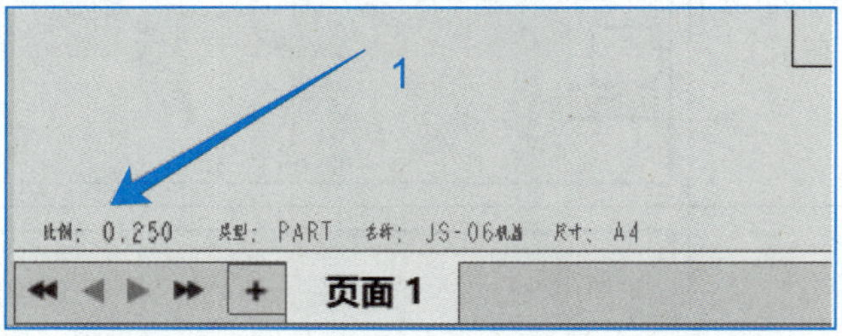	
	（4）在如1所示的位置，输入0.5，单击2所示的对钩	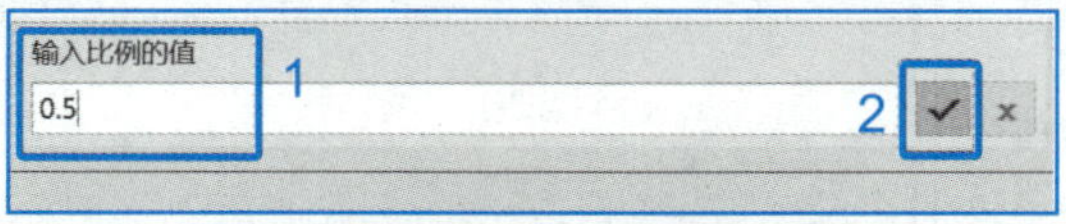	提示：输入比例0.5即按照1∶2比例
6	（5）单击零件视图，单击【布局】选项卡下【文档】组中的【锁定视图移动】命令（如1所示），移动零件视图	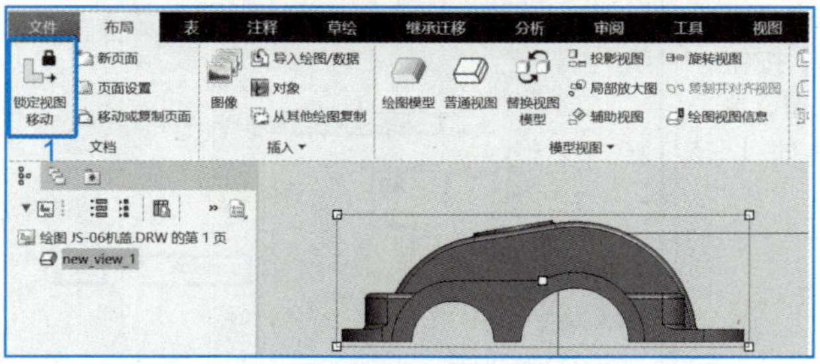	
	（6）双击零件视图，在弹出的【绘图视图】对话框的【视图显示】中，【显示样式】选择【消隐】、【相切边显示样式】选择【无】，单击【确定】按钮（如1～4所示）	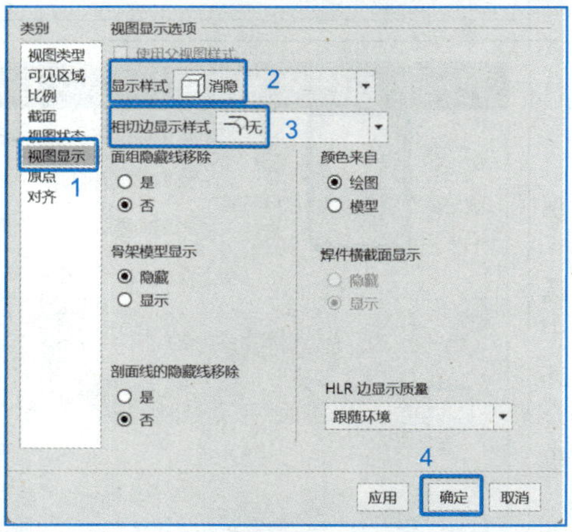	
	（7）取消勾选【基准显示过滤器】的【（全选）】命令，主视图如箭头1所示	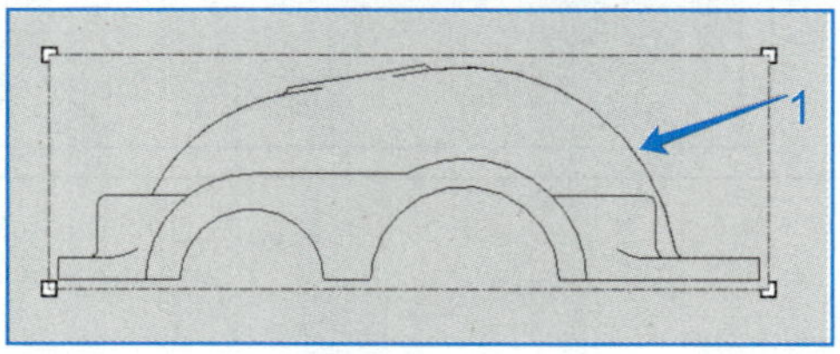	

续表

序号	步骤	图例	备注
7	**制作工程图的侧视图：** （1）回到 JS-06 机盖的三维数模工作区。打开【基准显示过滤器】的【轴显示】和【平面显示】。 单击【模型】选项卡下【基准】组中的【平面】命令，按住【Ctrl】键，依次单击选项视孔盖螺纹孔轴线（如箭头 1、2 所示）。单击【确定】按钮，得到【DTM4】面（如箭头 3 所示）	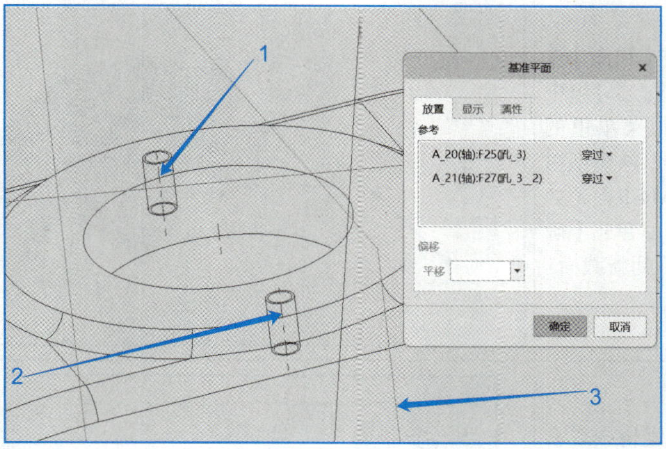	
	（2）单击【视图】选项卡下【模型显示】组中【截面】下拉菜单里的【平面】命令（如 1 所示）	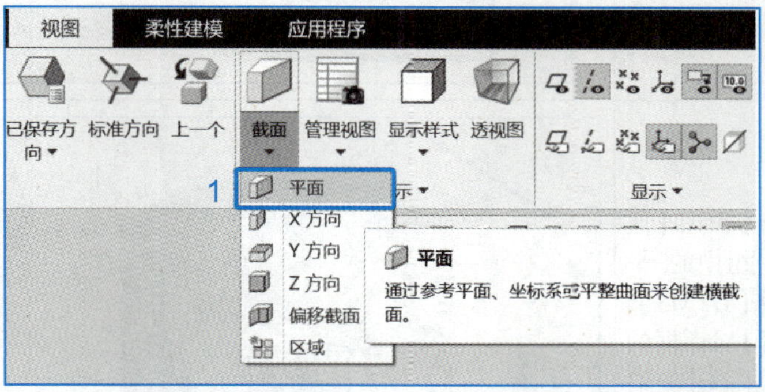	
	（3）从模型树中单击【DTM3】面（如箭头 1 所示），单击【确定】按钮，得到截面【XSEC0001】	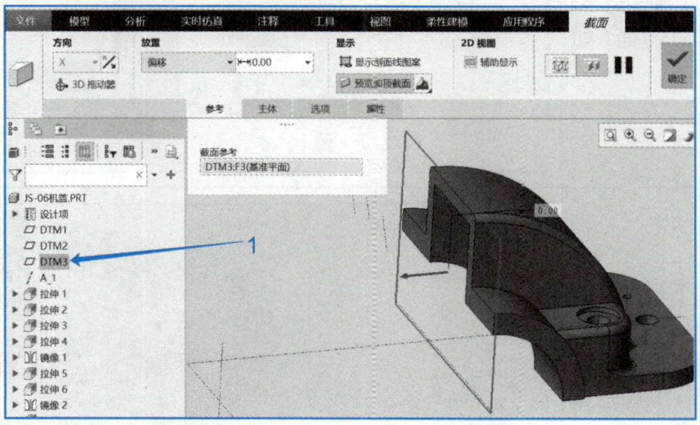	
	（4）从模型树中双击截面【XSEC0001】，重命名为【A】（如 1 所示）	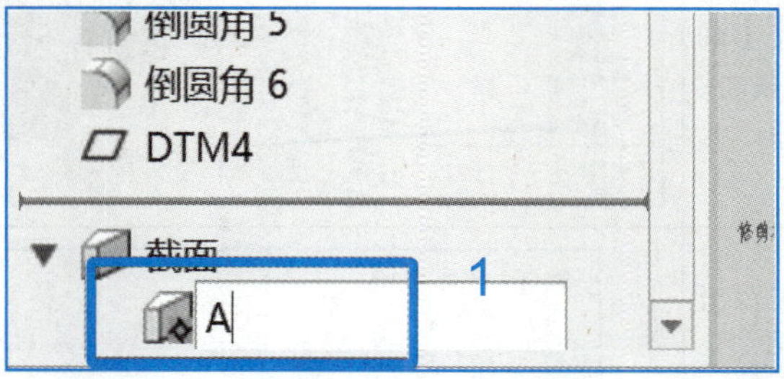	

续表

序号	步骤	图例	备注
	（5）单击【视图】选项卡下【模型显示】组中【截面】下拉菜单里的【平面】命令，从模型树中单击【DTM4】面（如箭头 1 所示），单击【确定】按钮，得到新截面	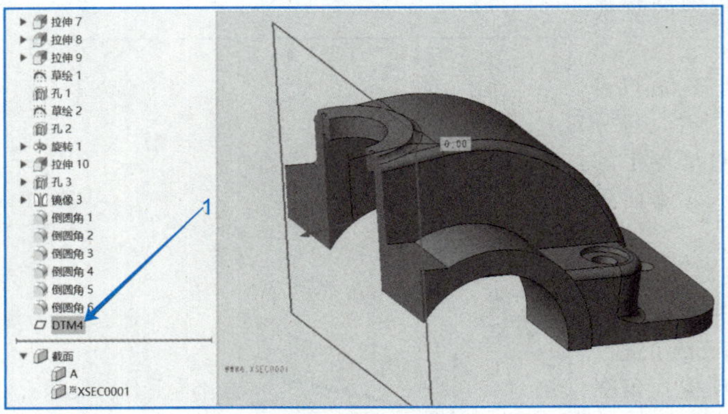	
	（6）从模型树中双击新截面，重命名为【B】（如 1 所示）		
7	（7）单击【模型】选项卡下【基准】组中的【平面】命令。单击【DTM3】，在【基准平面】对话框的【偏移】下【平移】中输入 70，单击【确定】按钮，得到【DTM5】面（如箭头 1 所示）	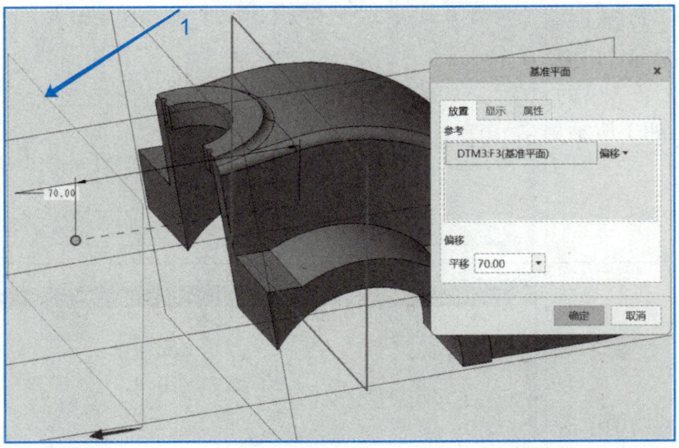	
	（8）单击【视图】选项卡下【模型显示】组中【截面】下拉菜单里的【平面】命令。从模型树中单击【DTM5】面（如箭头 1 所示），单击【确定】按钮，得到新截面	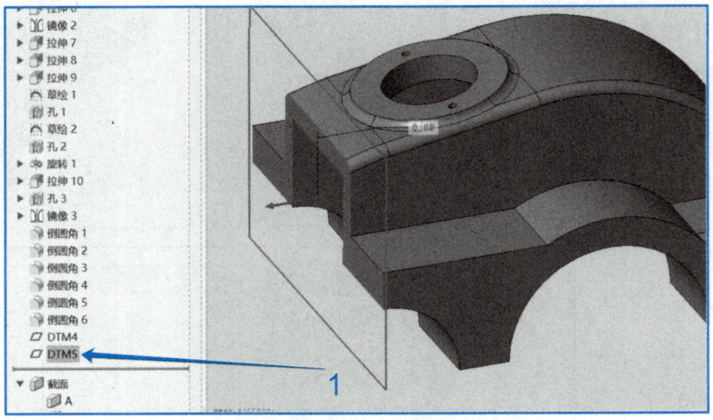	
	（9）从模型树中双击新截面，重命名为【C】（如 1 所示）		

续表

序号	步骤	图例	备注
	（10）取消激活截面 B、C	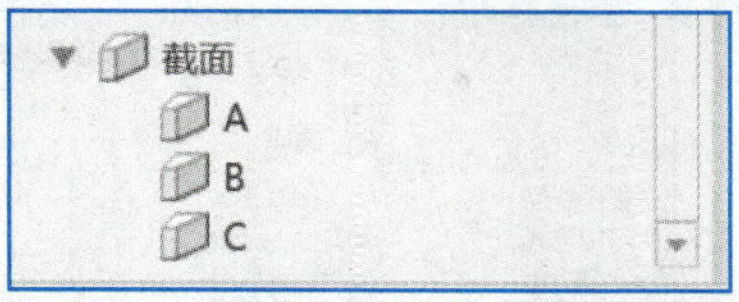	注意：截面 A 也处于未激活状态
7	（11）回到 JS-06 机盖的工程图绘图区，单击【模型视图】的【投影视图】命令（如 1 所示）。移动鼠标置于主视图右侧区域（如箭头 2 所示）	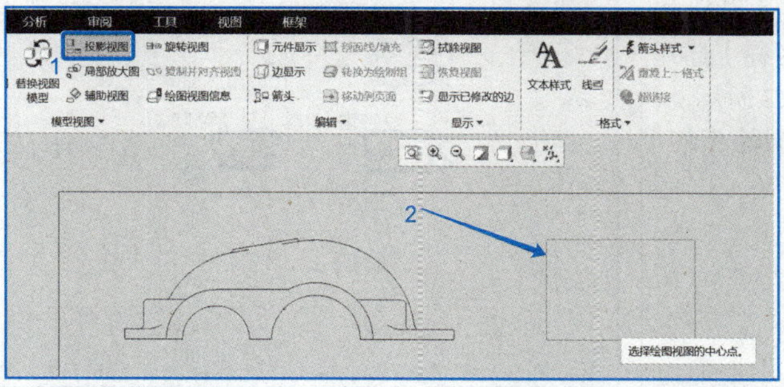	提示：此时，可取消【基准显示过滤器】的【轴显示】与【平面显示】，使得工程图中的视图显示得更加清晰
	（12）单击鼠标左键固定视图位置	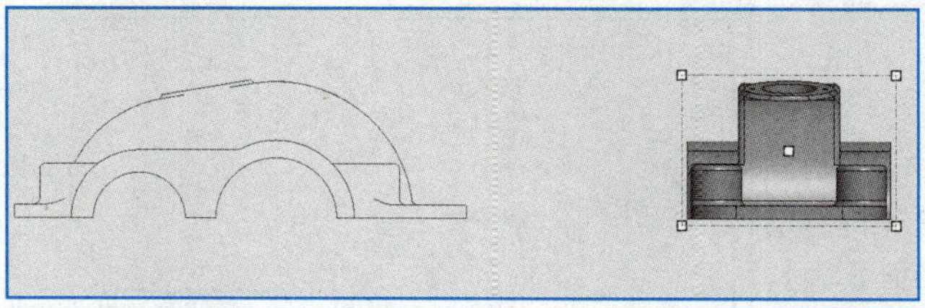	
	制作侧视图中的剖切面： （1）双击侧视图，在弹出的【绘图视图】对话框的【视图显示】中，【显示样式】选择【消隐】，【相切边显示样式】选择【无】，单击【确定】按钮（如 1、2 所示）	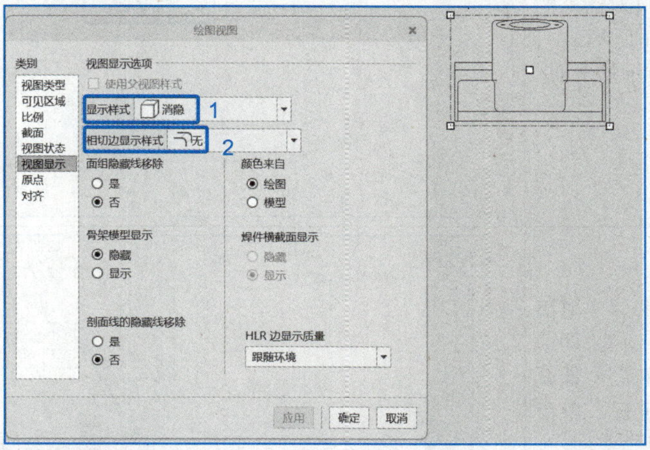	
8	（2）双击侧视图，在弹出的【绘图视图】对话框的【截面】中，选择【2D 横截面】（如 1 所示），【模型边可见性】选择【总计】（如 2 所示）	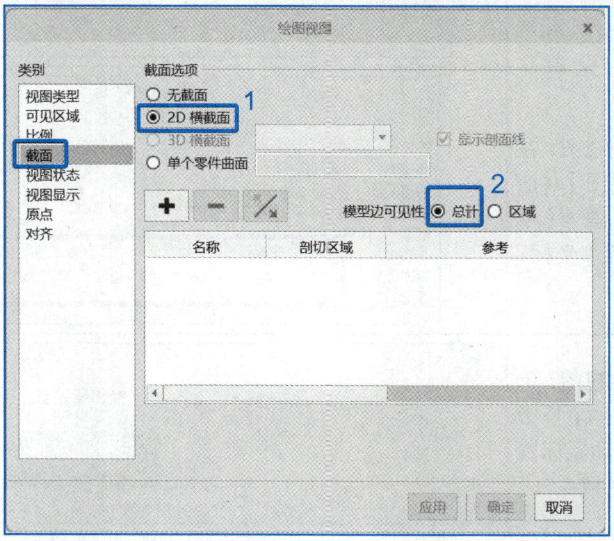	

续表

<table>
<tr><th>序号</th><th>步骤</th><th>图例</th><th>备注</th></tr>
<tr><td rowspan="5">8</td><td>（3）单击“+”号（如1所示），【名称】选择截面【A】（如2所示），【剖切区域】选择【半倍】（如3所示）</td><td>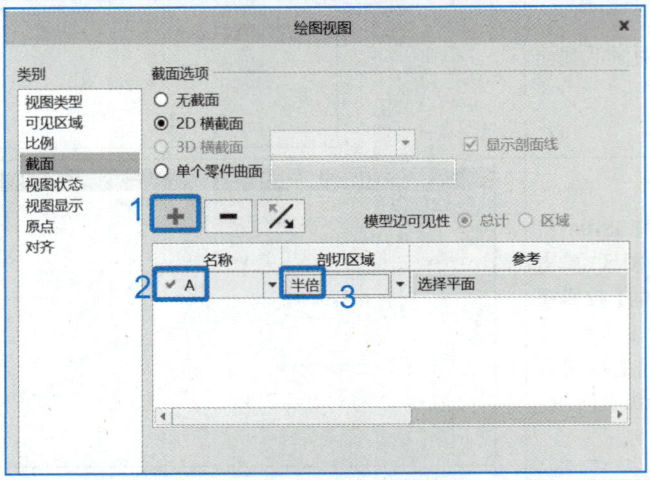
</td><td></td></tr>
<tr><td>（4）打开【基准显示过滤器】的【平面显示】。在【绘图视图】对话框的【参考】（如1所示）中，选择箭头2所示的平面</td><td>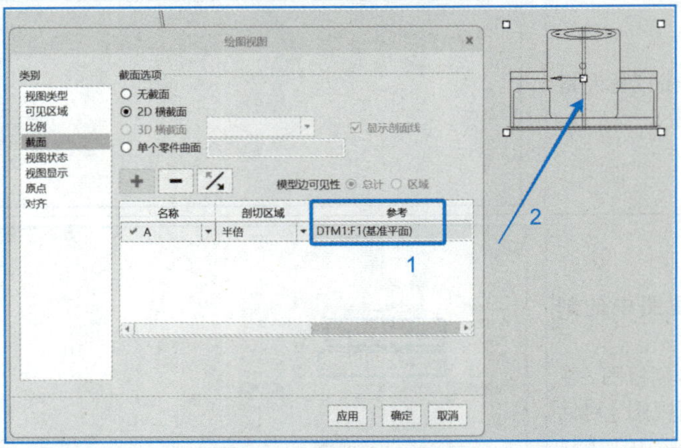
</td><td></td></tr>
<tr><td>（5）单击箭头1所示平面的右侧空白处（如箭头2所示的位置），使红色高亮箭头向右，单击【确定】按钮</td><td>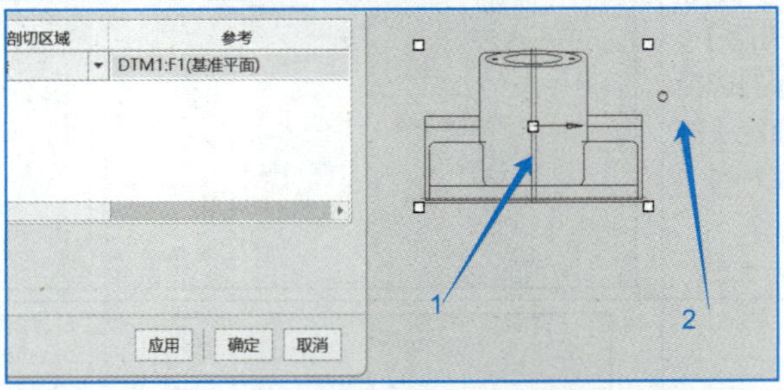
</td><td></td></tr>
<tr><td>（6）双击侧视图，在弹出的【绘图视图】对话框的【原点】中，查看【页面中的视图位置】坐标</td><td>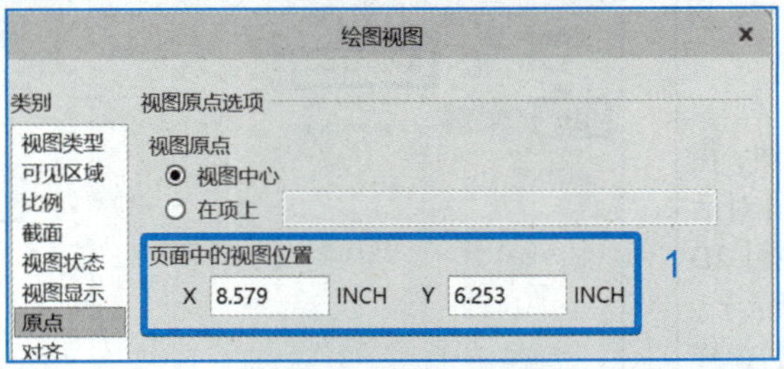
</td><td>注意：这里坐标为（8.579，6.253）（如1所示）</td></tr>
<tr><td>（7）单击主视图，单击【模型视图】的【投影视图】命令。移动鼠标置于主视图右侧区域</td><td>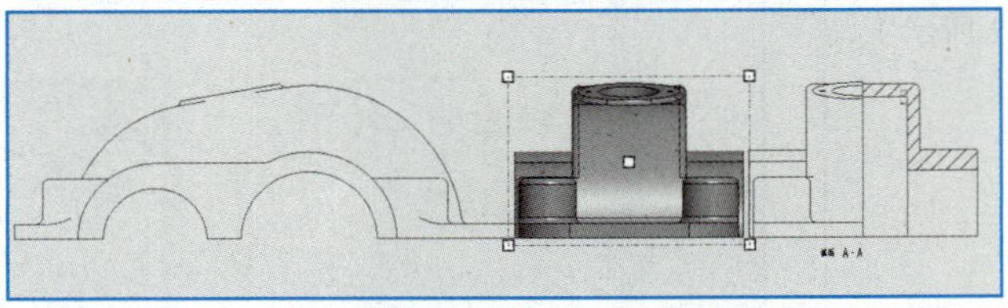</td><td></td></tr>
</table>

续表

序号	步骤	图例	备注
	（8）双击上一步中的侧视图，在弹出的【绘图视图】对话框【原点】中的【页面中的视图位置】里输入坐标（8.579，6.253）（如 1 所示）	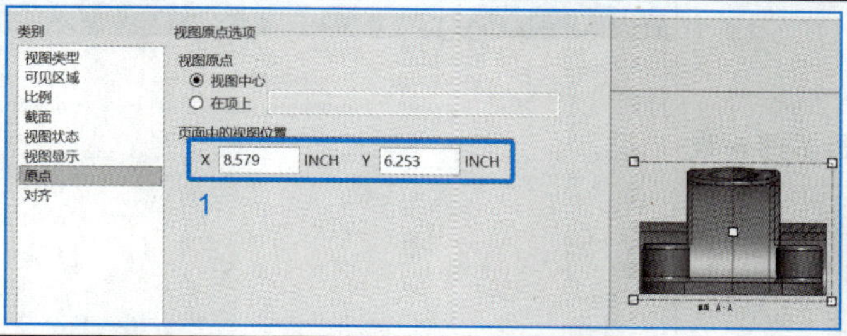	注意：此步的目的是让新绘制的侧视图与前述绘制的侧视图重合
	（9）【视图显示】中，【显示样式】选择【消隐】，【相切边显示样式】选择【无】。单击【确定】按钮	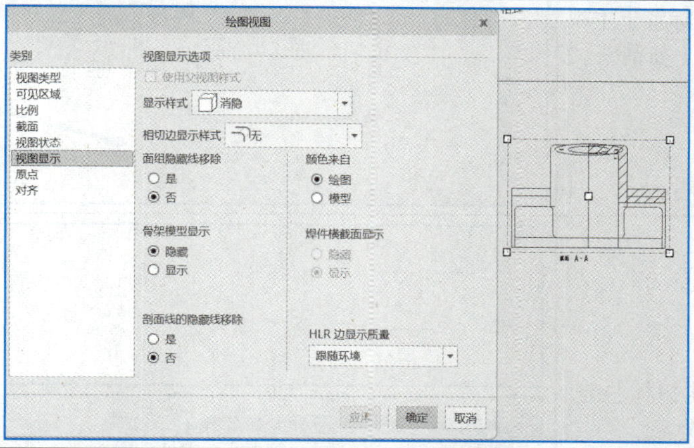	
8	（10）双击侧视图，在弹出的【绘图视图】对话框的【截面】中，选择【2D 横截面】命令，【模型边可见性】选择【总计】。单击“+”号，【名称】选择截面【C】，【剖切区域】选择【半倍】	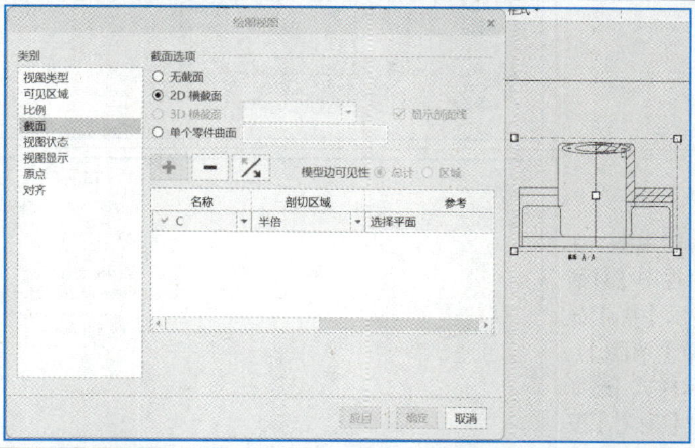	注意：此时，侧视图是新绘制的侧视图
	（11）【参考】（如 1 所示）中选择箭头 2 所示的平面。此时，红色高亮箭头向左	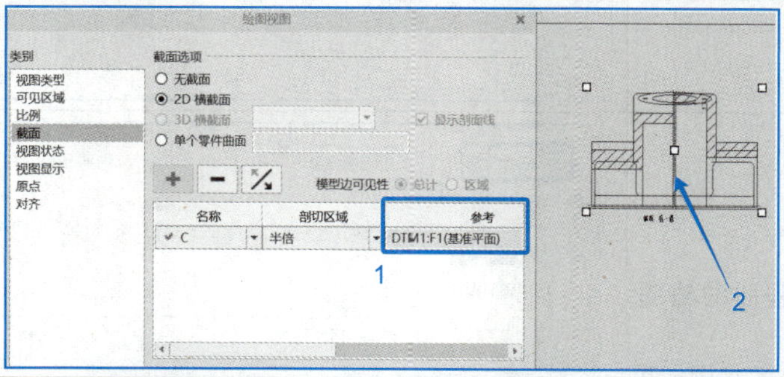	
	（12）单击【确定】按钮	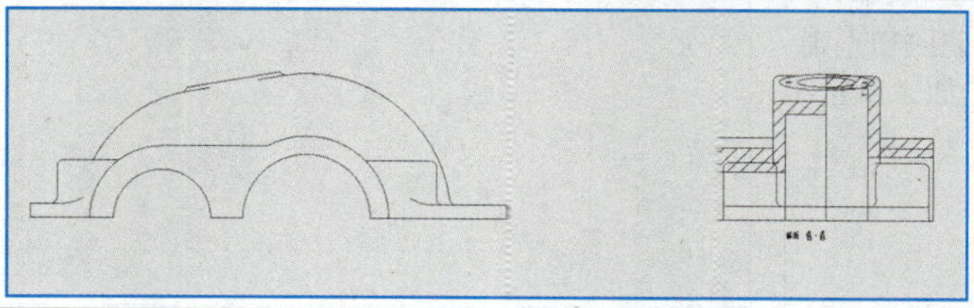	

续表

序号	步骤	图例	备注
9	**制作工程图的俯视图：** （1）单击主视图，单击【模型视图】组中的【投影视图】命令（如 1 所示）。移动鼠标置于主视图下方区域（如箭头 2 所示）	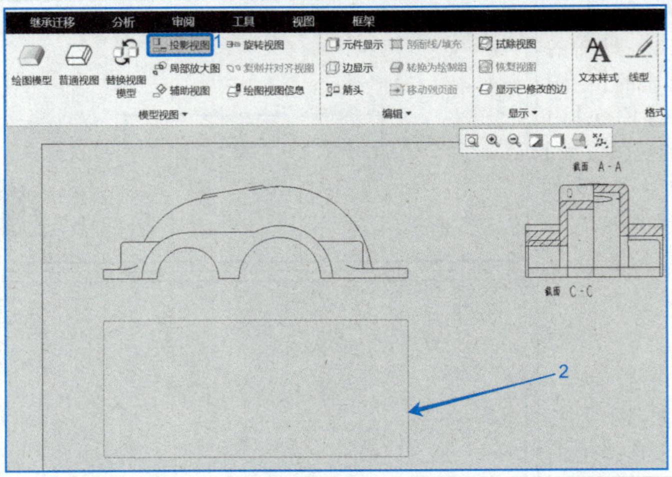	
	（2）单击鼠标左键，固定视图位置	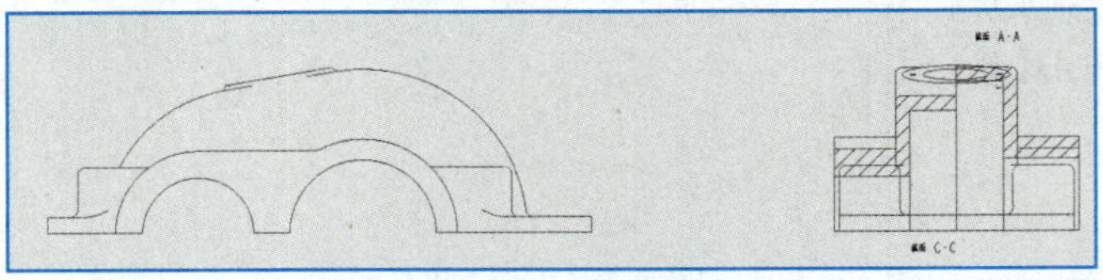 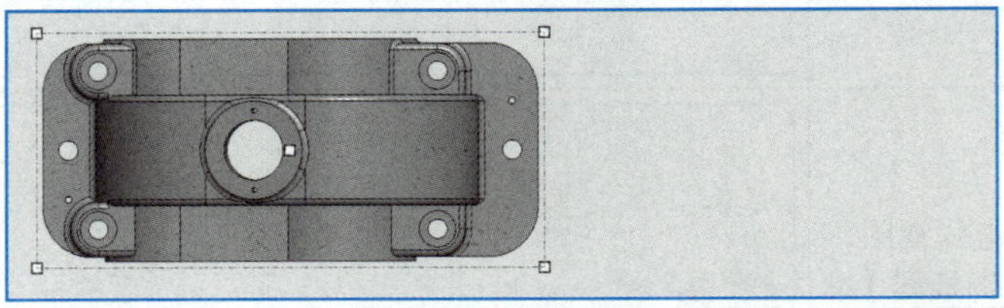	
	（3）双击俯视图，在弹出的【绘图视图】对话框的【视图显示】中，【显示样式】选择【消隐】，【相切边显示样式】选择【无】，单击【确定】按钮	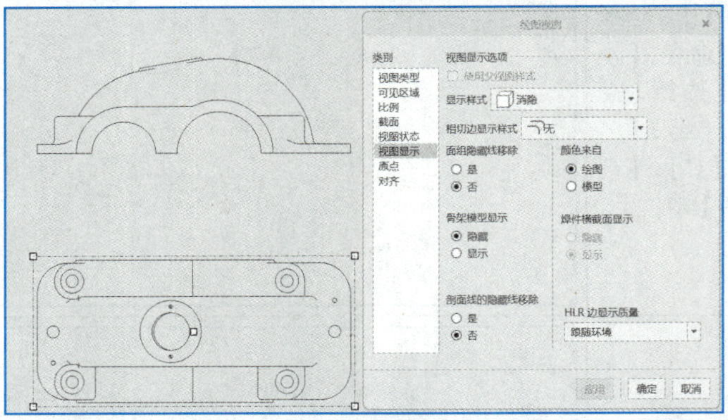	
10	**绘制工程图的辅助视图：** （1）单击主视图，单击【模型视图】组中的【辅助视图】命令（如 1 所示）	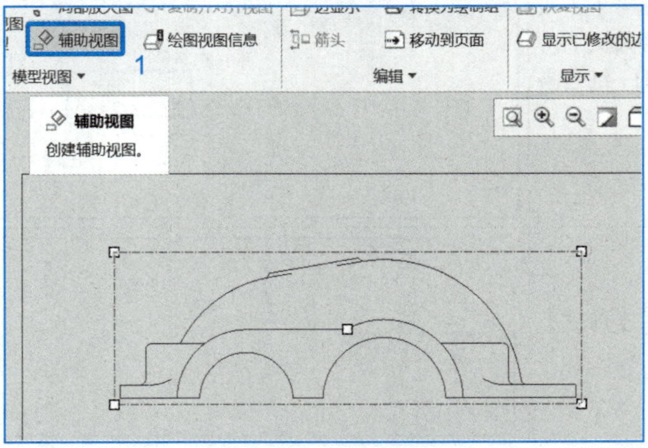	

续表

序号	步骤	图例	备注
10	（2）单击选择观察窗的边线（如箭头 1 所示）	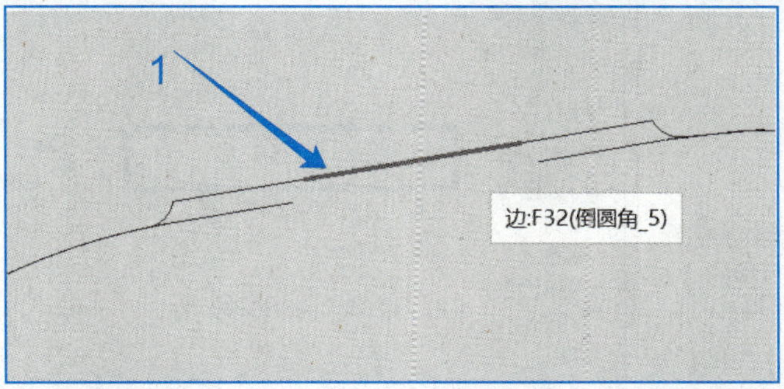	
	（3）移动鼠标于图纸下方，单击鼠标左键，放置辅助视图	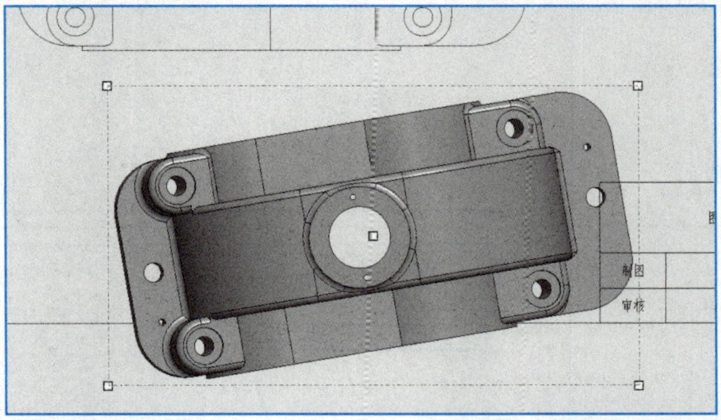	
	（4）双击辅助视图，在弹出的【绘图视图】对话框的【视图显示】中，【显示样式】选择【消隐】，【相切边显示样式】选择【无】	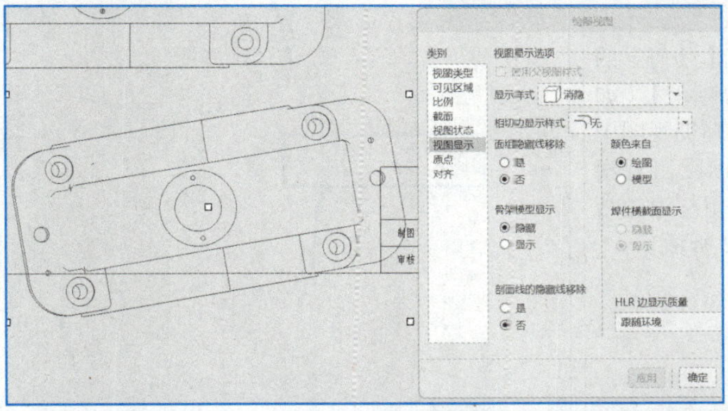	
	（5）单击【对齐】，将【将此视图与其他视图对齐】取消勾选（如 1 所示），单击【确定】按钮	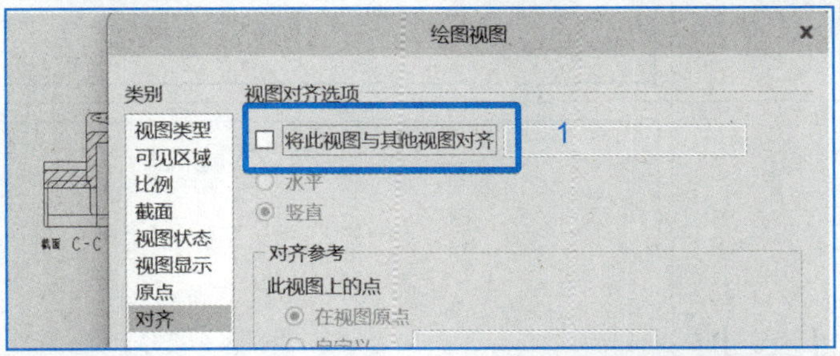	
	（6）移动该辅助视图到图纸的右下位置（如箭头 1 所示）	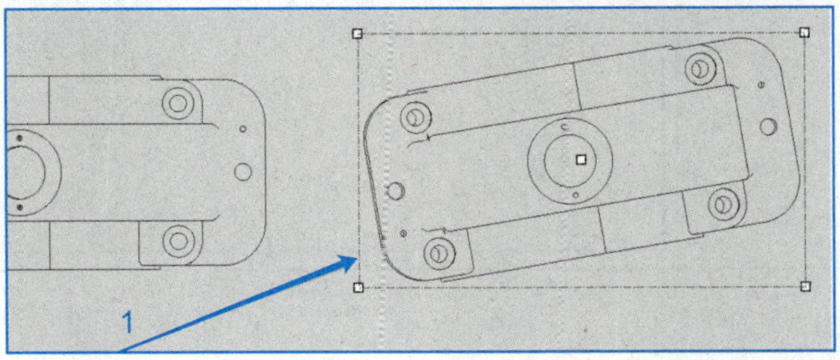	

续表

序号	步骤	图例	备注
	（7）双击辅助视图，在弹出的【绘图视图】对话框的【可见区域】中，【视图可见性】选择【局部视图】（如 1 所示）	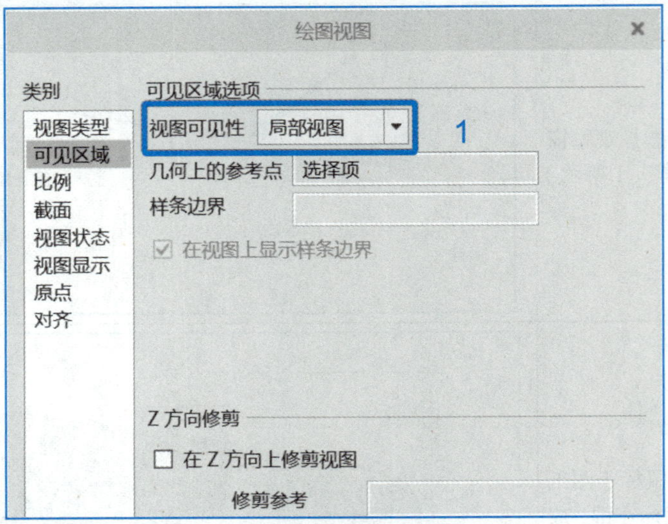	
10	（8）单击【几何上的参考点（选择项）】（如 1 所示），在辅助视图中连续单击鼠标圈出观察窗区域，按住鼠标滚轮结束（如箭头 2 所示）	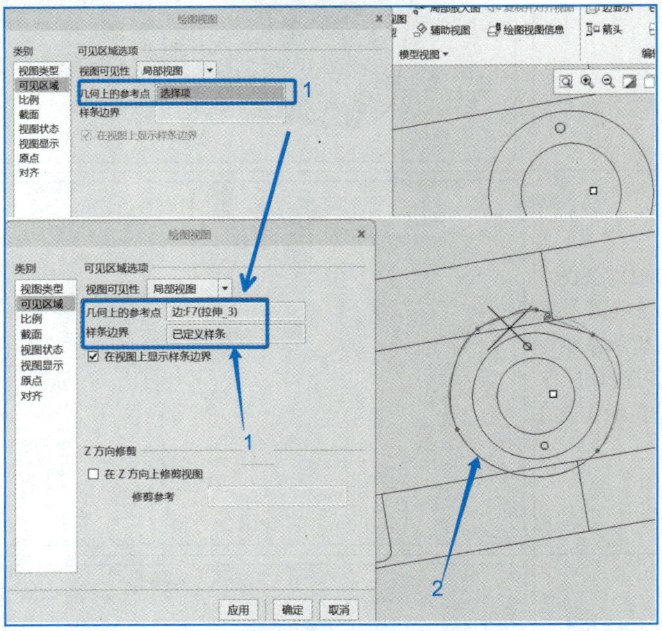	
	（9）单击【确定】按钮	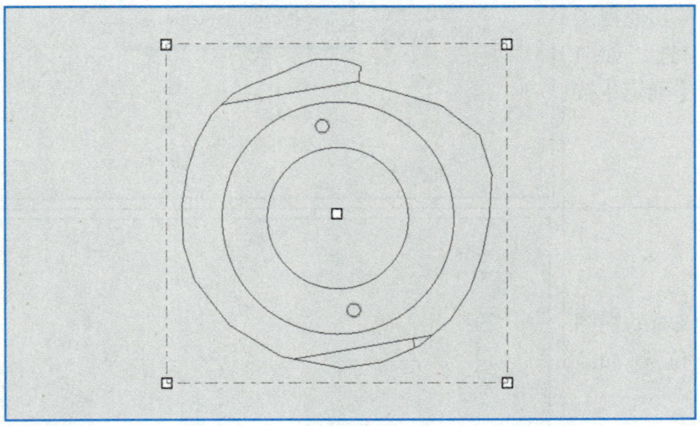	

续表

序号	步骤	图例	备注
10	（10）双击辅助视图，在弹出的【绘图视图】对话框的【视图类型】中，单击【投影箭头】为【单箭头】（如 1 所示），【视图名称】输入【B】（如 2 所示），单击【确定】按钮	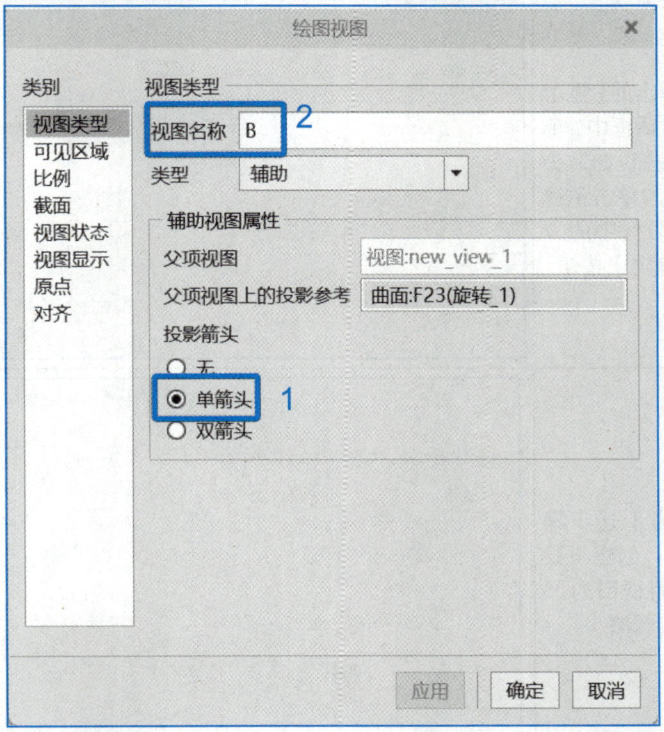	
	（11）单击【注释】选项卡下【注释】组中【注解】下拉菜单里的【独立注解】命令。移动鼠标于辅助视图下方，单击鼠标左键，在方框中输入【B 向视图】字样。在图纸空白处单击鼠标左键	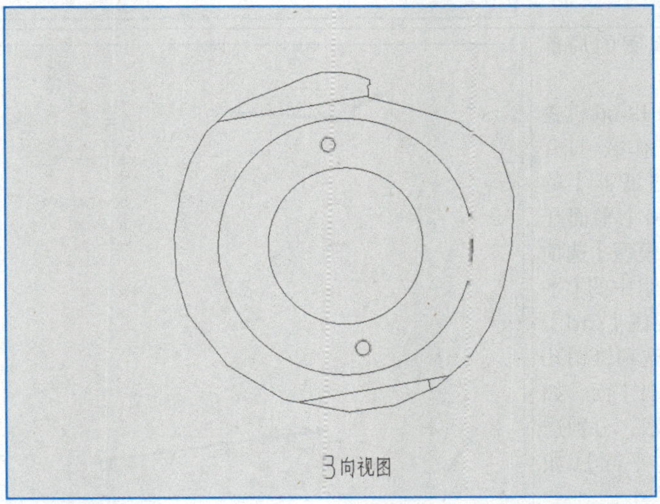	
11	**尺寸中心线的创建与显示：** （1）单击【注释】选项卡下【注释】组中的【显示模型注释】命令（如 1、2 所示）	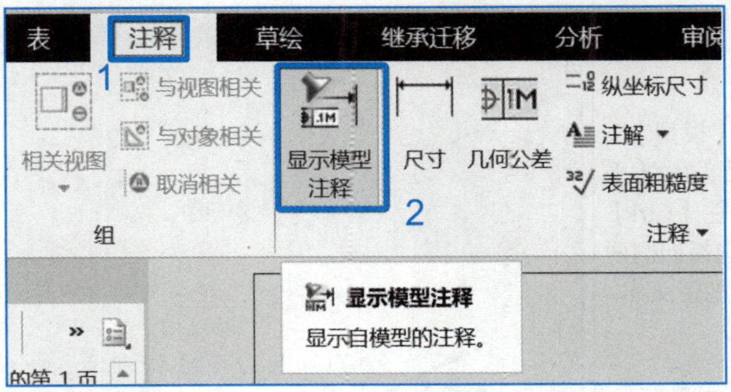	

续表

序号	步骤	图例	备注
11	（2）在弹出的【显示模型注释】对话框中，单击最后一个按钮（如箭头1所示）。接着单击主视图，勾选对话框中的方框，单击【确定】按钮	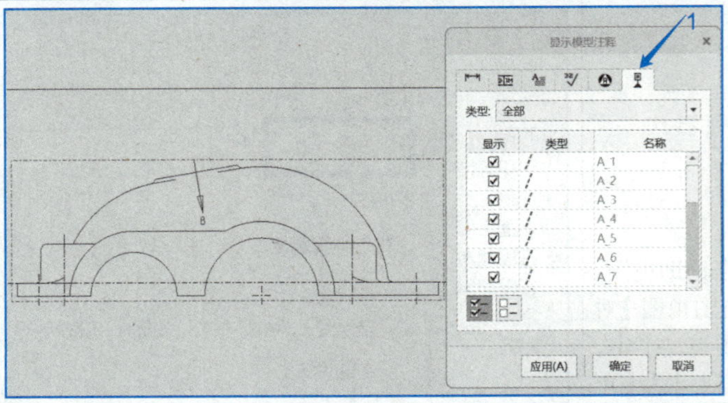	
	（3）参考上述步骤（1）、（2），创建与显示侧视图与俯视图的尺寸中心线（步骤略）	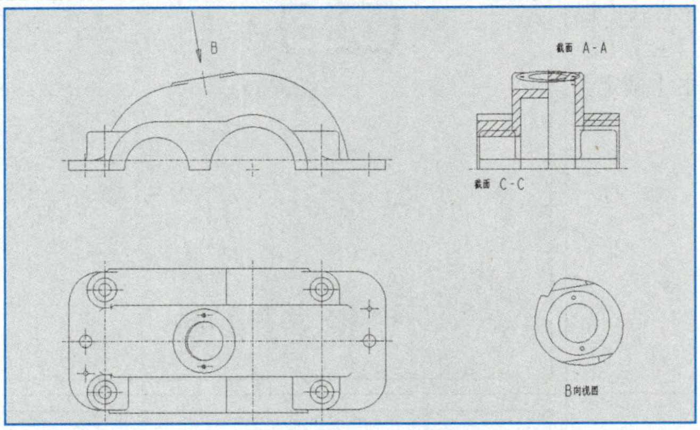	
12	**绘制主视图的局部剖视图：** （1）回到JS-06机盖的三维数模工作区。打开【基准显示过滤器】的【轴显示】和【平面显示】。单击【模型】选项卡下【基准】组中的【平面】命令。按住【Ctrl】键，依次单击选项锥销孔轴线和【DTM1】面，如箭头1、2所示，分别选择【穿过】和【平行】（如3所示）	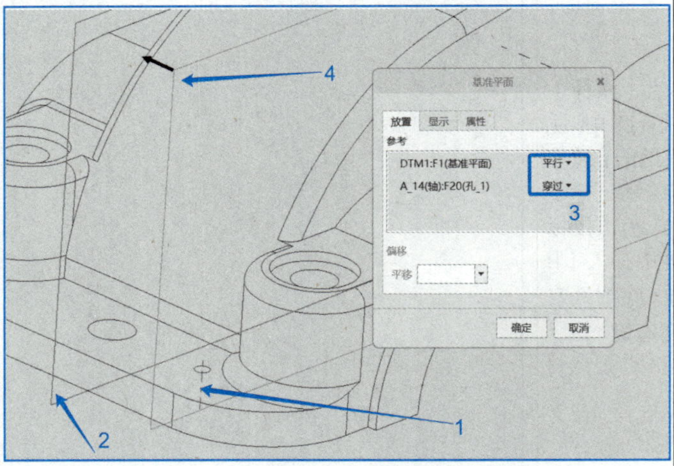	注意：箭头4所示的橘色高亮平面系统默认命名为【DTM6】
	（2）单击【模型】选项卡下【基准】组中的【平面】命令。按住【Ctrl】键，依次单击选择同侧两个沉孔轴线（如箭头1、2所示）	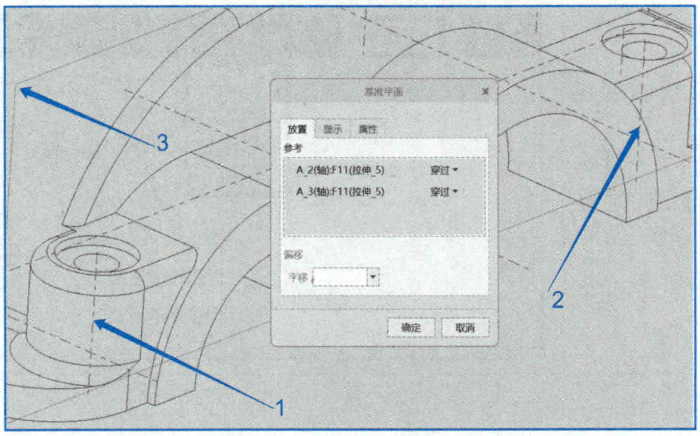	注意：箭头3所示的橘色高亮平面系统默认命名为【DTM7】

续表

序号	步骤	图例	备注
12	（3）单击【视图】选项卡下【模型显示】组中【截面】下拉菜单里的【平面】命令。选择面【DTM1】，单击【确定】按钮。从模型树中重命名为【D】	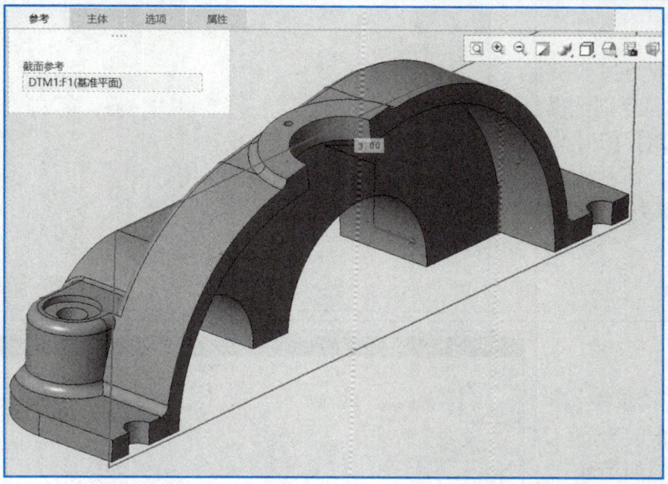	注意： （1）双击截面名称，并重命名。 （2）截面创建后，需要关闭激活按钮
	（4）参考上一步骤（3），分别选择面【DTM6】【DTM7】，并分别重命名为【E】【F】		
	（5）回到 JS-06 机盖的工程图绘图区。双击主视图，在【绘图视图】的【截面】中，选择【2D 横截面】。单击“+”号，【模型边可见性】选择【总计】。【名称】选择【D】，【剖切区域】选择【局部】	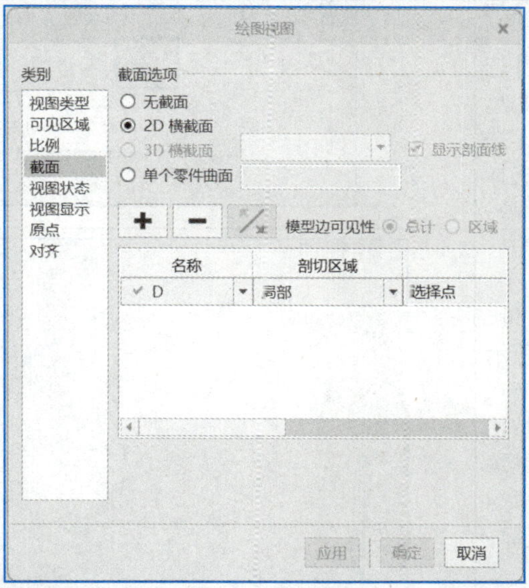	
	（6）单击【参考（选择点）】（如 1 所示），在主视图中连续单击鼠标，圈出观察窗附近剖切处，按住鼠标滚轮结束（如箭头 2 所示）	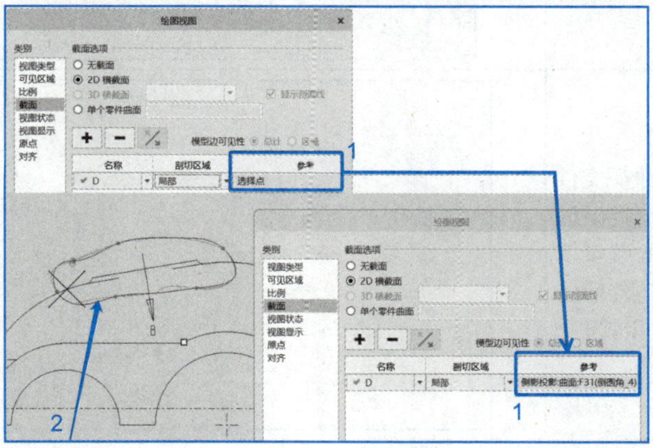	

续表

序号	步骤	图例	备注
12	（7）参考上述步骤（5）、（6），分别选择截面【E】【D】【F】作锥销孔、通孔、沉孔附近剖视图（如箭头 1～3 所示）	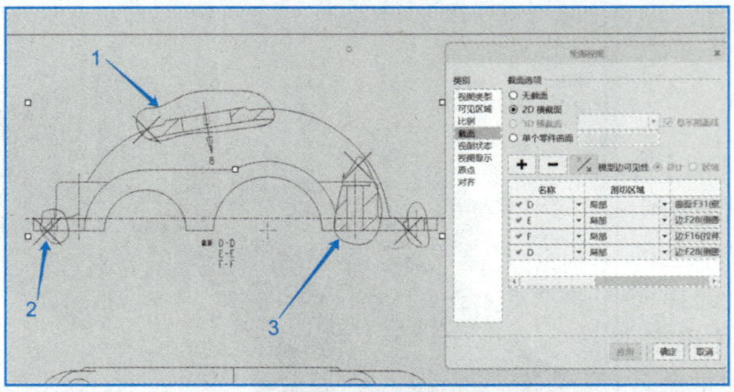	
	（8）单击菜单栏【继承迁移】（如 1 所示），单击剖切线（如箭头 2 所示），在【编辑剖面线】选项卡下【编辑】组中的【比例】命令中输入 50（如 3 所示）	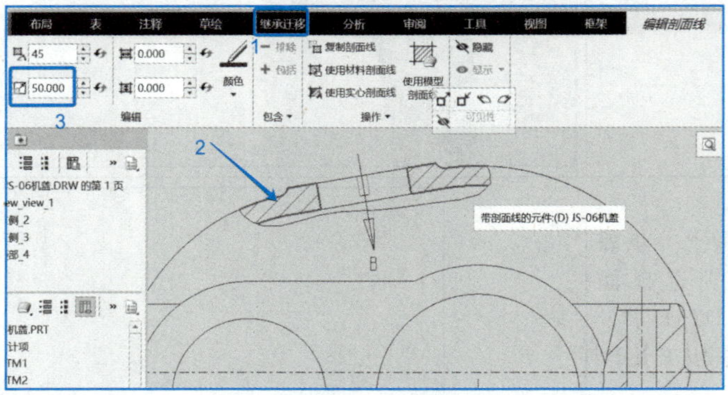	注意：【比例】中输入的数值越小，剖切线越密集，反之越稀疏
13	**标注 JS-06 机盖工程图的线性尺寸：** （1）单击【注释】选项卡下【注释】组中的【尺寸】命令，在弹出的【选择参考】对话框中，选择第四个选项（如 1 所示）	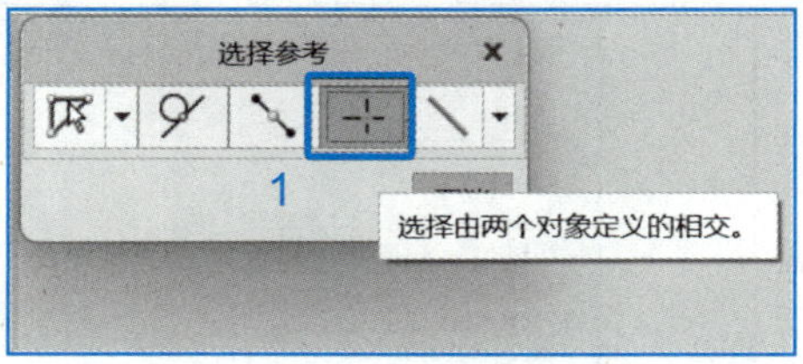	
	（2）按住【Ctrl】键，单击选择箭头 1、2 所示的直线，然后单击交点（如箭头 3 所示），按住【Ctrl】键不松手，继续单击底边直线（如箭头 4 所示），随后拖动鼠标，按鼠标滚轮确定	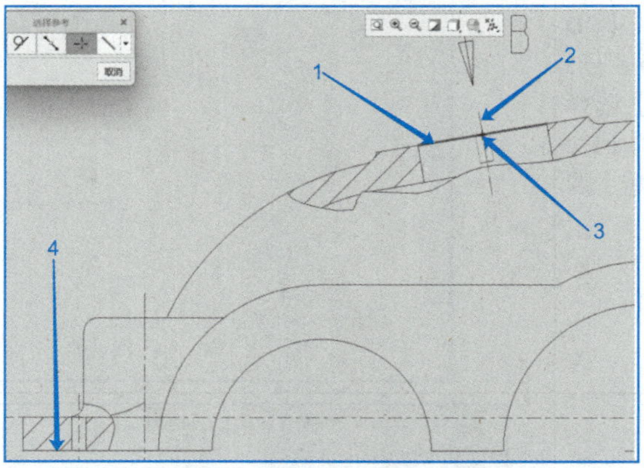	注意：先单击选择箭头 1 所示的直线，再单击选择箭头 2 所示的直线
	（3）参考二维码文件“JS-16 端盖的工程图创建”中标注 JS-16 端盖工程图的尺寸的方法，标注其他线性尺寸（步骤略）	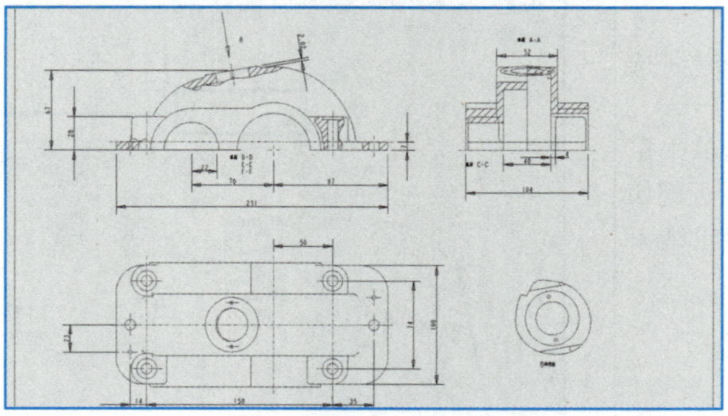	

续表

序号	步骤	图例	备注
14	**标注 JS-06 机盖工程图的尺寸公差：** （1）单击菜单栏【文件】→【准备】→【绘图属性】命令，在弹出的对话框中，单击【细节选项】的【更改】命令。在弹出的【选项】对话框中，在【选项】下输入“tol_display”，【值】改为 yes（如 1 所示），单击【添加/更改】按钮，单击【确定】按钮	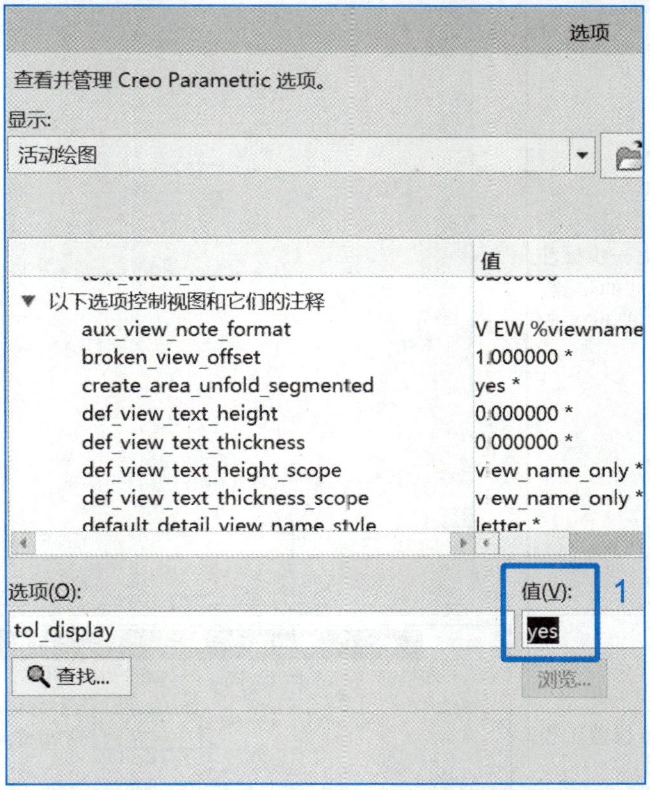	
	（2）参考二维码文件“JS-16 端盖的工程图创建”中标注 JS-16 端盖工程图的尺寸公差的方法，标注机盖工程图的公差（如箭头 1、2、3 所示，步骤略）	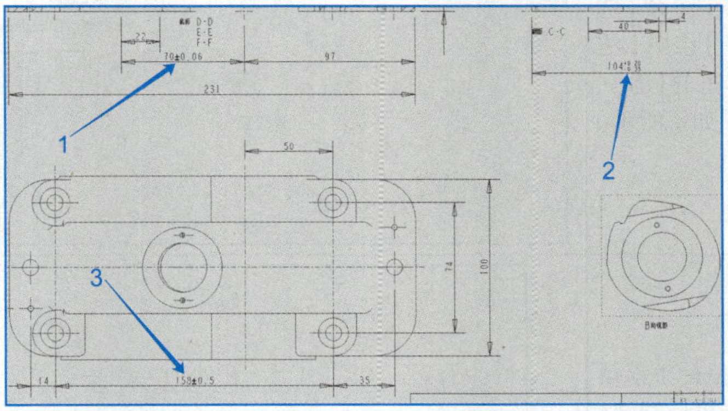	
15	**标注 JS-06 机盖工程图的直径、半径尺寸：** （1）单击【注释】选项卡下【注释】组中的【尺寸】命令，在弹出的【选择参考】对话框中，选择第一个选项。单击箭头 1 所示的圆弧，接着右击鼠标，选择【直径】（如箭头 2 所示），按鼠标滚轮确定	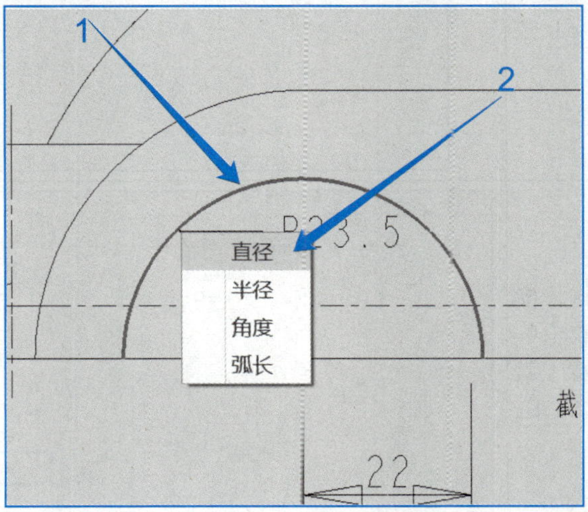	

续表

序号	步骤	图例	备注
15	（2）参考上一步标注直径、半径尺寸的步骤，标注其他位置尺寸（步骤略）	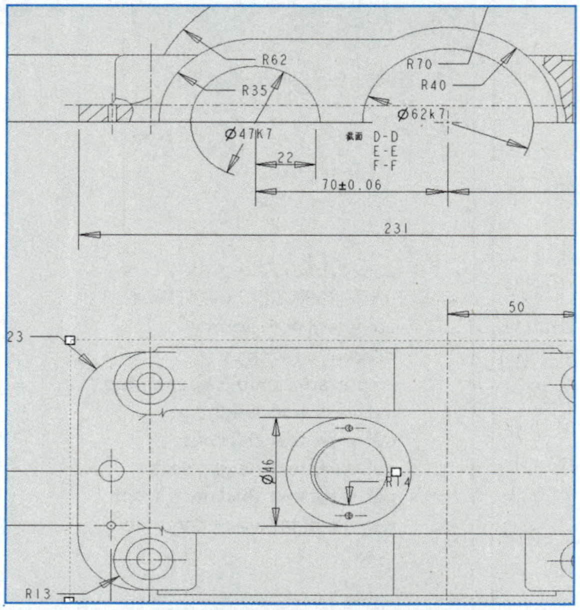	
	标注 JS-06 机盖工程图的孔： （1）单击【注释】选项卡下【注释】组中【注解】下拉菜单里的【独立注解】命令（如 1 所示）	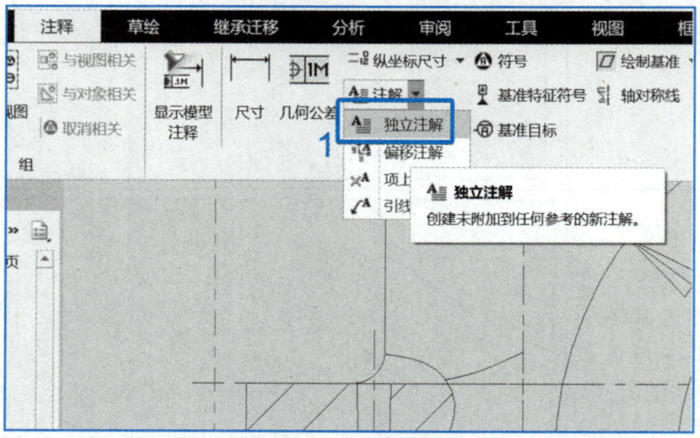	
16	（2）移动鼠标于锥销孔下方，单击鼠标左键，在方框中输入【2-ϕ3 锥销孔】字样	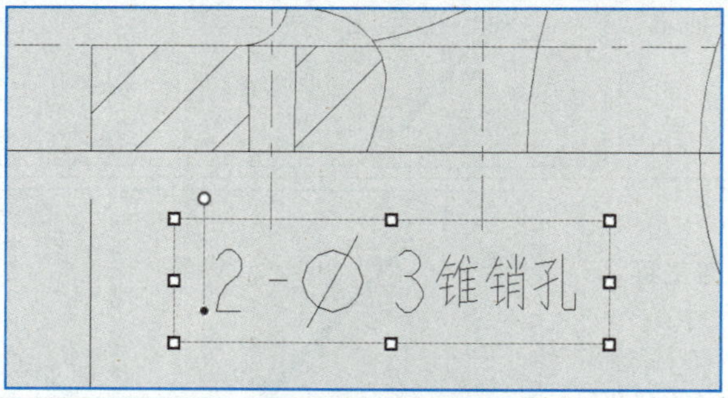	在图纸空白处单击鼠标左键
	（3）用鼠标右键长按方框，在弹出的菜单中单击【添加引线】命令（如 1 所示）	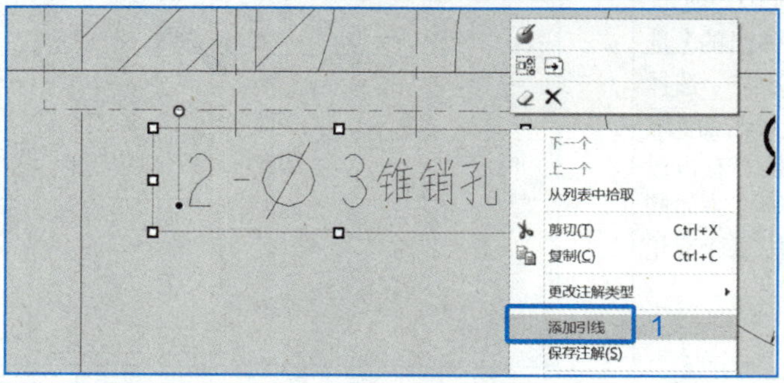	

续表

序号	步骤	图例	备注
16	（4）拖动鼠标至箭头 1 所示处，单击鼠标左键确定	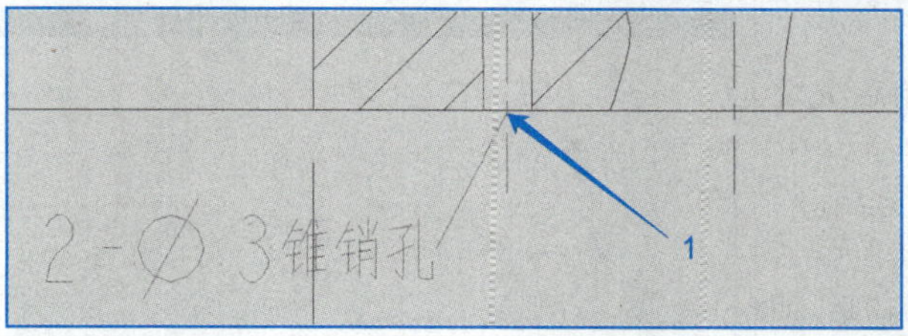	
	（5）参考上述步骤（1）～（4），标注其他位置的孔（如箭头 1、2、3 所示，步骤略）	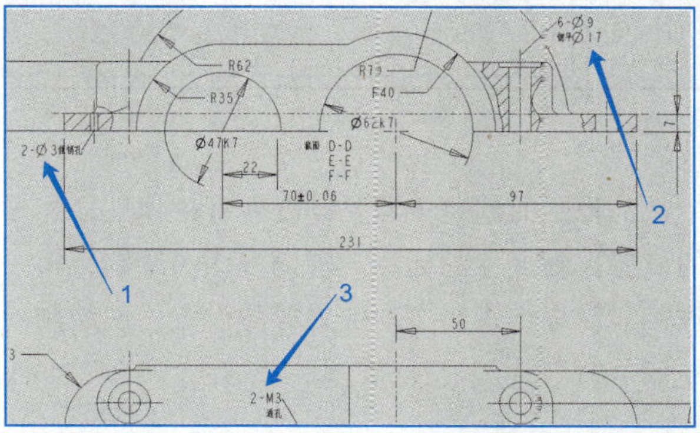	
17	**标注 JS-06 机盖工程图的表面粗糙度：** 参考二维码文件“JS-16 端盖的工程图创建”中标注 JS-16 端盖工程图的表面粗糙度步骤（如箭头 1、2 所示）	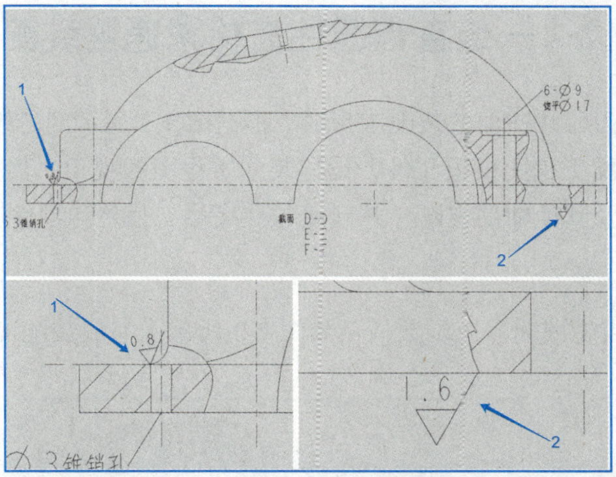	
18	**添加技术要求：** （1）单击【注释】选项卡下【注释】组中【注解】下拉菜单里的【独立注解】命令（如 1 所示）	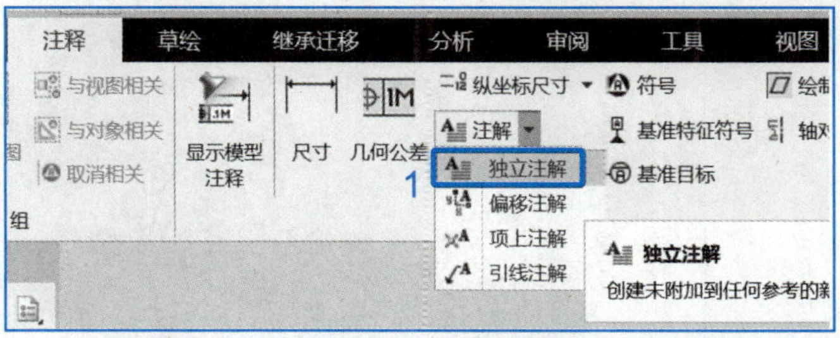	
	（2）移动鼠标于图纸右下角区域，单击鼠标左键，在方框中输入【未注铸造圆角 R3】字样。在图纸空白处单击鼠标左键	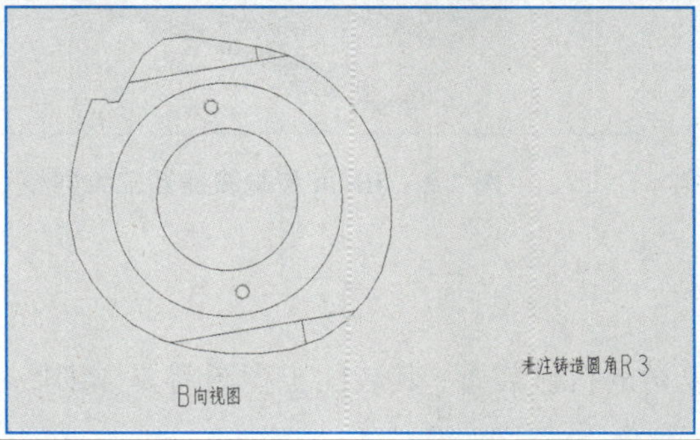	

续表

序号	步骤	图例	备注
19	**在标题栏中输入文字与信息：** 单击【表】选项卡，双击标题栏中的单元格，输入相关文字与信息（如箭头 1、2 所示）	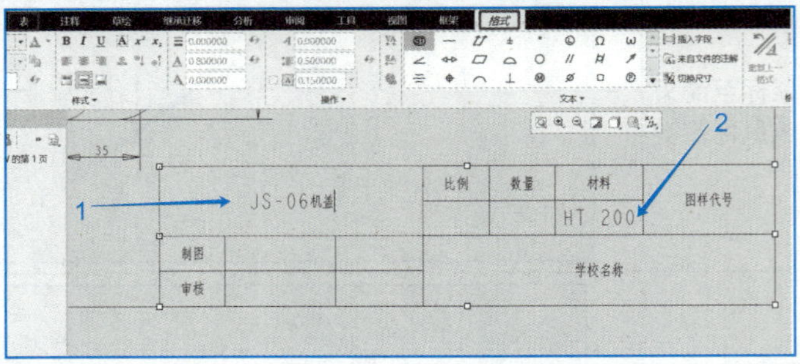	

4. 任务评价

在任务实施过程中，工程图的创建步骤要详细、有逻辑性，能确保每一步的可操作性和准确性。从文件的创建、视角的设置，到尺寸的标注、辅助视图的绘制，每一个环节都需要明确描述。任务过程中注意对细节的处理，如箭头样式、文本位置等的设置，使绘制的工程图不仅准确，而且符合工程标准。

任务 7.2 一级直齿圆柱齿轮减速器装配工程图的绘制

本任务旨在创建齿轮减速器的装配工程图。根据图 7-3 所示的三维数模，完成装配工程图的绘制。具体任务包括新建装配工程图模板文件，设置装配工程图的视角、尺寸文本参数、尺寸箭头参数等，制作主视图、俯视图及其他辅助视图，并标注各种尺寸、公差和零件序号。

1. 任务目标

本任务按 JS-00 齿轮减速器三维数模（如图 7-3 所示）完成装配工程图的创建。

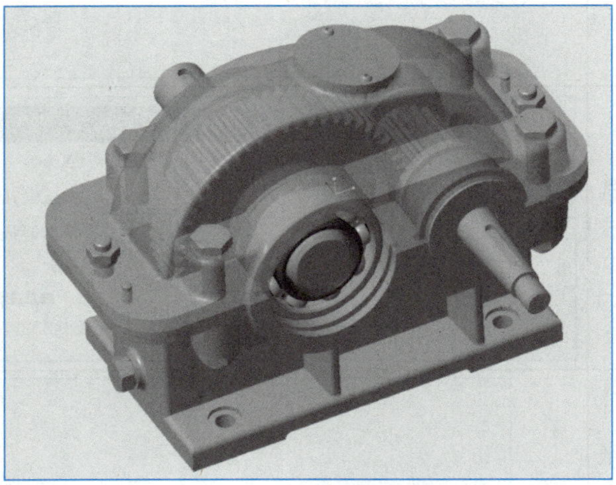

图 7-3 JS-00 齿轮减速器三维数模

2. 任务分析

齿轮减速器是一个复杂的机械装置，其装配工程图需要详细展示各个零件的相互关系和整体结构。

通过创建装配工程图，我们可以清晰地了解各个零件的布局、装配顺序及尺寸要求。任务涉及多个关键步骤，包括创建和设置工程图模板，设置尺寸参数和箭头样式，绘制主视图、俯视图及辅助视图，标注各类尺寸和公差等。这些步骤需要按照标准的工程图绘制流程进行，以确保最终图纸的准确性和规范性。主要创建流程见表 7-3。

3. 任务实施

表 7-3 详细描述了图 7-3 所示的工程图创建步骤及说明。

表 7-3　JS-00 齿轮减速器装配工程图创建步骤及说明

序号	步骤	图例	备注
1	**新建装配工程图模板文件：** （1）在工具栏中单击【新建】按钮（如 1 所示）或单击菜单栏【文件】→【新建】命令，在弹出的【新建】对话框中，【类型】选择【格式】（如 2 所示），单击【确定】按钮（如 4 所示）	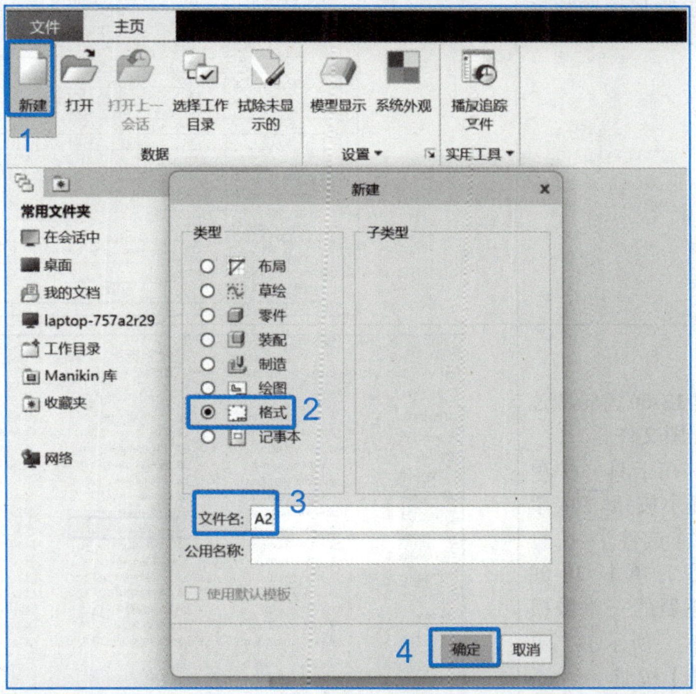	提示：文件名可以在此界面修改，这里命名为 A2（如 3 所示）
	（2）在弹出的【新格式】对话框中，【指定模板】选择【空】（如 1 所示），【方向】选择【横向】（如 2 所示），【标准大小】选择 A2（如 3 所示），单击【确定】按钮	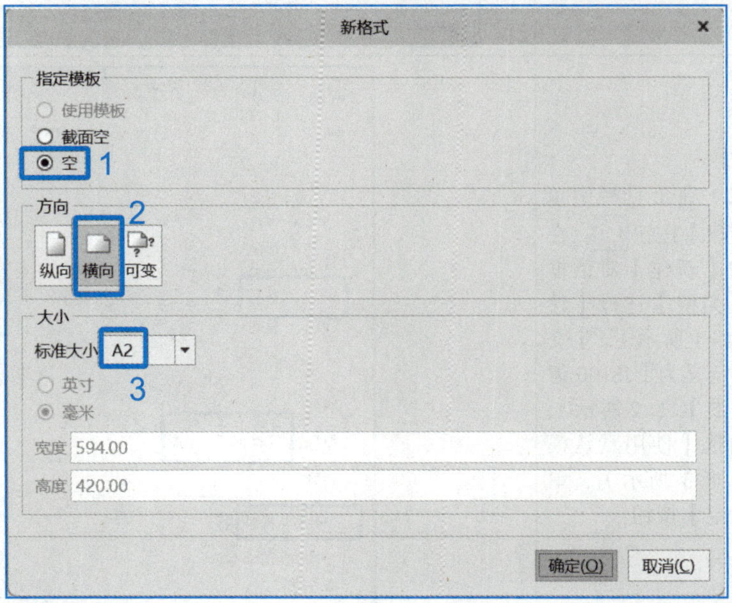	

续表

序号	步骤	图例	备注
2	参考表 7-1 中的步骤 2 和 3，制作装配工程图模板标题栏和标题栏文字内容	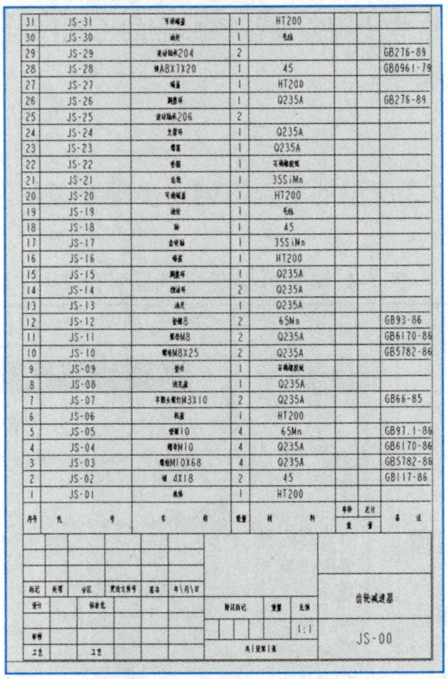	
3	**新建 JS-00 齿轮减速器的工程图文件：** （1）在工具栏中单击【打开】按钮或单击菜单栏【文件】→【打开】命令，单击 JS-00 齿轮减速器的三维数模文件（如 1 所示），单击【打开】按钮	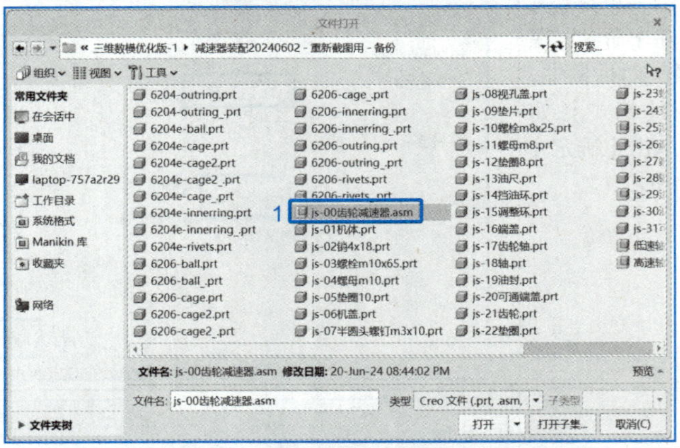	
	（2）在工具栏中单击【新建】按钮。在弹出的【新建】对话框中，【类型】选择【绘图】（如 1 所示），【文件名】定义为【JS-00 齿轮减速器】（如 2 所示），取消勾选【使用默认模板】（如 3 所示），单击【确定】按钮	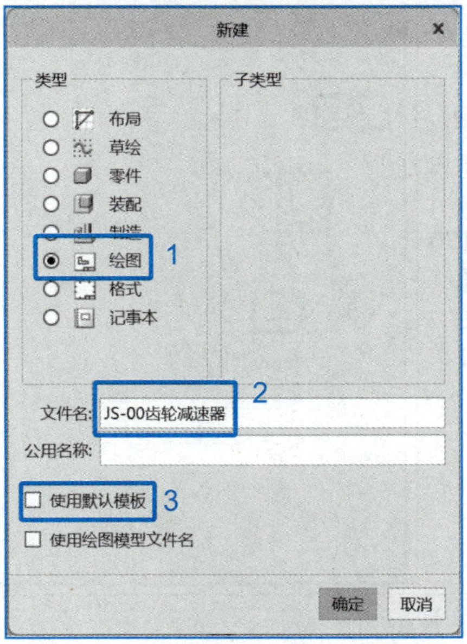	

续表

序号	步骤	图例	备注
3	（3）在弹出的【新建绘图】对话框中，【指定模板】选择【格式为空】（如 1 所示），单击【格式】中的【浏览】按钮（如 2 所示），选择创建的模板【a2.frm】（如 3 所示），单击【打开】按钮（如 4 所示），单击【确定】按钮（如 5 所示）	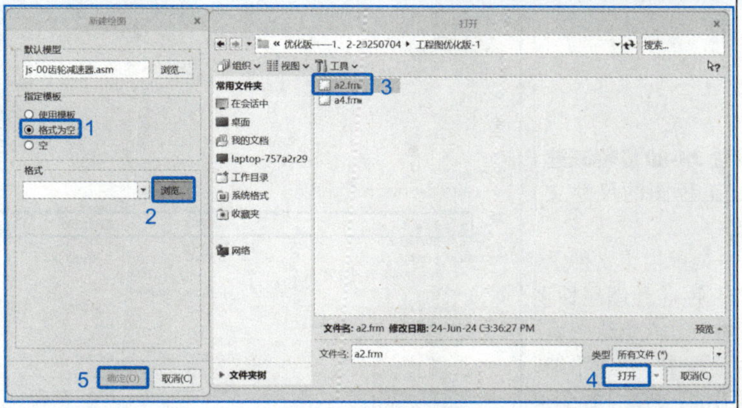	
4	**设置装配工程图为第一视角：**（1）单击菜单栏【文件】→【准备】→【绘图属性】命令，在弹出的【绘图属性】对话框中，单击【细节选项】的【更改】命令（如箭头 1 所示）	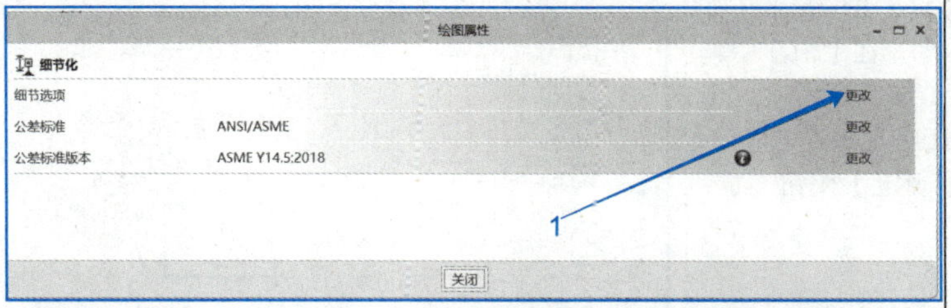	
	（2）在弹出的【选项】对话框【选项】中，输入“projection_type”，单击【查找】按钮（如 1、2 所示）	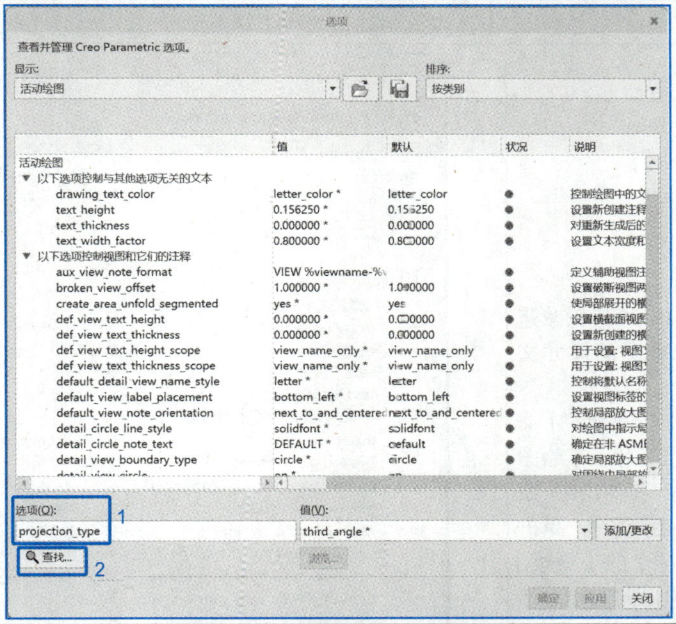	
	（3）在弹出的【查找选项】对话框中，单击【3. 设置值】的下拉菜单，选择【first_angle】，单击【添加/更改】按钮，单击【关闭】按钮，在【选项】对话框中单击【确定】按钮	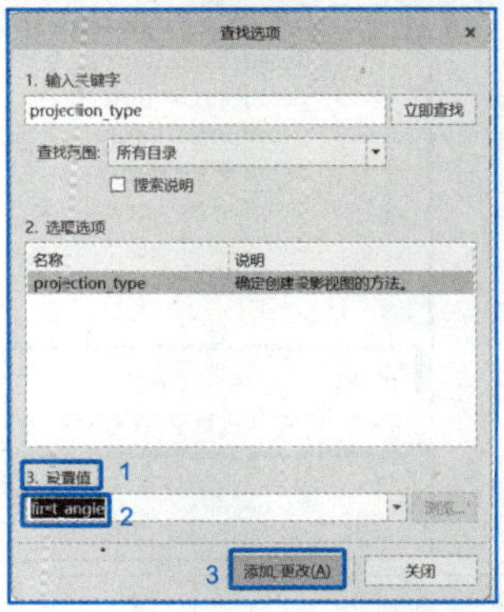	

续表

<table>
<tr><th>序号</th><th>步骤</th><th>图例</th><th>备注</th></tr>
<tr><td>5</td><td>设置 JS-00 齿轮减速器装配工程图的尺寸文本参数：
单击菜单栏【文件】→【准备】→【绘图属性】命令，在弹出的【绘图属性】对话框中，单击【细节选项】的【更改】命令，单击【text_height】（如 1 所示），在【值】中输入 0.3（如 2 所示），单击【添加/更改】按钮，单击【确定】按钮</td><td>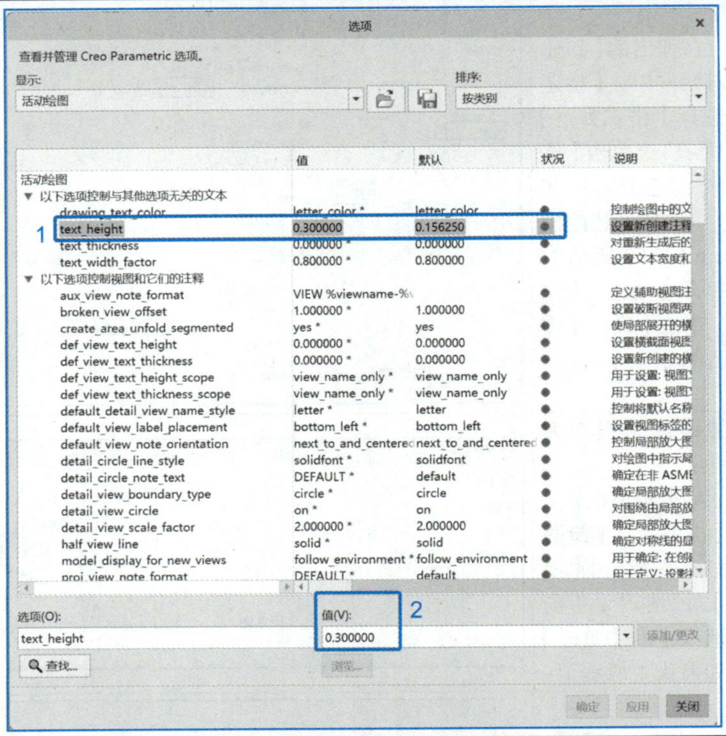
</td><td>注意：单击【确定】按钮，回到工程图绘图区，滚动鼠标滚轮即可看到修改字体大小后的效果</td></tr>
<tr><td>6</td><td>设置 JS-00 齿轮减速器装配工程图的尺寸文本位置：
（1）单击菜单栏【文件】→【准备】→【绘图属性】命令，在弹出的【绘图属性】对话框中，单击【细节选项】的【更改】命令，在弹出的选项对话框【选项】中，输入“default_lindim_text_orientation”（如 1 所示）</td><td>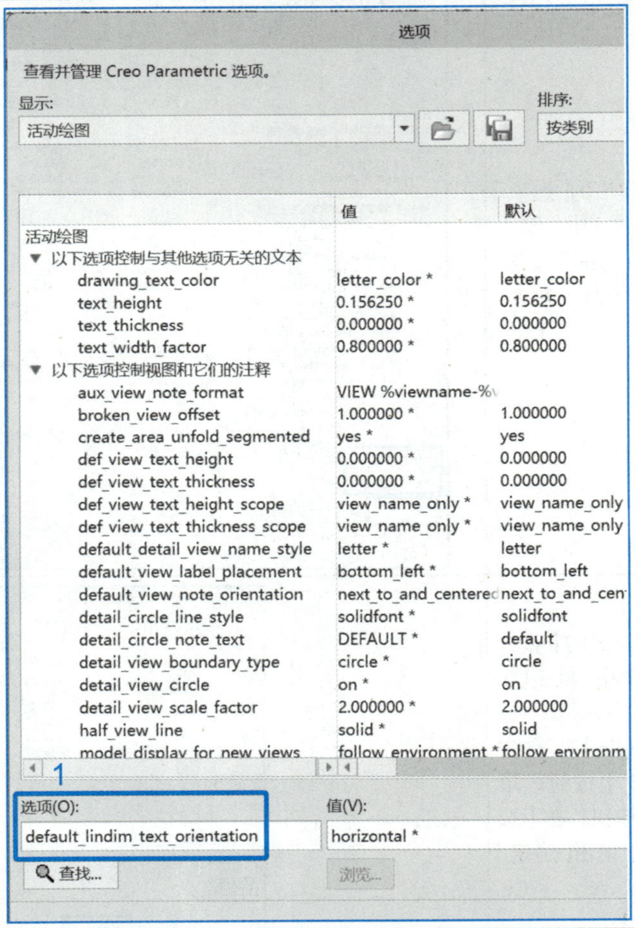
</td><td></td></tr>
</table>

续表

序号	步骤	图例	备注
6	（2）单击【查找】按钮，在弹出的对话框中，单击【3.设置值】的下拉菜单，选择【parallel_to_and_above_leader】（如1所示）。单击【添加/更改】按钮，单击【关闭】按钮，单击【确定】按钮	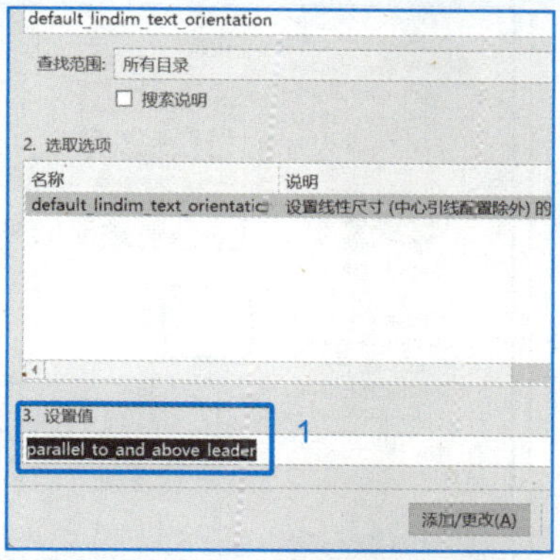	注意：尺寸数字应放置到合适位置，一般而言，水平方向字头在尺寸线的上方，垂直方向字头朝左
7	**设置装配工程图的尺寸箭头参数：** （1）单击菜单栏【文件】→【准备】→【绘图属性】命令，在弹出的【绘图属性】对话框中，单击【细节选项】的【更改】命令，在弹出的【选项】对话框中，在【选项】下输入“arrow_style”。单击【查找】按钮，在弹出的【查找选项】对话框中单击【3.设置值】的下拉菜单，选择【closed】，单击【添加/更改】按钮，单击【关闭】按钮，单击【确定】按钮（如1～6所示）	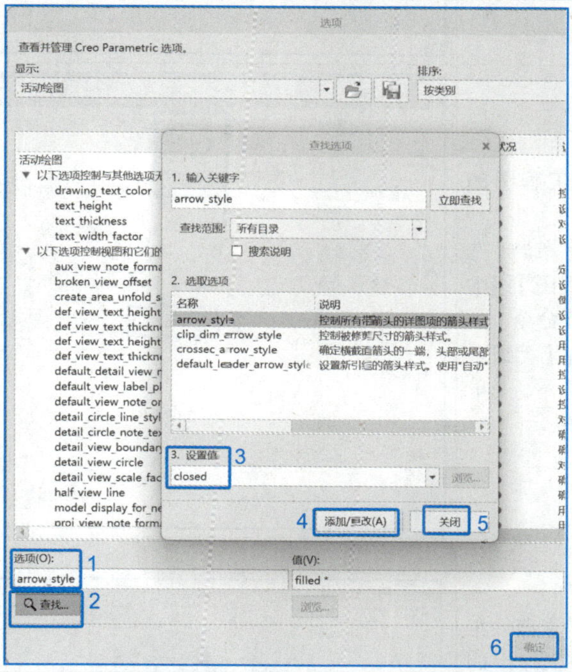	注意：此步是设置尺寸箭头样式，更改尺寸箭头的样式为空心
	（2）参考步骤（1），在弹出的【选项】对话框中，在【选项】下输入“arrow”。单击【查找】按钮，在弹出的【查找选项】对话框中，单击【draw_arrow_length】，在【3.设置值】中输入0.05，单击【添加/更改】按钮（如1～5所示）	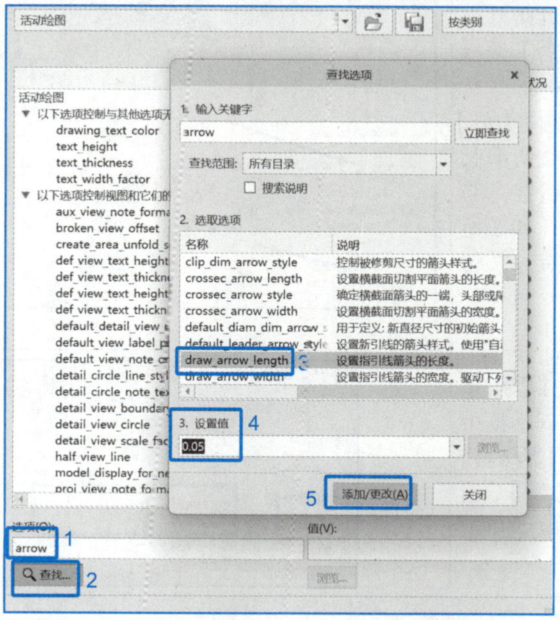	注意： （1）此步设置尺寸箭头长度； （2）根据图幅大小，这里箭头长度设置为0.05

续表

序号	步骤	图例	备注
7	（3）再单击【draw_arrow _width】，在【3.设置值】中输入 0.025，单击【添加/更改】按钮，单击【关闭】按钮，单击【确定】按钮（如 1～5 所示）	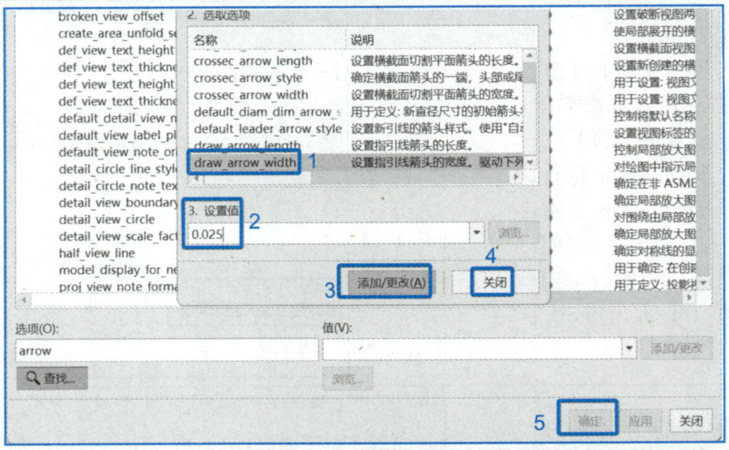	注意： （1）此步设置尺寸箭头宽度； （2）根据图幅大小，这里箭头宽度设置为 0.025
8	**制作装配工程图的主视图：** （1）单击【布局】选项卡下【模型视图】组中的【普通视图】命令（如 1 所示）。选择【无组合状态】（如 2 所示），单击【确定】按钮	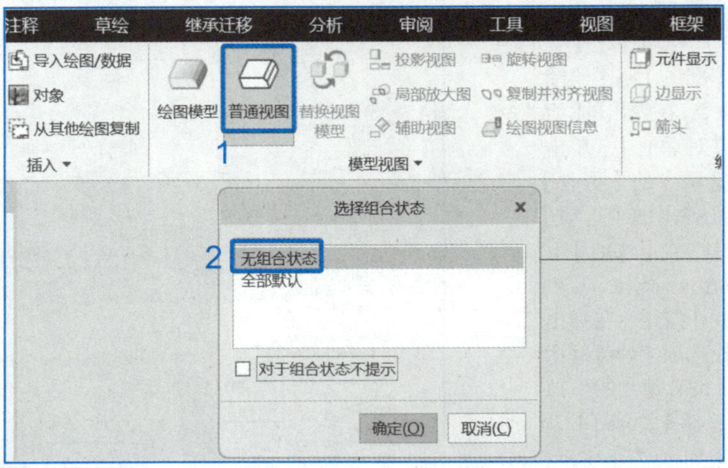	
	（2）在图纸空白处单击鼠标左键，在弹出的【绘图视图】对话框中【选择定向方法】选择【几何参考】（如 1 所示），【参考 1】选择【前】与【DTM1】（如 2 所示），【参考 2】选择【上】与【ASM_TOP】（如 3 所示），单击【确定】按钮	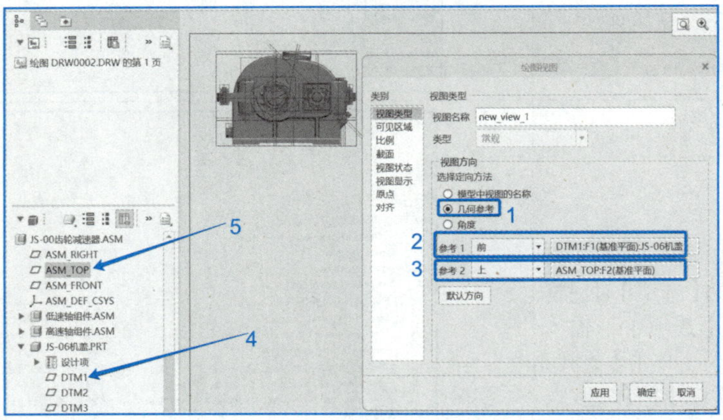	（1）可从模型树中单击选择 JS-06 机盖的【DTM1】面（如箭头 4 所示）； （2）可从模型树中单击选择 JS-00 齿轮减速器的【ASM_TOP】面（如箭头 5 所示）
	（3）双击主视图，单击【绘图视图】对话框中的【比例】（如 1 所示），单击【自定义比例】，输入 1（如 2 所示），单击【确定】按钮	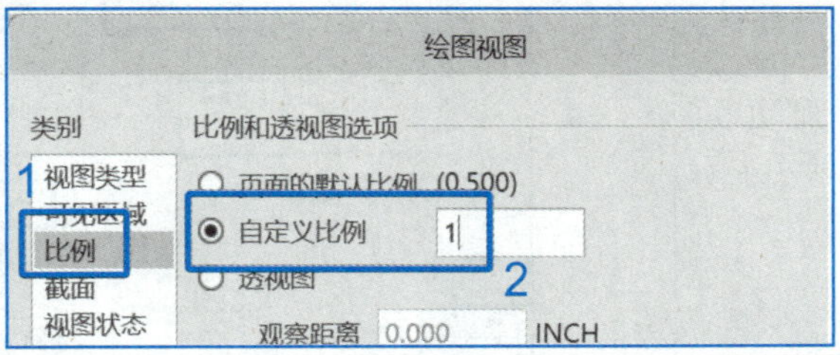	提示：输入比例 1 即按照 1：1 比例

续表

<table>
<tr><th>序号</th><th>步骤</th><th>图例</th><th>备注</th></tr>
<tr><td rowspan="2">8</td><td>（4）双击主视图，单击【绘图视图】对话框中的【视图显示】，【显示样式】选择【消隐】，【相切边显示样式】选择【无】，单击【确定】按钮（如 1～4 所示）</td><td>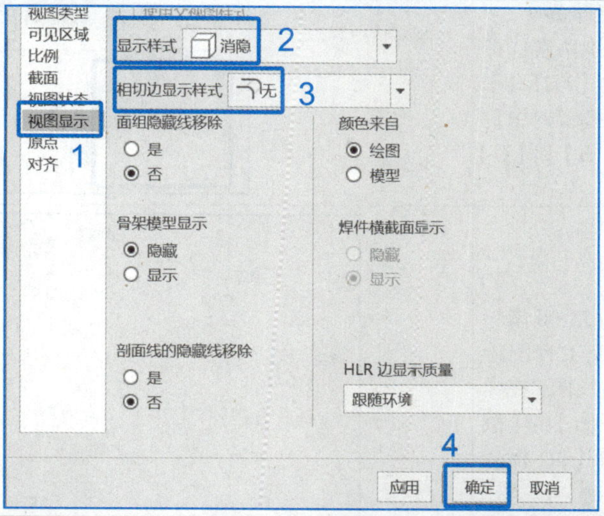
</td><td></td></tr>
<tr><td>（5）单击选择零件视图，单击【布局】选项卡下【文档】组中的【锁定视图移动】命令（如 1 所示），移动零件视图</td><td>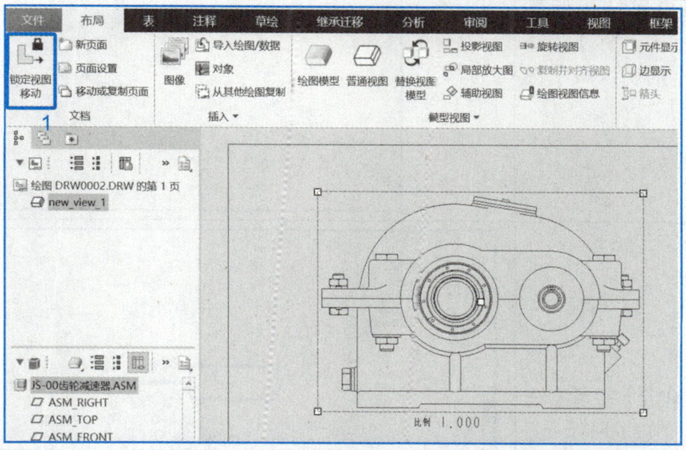
</td><td>取消勾选【基准显示过滤器】的【轴显示】、【点显示】、【坐标系显示】和【平面显示】</td></tr>
<tr><td rowspan="2">9</td><td>制作装配工程图的主视图中的剖切面：
（1）回到 JS-00 齿轮减速器的三维数模工作区。单击【视图】选项卡下【模型显示】组中【截面】下拉菜单里的【平面】命令（如 1 所示）</td><td>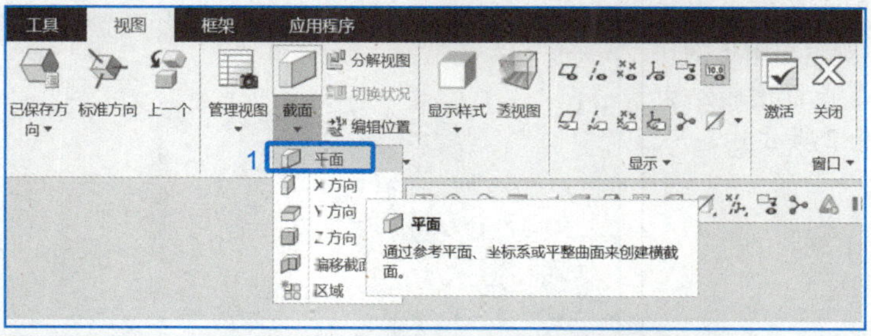
</td><td></td></tr>
<tr><td>（2）从模型树中选择 JS-06 机盖的【DTM1】面（如箭头 1 所示），单击【确定】按钮，并从模型树中重命名为截面【A】</td><td>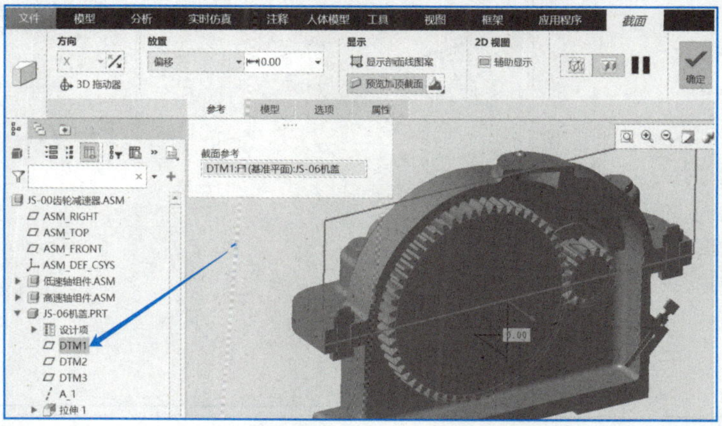
</td><td>注意：
（1）双击截面名称，并重命名；
（2）截面创建后，需要关闭激活按钮</td></tr>
</table>

续表

序号	步骤	图例	备注
	（3）参考步骤（1）和（2），分别两次选择JS-01 机体的【DTM1】面，并分别从模型树中重命名为截面【B】和【C】（如1所示）	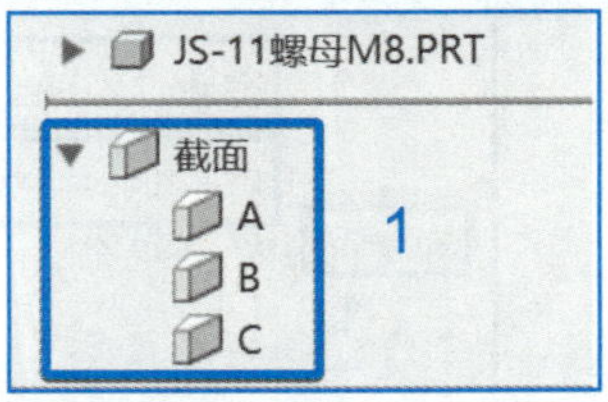	
	（4）回到JS-00齿轮减速器的装配工程图绘图区。双击主视图，在弹出的【绘图视图】的【截面】中，选择【2D 横截面】命令。单击“+”号，【模型边可见性】选择【总计】，【名称】选择【A】，【剖切区域】选择【局部】	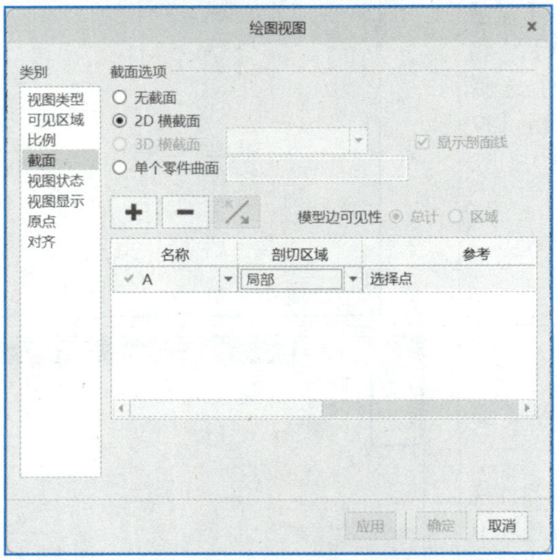	
9	（5）单击【参考（选择点）】（如1所示），在主视图中连续单击鼠标，圈出观察窗附近剖切处，按住鼠标滚轮结束（如箭头2所示）	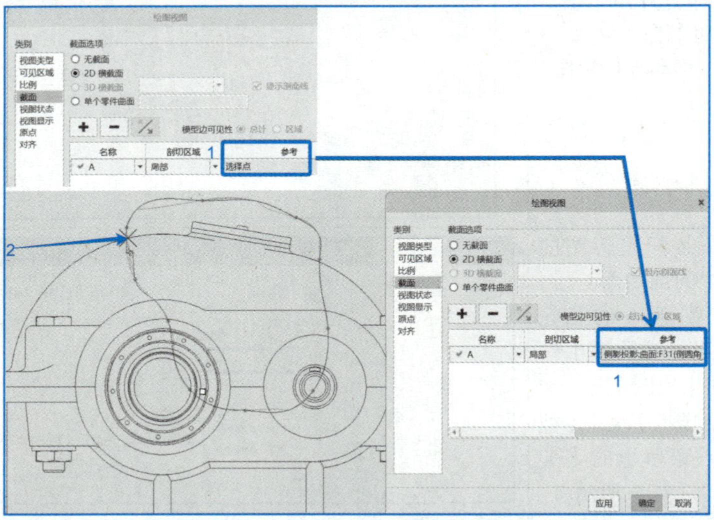	提示：连续单击鼠标操作即类似样条曲线的做法
	（6）参考上述步骤（4）和（5），分别选择截面【B】和【C】，作螺塞孔和油尺附近的剖视图（如箭头2、3所示）	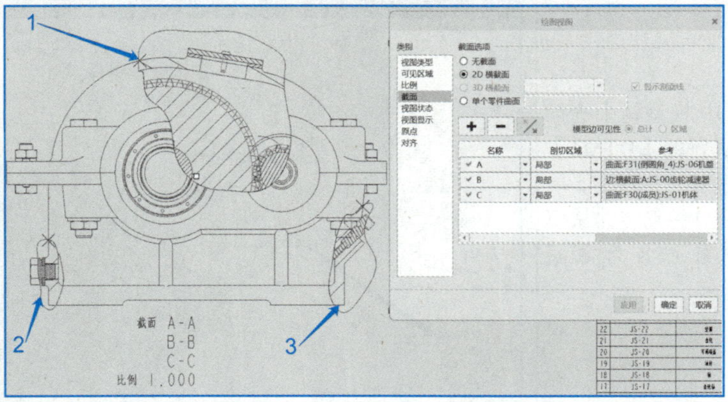	提示：箭头1所示为上一步截面【A】所得

续表

序号	步骤	图例	备注
9	（7）单击需要保留剖切线的区域（如箭头 1 所示），在弹出的菜单中选择【仅显示选定项】命令（如箭头 2 所示）	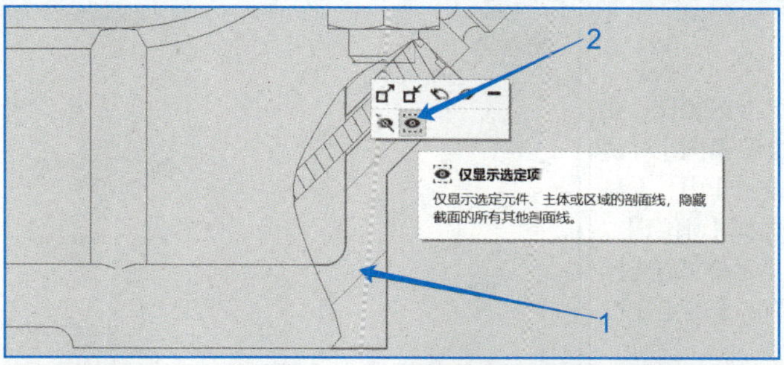	
	（8）单击剖切线，在【编辑剖面线】选项卡下【编辑】组中的【比例】命令中输入 50（如 1 所示）	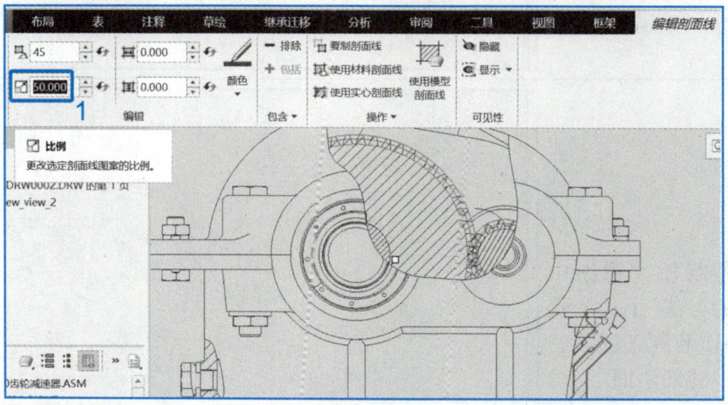	注意：【比例】中输入的数值越小，剖切线越密集，反之越稀疏
10	**制作装配工程图的俯视图：**（1）单击主视图，单击【模型视图】组中的【投影视图】命令（如 1 所示）。移动鼠标置于主视图下方区域（如箭头 2 所示）	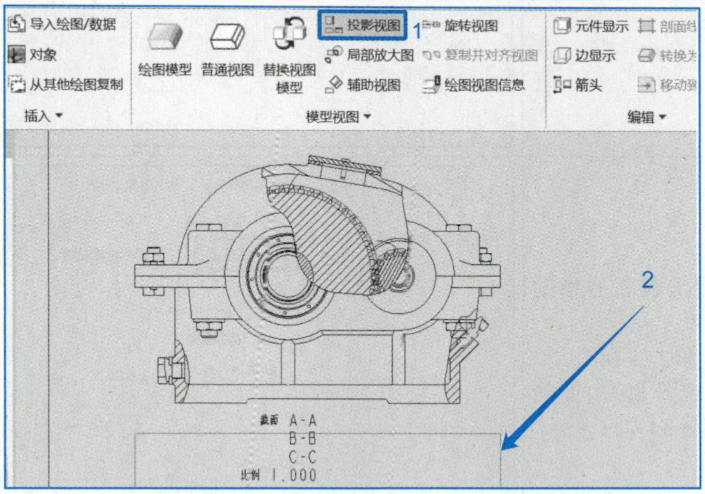	
	（2）单击鼠标左键，固定视图位置	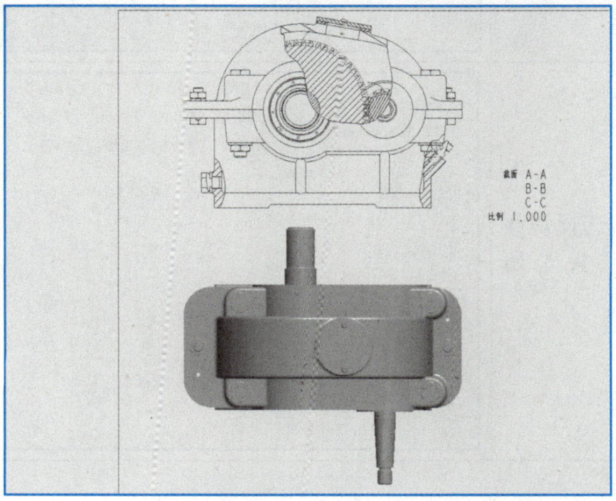	

续表

序号	步骤	图例	备注
10	（3）双击俯视图，在弹出的【绘图视图】对话框【视图显示】中，【显示样式】选择【消隐】，【相切边显示样式】选择【无】，单击【确定】按钮	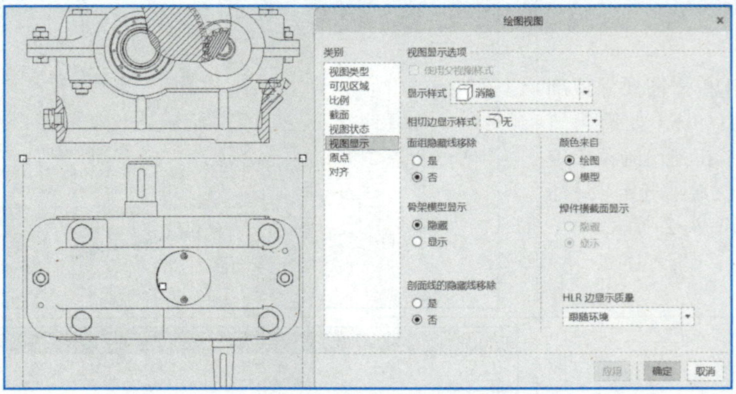	
11	参考制作主视图中剖切面的方法（上述步骤9），制作装配工程图的俯视图中的剖切面	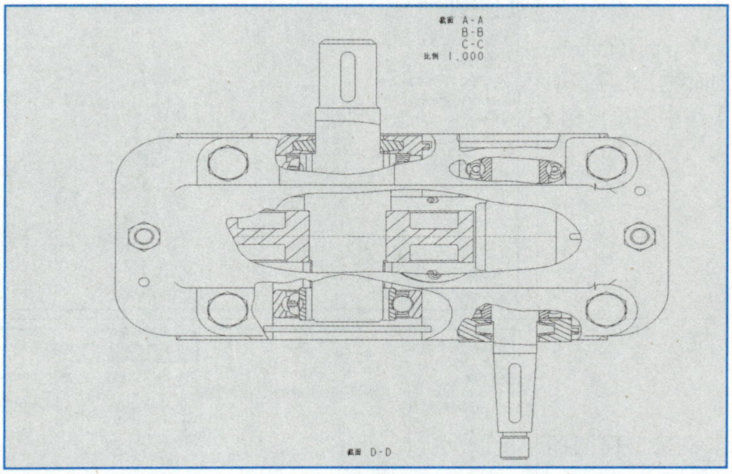	提示：截面选择 JS-00 齿轮减速器的【ASM_TOP】面，并重命名为截面【D】
12	**绘制工程图的辅助视图：** （1）单击主视图，单击【模型视图】组中的【辅助视图】命令（如 1 所示）	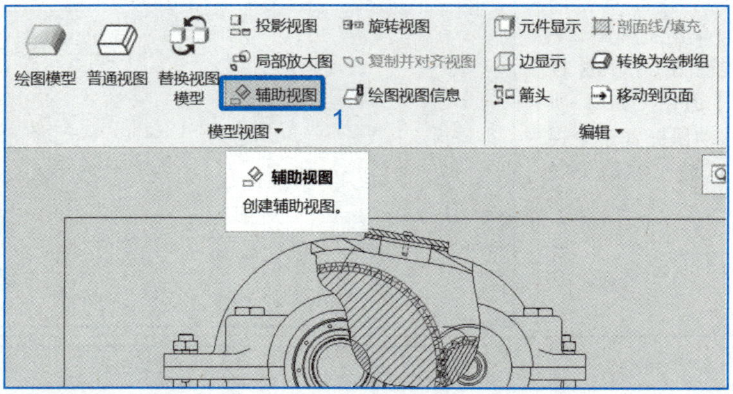	
	（2）单击选择观察窗的边线（如箭头 1 所示）	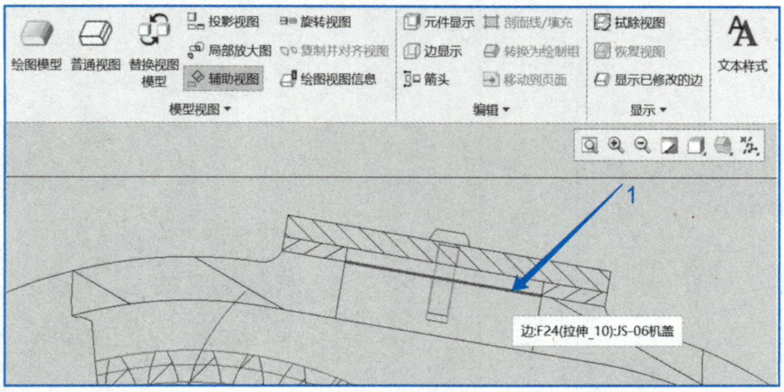	

续表

序号	步骤	图例	备注
	（3）移动鼠标于图纸下方，单击鼠标左键，放置辅助视图	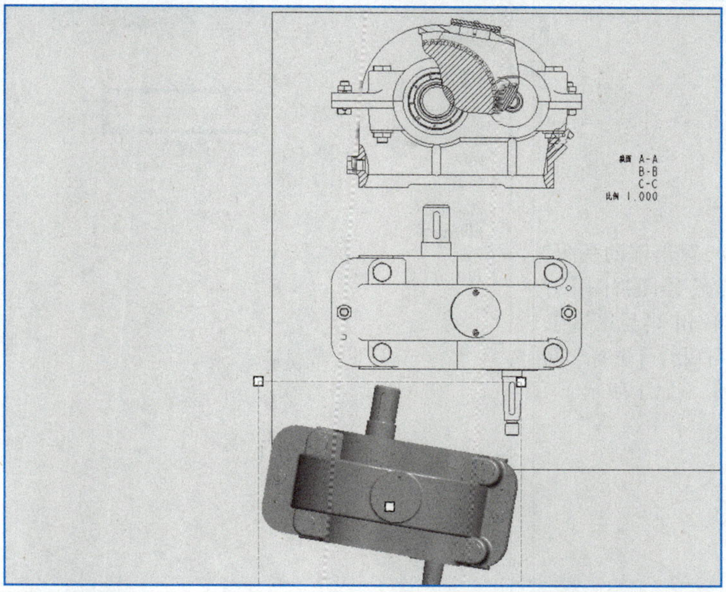	
12	（4）双击侧视图，在弹出的【绘图视图】对话框的【视图显示】中，【显示样式】选择【消隐】，【相切边显示样式】选择【无】	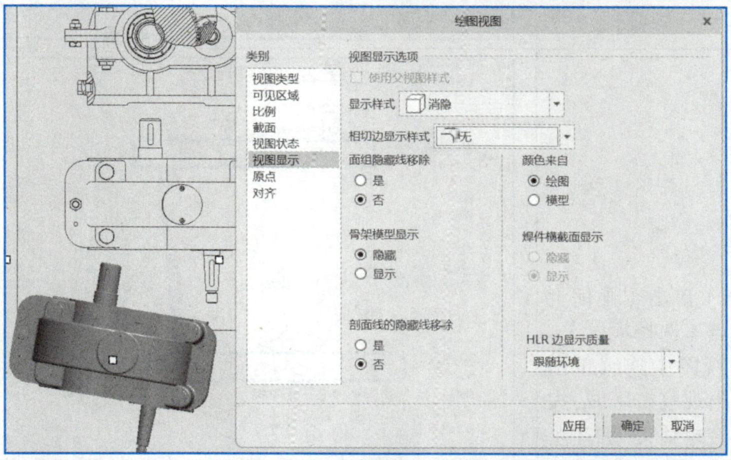	
	（5）单击【对齐】，将【将此视图与其他视图对齐】取消勾选（如 1 所示），单击【确定】按钮	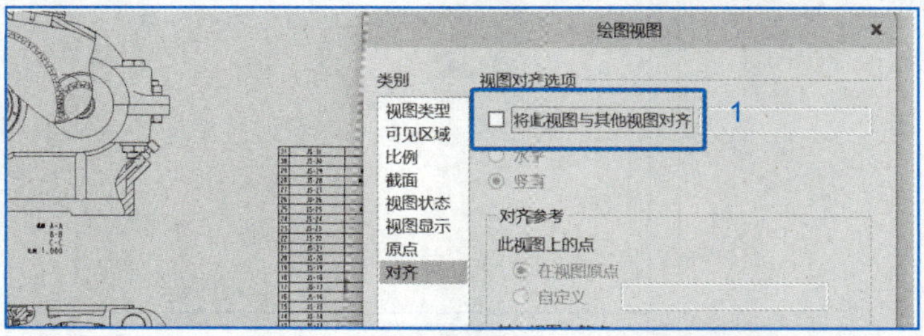	
	（6）移动该辅助视图到图纸的右上位置（如箭头 1 所示）	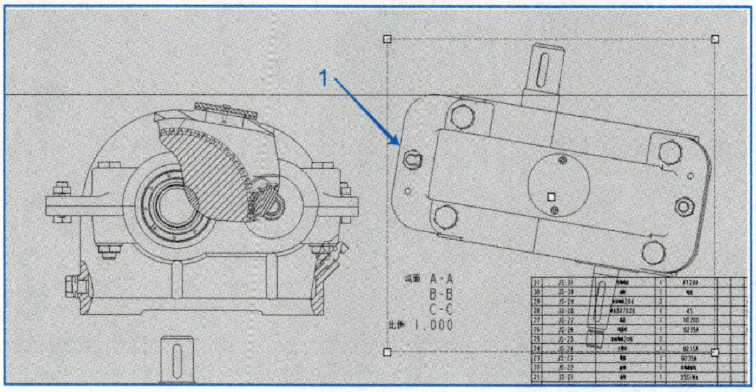	

续表

<table>
<tr><th>序号</th><th>步骤</th><th>图例</th><th>备注</th></tr>
<tr><td rowspan="3">12</td><td>（7）双击辅助视图，在弹出的【绘图视图】对话框中单击【可见区域】，【视图可见性】选择【局部视图】（如 1 所示）</td><td>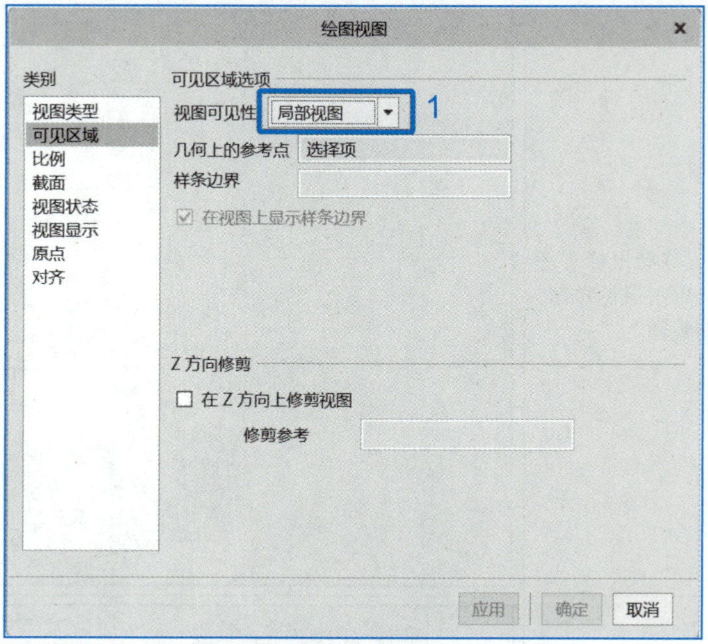
</td><td></td></tr>
<tr><td>（8）单击【几何上的参考点（选择项）】，在辅助视图中连续单击鼠标圈出观察窗区域，按住鼠标滚轮结束（如箭头 1、2 所示）</td><td>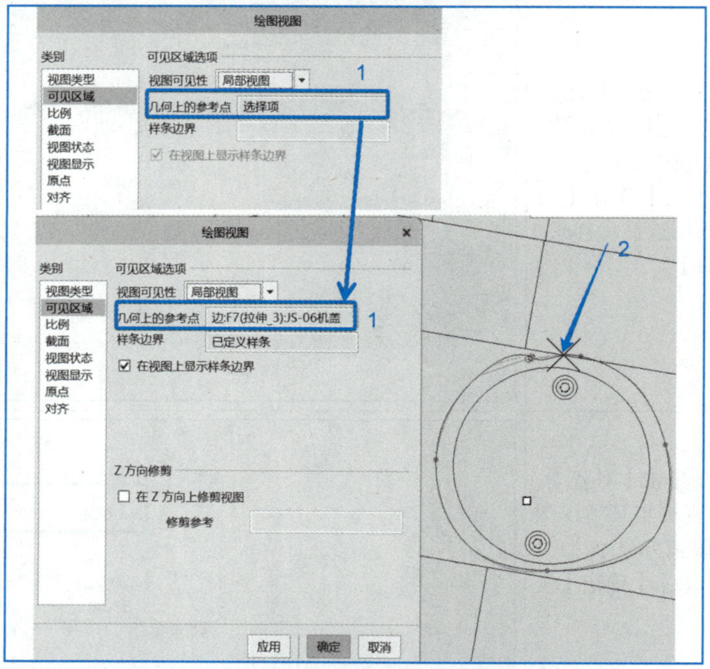
</td><td></td></tr>
<tr><td>（9）单击【确定】按钮</td><td>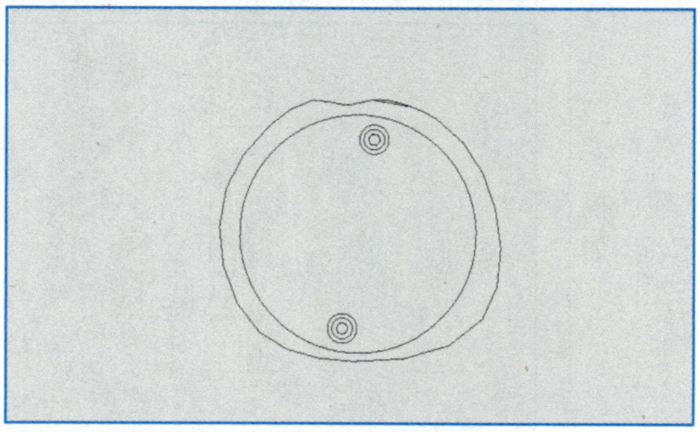</td><td></td></tr>
</table>

续表

序号	步骤	图例	备注
	（10）双击辅助视图，单击【投影箭头】为【单箭头】（如 1 所示），【视图名称】中输入“A”（如 2 所示）。单击【确定】按钮	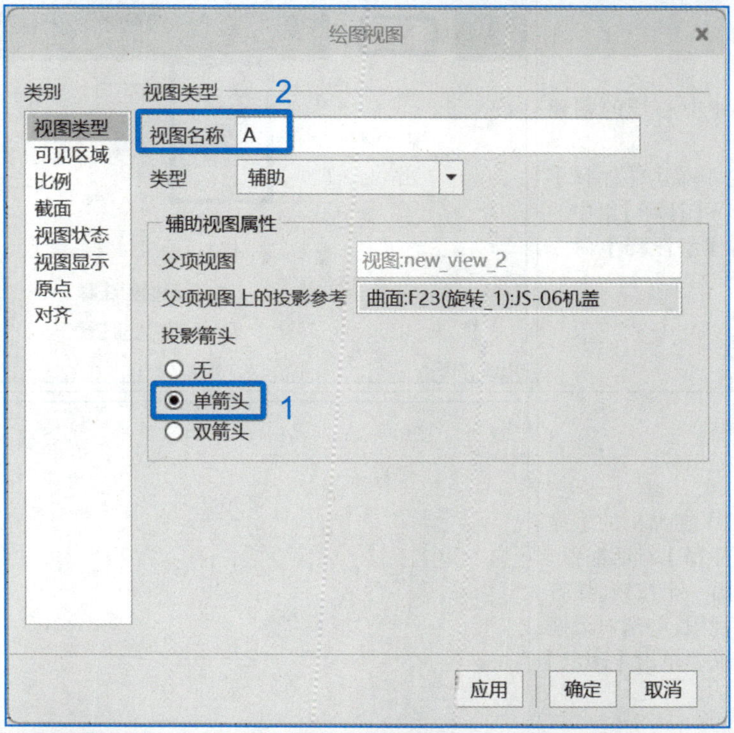	
12	（11）单击【注释】选项卡下【注释】组中【注解】下拉菜单里的【独立注解】命令。移动鼠标于辅助视图上方，单击鼠标左键，在方框中输入“A 向旋转”字样。在图纸空白处单击鼠标左键	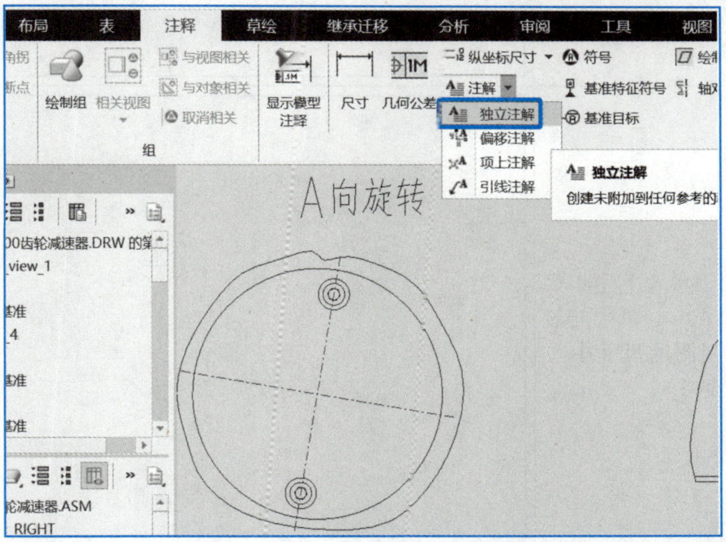	
	（12）参考上述（1）～（11）步骤，绘制 JS-10 螺塞处的辅助视图	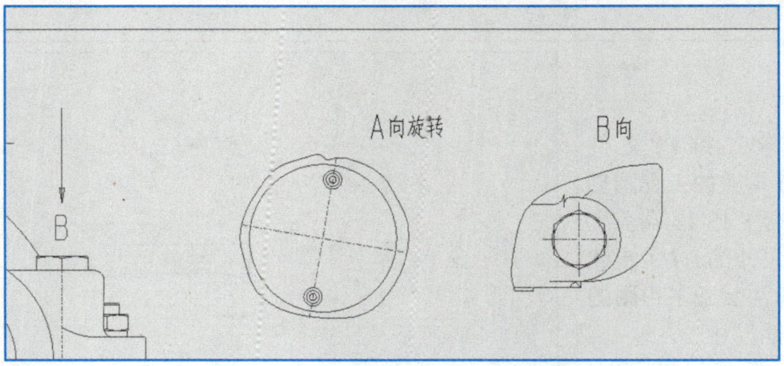	该处定义为 B 向辅助视图

续表

序号	步骤	图例	备注
13	尺寸中心线的创建与显示： （1）单击【注释】选项卡下【注释】组中的【显示模型注释】命令（如 1、2 所示）	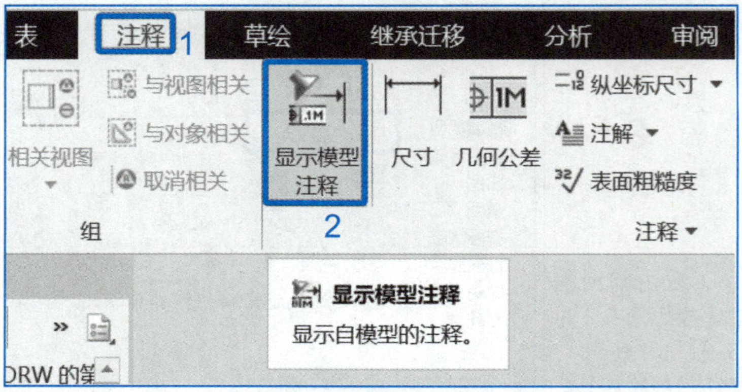	
	（2）在弹出的【显示模型注释】对话框中，单击最后一个按钮。接着单击主视图，勾选对话框中的方框，单击【确定】按钮	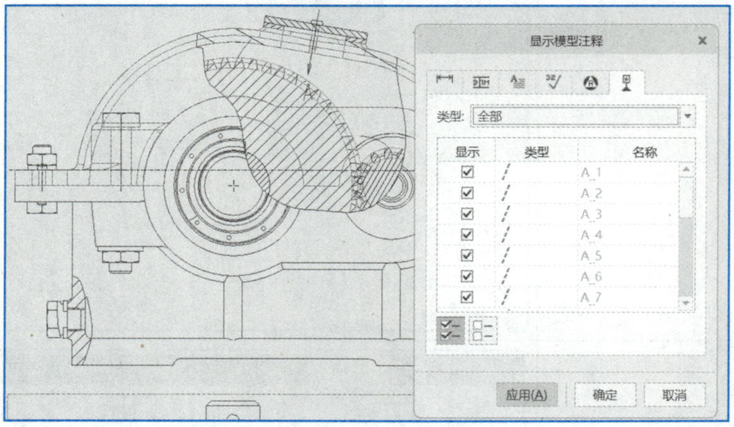	若【显示模型注释】对话框中无可选对象，则在三维数模中创建轴线，再在工程图中创建与显示尺寸中心线
	（3）参考上述步骤（1）和（2），创建与显示其他视图的尺寸中心线（步骤略）	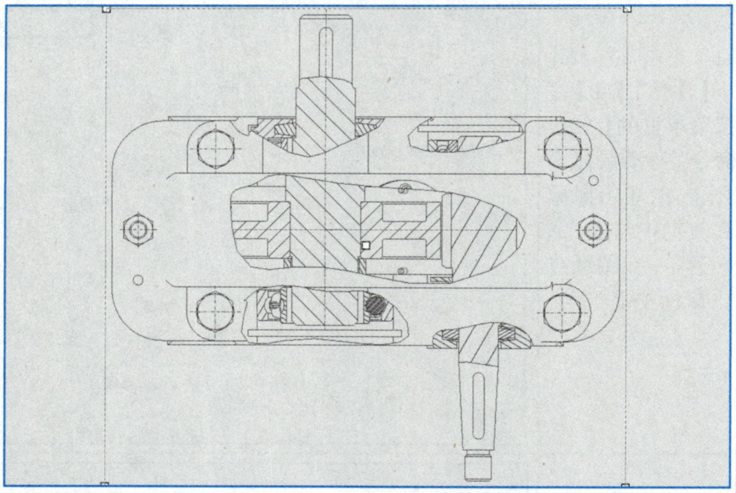	
14	参考二维码文件“JS-16 端盖的工程图创建”中标注 JS-16 端盖工程图的尺寸的方法（步骤 9），标注装配工程图的部分线性尺寸	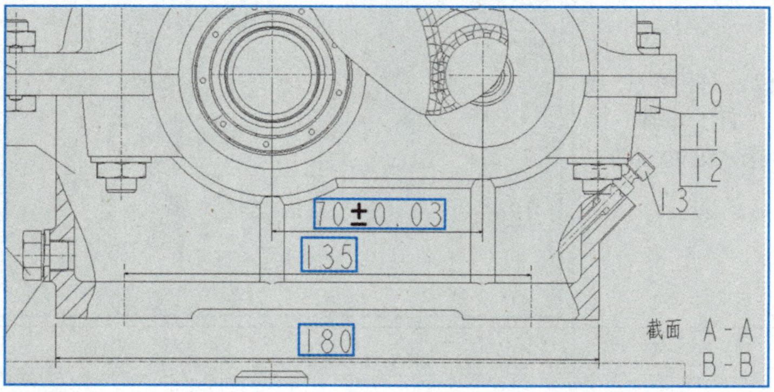	

续表

序号	步骤	图例	备注
15	参考二维码文件“JS-16 端盖的工程图创建”中标注 JS-16 端盖工程图的尺寸公差的方法（步骤 10），标注装配工程图的公差	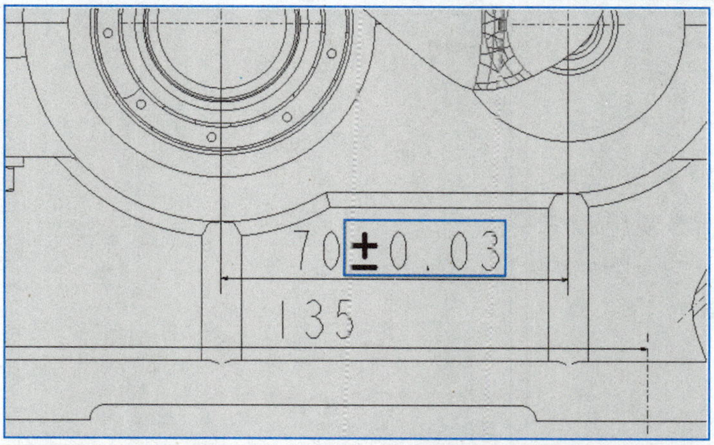	
16	**标注 JS-00 齿轮减速器装配工程图上的零件序号：** （1）单击【草绘】选项卡下【草绘】组中的【线】命令。移动鼠标到箭头 1 所示的位置，单击鼠标左键确定。随即绘制一条引线（如箭头 2 所示），按【Esc】键结束	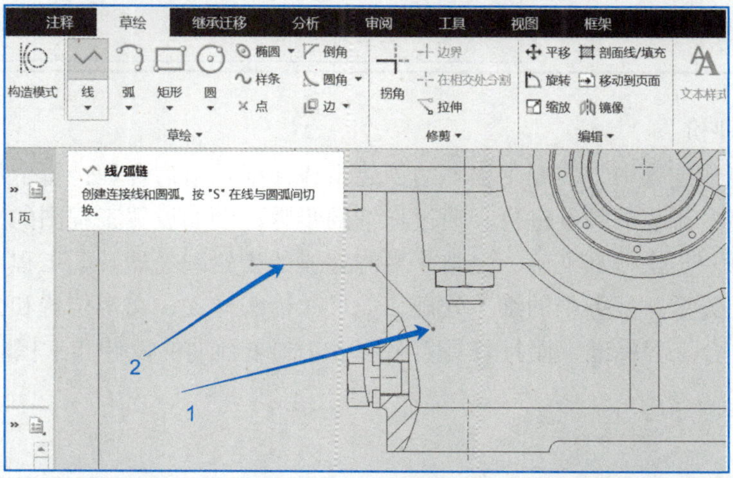	提示： 该引线可以标注其尺寸。 右键双击引线，在弹出的【修改线型】对话框中可以修改线型属性以及线条颜色等
	（2）单击【注释】选项卡下【注释】组中【注解】下拉菜单里的【独立注解】选项（如 1 所示）	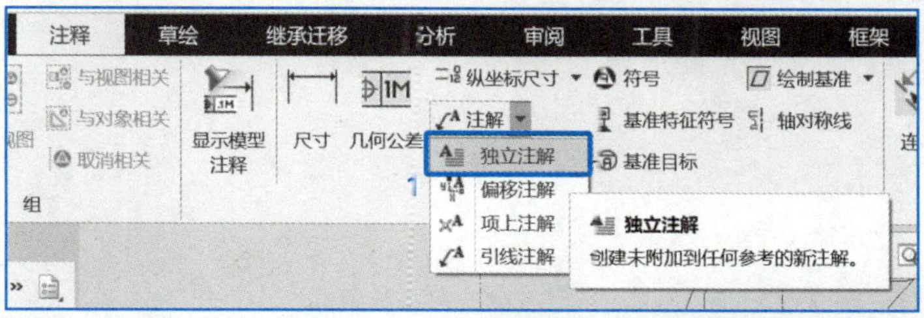	
	（3）移动鼠标于引线上方，单击鼠标左键，在方框中输入数字“1”，随即在空白处单击鼠标左键确定（如箭头 1 所示）	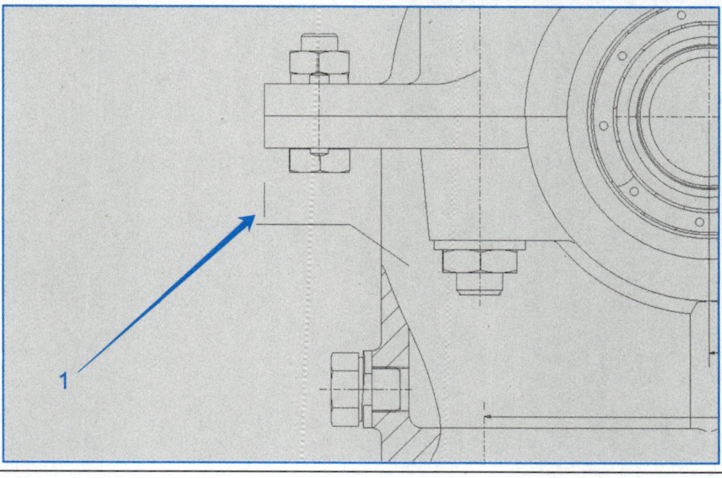	可单击数字，出现符号时，按住鼠标左键并移动鼠标，可移动数字调整到合适位置

续表

序号	步骤	图例	备注
16	（4）参考上面步骤（1）～（3），标注其他零件序号	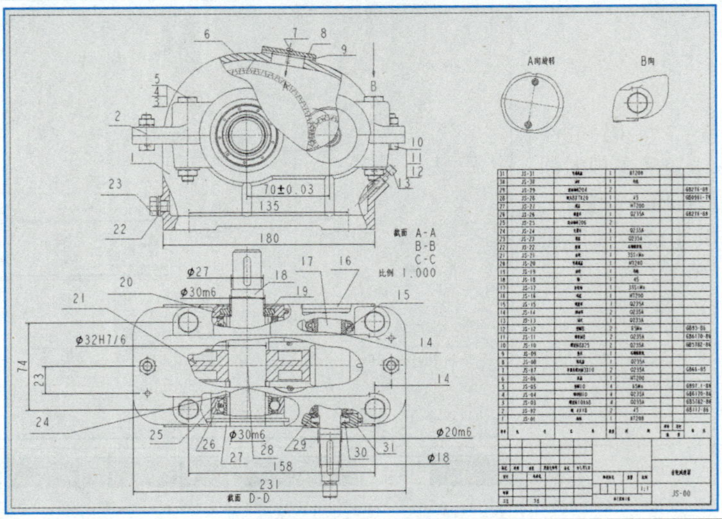	

4. 任务评价

在任务实施过程中，装配工程图的创建步骤详细且结构合理，每个步骤都有清晰、明确的操作说明，确保了整个流程的顺利进行。通过详细的步骤，例如设置工程图的视角、调整尺寸参数和绘制各类视图等，每一步操作都准确、完整。最终完成的齿轮减速器装配工程图能反映设计要求，确保了零件之间的装配关系。任务中的细节处理，如尺寸箭头样式、文本位置和公差标注等方面的规范设置，使图纸不仅符合工程标准，而且兼具实用性，达到了预期的设计和工程应用的效果。

参考文献

[1] 贾颖莲，等. Creo 三维建模与装配：7.0 版[M]. 2 版. 北京：机械工业出版社，2022.

[2] 何煜琛，谢谅，沈丹. 三维 CAD 习题集[M]. 北京：清华大学出版社，2014.

[3] 何世松，贾颖莲. Creo 三维建模与装配[M]. 北京：机械工业出版社，2017.

[4] 李少坤，马丽. Creo 8.0 机械设计教程[M]. 北京：清华大学出版社，2022.

[5] 叶国华. Creo Parametric 8 中文版从入门到精通[M]. 北京：人民邮电出版社，2022.

[6] 王海霞，丁淑辉. Creo 10.0 基础设计[M]. 北京：清华大学出版社，2024.

[7] 钟日铭. Creo 5.0 中文版完全自学手册[M]. 北京：清华大学出版社，2020.